T0237252

Brandschutzbeauftragte: Das Weiterbildungsbuch

Wolfgang J. Friedl

Brandschutzbeauftragte: Das Weiterbildungsbuch

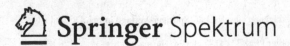 Springer Spektrum

Wolfgang J. Friedl
Ingenieurbüro für Sicherheitstechnik
München, Bayern, Deutschland

ISBN 978-3-662-64618-2   ISBN 978-3-662-64619-9   (eBook)
https://doi.org/10.1007/978-3-662-64619-9

Die Deutsche Nationalbibliothek verzeichnet diese Publikation in der Deutschen Nationalbibliografie;
detaillierte bibliografische Daten sind im Internet über http://dnb.d-nb.de abrufbar.

© Der/die Herausgeber bzw. der/die Autor(en), exklusiv lizenziert durch Springer-Verlag GmbH, DE,
ein Teil von Springer Nature 2022
Das Werk einschließlich aller seiner Teile ist urheberrechtlich geschützt. Jede Verwertung, die nicht
ausdrücklich vom Urheberrechtsgesetz zugelassen ist, bedarf der vorherigen Zustimmung des Verlags.
Das gilt insbesondere für Vervielfältigungen, Bearbeitungen, Übersetzungen, Mikroverfilmungen und
die Einspeicherung und Verarbeitung in elektronischen Systemen.
Die Wiedergabe von allgemein beschreibenden Bezeichnungen, Marken, Unternehmensnamen etc. in
diesem Werk bedeutet nicht, dass diese frei durch jedermann benutzt werden dürfen. Die Berechtigung
zur Benutzung unterliegt, auch ohne gesonderten Hinweis hierzu, den Regeln des Markenrechts. Die
Rechte des jeweiligen Zeicheninhabers sind zu beachten.
Der Verlag, die Autoren und die Herausgeber gehen davon aus, dass die Angaben und Informationen in
diesem Werk zum Zeitpunkt der Veröffentlichung vollständig und korrekt sind. Weder der Verlag noch
die Autoren oder die Herausgeber übernehmen, ausdrücklich oder implizit, Gewähr für den Inhalt des
Werkes, etwaige Fehler oder Äußerungen. Der Verlag bleibt im Hinblick auf geografische Zuordnungen
und Gebietsbezeichnungen in veröffentlichten Karten und Institutionsadressen neutral.

Planung/Lektorat: Désirée Claus
Springer Spektrum ist ein Imprint der eingetragenen Gesellschaft Springer-Verlag GmbH, DE und ist
ein Teil von Springer Nature.
Die Anschrift der Gesellschaft ist: Heidelberger Platz 3, 14197 Berlin, Germany

Vorwort

Die Idee zu diesem neuartigen und damit einzigartigen Fachbuch ist mir im Jahr 2020 gekommen, als das Corona-Virus praktisch alle betrieblichen Aktivitäten heruntergefahren hat und persönliche Treffen oder gar Schulungen unmöglich machte. Es gab zwar den Bedarf, aber keine Möglichkeit mehr für Aus- und Weiterbildungen, also erstellte ich ein E-Book für Brandschutzhelfer (erschienen ebenfalls beim Springer-Verlag) sowie einen Videokurs für Brandschutzbeauftragte (mit 64 Unterrichtseinheiten à 45 min), damit man sich weiterhin zum Brandschutzbeauftragten und Brandschutzhelfer ausbilden kann. Viele Aus- und Weiterbildungen, ja sogar universitäre Vorträge und Prüfungen laufen mittlerweile online – analog dazu war mir klar, dass das dann wohl auch für Brandschutzhelfer und -beauftragte möglich sein soll und muss. Als logische Schlussfolgerung habe ich jetzt auch dieses Fachbuch verfasst, das eine solide Weiterbildung mit sehr vielen Facetten des Brandschutzes ermöglicht.

Durch das aktive Konsumieren eines Fachbuches werden deutlich mehr Fachwissen, deutlich mehr Gedankenansätze und Ideen hängenbleiben, als wenn man passiv an einem Seminar teilnimmt. Jeder kann selbst bestimmen, wann er eine Pause einlegt, um das gerade Gelesene mit den Ist-Situationen abzugleichen und zu überlegen, welche Lösung er für dort favorisieren wird. Insofern ist dieses Buch auf der einen Seite so wertvoll oder gar wertvoller als ein Weiterbildungsseminar, andererseits ist es mit deutlich weniger Kosten (Fahrt, Übernachtung), weniger Zeit (An- und Abreise) und eben keiner Umweltbelastung verbunden. Und man kann dieses Buch mal stundenweise abends oder am Wochenende lesen und muss nicht mindestens zwei ganze Arbeitstage dafür investieren.

Brandschutzbeauftragte sollen sich alle drei Jahre in 16 Unterrichtseinheiten à 45 min weiterbilden lassen. Dieses Buch umfasst 16 aktuelle, wichtige und informative Kapitel, die den Leserinnen und Lesern eine weitwinkligere Brille des Brandschutzes aufsetzen. Lesen Sie bitte alle Kapitel, auch wenn Sie noch keinen direkten Nutzen bzw. Anwendungsbereich in Ihrem Unternehmen erkennen können – allein die Betrachtungsweise oder die Vorsorgemaßnahmen anderswo können dazu führen, dass Sie auch in anderen Bereichen auf bessere (also effektivere und effizientere) Lösungen kommen, denn im Brandschutz gibt es selten ja/nein, gut/böse, schwarz/weiß – nein, es gibt oft unterschiedliche Lösungen, und nicht immer ist der eine Weg pauschal der beste! Und je

mehr Fachwissen im Brandschutz Sie als Brandschutzbeauftragter haben, umso
souveräner können Sie Lösungswege erarbeiten und abstrakte Vorgaben aus den
Gesetzen in praktikable Handlungsempfehlungen umsetzen.

Dr. Wolfgang J. Friedl

Einleitung

Wir leben in einer Zeit, in der die Halbwertszeit von Wissen immer kürzer wird. Waren es vor ca. 20 Jahren noch acht Jahre, liegt diese heute bei lediglich drei Jahren. Das bedeutet jetzt aber nicht, dass sich das Wissen im Themenbereich Brandschutz alle drei Jahre verdoppelt – nein, das bedeutet auf alle Sparten betrachtet auch die Hinzunahme und das Hinzukommen von bisher völlig unbekannten Themenfeldern; das zeigt sich sehr deutlich an der mittlerweile fast unüberschaubar großen Anzahl an Studienfächern. Doch auch im Brandschutz passiert so einiges; es kommen neue Gefahren hinzu, die es zu kompensieren gilt. Die Politik spielt hier eine nicht unbedeutende Rolle, was objektiv und ohne wirtschaftliche Interessen an zwei Beispielen verdeutlicht werden soll:

1. Dämmung von Gebäuden: Aufgrund einer jahrzehntelang zurückliegenden Klage von skandinavischen Ländern ist Deutschland von einem EU-Gericht verurteilt worden, die Bauvorgaben für Gebäude mit brennbaren Bestandteilen nach unten zu korrigieren. Also wurde zunächst die Musterbauordnung so artikuliert, dass man bei Gebäuden bis zur Hochhausgrenze deutlich mehr brennbare Bau- und Dämmstoffe zum Einsatz bringen darf und dass die Feuerbeständigkeit zunehmend weniger gefordert wird (man hat die Klasse „hochfeuerhemmend", F 60, eingeführt). Nun also ist es erlaubt, sehr viele Gebäude brennbar zu dämmen, und selbst brennbare Brandwände sind nicht mehr absolut tabu! Das kann man alles machen, es wäre ja gesetzeskonform und demzufolge nicht zu beanstanden; aber man muss es nicht machen – denn nichtbrennbare Dämmungen oder ausschließlich der Einsatz von besser dämmenden Ziegelsteinen wären ja auch möglich. Brandschutztechnisch sind die nichtbrennbar gedämmten Gebäude sicherer und erzeugen deutlich weniger Schadenkosten. Das wissen Versicherungen und rabattieren zum Teil erheblich (bzw. verzichten auf hohe Zuschläge) – auch das müssen wir als Brandschutzbeauftragte ins Kalkül ziehen bei der Abwägung, welche Stoffe wir bei Neu- und Umbauarbeiten einsetzen.
2. Einführung von Li-Batterien und Li-Akkus: Dass Li-Akkus erheblich mehr Energie speichern können als konventionelle Zink-Kohle-Batterien, ist allgemein bekannt und positiv. Es handelt sich um die vielfache Menge bei gleichem Volumen. An der Leistungsfähigkeit von batteriebetriebenen Gerätschaften (Rädern, Autos, Handwerkergeräten, Handstaubsaugern, Smartphones, Taschenlampen etc.) kann das jeder erkennen. Wenn also bei gleichem

Volumen viel mehr Energie gespeichert ist, so wird bei einem Defekt auch mehr und höhere Energie in kürzerer Zeit freigesetzt. Im Internet können Sie sich Filme über Akkubrände von Smartphones, Autos, Rollern, E-Zigaretten etc. ansehen oder in den Zeitungen und Zeitschriften nahezu täglich lesen, wie Elektroautos in Flammen aufgehen, Haushalte abbrennen (in Wohnungen, in denen man die Akkus der E-Bikes oder E-Roller lädt) oder Unternehmen aufgrund eines solchen Ladevorgangs abbrennen; wird das den Brand auslösende Gerät dann einer Person und nicht dem Unternehmen zugerechnet, beginnen juristische Auseinandersetzungen und manchmal auch tragische Schicksale. Aufgrund der starken Zunahme von solchen Gerätschaften gibt es auch eine noch stärkere Zunahme an Bränden.

Sie als verantwortungsbewusster Brandschutzbeauftragter haben die Aufgabe, Ihr Unternehmen vor Bränden zu bewahren. Minimieren Sie also die akkubetriebenen Gerätschaften, setzen Sie lieber netzstrombetriebene ein und versuchen Sie, bestehende und neue Gebäude möglichst nicht mit brennbaren Dämmstoffen zu dämmen. Meiden Sie brennbare Stoffe im Dachbereich, denn im Brandfall steigt Hitze nach oben, und selbst wenn die Materialien als schwerentflammbar eingestuft sind, gilt diese Klassifizierung lediglich bei 21 °C. Schnell werden sie normalentflammbar, dann leichtentflammbar und schließlich – manchmal noch bevor die Feuerwehr vor Ort ist – werden sie selbstentzündlich, und ein Gebäude sowie dessen Inhalte sind verloren. Versuchen Sie deshalb, bei Flachdächern die Dämmung und die Dachaußenhaut nichtbrennbar zu gestalten. Damit haben Sie Ihrem Unternehmen vielleicht mehr Schaden erspart, als Sie und ich in unserem gesamten Berufsleben an Geld erwirtschaftet haben!

Umgang mit diesem Buch

Ich empfehle Ihnen, dieses Buch komplett weiter- und durchzulesen. Überspringen Sie keine Kapitel in der Annahme, dass das für Sie nicht interessant ist. In vier oder zwölf Monaten sind vielleicht völlig andere Voraussetzungen gegeben, Sie arbeiten bei einem anderen Unternehmen, oder das Unternehmen erweitert die Produkt- und Angebotspalette, und plötzlich finden Sie im Hinterkopf den einen oder anderen Hinweis von mir zu der neuen Brandschutzthematik. Außerdem gibt es den intelligenten Spruch „Wissen schadet nur dem, der es nicht hat". Je mehr Wissen wir im beruflichen, politischen, gesellschaftlichen, familiären und privaten Bereich angehäuft haben, umso sicherer, umso souveräner können wir Entscheidungen treffen. Weil die Welt sich ständig verändert, müssen wir auch ständig Entscheidungen treffen, Dinge anders angehen als noch gestern. Und Entscheidungen müssen wir täglich häufiger treffen, als das den meisten bekannt ist; manche sind von wenig bedeutender Tragweite, andere indes bewegen viel Geld oder bedeuten für Menschen Schmerz, Entstellung, Behinderung oder gar den Tod und für Unternehmen den Ruin. Es macht also Sinn, sich im Brandschutz gut auszukennen, um das alles zu verhindern.

Vielleicht sind Sie derart autodidaktisch angelegt, dass Sie mit Ihrem bereits vorhandenen Fachwissen und meinen Informationen noch etwas wesentlich Wirkungsvolleres entwickeln können. Lesen Sie die Gesetze und die hier im Buch zusammengefassten Regeln im Original und entwickeln Sie ein Schutzkonzept, das Ihre Anforderungen erfüllt!

Ich bitte Sie aber – weil es so wichtig ist, hier noch einmal – noch um eine zweite Sache: Sind und bleiben Sie ein kritischer Mensch, auch mir und meinem Buch und den vielen Hinweisen gegenüber. Machen Sie das Beste daraus und bringen Sie sich immer kritisch ein: Verbessern Sie, ergänzen Sie, ändern Sie ab usw. – und übernehmen Sie auch Hinweise von mir. So wird der Brandschutz in Ihrem Unternehmen richtig gut.

Inhaltsverzeichnis

So setzen Brandschutzbeauftragte den Brandschutz um

1

Wir beginnen mit einem Kapitel darüber, wie Brandschutz funktionieren kann; dieses lässt sich mit „das eine tun, das andere nicht lassen" am besten zusammenfassen. Immer wieder müssen wir den Finger in die Wunde legen. Nun stellen wir also Mängel fest, und wir als Brandschutzbeauftragte müssen diese Mängel werten, denn eine aufgekeilte Brandschutztür ist erheblich gefährdend, aber der Mangel ist ja auch schnell zu beseitigen. Wenn Sie jetzt noch eine entsprechende Schulung oder Anordnung hinbekommen, dass sich das nie wieder wiederholen wird, sollte das Problem nicht mehr vorkommen. Wir müssen aber auch wissen, was wie gefährlich ist – und genau deshalb schließt dieses Kapitel mit ein paar interessanten Informationen zu Bränden und darüber geführte Statistiken ab.

1.1   So funktioniert Brandschutz

Wer wissen will, wie eine richtige Partnerschaft über Jahrzehnte funktioniert, wird dies nicht mit einem Satz, mit einer einzigen Handlungsweise erläutern können. Das Gleiche gilt für die gelungene Kindererziehung oder eben für einen gelungenen Brandschutz in einem Unternehmen. Es gehören also mehrere Punkte dazu, die man regelmäßig oder gar ständig umsetzen, angehen muss, und das sind völlig unterschiedliche Aufgabenfelder. Besonders erwähnenswert sind die folgenden neun Punkte (wobei die Reihenfolge der Aufzählung keine wertende Meinung darstellen soll):

1. Baulicher Brandschutz
2. Brandschutzbegehungen
3. Anlagentechnischer Brandschutz
4. Schulung und Unterweisung der Belegschaft
5. Organisatorischer Brandschutz

© Der/die Autor(en), exklusiv lizenziert durch Springer-Verlag GmbH, DE, ein Teil von Springer Nature 2022

W. J. Friedl, *Brandschutzbeauftragte: Das Weiterbildungsbuch,*
https://doi.org/10.1007/978-3-662-64619-9_1

6. Umsetzen der Vorgaben der Feuerversicherung(en)
7. Abwehrender Brandschutz
8. Gesetzlicher Brandschutz
9. Vorgaben der Berufsgenossenschaft

Nur wenn Sie alle neun Themenfelder auch gut abgedeckt haben, können Sie weitgehend sicher sein, dass es nicht zu einem größeren Brand kommt – und wenn doch, dass maximal der Verdacht der Fahrlässigkeit im Raum steht (was versicherungsrechtlich von großem Vorteil für das Unternehmen und die betroffenen Personen sein wird).

Beginnen wir mit Punkt 1, dem baulichen Brandschutz. Er ist gesetzlich geregelt, d. h., die jeweilige Bauordnung gibt vor, welche Anforderungen es an Wände, Böden, Decken und Türen gibt sowie an die Fluchtweglängen, die Fluchtwegbreiten, die Art der Unternehmungen im Gebäude, die maximale Personenanzahl oder die Ausbildung der Dach- und Kellerbereiche. Außerdem wird baurechtlich vorgegeben (leider manchmal nur sehr indirekt), welche Qualität der sog. zweite Fluchtweg aufweisen muss – hier gibt es große Graubereiche, gerade in der Landesbauordnung. Die Aufgabe von Brandschutzbeauftragten liegt nun darin, die baurechtlichen Vorgaben auf der einen Seite zu kennen, um sie mit der vor Ort vorgefundenen Realität auf der anderen Seite abzugleichen. Bei Abweichungen, Diskrepanzen, Veränderungen oder Beschädigungen liegt es jetzt im Entscheidungsbereich des Brandschutzbeauftragten, diese Situation(en) zu werten, um eine Entscheidung zu finden: Betrieb einstellen, Situation abstellen, neuen Bauantrag stellen, Situation akzeptieren, Situation kompensieren usw. Das ist alles nicht so einfach, wie es jetzt klingen mag, denn manchmal haben Baubehörden keine Probleme damit, wenn sich Nutzungen verändern, wenn Trennwände entfernt werden oder wenn sich die Unternehmensart ändert. Versicherungen indes können damit erhebliche Probleme haben, und zwar mit Dingen, die dem Brandschutzbeauftragten, dem Unternehmen und auch Vertretern von Baubehörden und Berufsgenossenschaften gänzlich ohne Bedeutung erscheinen. Dies vor allem deshalb, weil die Versicherungen Hunderte von Unternehmensarten mit kleinen Abweichungen, Nuancen und kleinen, hinzukommenden Unternehmensarten kennen und dafür andere Prämien ansetzen. Wenn man nun eine nicht versicherte Unternehmensart betreibt, so kann nach einem Schaden der Versicherer ggf. die Zahlung verweigern mit der Begründung, man habe eine risikoerhöhende Unternehmensart nicht angegeben, und aus dieser Kausalitätskette heraus bleibt am Ende nur die Ablehnung des Schadens übrig. Ein Argument, dem die Richter nicht selten folgen. Man muss als Brandschutzbeauftragter also ganz genau wissen, welche Handlungen in welchen Bereichen vorkommen. Um zu zeigen, wie kritisch das versicherungsrechtlich gesehen werden kann, finden Sie in Tab. 1.1 ein paar Beispiele.

Mit folgendem Beispiel aus der Kraftfahrzeugversicherung wird sicherlich klar, dass Versicherungen streng definierte Vorgaben erstellen und natürlich erwarten, dass man sich an diese auch hält: Wer das Kraftfahrzeug A versichert, hat auf öffentlicher Straße keinen Versicherungsschutz, wenn die Kennzeichen am Fahrzeug B montiert sind. Dabei ist es unerheblich, ob Fahrzeug B identisch, teurer,

Tab. 1.1 Das ist versichert – und das nicht

Versicherte Unternehmensart	Nicht versicherte zusätzliche Aktivität
Spritzguss ungeschäumter Kunststoffe	Spritzguss geschäumter Kunststoffe
Herstellung von Flachgläsern	Herstellung von Hohlgläsern
Altenheim	Pflegeheim
Holzbearbeitung	Holzlackierung
Produktion unter personeller Anwesenheit	Geisterschicht
Schreinerei	Kunststoffspritzanlage
Schlosserei	Metalllackierung

preiswerter oder mehr oder weniger unfallträchtig ist oder mehr/weniger PS bzw. Kilowatt Leistung hat. Feuerversicherungen machen das ebenso, und sie haben das Recht auf ihrer Seite. Wenn also ein Unternehmen eine nicht versicherte, möglicherweise von den Versicherungen als gefährlicher als die eigene Unternehmensart eingestufte Aktivität unternimmt, der riskiert – oft aus Unwissenheit – seinen Versicherungsschutz.

„Gefahrenerhöhungen sind anzeigepflichtig", so ein Zitat aus dem immer geltenden Versicherungsvertragsgesetz (VVG); sie müssen von der Versicherung genehmigt werden, und ggf. gibt es höhere Prämien oder höhere Brandschutzauflagen. Es ist wirklich sehr beeindruckend, dass nahezu 100 % aller Menschen diesen juristischen Sachverhalt nachvollziehen können und für richtig halten – selbst wenn es sich nicht um eine Gefahrenerhöhung handelt (etwa die Nummernschilder von einem 80-PS-Dieselfahrzeug auf einen 800-PS-Boliden schrauben), sondern sogar um eine Gefahrenreduzierung (also umgekehrt) – in keinem der beiden Fälle hat man nach einem Unfall Versicherungsschutz. Umso beeindruckender ist, dass fast niemand in der Lage ist, diese juristische Tatsache auf den Brandschutz zu übertragen. Bitte nehmen Sie das sehr ernst. Gefahrenerhöhung ist ohne Meldung an die Versicherung nicht versichert. Der Versicherer kann kündigen, die Prämie bzw. die sicherheitstechnischen Auflagen erhöhen oder auch die Prämien und zugleich die sicherheitstechnischen Auflagen erhöhen.

Während Baubehörden es berechtigterweise ziemlich egal ist, ob ein Schreiner in seiner Werkstatt lackiert oder Kunststoffteile spritzt, schweißt oder Kunststoffe lagert, ist das bei den Versicherungen oft gänzlich anders. Hintergrund ist, dass die Versicherungen – im Gegensatz zu den Baubehörden – die Schäden begleichen müssen. Und sie kennen seit Jahrzehnten (zum Teil auch schon länger) viele 100 Unternehmensarten und Tätigkeiten und auch deren konkrete Brandgefahren in Größe und Häufigkeit; entsprechend werden die Prämien dann kalkuliert und auch die unterschiedlichen Brandschutzauflagen.

Es ist demzufolge von größter Wichtigkeit, dass die Feuerversicherungen wissen, welche Art von Aktivitäten in einem Unternehmen stattfinden – und dass alle dazu gehörenden Tätigkeiten auch mitversichert sind. Zum baulichen Brandschutz gehört auch zu wissen, an welchen Stellen feuerhemmende oder feuerbeständige Wände oder gar Brandwände gefordert sind: Durchbrüche in diesen Wänden müssen geschlossen sein; sollte sich ein Feuer durch offen gehaltene Türen oder nicht korrekt abgeschottete Kabeldurchbrüche vergrößern können, wäre der Versicherer für die Schäden auf der anderen Seite leistungsfrei (und das könnten 80 % ausmachen!).

Punkt 2, die Brandschutzbegehungen, ist ähnlich wichtig. Wir als Brandschutzbeauftragte müssen regelmäßig alle Bereiche in und um die Gebäude abgehen, um die vorgefundenen Ist-Zustände mit den Soll-Zuständen abzugleichen. Dabei fallen uns aufgekeilte Brandschutztüren auf, falsches Raucherverhalten, abgesperrte Notausgänge, nicht gewartete Technik, zugestellte Flure, zu viel gelagerte brennbare Flüssigkeiten vor Ort, fehlende Wannen unter Fässern, beschädigte Sicherheitseinrichtungen, entwendete, abgeblasene oder falsche Handfeuerlöscher und noch vieles mehr. Die Häufigkeit von Begehungen ist subjektiv festzulegen; in manchen Bereichen machen tägliche Begehungen Sinn, in anderen hingegen wöchentliche, monatliche oder sogar nur vierteljährliche! Eine geringe Häufigkeit ist dann gut möglich, wenn wir fähige Brandschutzhelfer als verlängerten Arm von uns haben, fähige Vorgesetzte, wenig Gefährdungspotenzial und auch keine Fremden (Dritte).

Punkt 3 deckt die Anlagentechnik ab. Einige Bauordnungen fordern Brandschutztechnik, die nicht nur vorhanden, sondern auch intakt und nachweislich gewartet sein muss. Diese Wartung können und dürfen Brandschutzbeauftragte nicht selbst ausführen, aber es liegt in ihrem Verantwortungsbereich, dass diese Wartungen professionell angegangen werden. Dabei empfiehlt es sich, den ausführenden Handwerkern auch mal auf die Finger zu sehen, um mitzubekommen, dass die Wartung auch korrekt (bzw. überhaupt) ausgeführt wird.

Punkt 4 fordert Schulungen der Belegschaft. Jede Person in der Belegschaft muss vor Aufnahme der Tätigkeit darüber informiert werden, welche Gefahren anstehen und welche Präventionsmaßnahmen diese Gefahren vermeiden. Dabei müssen alle Arten von Gefährdungen abgedeckt sein, nicht nur die Brandgefahren. Vorgesetzten muss man deutlich mehr und tiefere Informationen mit auf den Weg geben, z. B. Teil C der Brandschutzordnung (er beinhaltet Aufgaben für weisungsbefugte Personen, die im Brandfall umzusetzen sind).

Mit Punkt 5, dem organisatorischen Brandschutz, ist sehr viel von dem abgedeckt, was den Brandschutz ausmacht. Brandschutzbeauftragte müssen den Brandschutz zum Leben erwecken und erhalten, d. h., sie erfüllen die Forderungen der anderen Punkte, nehmen an ASA-Sitzungen teil, begleiten Behördenvertreter bei Begehungen, halten den Kontakt zu den Versicherungen und erläutern der Geschäftsleitung, warum diese oder jene Maßnahme des Brandschutzes jetzt angegangen werden muss.

Punkt 6, das Umsetzen der Vorgaben der Feuerversicherung(en), ist von großer Bedeutung, denn der Brandschutzbeauftragte muss wissen, welche konkreten Forderungen der Feuerversicherer in den individuellen Vertrag geschrieben hat. Diese Punkte sind umzusetzen, und im Zweifelsfall ist der Versicherer zu befragen, wie denn diese Aussage gemeint ist, wie man sie zu interpretieren hat oder was das eben konkret bedeutet. Das ist deshalb besonders wichtig, weil man eben nicht davon ausgehen darf oder kann, dass die Kaufleute, Juristen oder

Ingenieure der Versicherung den gleichen Sachverhalt (gerade nach Bränden) ebenso einstufen wie man selbst.

Durch vorbeugende Maßnahmen sollte es eigentlich nie zu einem Brand kommen. Doch die Wahrscheinlichkeit lässt sich nicht auf 0 % drücken, also muss man Punkt 7, den abwehrenden Brandschutz, auch angehen. Das bedeutet vielerlei: Brandschutzhelfer ausbilden, Handfeuerlöscher in Quantität und Qualität gemäß ASR A2.2 richtig bereitstellen, Anfahrtswege, Bewegungsflächen und Stellflächen für die Feuerwehr frei halten, ggf. über Hydranten oder fahrbare Löscher verfügen und ggf. auch immer aktuelle und somit richtige Feuerwehreinsatzpläne bereithalten.

Punkt 8 fordert den gesetzlichen Brandschutz; damit ist nicht das natürlich einzuhaltende Baurecht gemeint, sondern das Arbeitsschutzrecht, und dahinter verbirgt sich so viel, dass das allein schon ein Buch füllen könnte: Arbeitsschutzgesetz, berufsgenossenschaftliches Recht, Arbeitsstättenverordnung, Betriebssicherheitsverordnung, Gefahrstoffverordnung (ggf. auch Biostoffverordnung und Baustellenverordnung) und die diesen und anderen Verordnungen nachfolgenden Technischen Regeln (die so oder ähnlich umgesetzt sein müssen).

Und schließlich fordert Punkt 9, dass die Vorgaben der Berufsgenossenschaft umgesetzt werden. Je nach Unternehmensart gibt es ziemlich unterschiedliche Vorgaben von den Berufsgenossenschaften, und ihre sicherheitstechnischen Vorgaben gliedern sich in Vorschriften, Regeln, Informationen und Grundsätze. Die Vorschriften sind absolut und die Regeln so oder alternativ einzuhalten, aus den Informationen soll man, gepaart mit Sachwissen und Intelligenz, etwas machen, und die Grundsatzpapiere enthalten darüber hinausgehende Punkte, die befähigte Brandschutzbeauftragte auch wissen sollten.

1.2 Prioritäten bei Mängeln

Auch wenn es heute zunehmend unüblich wird, zu einer Meinung zu stehen und diese auch zu vertreten – als Brandschutzbeauftragte müssen wir klar Stellung beziehen. Wir müssen Mängel und Situationen werten, und wir müssen nachvollziehbar begründen, warum wir eine Situation als harmlos oder hochgefährlich eingestuft haben. Und wenn wir uns mal täuschen, so mag das schädigend sein, aber es muss deshalb nicht pauschal grob fahrlässig oder gar von strafrechtlicher Relevanz sein. Nein, es ist sogar üblich, dass es zu gleichartigen Situationen unterschiedliche Meinungen gibt. Das ist in der Politik so, in Geschmacksfragen ohnehin und eben auch im Brandschutz. Wenn wir also eine Situation als „eher harmlos" einstufen, und es passiert aus dem Grund X etwas Schlimmes, so könnte man z. B. angeben, dass man mit der Situation X aus diesen oder jenen Gründen nicht gerechnet hat oder diese nicht hätte berücksichtigen müssen. Bitte jetzt nicht falsch verstehen: Es geht nicht darum, billige Ausreden zu kreieren. Wir wollen ja einen möglichst brandsicheren Betrieb und keinen Brand, das wird uns auch jeder glauben. Eine Ausrede ist etwas, was wir als Entschuldigung oder Begründung für etwas völlig anderes nennen, aber eben nur vorschieben. Die Ausrede ist also nicht der wirkliche Grund. „Ich konnte doch nicht ahnen, dass Person A jetzt hier in der Rauchverbotszone eine Zigarette auf den Boden wirft, nachdem Propangas ausgetreten ist und nachdem A erfahren hat, was passiert ist." Das würde jetzt eher Person A belasten als die Person, die diesen Satz artikulierte.

„Unter der Voraussetzung, dass …", so könnte man seine Wertungen immer begründen. Eine Situation ist also als harmlos einzustufen, weil …; oder die Situation ist eben aus anderen Gründen als kritischer einzustufen. Hierzu einige konkrete Beispiele aus der täglichen Praxis:

- Ein Handfeuerlöscher wurde kurz ausgelöst: Dieser Handfeuerlöscher ist im weiten Radius oder sogar im gesamten Bereich der einzige; er muss baldmöglichst (heute noch) ersetzt werden, doch den Betrieb muss man nicht unbedingt einstellen. Grund ist, dass eine abstrakte und keine konkrete Gefahr vorliegt. Wenn jedoch daneben ein weiterer intakter Handfeuerlöscher hängt, so ist die Situation als deutlich harmloser einzustufen. Es kommt eben auch immer auf die Begleitumstände an.
- Eine Brandschutztür wurde aufgekeilt: Wenn die Handwerker direkt in diesem Bereich arbeiten und beim Verlassen der Stelle die Tür wieder funktionsfähig gestalten, sehe ich hier keine erhebliche Gefahr. Handelt es sich um ein Krankenhaus oder Altenheim, würde ich die Situation ggf. anders werten. Wenn es aus den Arbeitsbereichen rückseitig noch einen zweiten baulich gegebenen Fluchtweg gibt und eine Verrauchung aufgrund dieser offen gehaltenen Brandschutztür dort möglich ist, wäre die Einstufung „kritisch".
- 0,5 l Spiritus sind verdunstet: In einer offenen Garage mit guter Be- und Entlüftung würde das keine große Gefahr darstellen, in einem kleinen Putzkämmerchen jedoch schon.
- 5 kg Kohlendioxid aus einem Handfeuerlöscher wurden freigesetzt: Wenn man sich jetzt in einem kleinen Raum mit 9 m^2 Fläche und rauchdichten Türen befindet, bestünde unmittelbar eine tödliche Gefahr, in einem Raum mit 30 und mehr Quadratmetern jedoch nicht.

Wichtig ist für uns Brandschutzbeauftragte, dass wir uns bei jeder Einstufung eine Wertung mit guter, möglichst objektiver Begründung überlegen. Schließlich können wir nicht wegen jeder Kleinigkeit eine komplette Betriebsräumung oder -stilllegung veranlassen. Andererseits dürfen wir bei realen, großen Gefahren auch nicht zu lässig, also nachlässig, agieren. Punkt 22 der Anforderungen und Aufgaben für Brandschutzbeauftragte lautet „Mitwirken bei der Festlegung von Ersatzmaßnahmen bei Ausfall und Außerbetriebsetzung von brandschutztechnischen Einrichtungen". Weil mit so einem Ausfall (Beschädigung, Diebstahl, Manipulation, technischer Defekt) zu rechnen ist, müssen wir Brandschutzbeauftragte also, bevor diese Situation real wird, überlegen, wie wir jetzt handeln oder handeln lassen. Wir brauchen eine Meinung, zu der wir stehen, und hier beginnen die realen Probleme. Der Bereichsleiter will nämlich wegen „nur 20 l Benzin, die ja ohnehin längst verdunstet sind" den Bereich nicht räumen. Kommt es jetzt zu einer Explosion, sind juristische, arbeitsrechtliche und letztlich auch menschliche

Probleme vorprogrammiert – denn es wird Aussage gegen Aussage stehen. Da der Brandschutzbeauftragte mit dem Brandschutz beauftragt und der Bereichsleiter verantwortlich zu machen ist, steht der Brandschutzbeauftragte sicherlich besser und wohl auch glaubhafter vor der Justiz. Wenn man aber entsprechende Gespräche nicht unter vier Augen, sondern vor weiteren Leuten führt, wird es natürlich deutlich einfacher, belegen zu können, wer was gesagt oder wer etwas wie gewertet hat. Es ist empfehlenswert, sich Schritte und Prioritäten zu überlegen, etwa:

- Harmlose Abweichung, also weiterhin uneingeschränkt duldbar
- Nicht mehr auf der Höhe der Zeit, soll bei der nächsten Renovierung abgestellt werden
- Verstoß, soll bald beseitigt werden
- Verstoß, muss baldmöglichst beseitigt werden
- Grober Verstoß, muss sofort beseitigt werden
- Die Bereichsleitung muss (ggf. umgehend) informiert werden
- Die Geschäftsleitung ist möglichst umgehend darüber zu informieren
- Die Personalabteilung muss über das (falsche) Verhalten von Person X informiert werden
- Betrieb muss eingestellt/geräumt werden
- Behörden (Umweltamt, Staatsanwaltschaft, Polizei und ggf. auch Feuerwehr) sind sofort zu informieren

Darüber hinaus kann man sich folgende Schritte überlegen:

- Ich spreche mit einer Person in Ruhe, aber sehr deutlich und offen unter vier Augen.
- Führt dies wiederholt zu keiner Verhaltensänderung, muss ich mit der vorgesetzten Person sprechen.
- Wenn auch die vorgesetzte Person wiederholt nicht so reagiert, wie es Sinn macht und wie es verantwortlich ist, wird dies der Geschäftsleitung und/oder dem Betriebsrat gemeldet und/oder in der nächsten ASA-Sitzung besprochen
- Ich muss die Brandschutzordnung um einen Punkt erweitern oder konkretisieren.
- Es wird ein neuer Aushang nötig.
- In der nächsten Schulung wird dieser Punkt zum Thema gemacht
- Da (nicht nur) das Arbeitsschutzgesetz es erforderlich macht, dass zwangsweise wirkende Schutzmaßnahmen den willensabhängigen Verhaltensweisen vorzuziehen sind, muss jetzt das … oder das … im Unternehmen verändert werden, um die Brandgefahr so gering wie möglich/machbar zu halten.

Wichtig ist jetzt aber, dass Sie sich *vor* Festlegung eines Schrittes wirklich im Klaren über die Wirkung Ihrer Forderungen sind (schließlich sind Sie beauftragt und weder verantwortlich noch handlungsbefugt – Letzteres nur dann, wenn Gefahr in Verzug ist, und das kann so oder so gedeutet/eingestuft werden): Wenn die Produktion eingestellt oder ein Bereich geräumt wird, entstehen Kosten und ggf. auch Schäden. Und wenn eine bereichsverantwortliche Person damit nicht einverstanden sein sollte, sind Konflikte vorprogrammiert.

Lassen Sie auch mal alle Fünfe gerade sein, wenn die Situation eher harmlos, ja lächerlich oder irgendwie kompensierbar ist. Aber bleiben Sie hart, wenn ernsthaft und real, also konkret, Personen verunglücken können. Denn wenn Sie nachweislich von einer gefährlichen Situation gewusst haben und nichts dagegen unternommen haben, wird das Eis, auf dem Sie stehen, deutlich dünner.

Noch ein abschließender Tipp: Ist wirklich einmal etwas ganz Schlimmes passiert und Sie stehen unter Schock, sagen Sie außer Ihrem Namen und anderen persönlichen Angaben direkt nach der Havarie nichts aus. Begründen Sie das mit den extremen Emotionen, unter denen Sie stehen. Bitte nicht falsch verstehen: Ich will nicht, dass Sie sich am nächsten Tag feige „herauslügen". Noch weniger möchte ich, dass Sie sich jetzt durch unüberlegte Dummheiten oder wirklich falsche Aussagen um Kopf und Kragen reden. Sprechen Sie mit einem für solche Situationen ausgebildeten Anwalt, denn die Welt wird ja anschließend nicht besser, wenn Sie verurteilt werden. Schließlich sind Sie ernsthaft am Brandschutz interessiert und woll(t)en ihn umsetzen.

1.3   Statistiken zu Bränden

Manchmal gibt es Statistiken, die auf die Kommastelle genau angeben, welche Ursachen Brände verursachen, und es gibt kleinste Veränderungen zum Vorjahr – völlig ohne Bedeutung für uns und unsere Arbeitsweise! Andere gehen mehr auf die Schadenkosten und nicht die Schadenhäufigkeit ein. Beides mag Sinn machen, aber eine Statistik macht nur in den Händen der Person Sinn, die damit umgehen kann – vergleichbar der Interpretation eines Röntgenbildes oder der Aufnahmen von einem Kernspintomografen. Gleiches gilt übrigens auch für die Thermografieaufnahmen von komplexen Schaltschränken, die eben ein Elektriker oder Elektroingenieur nur dann richtig interpretieren kann, wenn er auch den Range kennt und weiß, welche Teile im Schrank verbaut wurden.

Nehmen wir nun mal eine Gegend mit erhöhter Brandstiftung und eine friedliche Gegend, und in beiden Gegenden brennt es durch Strom und Elektrogeräte natürlich ebenfalls. Daraus lassen sich für Dilettanten falsche Rückschlüsse ziehen. Der Profi würde in der kritischen Gegend sagen: Wir müssen mechanisch, personell und elektronisch gegen Brandstiftung Maßnahmen treffen *und zugleich* auch gegen Brände von/an elektrischen Anlagen und Geräten. In der friedlichen Gegend wären die zuletzt genannten Maßnahmen wohl ebenso zielführend.

Statistiken sind zwar nötig und sinnvoll, führen aber auch schnell in die Irre, d. h. in eine nur scheinbar sichere Welt: Jeder Einzelfall ist ein absoluter Fall, d. h., wenn Sie einen Unfall, einen Brand hatten, sind das für heute 100 % oder eben 0 %. Was nutzt es also, wenn man weiß, dass viel Strom verbrauchende Geräte deutlich brandgefährlicher sind als z. B. ein Smartphone beim Laden – und dann zerstört nicht die sich entzündende Gabelstaplerladestation das Unternehmen, sondern das private Handy, das ein Angestellter an der Steckdose beim Verlassen des Unternehmens vergessen hatte. Eine theoretische Eintrittswahrscheinlichkeit von $3{,}2 \times 10^{-8}$/a bringt keinem einen Nutzen! Das ist dann nicht nur sehr ärgerlich, sondern wird juristisch und versicherungsrechtlich richtig kritisch – für das Unternehmen, für die das Unternehmen nach Arbeitsende kontrollierende Person und für die dieses Handy besitzende Person. So hat z. B. in München ein netzstrombetriebener Radiowecker ohne Akku/Batterie, der sich im Badezimmer befand, ein Wohnhaus aufgrund eines Defekts total zerstört. Radiowecker benötigen kaum Strom und unterliegen deshalb nicht dem Verdacht, besonders brandgefährlich zu sein, und dennoch war es nicht die Klimaanlage, die Heizanlage, der Herd oder das TV-Gerät. Ob diese Schadenursache nun 0,1 % oder 0,0001 % ausmacht, wird den betroffenen Bewohnern relativ egal sein – denn hier lag sie eben bei 100 %.

Wir lernen daraus zum einen, dass wir nie absolut sicher sein können, und zum anderen, dass wir viel und vieles angehen und auch auf scheinbare Kleinigkeiten achten müssen. Alles kann zur Gefahr werden, und selbst wer meint, „alles" abgesichert zu haben, dem wird das Schicksal eher früher als später zeigen, dass er eben nur ein Mensch mit immer beschränkten Fähigkeiten ist. Bitte lassen Sie sich dadurch jetzt nicht verunsichern, aber akzeptieren Sie, dass 100 % Sicherheit ein Wunschtraum ist. Positiv ist ja, dass wir Menschen nicht automatisch immer Schuld haben, wenn es einen Schaden gibt. „Es dürfen schlimme Dinge passieren, ohne dass automatisch und immer eine Person dafür die juristische Schuld zu übernehmen hat" – so sagte es einmal ein Richter in einem für die angeklagte Person sehr beruhigenden Urteil.

Ich könnte Ihnen jetzt viele interessante und aktuelle Statistiken zu Bränden darlegen, aber das geht an dem vorbei, was ich Ihnen vermitteln will, und ich möchte das auch begründen. Natürlich sind Statistiken von großer Bedeutung, aber was sagen sie im Einzelfall aus? Nichts. Warum, das ist Ihnen auch klar, denn der Einzelfall ist nicht relativ, sondern absolut, also 0 % oder 100 % (vgl. den Radiowecker, der ein Wohnhaus abfackelte)! Nun sind Elektrogeräte sicherlich eine der Hauptbrandgefahren (nicht nur zu Hause, sondern auch in Unternehmen), und je mehr Strom ein Gerät benötigt, umso brandgefährlicher ist es auch. Somit ist eine Flex, ein Bohrhammer oder ein älterer, sehr leistungsstarker Staubsauger mit über viele Jahre physisch malträtiertem Stromkabel deutlich brandgefährlicher als ein Laptop, ein Smartphone oder auch ein Radiowecker – doch eine Brandgefahr geht von allen Gerätschaften aus. Häufig ist es im Leben so, dass bei geringerer Gefahr die Vorsorgemaßnahmen auch geringer werden mit dem Resultat, dass die Gefährdung nicht sinkt. Dagegen müssen wir uns wehren. Man denke nur, dass der grandiose Sportsuperstar Michael Schuhmacher bei Autorennen nie schlimm oder bleibend verletzt wurde, ein harmlos aussehender Sturz auf der Skipiste (trotz Helm!) sein Leben aber dramatisch verändert hat – Ironie des Schicksals?

Beim ESV-Verlag erschien ein Buch über Verkehrssicherheit, und darin befindet sich eine Statistik, die belegt, dass in den eigentlich gefährlichen Monaten die Berufskraftfahrer doch tatsächlich weniger Unfälle haben als in den Monaten, in denen es weder Schnee noch Glatteis gibt. Grund ist eben die erhöhte Vorsicht, die zu stark nachlässt, wenn man meint, es bestehe keine Gefahr. So ist es auch im Brandschutz – je geringer die Brandgefahr, umso nachlässiger das Verhalten der

Belegschaft. Wir müssen ständig dafür sorgen, dass die Belegschaft erhöht aufpasst – das ist möglich und nötig!

Es gibt keine einheitliche Brandschadenstatistik, die für ganz Deutschland Gültigkeit besitzt; Brände werden von Feuerwehren erfasst, aber zum einen nur diejenigen in ihrem Bereich und zum anderen nur die, zu denen die Feuerwehr auch gerufen wird. Dann erfassen Versicherungen Brände, aber eben lediglich die, die bei diesen Versicherungen auch versichert sind. Manche Versicherungen interessiert die Schadenhöhe deutlich mehr als die Schadenhäufigkeit, und manche geben Statistiken auch nicht öffentlich bekannt. Zudem gibt es Brände in der Landwirtschaft, im privaten Wohnbereich, im Gewerbe, in der Industrie, beim Staat und zudem auch nicht versicherte Brände: Es besteht nämlich keine Pflicht, Gebäude oder ihre Inhalte oder gar Betriebsunterbrechungen gegen Feuer zu versichern. Somit ist es nicht möglich, objektiv Zahlen vorzulegen, die allumfassend alle Brände abdecken. Doch das ist auch gar nicht von Bedeutung, denn der Verband der Schadenversicherer und das Institut für Sicherheit erfassen relativ viele Brände, und da diese beiden sinnvollen Institute keinen wirtschaftlichen Vorteil von einer Manipulation haben, sind ihre Zahlen sicherlich ehrlich und somit aussagekräftig (das gilt auch für Statistiken von Feuerwehren). Man kann sicher davon ausgehen, dass ca. 30 % aller Brände durch Strom und elektrische Geräte entstehen und vielleicht 20 % durch Brandstiftung (vorsätzlich und fahrlässig) – je nach Unternehmensart auch deutlich mehr! Sorgloser Umgang mit offenem Feuer, also ausbleibende Brandwache und falscher Umgang mit Zigarettenresten, machen wohl noch einmal 10 % aus. Abgesehen von der Häufigkeitsverteilung sind zwei Dinge noch wichtiger: Während zehn kleine Schäden immer noch unbedeutend sind (und wohl auch in keiner Statistik erscheinen), kann ein besonderer Großschaden einer Versicherung Probleme bereiten und ein Unternehmen ruinieren. Und das Schlimmste bei Bränden ist natürlich, wenn Menschen verletzt, entstellt, behindert oder gar getötet werden. Die meisten Brandtoten gibt es im privaten Wohnbereich, und zwar dann, wenn die Menschen schlafen – in Unternehmen gibt es eher keine Brandtoten durch Brände, wohl aber durch Explosionen (vgl. Explosion in Chemiepark Leverkusen am 30. Juli 2021 mit sechs Toten!).

Wenn wir jetzt einmal die beiden Hauptursachen (Strom, Brandstiftung), die zusammen für sicherlich über 50 % aller Brände kausal verantwortlich sind, herausnehmen, so ist klar festzuhalten, wie man sich davor schützen oder zumindest die Wahrscheinlichkeit eines Brandausbruchs minimieren kann. Richtige und somit wichtige Schutzmaßnahmen gegen Brände, die durch Strom bzw. elektrische und elektronische Geräte ausgelöst werden, sind beispielsweise:

- Geräte möglichst ausschalten oder ausstecken
- Geräte bewusst betreiben
- Geräte vor Inbetriebnahme in Augenschein nehmen
- Geräte nach DGUV Vorschrift 3 und VdS 3602 regelmäßig prüfen lassen
- Geräte mit Akkus an besonderen, abgesicherten Bereichen laden
- Möglichst keine akkubetriebenen Elektrogeräte verwenden (reduziert die Brandgefahr deutlich und erhöht den Umweltschutz!)

- Beschädigte Geräte nicht verwenden, sondern professionell reparieren bzw. instandsetzen lassen
- Nur Personen mit Geräten umgehen lassen, die dafür befähigt sind
- Belegschaft entsprechend unterweisen

Brandstiftung ist nach § 306 StGB (Strafgesetzbuch) in vorsätzliche und fahrlässige Brandstiftung unterteilt. „Vorsatz" bedeutet, dass die den Brand auslösende Person ein Schadenfeuer bewusst, also absichtlich, anrichten wollte. „Fahrlässig" bedeutet, dass man diesen Schaden nicht herbeiführen wollte. Es liegen also Welten zwischen Personen, die absichtlich oder unabsichtlich einen Schaden, einen Brand oder auch eine Verletzung einer anderen Person verursacht haben. Ungünstig ist hier jedoch, dass leider nicht „grobe Fahrlässigkeit" im Gesetz steht, sondern bereits die „normale", d. h. einfache Fahrlässigkeit im Strafgesetzbuch abgehandelt wird. Wie kann man sich nun gegen beide Arten von Brandstiftung schützen, zumindest zu einem bestimmten Prozentsatz? Dieses Thema wird weiter hinten behandelt.

Da fahrlässige Brandstiftung seit dem Jahr 2000 im Strafgesetzbuch abgehandelt wird und Versicherungen leistungsfrei sind, wenn es Verurteilungen gegeben hat, wird klar, dass man hier besonders umsichtig, ausführlich und vorsichtig schulen muss. Es gibt sog. Hard Facts und Soft Facts, auch im Brandschutz. Eine Brandmeldeanlage, eine Brandwand oder eine Brandlöschanlage zählt zu den Hard Facts. Schulungen, Kontrollen und Sensibilisierungen indes zählen zu den Soft Facts. Nun ist es so, dass (insbesondere Männer) die Hard Facts bevorzugen und oftmals meinen, diese wären wesentlicher. Dem ist nicht so, das exakte Gegenteil ist richtig – die Soft Facts sind von deutlich größerer Bedeutung, haben jedoch den Nachteil, dass man sie nicht so erfassen, bewerten kann. Dies ist ein weiterer Grund, warum wir Brandschutzbeauftragte es oft so schwer haben, diesen Punkten den richtigen Stellenwert im Unternehmen zu geben.

Doch bitte sehen Sie nicht lediglich die direkten Sachschäden, denn über 50 % der Feuerschäden sind die Vermögensschäden durch Betriebsunterbrechungen. Eine solide Versicherung hat einmal intern die Kosten für Betriebsunterbrechungen aufgestellt; gesehen über den linearen Zeitanstieg steigen die Kosten fast exponentiell und nicht linear (Tab. 1.2).

Mit jedem Tag, mit jeder Woche einer Betriebsunterbrechung steigen die Kosten unverhältnismäßig, exorbitant und ggf. sogar exponentiell an. Das ist bei Unternehmen A wieder anders als bei Unternehmen B – aber man muss

Tab. 1.2 Exponenzielle Kosten bei linear verlaufender Betriebsunterbrechung

Ausfallzeit in Wochen	Kosten der Betriebsunterbrechung
1	x
2	5 x
3	15 x
4	30 x

sich vor Augen halten, dass sich die Personen, Institutionen und Firmen, die auf Produkte oder Dienstleistungen eines bestimmten Unternehmens angewiesen sind, sich schnell auf dem Markt umsehen und Alternativen finden werden. Ob die Geschäftsbeziehung nun drei Wochen oder 30 Jahre Bestand hatte, spielt keine Rolle; andere sind auch gut, vielleicht sogar besser und preiswerter, und schon ist der über Jahre aufgebaute Kundenstamm zu einem guten Prozentsatz verloren. Fazit: Nach der Betriebsunterbrechung wird sich der Umsatz bei ca. 70 % einpendeln, was für einige Unternehmen die Insolvenz bedeutet, denn jetzt greift keine Versicherung mehr, und um wieder auf 100 % zu kommen, braucht man nicht Monate, sondern Jahre. In dieser Zeit ist der Mitbewerber von 100 auf 117 % geklettert. Also, es darf keine Betriebsunterbrechung geben, und dem müssen wir Rechnung tragen.

Als Schutzmaßnahmen können manche Unternehmen ggf. die Lagerhaltung für einige Monate füllen (etwa bei Zement); sollte jetzt der Drehofen defekt sein, könnte man die Kundschaft also weiter versorgen, ohne dass es einen Umsatzrückgang gibt. Oder man hat Absprachen mit befreundeten Unternehmen (so z. B. bei Käsereien üblich), sich im Havariefall gegenseitig zu unterstützen.

Anforderungspunkt 25 der DGUV Information 205-003 an Brandschutzbeauftragte lautet: „Mitwirken bei der Implementierung von präventiven und reaktiven (Schutz-)Maßnahmen im Notfallmanagement z. B. für kritische Infrastrukturen (Stromausfall), für lokale Wetterereignisse mit Schadenspotenzial (extreme Hitze-/Kältewelle, Starkregen, Sturm, Hagel, Schneelast etc.)." Auch hierzu findet sich detailliert ein eigenes Kapitel in diesem Buch. Der Blickwinkel des Brandschutzbeauftragten reicht also weit über den Brandschutz hinaus. Hier folgen ein paar sehr interessante Zahlen: Blitzschlag (direkt, indirekt) verursacht zwischen 0,5 und 2 % aller Brandschäden, je nachdem, in welche Statistik man blickt. Doch bei den empfindlichen EDV-Geräten liegt der Schaden nach der Auswertung einer Versicherung (das muss jetzt nicht repräsentativ sein!) bei ca. einem Viertel! Man sieht demnach, wie individuell wir Brandschützer Situationen werten müssen. Während bei dem Lagergebäude der Blitzschutz ggf. zweitklassig ausgeführt sein darf oder überhaupt nicht nötig ist, ändert sich dieser Sachverhalt extrem, wenn in dem Gebäude viel hochsensible Elektronik enthalten ist – die ja nicht nur vor Blitzschlag, sondern auch vor Feuchtigkeit, Stromschwankungen, zu hohen Temperaturen oder (nicht unser Gebiet!) Softwareattacken geschützt sein soll.

Die Blitzschlagschäden möchte ich Ihnen noch aus einem anderen Betrachtungswinkel erläutern: Durch Ladendiebstahl entstehen in Deutschland ungefähr so viele Schäden wie durch Brände. Nun ist es aber so, dass mathematisch 2×4000 identisch ist mit 4000×2; aber es ist eben ein elementarer Unterschied, ob jemandem täglich Produkte im Wert von 40 € entwendet werden oder ob sein Gebäude nach 70 Jahren durch Blitzschlag komplett zerstört wird. Wie gesagt, über 70 Jahre mögen die Ladendiebstähle ebenso hoch sein, doch die Schäden sind nicht an einem Tag eingetreten!

Ob diese Zahlen zu den Kosten einer Betriebsunterbrechung jetzt bei jedem Brand mit nachfolgender Betriebsunterbrechung Gültigkeit haben, darf natürlich hinterfragt werden. Nicht zu hinterfragen ist jedoch die Tatsache, dass mit linearem Anstieg der Betriebsunterbrechung die Kosten progressiv (ggf. exponentiell) ansteigen – und das kann sich mittelfristig kein Unternehmen leisten. Auch große Unternehmen und internationale Konzerne können durch einen schlimmen Brand in die Insolvenz geraten, und das darf nicht passieren. Hier ist zu überlegen, wo der wertvollste Bereich des Unternehmens ist, und dann geht man zweigleisig vor: Zum einen wird dieser Bereich besonders gut gesichert, und zum anderen schafft man an einer anderen Stelle eine sog. echte Redundanz. Eine unechte Redundanz wäre z. B. ein zweites Gerät im selben Raum – somit könnte ein Schadenereignis (Diebstahl, Brand, Hochwasser etc.) dennoch zum Ausfall führen, da ja beide Anlagen betroffen wären. Echte Redundanz bedeutet, dass sich die zweite Anlage auf einem anderen Grundstück befindet und dieses so weit entfernt liegt, dass auch Hochwasser nicht beide Hallen zerstören kann.

Die Wahrscheinlichkeit, dass eine neue Person in der Belegschaft unabsichtlich einen Brand legt oder verunglückt, liegt nach einer BG-Untersuchung am ersten Tag bei ca. 5 % und am zweiten Tag bereits bei 0,8 % – und es geht weiter stark nach unten. Man darf also am ersten Tag keine volle Leistung erwarten oder gar fordern, sondern man soll es ruhig angehen – und immer wieder die Sicherheit und den Brandschutz in den Vordergrund stellen. Mit diesem ggf. für den neuen Mitarbeiter anderen, neuen Mindset auf die körpereigene „Festplatte" aufgespielt, wird diese Person von Anfang an ein anderes Bewusstsein haben (Soft Fact).

Heizeinrichtungen sind ebenfalls nicht selten die Brandursache, ebenso wie unsachgemäßes Kochen. Für Heizungen gelten meist ab 50 kW Heizleistung die Vorgaben der Landesfeuerungsordnung, und diese muss man penibel einhalten (bitte herunterladen, lesen und umsetzen). Besonders relevant sind zwei Dinge: die feuerbeständige Abtrennung und das Freihalten des Heizraumes von jeglichen Dingen, die dort nicht direkt mit Heizen zu tun haben. Beim Kochen muss man (insbesondere in Baubuden, aber auch zu Hause) darauf achten, dass man ständig vor Ort ist, ggf. einen ABF-Handfeuerlöscher bereit hat und beim Kochen auch ausreichend nüchtern ist, um richtig reagieren zu können. Auf Heizplatten darf man nie, auch nicht kurzfristig, Gegenstände abstellen.

Hierzu gleich ein Praxistipp: Gehen Sie bitte in den Heizraum Ihres Unternehmens. Mit hoher Wahrscheinlichkeit wird dort eine moderne Gasanlage stehen, die nur noch 40 % der Raumfläche benötigt, die früher die alte ölbetriebene Heizanlage einnahm. Und die verbleibenden 60 % sind nun für Lagerung, Umkleidebereiche oder Werkstatteinrichtung genutzt – nicht aus Boshaftigkeit, sondern aus Gründen der Praktikabilität. Dass das ein wirklich übler Verstoß gegen die Feuerungsordnung (FeuV) darstellt, ist den diesen Zustand herbeigeführten Personen natürlich nicht klar. Kommt es jetzt durch diese artfremden Aktivitäten zu einem Brand und würde es neben dem Sachschaden zu einem Betriebsunterbrechungsschaden im Unternehmen kommen, wäre der Versicherer wohl leistungsfrei, und zwar für beide Arten von Brandschadenkosten. Sie müssen in diesem Fall also eine konstruktive Lösung herbeiführen und zwar 1) schnell, 2) bevor es einen Schaden gibt, 3) konstruktiv und 4) so, dass keine der beteiligten

(diese Situation verursachenden) Personen sich vorgeführt oder angegriffen fühlt.
So, nun aber mal Hard Facts zu Bränden. Die elf Brandursachen sind (die Reihenfolge ist nicht grundsätzlich als Prioritätenliste anzusehen, das ist stark abhängig
von der Unternehmensart):

1. Strom, elektrische Anlagen
2. Brandstiftungen
3. Falscher oder fahrlässiger Umgang mit Abfall
4. Keine sichere Durchführung von feuergefährlichen Arbeiten
5. Vernachlässigung des Brandschutzes bei Bauarbeiten
6. Schäden durch Blitz, Überspannungen
7. Keine oder fehlerhafte Umsetzung des Explosionsschutzes
8. Grundsätzlich: Menschliches Fehlverhalten
9. Ladevorgänge an elektrischen Geräten mit Li-Akkus
10. Offenes Feuer, Überhitzung
11. Selbstentzündung

Die prozentuale Verteilung ist abhängig von der Lage und Höhe der Gebäude
und natürlich ganz besonders von der Art der Unternehmungen (deshalb wäre
eine Prozentangabe hier auch irreführend, ja falsch!), aber auch von den bereits
getroffenen Vorsorge- und Reduzierungsmaßnahmen. Man sieht, Statistiken
bringen nur dem etwas, der damit umgehen kann. Was bringt Ihnen das nun?
Wollen Sie Strom oder Brandstiftung verbieten? Oder dem Wetter, dass Blitze auf
die Erde niedergehen (pro Sekunde treffen ca. 50 Blitze die Erde; sie enthalten
ein Vielfaches der von uns benötigten Energie – leider bis heute nicht auffang-
und speicherbar!)? Nichts davon – wir müssen uns eben gegen solche Angriffe
schützen; im Idealfall wehren wir sie ab, sonst ist es immer noch akzeptabel,
einen überschaubaren Schaden abzubekommen. Nicht akzeptabel wäre ein Totalschaden oder gar der Tod von Menschen. Gehen wir diese elf Punkte mal der
Reihe nach durch und überlegen uns, welcher Punkt bei unserem Unternehmen
oder bei den verschiedenen Gebäudearten, Gebäudenutzungen und Gebäudehöhen
eine bervorstehende Gefahr bedeutet – und hier werden von Ihnen dann wirksame
Gegenmaßnahmen entwickelt und umgesetzt!

Zu Punkt 1 („Strom"): Strom ist nicht zu vermeiden, wir brauchen fast überall Strom. Also gehen wir pfleglich mit den Geräten um und sorgen dafür, dass
das alle auch so sehen und machen. Jeder muss ein Gerät, das er betreiben will,
vor Inbetriebnahme in Augenschein nahmen, um es auf offensichtliche Mängel zu
überprüfen. Luftöffnungen müssen freigehalten werden – eine der Brandursachen!
Dann gibt es die DGUV Vorschrift 3-Prüfung sowie die VdS 3602-Prüfung.
Beide sind unahängig voneinander nötig. Doch das entbindet nicht vor Vorsicht
und Umsicht – und vor der Prüfung, wie viel Watt Stromleistung aus einem Netz
gezogen wird. Eine 16-A-Sicherung kann eben nur langfristig und zuverlässig
maximal 3680 W passieren lassen. Natürlich lässt sie auch 5000 W passieren,
ohne auszulösen, doch dann wird es am Schalter, an einem geknickten Kabel
oder an einer Steckverbindung früher oder später eben einen Schmorbrand geben.

Wählen wir jetzt mal die ca. 1/3 „Strombrände" und sehen uns in Tab. 1.3 an, was der Verband der Schadenversicherer im Detail als Ursache erkennt.

Zu Punkt 2 („Brandstiftungen"): Wir haben schon gelernt, dass es vorsätzliche und fahrlässige Brandstiftung gibt. Gegen die fahrlässige haben wir gute Chancen: Auswahl und Kontrolle von der Belegschaft sind hier entscheidend, auch eine Sensibilisierung der Personen und ein Zurechtweisen der unsensiblen Personen. Ganz wichtig ist außerdem die in der VdS 2038 und VdS 2039 geforderte Kontrolle aller Bereiche von einer besonders zuverlässigen Person nach Beendigung der Arbeit. Es muss kontrolliert werden, ob es noch brandgefährliche Situationen in den Bereichen gibt. Und gegen vorsätzliche Brandstiftung helfen nur Hard Facts, also wirklich stabile Zaunanlagen, Kameraüberwachungen, keine Freilagerung brennbarer Gegenstände und eine einbruchhemmende Fassade (inkl. Fenster, Türen, Oberlichtern und Dächern).

Zu Punkt 3 („Falscher oder fahrlässiger Umgang mit Abfall"): Abfall ist brandgefährlich, und das ist auch der Grund dafür, dass jede Bauordnung einen eigenen Paragrafen für die korrekte Abfalllagerung enthält. Bitte schauen Sie in Ihre Landesbauordnung und nehmen Sie die Inhalte dieser Paragrafen sehr ernst. Bestimmter Abfall (Altbatterien, ölgetränkte Lumpen etc.) kann sich selbst entzünden, oder er wird von betrunkenen Jugendlichen (Mutprobe?) nachts im Freien angezündet. Wenn nun auch das Unternehmen brennt, kann der Versicherer leistungsfrei sein, weil brandgefährlicher Abfall nicht außen an Gebäuden abgestellt werden darf.

Zu Punkt 4 („Keine sichere Durchführung von feuergefährlichen Arbeiten"): Feuergefährliche Arbeiten sind eine der großen Brandgefahren in Unternehmen, und je seltener solche Arbeiten anstehen, je weniger Brandgefahr in einem Unternehmen im Normalfall besteht, umso wahrscheinlicher ist ein Feuer. Grund ist, dass die angestellten Personen eben nicht ausreichend sensibilisiert sind. Bei feuergefährlichen Arbeiten muss man jedes Mal besondere Vorsorgemaßnahmen treffen. Und hier liegt das nächste Problem: Der Handwerker, der bereits seit 38

Tab. 1.3 Häufigkeit bei elektrotechnischen Brandursachen

Ursache des Brands	Anteil	Kommentar dazu (Gegenmaßnahmen)
Betriebsmittel	43 %	Vor Inbetriebnahme visuell kritisch in Augenscheinnahme; regelmäßig lt. DGUV Vorschrift 3 und VdS 3602 prüfen
Leiteranschlüsse	20 %	Auf Quetschungen, Verzunderung, formschlüssiges Passen kontrollieren
Überlast	10 %	Je Steckdose mit 16 A lediglich maximal 3680 W Energie entnehmen
Mangelhafte Sauberkeit	10 %	Steckverbindungen staubfrei halten
Kabel-Leitungen	9 %	Möglichst vermeiden; maximal eine Leitung verwenden und diese muss korrekt, intakt sein
FI-Schalter	8 %	Regelmäßig auslösen/testen

Jahren solche Arbeiten durchgeführt und noch nie einen Brand ausgelöst hat, wird nachlässig und nimmt das Bereitstellen eines Handfeuerlöschers sowie das ausreichend lange stellen einer Brandwache nicht mehr so ernst.

Zu Punkt 5 („Vernachlässigung des Brandschutzes bei Bauarbeiten"): Bei Bauarbeiten entsteht brennbarer Abfall, Brandschutztüren sind noch nicht eingebaut oder funktionsfähig, es liegen Stromkabel herum (die ggf. gequetscht werden), und es arbeiten viele Menschen auf der Baustelle – Menschen mit zum Teil fehlender Sozialisierung, fehlender Schul- oder Berufsausbildung. Bitte geben Sie dem Arbeits- und Brandschutz bei Bauarbeiten ein Gesicht, nehmen Sie das ernst und sorgen Sie für Sicherheit, denn Sie sind sozialisiert und verfügen über Bildung und Wissen.

Zu Punkt 6 („Schäden durch Blitz, Überspannungen"): Blitze können direkt (Direkteinschlag) oder indirekt (Einschlag in einen Baum oder eine Oberlandleitung) Schäden an und in Gebäuden anrichten. Nun benötigen aber laut Bauordnung nicht alle Gebäude eine Blitzschutzanlage, jedoch kann eine Feuerversicherung so eine Anlage fordern. Diese muss für das Gebäude *und* deren Inhalt individuell ausgelegt sein. Wichtig sind darüber hinaus Potenzialausgleich aller leitenden Metallteile am/im Gebäude und Überspannungsschutz für die elektrischen und elektronischen Geräte und Anlagen (auch die Stromhaupteinspeisung und die Sicherungskästen) – dieser ist gestaffelt in Grob-, Mittel- und Feinschutz (heute Blitzschutz I, II und III genannt).

Zu Punkt 7 („Keine oder fehlerhafte Umsetzung des Explosionsschutzes"): Im Gegensatz zu Bränden können Explosionen professionell zu 100 % verhindert werden. Das erfordert einerseits eine wirklich gute Personalauswahl und andererseits eine funktionsfähige Technik. Wir beschränken uns hier darauf, dass wir brennbare Flüssigkeiten und Gase den Vorschriften entsprechend behandeln und lagern. Die technischen Regeln TRBS 2152, TRBS 3151 (= TRGS 751), TRGS 500, TRGS 509, TRGS 510, TRGS 723, TRGS 724, TRGS 725, TRGS 727, DGUV Regel 109-606, DGUV Regel 113-001, DGUV Information 209-046 und die wichtige DGUV Information 213-106 sind hier zu berücksichtigen – mindestens! Übrigens, das Thema „Explosionsschutz" füllt ein von demselben Autor beim ESV-Verlag erschienenes Fachbuch.

Zu Punkt 8 („Grundsätzlich: Menschliches Fehlverhalten"): Menschen machen Fehler, beruflich und privat. Jeder, jede! Das ist nicht vermeidbar: Ärzte, Bankangestellte, Firmenleiter, LKW-Fahrer, Handwerker, Ingenieure, Putzleute – wir alle machen früher oder später etwas falsch. Das kann zum Tod anderer, zu Pleiten oder eben zu Bränden führen. Dass das nicht verhinderbar ist, soll jetzt bitte nicht dazu verleiten, nichts zu unternehmen. Wir können die Schadenhäufigkeit *und* die Schadenschwere beeinflussen, um somit die Kosten zu minimieren. Kontrollen, kein Stress (Zeitdruck), gute Unterweisungen, saubere Arbeitsbereiche, klare Gliederungen und erneut Kontrollen führen dazu, dass es relativ wenige derartige Schäden gibt. Und dann natürlich auch Unterweisungen, wie man sich zu verhalten hat, wenn doch etwas (Vorhersehbares) passiert.

Zu Punkt 9 („Ladevorgänge an elektrischen Geräten mit Li-Akkus"): Das Laden von einem Akku ist eine besondere Stresssituation, und somit ist die Brandgefahr in diesem Fall besonders groß. Meistens werden diese Geräte nachts geladen, weil sie tagsüber benötigt werden. Deshalb der Tipp, solche Ladevorgänge in eigenen Räumen durchzuführen und z. B. das private Handy tagsüber und nicht über Nacht zu laden. Die Ausarbeitung der Versicherungen VdS 2259 gibt weitere Tipps oder Vorgaben, wie man diese Gefahren durch Flurförderzeuge in Lagern minimieren kann. Leider ist der VdS 3103 (Lithium-Batterien) nichts Konkretes, Umsetzbares zu entnehmen außer dem Hinweis, dass diese Energiespeicher nicht besonders brandgefährlich seien! Viele Brände belegen das Gegenteil. Aber in der VdS 3885 (Elektroautos) und VdS 3471 (Ladestationen) sind ein paar gute Tipps zu finden.

Zu Punkt 10 („Offenes Feuer, Überhitzung"): Offenes Feuer muss verboten werden, wenn es betrieblich nicht nötig ist (z. B. Kerzen). Benötigt man Flammen, so muss es sichere Ablagemöglichkeiten für die Geräte geben (das ist nicht überall eine Selbstverständlichkeit!) und neben guten Unterweisungen auch entsprechende Kontrollen. Hier stünde nämlich nach einem dadurch ausgelösten Feuer schnell der Verdacht der groben Fahrlässigkeit im Raum.

Zu Punkt 11 („Selbstentzündung"): Ölgetränkte Lumpen können sich selbst entzünden und dann natürlich auch andere Dinge anzünden. Dabei sind gerade diejenigen gefährlich, die zusammengeknüllt mit mehreren anderen in einem luftigen Behälter liegen, der oben offen ist. Ob es sich um Massageöl, Sonnenschutzöl, Maschinenöl, Salatöl oder Holzöl handelt, spielt dabei nur eine untergeordnete Rolle. Natürlich brennt Öl zur Holzbehandlung auf Lumpen deutlich schneller und häufiger, aber da sind wir wieder bei den Wahrscheinlichkeiten – die im Einzelfall ja keine Bedeutung haben. So wurde beispielsweise eine Wäscherei in Nürnberg abgefackelt, nachweislich durch Massageöl an Handtüchern, die sogar schon gewaschen und getrocknet waren! Nur dicht schließende Behälter sorgen dafür, dass es nicht zu einem Brand kommt und, wenn doch, dass das Feuer im Behälter bleibt.

Das waren also elf Brandursachen. Sicherlich finden Sie noch einige weitere Punkte. Bei meinem Rigorosum am 20. Juli 1994 an der Magdeburger Universität sagte ich: „Hier sehen Sie alle Brandgefahren, die qualitativ und quantitativ gegen einen bestimmten Arbeitsplatz gerichtet sind." Einer der fünf mich prüfenden Professoren warf kritisch ein: „Wie? Sie haben alle Brandgefahren erkannt? Schaffen Sie als Mensch das? Sind sie Gott?" So provokativ das auch klingen mag, er hatte ja recht: Keiner von uns kann *alle* Gefahren erkennen, sondern lediglich die, die er als realistisch einstuft. Wir können also immer etwas übersehen oder es zwar erkennen, aber falsch werten.

Juristischer Hintergrund

2

Dieses Kapitel liefert Informationen über den Begriff der juristischen Schuld und darüber, wo man in der Gesetzgebung Vorgaben findet. Dazu ist es auch wichtig zu wissen, wie die Hierarchie aufgebaut ist, also welche Vorgabe oberhalb, neben oder unterhalb einer anderen steht.

2.1 Was bedeutet Schuld?

Wir befinden uns nun nicht nur auf philosophischem Glatteis, sondern auch tief in religiösen Bereichen und – jetzt wird es greifbar – auf juristischen Terrain. Schuld hat auch einen moralischen Aspekt, und wenn wir uns Vorwürfe machen (das eigene Kind kam auf die schiefe Bahn; es hat im Unternehmen gebrannt; wir verursachten einen Autounfall; das Wasser einer umgestoßenen Vase lief in den Laptop etc.), so hat das immer mit persönlichen Schuldzuweisungen zu tun. Manche Menschen zerbrechen an der Schuld, die sie nicht verarbeiten können, und beenden ihr Leben – gleich oder nach vielen Jahren. Dass es sich hierbei nicht um skrupellose Kriminelle handelt, ist uns allen klar. So hat sich vor wenigen Jahren ein Großvater in der Scheune seines Bauernhofs aufgehängt, nachdem er den geschlossenen (nicht einsehbaren) Heuwender aktiviert und nicht bemerkt hatte, dass sich sein kleiner Enkel darunter versteckt hatte (den er tötete). Wir sehen an diesem Beispiel: Es gibt tragische Fälle, ohne dass man von Schuld sprechen kann, zumindest nicht von juristischer Schuld.

Schuld versucht üblicher- und normalerweise jede Seite abzuwehren, sei es mit Argumenten oder mit Juristen. Als am 4. August 2021 ein Personenzug von München nach Prag fuhr, stieß er kurz nach der tschechischen Grenze auf einer einspurigen Strecke frontal und ungebremst mit einem entgegenkommenden Personenzug zusammen; beide Fahrer und eine Passantin starben, ca. 70 weitere wurden zum Teil schwer verletzt. Der tschechische Verkehrsminister wusste noch

© Der/die Autor(en), exklusiv lizenziert durch Springer-Verlag GmbH, DE, ein Teil von Springer Nature 2022
W. J. Friedl, *Brandschutzbeauftragte: Das Weiterbildungsbuch*, https://doi.org/10.1007/978-3-662-64619-9_2

am selben Tag laut den deutschen Nachrichten, dass der deutsche Zugführer zwei Warn- und Haltesignale überfahren habe und somit die Schuld trage. Deutschland konterte in derselben Nachrichtensendung, dass die tschechische Sicherheitstechnik veraltet und oftmals nicht funktionsfähig sei. Nun geht es mir hier überhaupt nicht darum, der einen oder anderen Seite Schuld zuzuordnen. Nein, es geht mir um ein zutiefst menschliches Verhalten – eben Schuld nach entsprechenden Havarien abzuwehren und anderen zuzuschieben. Wollen wir diesen (bis zur Fertigstellung des Buches noch nicht abgeschlossenen) Fall einmal näher, ehrlich, objektiv und aus verschiedenen Seiten beleuchten, um aufzuzeigen, wie komplex und kompliziert die Rechtsprechung und Urteilsfindung (letztlich die Schuldfrage) sein können, denn beide Seiten haben oft gute Argumente, die man bei der Beurteilung berücksichtigen und bewerten muss: So könnte z. B. die Deutsche Bahn argumentieren, dass ihr Lokführer einen Fehler gemacht haben könnte oder aber einen Herzinfarkt bekam und deshalb schuldunfähig sei – die Bahn sei das ebenfalls, denn wenn die neue Technik (die in Deutschland seit Jahren üblich ist) bereits in Tschechien verbaut gewesen wäre, hätte ein automatisches Nothalteprogramm die Lok angehalten und zugleich den entgegenkommenden Lokführer gewarnt. Fazit: kein physischer Schaden, keine Toten, kein Sachschaden. Tschechien könnte sagen, dass diese Technik nicht verbindlich sei und deutsche DIN-Normen oder Bahnregeln hier keine Gültigkeit hätten; zudem sei der Schaden ja auf tschechischer Seite passiert, und somit würden die dort üblichen Regeln gelten. Dem tschechischen Lokführer sei keinerlei Schuld zu geben (was ja ggf. objektiv auch zu 100 % stimmt), ausschließlich dem Deutschen.

Wie würden Sie urteilen? Für die Deutsche Bahn, etwa weil Sie Deutscher sind? Für die tschechische Bahn, weil sie Ihrer Meinung nach keine Schuld an der Havarie hatte? Oder irgendeine schräge Prozentzahl zwischen 1 % und 99 % für/gegen das eine Land bzw. das andere Unternehmen? Schnell wird klar, dass „Recht" nicht immer absolut, eindeutig ist – und so ist es häufig auch in Brandfällen. Hier passt der bekannte Satz: „Richter sprechen ein Urteil, kein Recht!" Und möglicherweise sieht es das Berufungs- oder Revisionsgericht dann komplett anders!

„Schuld" ist, wenn man den Begriff ins Smartphone eingibt, wie folgt definiert: „Ursache von etwas Unangenehmem, Bösem oder eines Unglücks, das Verantwortlichsein, die Verantwortung dafür (die Schuld liegt bei mir)". Weiter findet man: „Schuld ist ein bestimmtes Verhalten, eine bestimmte Tat, womit jemand gegen Werte und Normen verstößt; begangenes Unrecht, sittliches Versagen, strafbare Verfehlung." Aus Schuld folgt man Haftung – die Verantwortung für den Schaden eines anderen. Und schon sind wir bei Verantwortung: Verpflichtung, dafür zu sorgen, dass alles einen möglichst guten Verlauf nimmt, das jeweils Notwendige und Richtige getan wird und möglichst kein Schaden entsteht. Wir haben also einen Fehler, etwas falsch gemacht, wir sind vom Richtigen abgewichen. Grobe, schwerwiegende Fehler werden schnell als grob fahrlässig eingestuft. Doch selbst wenn wir am Arbeitsplatz schuldhaft einen Schaden verursachen, sind wir dennoch nur in den seltensten Fällen finanziell hierfür zur Verantwortung zu ziehen. Anders sieht es bei Verletzungen oder Tötungen von Personen aus. Für uns

Brandschutzbeauftragte ist es angenehm, dass wir eben *Brandschutzbeauftragte* und nicht *Brandschutzverantwortliche* heißen. Verantwortlich ist die Person, die das Sagen für eine Handlung oder einen Bereich hat, etwa ein Fahrzeuglenker, ein eine handwerkliche Tat ausführender Mechaniker oder auch der Bereichsleiter, der sich eben nicht um die Erstellung eines Explosionsschutzdokuments gekümmert hat (Schuld durch Unterlassung).

Laut Wikipedia ist Fahrlässigkeit „ein vor allem in der Rechtssprache geläufiger Fachausdruck. Neben dem Vorsatz beschreibt die Fahrlässigkeit eine weitere Verschuldensform und die mit ihr verknüpfte innere Einstellung des Täters gegenüber dem von ihm verwirklichten Tatbestand." Grob fahrlässig handelt ein Fahrzeuglenker, wenn er seine Sorgfaltspflicht verletzt (z. B. Überfahren einer roten Ampel). Der AXA-Versicherung zufolge beschreibt der Begriff der Fahrlässigkeit „ein Handeln, das die für die jeweilige Situation objektiv erforderliche Sorgfalt oder Vorsicht nicht aufbringt". Ob beim Verursachen eines Schadens fahrlässiges Verhalten vorlag oder nicht, ist ausschlaggebend dafür, ob die Versicherung die Kosten für den Ersatz des entstandenen Schadens übernimmt. Laut § 276 BGB (Bürgerliches Gesetzbuch) handelt fahrlässig, wer die „erforderliche Sorgfalt außer Acht lässt". Das bedeutet, dass jeder die Sorgfalt und Vorsicht aufbringen muss, die in einer bestimmten Situation objektiv vonnöten sind. Damit das Verhalten als fahrlässig eingestuft wird, müssen außerdem die Folgen des sorglosen Verhaltens absehbar und vermeidbar sein. Die betreffende Person muss also prinzipiell die Möglichkeit haben, sich so zu verhalten, dass keine negativen Folgen zu erwarten sind. Tut sie das nicht, geht sie ein gewisses Risiko ein, fahrlässig zu handeln. Im Versicherungsrecht geht es bei dem Thema „Fahrlässigkeit" konkret um einen Schaden, den jemand zwar nicht beabsichtigt, aber durch sein Verhalten begünstigt und so letztlich verursacht hat. Anders gesagt: Hätte die betreffende Person durch ein anderes Verhalten verhindern können, liegt Fahrlässigkeit vor. In diesem Fall kann es sein, dass die Versicherung nicht oder nur teilweise für den Schaden aufkommt. Wichtig zur Abgrenzung der Fahrlässigkeit ist zudem, dass der Schaden nicht das Ziel des Handelns gewesen ist. Die betreffende Person nimmt zwar die Möglichkeit in Kauf, dass er entstehen könnte, legt ihr Handeln aber nicht aktiv darauf an. Andernfalls spricht man von Vorsatz. Vorsätzlich verursachte Schäden werden grundsätzlich nicht von Versicherungen ersetzt – das ist allerdings abhängig davon, wer den Schaden auslöste, denn vorsätzliche Brandstiftung ist meistens versichert. Der Geschädigte hat in allen Fällen Anspruch auf Schadenersatz. Wenn die Versicherung nicht greift, muss der Schadenverursacher persönlich dafür aufkommen (so er die Mittel dafür hat!). Anders verhält es sich jedoch, wenn jemand vorsätzlich ein Unternehmen anzündet und unbekannt bleibt – dann zahlt der Feuerversicherer den Brandschaden. Wird die Person erkannt, so muss sie haften; verfügt sie nicht über ausreichende Mittel, bleiben die Kosten wieder beim Feuerversicherer hängen.

Bei Versicherungsfragen wird außerdem zwischen einfacher (normaler) und grober Fahrlässigkeit unterschieden. Dabei kann die Unterscheidung ausschlaggebend dafür sein, ob die Versicherung die durch einen Schaden entstandenen Kosten übernimmt oder nicht. Genau definiert sind diese Begriffe im Gesetz nicht, weshalb die Zuordnung im Zweifelsfall juristisch geklärt werden muss. Einfache Fahrlässigkeit besteht prinzipiell beim Verursachen eines Schadens aufgrund einer kurzen, spontanen Unaufmerksamkeit. Als grobe Fahrlässigkeit wird dagegen ein Verhalten eingestuft, mit dem eine Person durch deutliches Vernachlässigen der Sorgfalt einen Schaden verursacht.

Unter www.procontra-online.de (Anmerkung: eine intelligente Kombination von pro und contra – „audiatur et altera pars" – man möge auch die Argumente der anderen Seite hören, so eine ca. 2000 Jahre alte Weisheit aus Rom) findet man folgende Definition von „grober Fahrlässigkeit": „Es wird grob fahrlässig gehandelt, wenn ein Schaden durch einfache und naheliegende Verhaltensweisen hätte verhindert werden können und diese außer Acht gelassen wurde. Das heißt, der Versicherte verletzt die erforderliche Sorgfalt nach allen Umständen und aus verschiedenen Betrachtungswinkeln in ungewöhnlich hohem Maße." Nun wird natürlich ein konservativ eingestellter Richter die Messlatte höher legen für die Definition und ein liberalerer Richter etwas niedriger – und beide haben und sprechen eben Recht. Recht aus ihrer Sicht, unter Verwendung derselben Gesetze. Das Versicherungsvertragsgesetz (VVG) sieht vor, dass der Versicherer bei grober Fahrlässigkeit eine Entschädigungsleistung mit einer Kürzung versehen darf. Bei Vorsatz oder Arglist des Versicherungsnehmers ist der Versicherer leistungsfrei, nicht jedoch bei Vorsatz „normaler" Angestellte. Bei „normaler" Fahrlässigkeit jedoch ist der Versicherer meist gezwungen, den Schaden komplett zu übernehmen.

Wir wollen hier nicht über Moral, Religion oder Philosophie sprechen, sondern über Juristerei. Wenn es einen Schaden gibt, so entstehen Kosten – Kosten, die nicht anfallen würden, wenn es den Schaden (Brand, Unfall) nicht gäbe. Schnell wird klar, dass keine Person und keine Institution gern bzw. freiwillig (sozusagen aus Kulanz) für Schäden aufkommt und möglichst versucht, anderen die Schuld zu geben. Laut § 823 BGB muss grundsätzlich jeder, der anderen einen Schaden zufügt, diesen auch ersetzen. Hierbei handelt es sich um fahrlässig verursachte Schäden, denn würden diese vorsätzlich herbeigeführt, wäre wohl nicht das BGB, sondern das StGB zuständig – außerdem geht es nicht nur um die Begleichung des Schadens, sondern auch noch um eine Bestrafung (Geldstrafe, Sozialarbeit, Gefängnisstrafe).

Tritt ein Brandschaden ein, so prüfen die Feuerversicherungen verständlicherweise erst einmal, ob die Randbedingungen passend, also korrekt sind. War es ein versicherter Schaden an einem versicherten Gegenstand auf einem versicherten Grundstück? Gäbe es den Schaden nicht oder wäre er nicht so groß, wenn man sich an geltende Vorschriften oder zusätzliche Vorgaben im Versicherungsvertrag gehalten hätte? Ist der Schaden wirklich plötzlich, schädigend und vor allem auch unvorhersehbar – und damit unvermeidbar – eingetreten? Hat sich jemand fahrlässig oder grob fahrlässig verhalten und so den Schaden ausgelöst? All das sind Fragen, die sich weder absolut noch objektiv beantworten lassen.

Jeder kennt den Spruch „Vor Gericht und auf hoher See ist man in Gottes Hand"; so abgedroschen er auch klingen mag – er ist richtig. Man mag sich noch so auf der sicheren Seite wägen: Der Richter kann die Dinge ganz anders werten und ein, freundlich ausgedrückt, befremdendes Urteil fällen. Das ist nicht die Regel, aber es kommt vor, und zwar in beide Richtungen! In Gesetzen stehen Vorgaben, die so oder so interpretiert und auf einen Einzelfall angewandt werden müssen. Es liegt in der Natur der Sache, dass Person A einen anderen Betrachtungswinkel hat als die Personen B, C oder D – und ggf. auch andere Interessen vertritt. Und dann kommt ein Richter, der den Sachverhalt in ein anderes Licht stellt und eben einen anderen Wertekompass hat. Zudem sind oft mehrere Paragrafen zutreffend. Welcher nun welche Bedeutung für diesen Fall hat, das ist oft nicht mehr objektiv und mathematisch nachvollziehbar festzulegen.

Machen wir weiter mit dem versicherungsrechtlichen Begriff der Obliegen-heitsverletzungen. Was ist das? Obliegenheiten sind Pflichten, die wir haben. Sie sind aber nicht einklagbar, d. h., wenn wir diese Pflichten nicht erfüllen, passiert uns erst mal nichts. Auch ist es erfreulicherweise so, dass wir bei deren Verletzung (also dem Nichteinhalten dieser Pflichten) nicht schadenersatzpflichtig sind. Nun kommt das, was natürlich kommen muss, nämlich der Nachteil, wenn wir sog. Obliegenheiten verletzen: Wir müssen die dabei bzw. dadurch entstehenden Nachteile selbst tragen und stehen somit in der finanziellen Verpflichtung. Um diese Theorie mit Leben zu füllen: Wer beim Verlassen seiner Wohnung ein gekipptes Fenster nicht schließt oder die Falle der Wohnungseingangstür nur ins Schließblech zieht, nicht aber absperrt, kann dafür nicht verklagt werden; wenn aber Einbrecher diesen Verstoß nutzen, um leichter in die Wohnung zu gelangen, dann ist der Versicherer voraussichtlich leistungsfrei. Gleiches gilt beispielsweise, wenn man im Unternehmen brandgefährlichen Müll abends nicht beseitigt und dieser einen Brand in den Produktionsräumen verursacht.

§ 7 der Allgemeinen Bedingungen für die Feuerversicherung (AFB) lautet: „Der Versicherungsnehmer muss alle gesetzlichen, behördlichen oder im Ver-sicherungsvertrag vereinbarten Sicherheitsvorschriften beachten." Das hat es in sich, denn *alle* Vorgaben ständig zu beachten, ist ein Ding der Unmöglichkeit. Das wissen auch die Richter und ist der Grund dafür, dass Versicherungen Schaden-zahlungen meist nicht zu 100 % ablehnen können. Doch wenn der Richter eine Teilschuld sieht und 30 % oder gar 75 % abzieht, kann das zum wirtschaftlichen Ruin des Unternehmens führen, zumal sich solche Verhandlungen über Jahre hinziehen und in dieser Zeit kein Geld von der Versicherung an das abgebrannte Unternehmen überwiesen wird.

Gesetzliche Vorgaben sind primär die Bauordnungen, aber auch die Brand-schutzvorgaben aus der arbeitsschutzrechtlichen Gesetzgebung. Hinter behördlichen Vorgaben stehen die umfangreichen Forderungen der Berufsgenossenschaften, die nicht nur Vorschriften und Regeln, sondern auch Informationen und Grund-sätze als DIN-A5-Schriften herausbringen. Und die im Versicherungsvertrag ver-einbarten Sicherheitsvorschriften gehen meist weit über das hinaus, was Gesetze oder Berufsgenossenschaften fordern. Schließlich geht es dem Gesetzgeber und der Berufsgenossenschaft primär um Personenschutz und den Versicherungen primär um Sachwerteschutz. Brandschutzbeauftragte müssen also genau wissen, welche Brandschutzvorgaben von den Versicherungen in den Versicherungsver-trägen gefordert sind, um diese dann auch bekannt zu geben und deren Einhaltung zu kontrollieren.

In den „Sicherheitsvorschriften für Starkstromanlagen bis 1000 V" steht unter Punkt 2.7.3: „Elektrowärmegeräte sind so anzubringen bzw. aufzustellen, dass sie keinen Brand verursachen können. Auf die Betriebsanweisung für die Geräte und das Merkblatt ‚Elektrowärme' wird hingewiesen." Gute Brandschutzbeauftragte besorgen sich also über die Feuerversicherung dieses Merkblatt und holen das heraus, was sinnvoll oder nötig ist. Von besonderer Bedeutung ist zu wissen, was Elektrowärmegeräte sind: Toaster, Wasserkocher, Kaffeemaschinen, Heizplatten, Durchlauferhitzer und elektrische Heizungen; sicherlich fallen Ihnen noch weitere Gerätschaften ein, die unter diesen Begriff fallen. Diese Geräte müssen wir so betreiben, dass sie keinen Brand verursachen können. Wie ist das zu interpretieren? Wenn die Geräte geprüft und ordnungsgemäß intakt sind, dürfen sie selbst brennen, aber es muss bei einem Gerätebrand bleiben, nicht mehr. Wenn durch den Gerätebrand andere Dinge entzündet werden, die sich daneben, darunter oder – das ist am gefährlichsten – darüber befinden, so haben wir gegen die Sicherheitsvorschriften verstoßen. Da dieser Verstoß kausal die Ursache für einen Brandschaden oder – wie hier – für eine Brandschadenvergrößerung verantwortlich ist, kann der Versicherer gesetzeskonform somit die Schadenzahlung reduzieren.

Der Versicherer sagt sinngemäß:

> „Wir vertreten die Meinung, dass Sie Schuld an dem Schaden haben und ihn hätten verhindern können, wenn Sie sich korrekt verhalten hätten. Das ist der Grund, warum wir Ihnen aus Kulanz und ohne Eingestehen einer Verpflichtung 60 % Schadenzahlung anbieten. Wenn Sie damit einverstanden sind, ist die Sache abgeschlossen; hier ist der Scheck – aber vor dessen Einlösung unterschreiben Sie, dass die restlichen 40 % nicht eingeklagt werden. Sind Sie damit nicht einverstanden und fordern mehr als 60 % von uns, müssen Sie klagen, und zwar auch auf den Erhalt der 60 %. Mal sehen, ob der Richter Ihnen 60, 70 oder aber vielleicht nur 40 % zugesteht. Vergessen Sie nicht, dass wir nach dem erstinstanzlichen Urteil, das uns ggf. nicht gefällt, in Revision oder Berufung gehen können und dass erst nach dem zweiten, ggf. dritten Urteil Geld fließt. Und das kann sich sechs bis neun Jahre hinziehen. Jahre, in denen beiden Seiten Gerichtskosten, Kosten für Anwälte und Gutachter entstehen. Jahre, in denen Sie kein Geld bekommen. Jahre, in denen bei Ihnen kein Wiederaufbau möglich ist."

So hart kann das Leben sein. Und jetzt gilt es abzuwägen, ob man mit 60 % sofort vielleicht noch eine Chance hat – mit dem Wissen, dass der Versicherer mit seinen Vorwürfen ja nicht gänzlich unrecht hat. Vielleicht können Sie den Versicherer noch auf 65 % hochhandeln, mehr wird wohl nicht drin sein.

Wir lernen aus der Verhandlungstaktik von Versicherungen (die ja sehr wohl wissen, wie solche Prozesse ablaufen und dass der geschädigte Kunde der Unterlegene ist, auch dann, wenn es sich um einen Konzern handelt), dass es sich lohnt, den Brandschutz, die Brandschutzvorgaben ernst zu nehmen und umzusetzen.

Andererseits gibt es auch Richter, die z. B. in der Urteilsbegründung, in der sie den Versicherer verpflichten, alle Kosten zu übernehmen, sagen: „Wenn sich alle ständig an alle Vorgaben halten, passiert nichts. Sie sind Versicherer und übernehmen Risiken, und ein Risiko ist eben das falsche Verhalten von Menschen. Das Verhalten war fahrlässig und weit entfernt vom Vorwurf der groben Fahrlässigkeit, deshalb muss der Schaden zeitnah beglichen werden." Doch wissen wir, welche Einstellung und welche Interpretation der Richter hat?

Zum § 26 VVG gibt es noch eine wesentliche Anmerkung: Wenn man vor Gericht belegt, dass man sich fahrlässig verhalten hat und es deshalb zu einem Brandschaden kam, dann greift dieser Paragraf nicht, da er ja grobe Fahrlässigkeit voraussetzt. Um als grob fahrlässig eingestuft zu werden, gehört jetzt schon wirklich viel dazu. „Normale" Fahrlässigkeit muss also bezahlt werden. Natürlich wird der Versicherer grobe Fahrlässigkeit unterstellen, aber bei einzelnen (also singulären) Verstößen sind auch Richter manchmal großzügig und stufen diese eben als fahrlässig und nicht als grob fahrlässig ein. Es rentiert sich also zum einen, auf das Einhalten von Vorgaben zu achten und das auch zu kontrollieren, und zum anderen, dass man nicht länger oder ständig (also über Jahre) gegen Vorgaben verstößt, denn sonst könnte ein Richter sagen: „Bei Ihnen war es nicht die Frage, *ob* es zu einem Brand kommt, sondern lediglich *wann!*" Das wäre dann grob fahrlässig oder sogar noch mehr (billigende Inkaufnahme, also bedingter Vorsatz)!

Früher musste der Versicherer vor Gericht belegen, wie und warum er zur Einstufung „grob fahrlässig" gekommen ist. Doch seit dem Jahr 2000 ist ein gefährlicher Nachsatz im VVG hinzugekommen, der da lautet: „Die Beweislast für das Nichtvorliegen einer groben Fahrlässigkeit trägt der Versicherungsnehmer." Musste vorher also vor Gericht der Versicherer belegen, warum er hier den Tatbestand der groben Fahrlässigkeit als erfüllt sieht, gilt heute die Beweislastumkehr: Das versicherte Unternehmen muss vor Gericht belegen, welche Vorsorge-, Kontroll- und Schutzmaßnahmen getroffen wurden. Nun muss der Richter also entscheiden, ob das als fahrlässig oder grob fahrlässig eingestuft wird.

Zwei Richter haben einmal folgendes Urteil in derselben Sache gesprochen: Es entspricht der Lebenserfahrung, dass mit der Entstehung eines Brandes praktisch jederzeit gerechnet werden muss. Der Umstand, dass in vielen Gebäuden jahrzehntelang kein Brand ausbricht, beweist nicht, dass keine Gefahr besteht, sondern stellt für die Betroffenen einen Glücksfall dar, mit dessen Ende jederzeit gerechnet werden muss (Verwaltungsgericht Gelsenkirchen 5K1012/85 und Oberverwaltungsgericht Münster 10A363/86). Daraus kann man die Lehre ziehen, dass man Brandschutz aktiv angehen und sich sowohl präventive als auch kurative Maßnahmen überlegen muss; tut man beides nicht, wird das ggf. als grobe Fahrlässigkeit oder als billigende Inkaufnahme eingestuft.

2.2   Wo steht das?

Wir Brandschützer müssen natürlich wissen, was in Bestimmungen steht; schließlich können wir nicht subjektiv dies oder jenes fordern, ohne konkrete Notwendigkeit. Das bedeutet, wir Brandschutzbeauftragte müssen Gesetze, Bestimmungen, Vorgaben und Regeln kennen und wissen, wo wir was finden; das sind dann entweder konkrete Forderungen oder aber zu erreichende Schutzziele. Löst Person A diese Aufgabe anders als Person B, entstehen Diskussionen. Diese sind jedoch wichtig und müssen konstruktiv zu Ende geführt werden, weil wir in Diskussionen unsere Forderungen ja auch juristisch untermauern müssen.

Weltweit gibt es knapp 8 Mrd. Menschen; in Deutschland leben davon ca. 1 % (80 Mio.). Diese 8 Mrd. verteilen sich auf aktuell 194 Staaten. Wenn man jedoch weiß, dass von den weltweit vorhandenen Steuergesetzen in diesen 194 Staaten (also 100 %) über die Hälfte davon allein in Deutschland greifen, so wird schnell klar, in welchem Dilemma wir stecken: Für 1 % der Weltbevölkerung gibt es über 50 % der Steuergesetze, und in anderen Bereichen ist das nicht wesentlich anders. Alles wird bei uns reguliert, überreguliert – offenbar eine Marotte von uns Deutschen, es übergenau zu nehmen. Es gibt Ausnahmen, aber auch Ausnahmen von den Ausnahmen und und und. Das ist nicht nur im Steuerrecht so, sondern auch im komplizierten Erbschaftsrecht und natürlich auch in der Sicherheitstechnik. Wenn aber „alles" geregelt ist, so blendet man gern den gesunden Menschenverstand aus und beginnt, sich zu beugen und eben Dienst nach Vorschrift walten zu lassen. Manche überlegen nur noch, was gefordert ist, und dann passiert eben ein Brand „nach Vorschrift" oder auch ein Straßenverkehrsunfall.

Warum diese Einleitung? Nun, weil nicht wenige Unternehmensverantwortliche lediglich das tun, was gesetzlich und behördlich gefordert ist oder was darüber hinaus noch im Versicherungsvertrag steht. Dass man das macht, ist ja löblich; doch manchmal wäre es eben sinnvoller, etwas anderes ebenfalls zu realisieren. Wir müssen uns als Brandschutzbeauftragte also immer überlegen, was gefordert ist und ob man darüber hinaus noch das eine oder andere umsetzen soll, will oder ggf. sogar muss, denn das Arbeitsschutzgesetz sagt ja, dass „Gefährdungen so gering wie möglich" gehalten oder reduziert werden müssen und verbleibende Gefährdungen weiter zu verringern sind – so, wie das eben heute Usus, üblich oder Regel der Technik ist.

Doch viele Gesetze, etwa die Straßenverkehrsordnung (StVO) (z. B. in § 1: „ständige Vorsicht", „gegenseitige Rücksicht"), sind recht schwammig, so auch das Arbeitsschutzgesetz (ArbSchG) in § 4 (1): „Arbeiten so gestalten, dass Gefährdungen möglichst vermieden und verbleibende Gefährdung möglichst gering gehalten werden." Daraus kann man, insbesondere nach einem Brandschaden, natürlich immer etwas gegen den Verursacher konstruieren.

Wenn man sich als Brandschutzbeauftragter in die Position des Geschäftsführers versetzt (also „audiatur et altera pars"!), wird schnell klar, welche primären Ziele hier verfolgt werden. Und die Wirtschaftlichkeit ist ja auch ein nicht unanständiges Ziel, denn nur der Staat darf über Jahre und Jahrzehnte mehr Geld ausgeben als einnehmen, ohne dafür zur Verantwortung gezogen zu werden. Es ist demnach gut und zielführend, wenn es einerseits „Forderer" (Brandschutzbeauftragte) und andererseits „Bremser" (Controller, Vorgesetzte) gibt – ein Kompromiss ist im Leben nicht immer eine schlechte Lösung. Absolute Forderungen gibt es nämlich nur in Diktaturen! So ist es also verständlich und üblich, dass andere uns Brandschutzbeauftragte fragen: Wo steht denn das? Wer fordert das? Muss das wirklich so umgesetzt werden? Gibt es preiswertere, effektivere oder effizientere Lösungswege? Und auf solche Fragen, auf solche Gespräche müssen wir vorbereitet sein. Wir müssen zum einen belegen können, wo etwas steht, wo etwas gefordert wird; das kann direkt gefordert sein, oder aber es wird indirekt aus einer Forderung gelesen, interpretiert (was andere wieder anders interpretieren können). Zum anderen müssen wir Brandschutzbeauftragte belegen können, wie die vorgefundene Ist-Situation aussieht und welche konkreten baulichen, anlagentechnischen, organisatorischen oder kaufmännischen Lösungen die Diskrepanz, also die Lücke zwischen Ist und Soll, verringert bzw. schließt.

Ganz zentral ist für uns Brandschützer das ArbSchG in dem u. a. steht, dass Gefahren so gering wie möglich zu halten sind. Darüber hinaus werden in § 5 Gefährdungsbeurteilungen gefordert – beides schon seit 1996! Welche Form eine Gefährdungsbeurteilung hat, das ist nicht geregelt und kann bzw. muss individuell anders umgesetzt werden. Ich warne jedoch vor Internetlösungen, die mit ein paar Mausklicks versprechen, eine Gefährdungsbeurteilung binnen Minuten zu erstellen. Dass das keinen Wert haben kann, wird jedem mit gesundem Menschenverstand schnell einleuchten. Ich bitte Sie jetzt persönlich, das ArbSchG zu lesen; es ist schnell durchgelesen, und man findet viel und vieles, was sich auf den Brandschutz umlegen und anwenden lässt. Ein Gesetz ist immer die oberste, wichtigste Vorgabe, die wir einhalten müssen, und die Richtschnur für Juristen.

Dem ArbSchG nachfolgend sind die fünf Verordnungen Arbeitsstätten-, Betriebssicherheits-, Gefahrstoff-, Biostoff- und Baustellenverordnung. Sie sind ebenfalls verbindlich einzuhalten, wenn ihre Inhalte zutreffend sind für ein Unternehmen. So greifen die Arbeitsstätten- und die Betriebssicherheitsverordnung sicherlich bei 100 % der Unternehmen und die Gefahrstoffverordnung bei mindestens 95 %. Die Biostoffverordnung wird von schätzungsweise lediglich 5 % oder weniger umzusetzen sein, die Baustellenverordnung greift bei Neu- und Umbauvorhaben bei wiederum 100 % der Unternehmen. Verordnungen sind also so verbindlich wie Gesetze, und Verordnungen werden schon konkreter in den Inhalten, in den Forderungen. Den Verordnungen folgen zum Teil sehr viele Regeln, die entsprechend der Verordnung benannt werden (Tab. 2.1).

Diese Regeln gelten als gesichert, als Regeln der Technik und müssen – so oder alternativ – umgesetzt werden. Tut man das nicht und führt das direkt zu einem Schaden oder zu einer Schadenvergrößerung, eröffnet das der „Gegenseite" (Versicherung, Staatsanwaltschaft, Berufsgenossenschaft, privatem Kläger) Möglich-

Tab. 2.1 Relevante Verordnungen und zugehörige Regeln

Verordnung	Abkürzung	Bezeichnung der Regel	Abkürzung
Arbeitsstättenverordnung	ArbStättV	Arbeitsstättenregeln	ASR
Betriebssicherheitsverordnung	BetrSichV	Technische Regeln zur BetrSichV	TRBS
Gefahrstoffverordnung	GefStoffV	Technische Regeln zur GefStoffV	TRGS
Biostoffverordnung	BioStoffV	Technische Regeln zu biologischen Arbeitsstoffen	TRBA
Baustellenverordnung	BauStellV	Regeln Arbeitsschutz Baustellen	RAB

keiten, die vermeidbar gewesen wären. Von Regeln darf man im Gegensatz zu Verordnungen oder Gesetzen immer dann abweichen, wenn dadurch keine Gefahr, keine zusätzliche Gefahr oder keine Gefahrenvergrößerung eintritt. „Abweichen" kann bedeuten, dass man eine Empfehlung einer Regel nicht anwendet oder aber eine Alternativlösung gefunden hat, die als gleichwertig, effizienter, preiswerter oder sicherer anzusehen ist.

Bleiben wir noch kurz bei den Gesetzen; hier ist, gerade für uns Brandschützer, die jeweilige Bauordnung von entscheidender Bedeutung. Es gibt für unterschiedliche Nutzungen unterschiedliche Bauordnungen, die auf die jeweiligen individuellen Gefahren eingehen. So gibt es Bauordnungen für Büro- und Wohngebäude (eben die Landesbauordnung), die auch für kleinere Werkstätten und Lagergebäude angewandt werden können. Daneben gibt es Bauvorgaben für große Industriegebäude, für Versammlungsstätten, Hochhäuser, Verkaufsstätten, Hotels, Garagen oder Heiz- und Technikräume etc. Wir dürfen in Gebäuden lediglich die Aktivitäten umsetzen, die von der zuständigen Bauordnung auch zugelassen sind, sonst würde es sich um einen illegalen Schwarzbau handeln oder um eine nicht genehmigte – und damit auch nicht versicherte und nicht versicherbare – Unternehmensart. Nachdem die freien und friedlichen europäischen Länder wirtschaftlich, militärisch, pekuniär und politisch zusammenrücken, ist es unverständlich, dass es solche Bestrebungen nicht auch im Baurecht gibt.

Doch gerade hier ist Deutschland noch sehr rückständig und meint, für jedes der 16 Bundesländer (wozu auch Hamburg, Berlin und Bremen zählen oder das Saarland mit unter 1 Mio. Einwohnern!) eigene Baugesetze für alle Arten von Gebäuden erstellen zu müssen. Eine sinnvolle Vereinheitlichung steht in Berlin nicht auf der Tagesordnung. Wir haben in Deutschland also 16 Landesbauordnungen, 16 Garagenbauordnungen, 16 Versammlungsstättenverordnungen usw. Sinnvoll wäre eine deutsche Bauordnung und ggf. in wenigen Jahren mal eine europäische Bauordnung. Vielleicht ist diese Kritik in dem Buch ja der Stein, der die Sache zum Laufen bringt?

Doch zurück zu uns, zum Brandschutz und zu den Unternehmen: Das Einhalten der baugesetzlichen Vorgaben ist elementar wichtig, will man nach einem Brandschaden mit Sachwertzerstörung von der Versicherung problemlos Geld und nach einem Brand mit Personengefährdung keine Probleme mit der Staatsanwaltschaft bekommen. Wir Brandschutzbeauftragte kennen also die uns betreffenden Baugesetze und gleichen die Ist-Situationen mit den dort gefundenen Soll-Situationen ab; ggf. müssen wir intervenieren, nachbessern oder umbauen (lassen).

Als nächstes will ich das berufsgenossenschaftliche Regelwerk erwähnen, denn die Vorschriften der Berufsgenossenschaften gelten als autonome Rechtsnormen, die den Gesetzen (fast) gleichgestellt sind. Die Berufsgenossenschaften erlassen Vorschriften, Regeln, Informationen und Grundsätze, und jeder Brandschutzbeauftragte ist gut beraten, alle vier Bereiche gut zu kennen und zu wissen, welche davon für sein Unternehmen zutreffend sind. Diese sind zu besorgen und umzusetzen. Im BG-Recht findet man ziemlich viele Vorgaben, die den Brandschutz betreffen und primär auf den Personenschutz abgestimmt sind. In manchen Technischen Regeln heißt es sinngemäß: Wenn man diese Regel umsetzt, so sollten die Forderungen der jeweiligen Verordnung erfüllt sein; der Sachwerteschutz kann aber andere, weitere Maßnahmen notwendig werden lassen. Dass der Personenschutz natürlich in der Bedeutung deutlich höher als der Sachwerteschutz anzusehen ist, muss eigentlich nicht erwähnt werden. Doch paradoxerweise ist der Personenschutz häufig schneller, einfacher, effektiver und deutlich preiswerter herzustellen als der Sachwerteschutz. Und genau dies müssen wir Brandschutzbeauftragte den Entscheidungsträgern vermitteln. Gegebenenfalls muss aufgrund der Forderungen im Feuer-Versicherungsvertrag deutlich mehr umgesetzt werden, als die Berufsgenossenschaft, die Bauordnungen oder die Arbeitsschutzgesetze es als erforderlich ansehen. Und man möge sich vor Augen halten, dass ein Vertrag freiwillig von zwei Seiten unterschrieben wird, dass der Vertrag – so er nicht gegen Gesetze oder die guten Sitten verstößt – für beide Seiten verbindlich ist und dass eben dieser Vertrag auch nach Problemen herausgeholt und interpretiert wird (von beiden Seiten ggf. anders – so kommt es zu Prozessen). Außerdem ist noch zu erwähnen, dass es eine Holschuld von Unternehmen ist, sich alle Vorgaben zu holen – und keine Bringschuld von Behörden, Versicherungen oder Berufsgenossenschaften.

Um noch einmal auf die Abschnittsüberschrift einzugehen: Baurechtliche Dinge findet man in der Baugesetzgebung, Vorgaben hinsichtlich des Umgangs mit Ladestationen im Versicherungsrecht (also im Versicherungsvertrag). Doch wirklich sehr viel findet man in der DGUV Vorschrift 1, vielleicht direkt und indirekt 40 % aller Brandschutzforderungen! Erwähnenswert ist noch die VdS 2038, die sich mit Brandschutztüren, Elektroanlagen, Raucherverhalten, Feuerarbeiten, Heizeinrichtungen, brennbaren Flüssigkeiten und Gasen, Verpackungsmaterial, Abfällen, Feuerlöscheinrichtungen und der nötigen Kontrolle nach Arbeitsschluss befasst. Diese VdS-Vorgabe ist von so zentraler Bedeutung, dass sie hier im Buch mehrfach erwähnt werden muss.

Konkrete Forderungen sind auch den fünf Verordnungen und deren zahlreichen nachfolgenden Regeln zu entnehmen. Übrigens, wer etwas über Explosionsschutz sucht, findet hierzu ziemlich viel im BG-Recht und natürlich in der Gefahrstoffverordnung und einigen Technischen Regeln (u. a. TRBS und TRGS). Vergessen Sie bitte nie, dass man von Regeln abweichen darf, wenn man das Niveau der Regeln damit nicht unterbietet – Regeln sind also verbindlich als Schutzziel anzusehen.

Ein letzter Tipp: Wenn jemand zu häufig fragt, wo denn diese Forderung steht, und man nicht sicher weiß, ob es so eine konkrete Forderung überhaupt gibt, dann antworten Sie doch einfach selbstbewusst mit „Das steht in § 6 der GMV"! Ich habe das mal bei einem wenig begabten, aber dafür umso selbstverliebten Münchener Architekten mit Professorentitel gesagt, und der knickte ein, ohne nachzufragen – denn GMV bedeutet nicht mehr, aber auch nicht weniger als gesunder Menschenverstand! Kommen wir zum Anfang zurück – in einem Land, in dem eigentlich alles geregelt ist, versuchen manche, eben wirklich lediglich das umzusetzen, was irgendwo steht, und nicht auch noch das, was jetzt individuell wirklich Sinn ergibt.

2.3   Brandschutz in der Gesetzgebung – die Hierarchie

Manchmal sitze ich mit meinen Freunden Jürgen und Phillip zusammen und bespreche mit ihnen brandschütztechnische Rechtsfälle; beide sind freiberufliche Rechtsanwälte und sagen nicht selten Sätze wie:

- Du denkst zu pauschal.
- Du vergisst, dass ...
- Das Gegenargument ist aber ..., und das wiegt meiner Meinung nach mehr.
- Du misst den verschiedenen Argumenten eine wie ich meine falsche Bedeutung zu.
- Nein, man kann nicht verallgemeinern; jeder Einzelfall bedarf der individuellen Betrachtung.
- Menschlich, also subjektiv magst du recht haben, doch objektiv ...
- Es sind noch deutlich mehr Randbedingungen zu berücksichtigen.
- Du vergleichst Äpfel mit Birnen.
- Wenn das wirklich so gewesen ist, wäre die Entscheidung einfach; doch dass es so war, wird man nicht gerichtsfest belegen können und als Kläger muss man Beweise und nicht Behauptungen liefern.
- Das liegt jetzt im Auge des Betrachters – man könnte sich für beide Seiten erwärmen.
- Fall A wird anders gewertet, weil hier ausschließlich Meister am Arbeiten waren; Fall B liegt zwar ebenso, doch hier sind Auszubildende und ungelernte, und deshalb ...
- Die DIN interessiert in diesem konkreten Fall überhaupt nicht.
- Die DIN ist hier maßgebend relevant, sondern ...
- Das ist eindeutig eine Pattsituation, denn beide Seiten tragen Schuld!

So viel als Nachtrag zu dem Satz „Vor Gericht und auf hoher See ist man in Gottes Hand"; in der Gesetzgebung ist es eben so, dass es Hierarchien sowie Verstöße, Vergehen und auch Verbrechen gibt. Doch selbst Verstöße können als relativ harmlos oder kritisch gewertet werden, und dann hat der rechtsprechende Richter immer noch einen bestimmten Ermessensspielraum. Grundsätzlich also liegen in jedem Fall so viele Wenn und Aber vor, dass es wirklich sehr schwer ist, Recht zu sprechen und vorab zu sagen, wie eine Klage ausgehen wird.

Theoretisch ist es sehr einfach: Gesetze stehen über Verordnungen und Verordnungen über Regeln. DIN-Normen können in einem Bundesland eingeführt worden und somit verbindlich sein; oder sie gelten als unverbindliche, aber sinnvolle Handlungsempfehlungen. Berufsgenossenschaftliche Vorgaben gelten immer dann, wenn in einem Unternehmen mehr als eine Person arbeiten, und übrigens auch für in Deutschland arbeitende Firmen, die aber den Firmensitz anderswo haben. Arbeitsschutzgesetze stehen, sollten sie mit berufsgenossenschaftlichen Vorgaben kollidieren, über den BG-Bestimmungen. Gesetze sind absolut einzuhalten, Verordnungen ebenfalls. Ordnungen gelten quasi als Gesetze und sind ebenfalls absolut einzuhalten. Inhalte und Vorgaben von Gesetzen und Ordnungen sind zu verstehen und dürfen nicht gebeugt werden. Von Regeln darf man abweichen, wenn dadurch keine Verschlechterung des eigentlichen Schutzziels erreicht wird. Und Schuld kann man immer dann bekommen, wenn man gegen Vorgaben verstößt und – das ist jetzt ganz wichtig – wenn das direkt und kausal mit dem Schaden oder der Schadenvergrößerung zusammenhängt.

Hierzu ein Beispiel: Wer seine Terrassentür offen lässt und die Wohnung im Erdgeschoss verlässt, hat vollen Versicherungsschutz, wenn ein Einbrecher die ge- und verschlossene Wohnungseingangstür aufbricht. Hingegen erlischt wegen grober Fahrlässigkeit dieser Versicherungsschutz, wenn die Einbrecher durch die geöffnete Terrassentür das Wohnzimmer betreten, denn in diesem Fall wäre das Entwenden von Gegenständen kein Einbruchdiebstahl (da keine gewalttätigen Aufbruchspuren vorliegen), sondern lediglich ein einfacher Diebstahl aufgrund von Land- und Hausfriedensbruch, und solche Schäden deckt die Versicherung nicht ab.

Es gibt die Begriffe „Holschuld" und „Bringschuld". Das Unternehmen hat grundlegend eine Holschuld, d. h., man muss sich alle Gesetze, Bestimmungen, Verordnungen, Regeln usw. holen, die man dann auch gewissenhaft einhalten und umsetzen muss. Es ist also keine Bringschuld von Behörden; bei Versicherungen hat sich das etwas geändert, deshalb dokumentiert auch jede Versicherung und insbesondere auch jeder Makler, wann (meist digital) welche Informationen übergeben wurden. Dass diese nur in wenigen Fällen auch gelesen, verstanden und umgesetzt werden, trägt übrigens nie zur Exkulpierung bei.

Es gibt ein paar Gesetze, die man als Brandschützer mindestens kennen und umsetzen muss, etwa die jeweils zutreffende(n) Bauordnung(en), das Arbeitssicherheitsgesetz, zutreffende Umweltschutzgesetze, das Arbeitsschutzgesetz oder auch das KonTraG (Gesetz zur Kontrolle und Transparenz von Gesellschaften). Natürlich gibt es noch Datenschutzgesetze und viele mehr, doch sie tangieren uns nicht oder nur indirekt. Die wesentlichen, zutreffenden Inhalte dieser Gesetze müssen bekannt und mit den Ist-Situationen im Unternehmen abgeglichen sein. Gleiches gilt für die bereits genannten fünf Verordnungen, von denen mindestens drei (Arbeitsstätten-, Betriebssicherheits- und Gefahrstoffverordnung) bei praktisch allen Unternehmen anzuwenden sind, bei Bauarbeiten auch die Baustellenverordnung. Und wer mit medizinischen, chemischen oder bestimmten physikalischen Laboren arbeitet, der muss auch die sinnvollen und wichtigen Inhalte der Biostoffverordnung kennen und umsetzen. Und schließlich werden wir Brandschützer dann doch primär mit den Regeln arbeiten, denn sie enthalten konkrete Forderungen und zeigen oftmals viele sinnvolle Punkte, die wir anwenden können, sollen oder sogar müssen.

Richter gehen meist wie folgt vor, wenn sie einen Fall zu beurteilen haben: Sie überlegen zunächst, wer welche Handlungen vorgenommen hat (also der Unternehmer war) oder vornehmen hat lassen, oder auch, wer nötige Handlungen nicht hat vornehmen lassen. Zweitens blicken sie in Gesetze, gegen die man ggf. verstoßen hat. Finden sie in den Gesetzen hierzu nichts, gehen sie eine Stufe tiefer und blicken in Verordnungen und schließlich in Regeln. Wenn auch hier nichts zu finden ist, so überlegen oder fragen sie, was denn heutzutage an diesem konkreten

Arbeitsplatz üblich, also Usus, ist, etwa so: „Was machen 50 % + x der Firmen oder Personen, wie ist heute der Stand der Sicherheitstechnik?" Dazu dienen Aussagen von Mitarbeitern von Feuerwehren oder Berufsgenossenschaften, aber auch eigene Recherchen bei gleichartigen Unternehmen oder Unternehmensverbänden. Dann wird es eine Wertung bzw. Bewertung geben und schließlich mit einem Urteil nicht Recht gesprochen, sondern ein Urteil gefällt. Als unterlegene Partei empfindet man das Urteil übrigens immer als ungerecht, das liegt in der Natur der Sache.

Bauvorgaben

3

Die Rechtsprechung ist für uns Brandschutzbeauftragte von zentraler Bedeutung. Wir müssen wissen, was gefordert ist und wie es konkret umgesetzt wird. Bauliche Brandschutzforderungen finden sich primär in den Bauordnungen für die Gebäude und natürlich auch in der Baugenehmigung – wir müssen diese Vorgaben kennen und mit den realisierten und gelebten Umsetzungen abgleichen. Doch Bauordnungen hier abzudrucken, würde den Rahmen des Buches sprengen und wäre auch nicht zielführend. In den Vorgaben des Arbeitsschutzes und auch mancher Bauordnungen finden sich Forderungen wie die nach Fluchtwegeplänen. Aber auch der Brandschutz bei Bauarbeiten sowie die Wertung des Bestandsschutzes sind wichtige Aufgaben des Brandschutzbeauftragten.

3.1 Flucht- und Rettungswegepläne

Sicherheitstechnische Dinge wie Handfeuerlöscher, Fluchtwegepläne oder Sprinkleranlagen erzeugen Kosten, die sich erst im Notfall amortisieren. Unabhängig davon sind diese häufig gesetzlich gefordert, und wir müssen sie realisieren, weil wir mit Notfällen rechnen müssen. Menschen dürfen gerade in Notsituationen nicht zusätzlich – also unnötig – gefährdet werden. Zunächst muss man zwei Sachverhalte unterscheiden, die zwar miteinander zu tun haben, aber dennoch unterschiedliche Sachen sind: erstens die Fluchtwege und deren Ausschilderungen und zweitens die Flucht- und Rettungspläne. Beides ist nämlich nicht immer absolut gefordert und erst einmal unterschiedlich zu betrachten. Beginnen wir mit der gesetzlichen Seite, und das ist an erster Stelle die Arbeitsstättenverordnung. Diese fordert – und jetzt zitiere ich: „Türen im Verlauf von Fluchtwegen oder Türen von Notausgängen müssen in angemessener Form und dauerhaft gekennzeichnet sein." Das bedeutet nicht, dass oberhalb jeder Bürotür

© Der/die Autor(en), exklusiv lizenziert durch Springer-Verlag GmbH, DE, ein Teil von Springer Nature 2022
W. J. Friedl, *Brandschutzbeauftragte: Das Weiterbildungsbuch*,
https://doi.org/10.1007/978-3-662-64619-9_3

ein grünweißes Fluchtwegepiktogramm anzubringen ist – wenn der Fluchtweg völlig unzweideutig ausschließlich in diese eine Richtung führt, dann ist eine Ausschilderung nicht nötig. Gleiches gilt für einen Flur, der an beiden Enden einen sicheren Ausgang hat oder dort in einen Treppenraum mündet. Natürlich würde es schon Sinn machen, diese beiden Fluchtwege im Flur auszuschildern, aber es ist eben nicht immer absolut gefordert – insbesondere ist es dann nicht nötig, wenn zum einen wenige Menschen und zum anderen immer dieselben Menschen diese Wege nutzen.

Die meisten Bauordnungen fordern keine Fluchtwegbeschilderungen. Anders jedoch, wenn es sich um eine große Versammlungsstätte, ein Hotel oder eine Verkaufsstätte handelt – in diesen (und ggf. weiteren) Fällen fordern die zuständigen Bauordnungen nicht nur Fluchtwegbeschilderungen, sondern auch Flucht- und Rettungswegepläne. An diese Pläne ist die Anforderung geknüpft, dass sie im Eingangsbereich angebracht sind, damit ortsfremde Personen die Chance haben bzw. hätten, sich vorab zu orientieren und auf den Notfall vorzubereiten. Weiter wird baurechtlich gefordert, dass jede Ebene von Hotels oder Verkaufsstätten mindestens zwei bauliche Fluchtwege hat. Und es wird gefordert, dass die dorthin führenden Piktogramme auch be- oder hinterleuchtet sind. Hier fordert eine Arbeitsstättenregel mit der Bezeichnung A2.3: „Fluchtwege sind deutlich erkennbar und dauerhaft zu kennzeichnen. Die Kennzeichnung ist im Verlauf des Fluchtwegs an gut sichtbaren Stellen und innerhalb der Erkennungsweite anzubringen. Sie muss die Richtung des Fluchtwegs anzeigen."

Nun stellt sich die Frage, ob bzw. wie Fluchtwege beleuchtet werden müssen. Ob man Fluchtwege beleuchten muss oder sogar mit Notbeleuchtung zu versehen hat, das ergibt sich übrigens aus der individuellen Gefährdungsbeurteilung. Dabei sind die realen Gegebenheiten und auch die Forderungen der jeweiligen Sonderbauverordnungen zu berücksichtigen. Die Arbeitsstättenregel A2.3 fordert eine Sicherheitsbeleuchtung nur dann, wenn bei Ausfall der allgemeinen Beleuchtung das gefahrlose Verlassen des Gebäudes nicht mehr gewährleistet ist, insbesondere betrifft das die folgenden Situationen:

1. Es befinden sich hier besonders viele Personen.
2. Es gibt viele Etagen.
3. Es liegt eine erhöhte Brandgefährdung vor.
4. Die Fluchtwegführung ist unübersichtlich.
5. Es sind besonders viele ortsunkundige Personen vorhanden, also insbesondere in großen Verkaufs- und Versammlungsstätten.
6. Bei der Flucht muss man große Räume durchqueren, etwa in Industrie- oder Messehallen.
7. Es handelt sich um Bereiche ohne Tageslicht, etwa große Möbelhäuser.

Über die Begriffe „Flucht" und „Rettung" muss man sich übrigens auch mal Gedanken machen: Bedeutet Flucht doch, dass man vor einer wie auch immer gearteten Gefahr wegläuft, z. B. einem Feuer und dessen Rauch. Und Rettung bedeutet, dass man zur selbstständigen Flucht nicht mehr in der Lage ist und andere, z. B. Feuerwehrleute, die bedrohten Personen retten müssen. Nun wird schnell folgendes klar: Je mehr Menschen selbst fliehen können, umso weniger Menschen müssen gerettet werden – mit dem Vorteil, dass sich die Feuerwehrleute dem Löschen und anderen Dingen widmen können und dass somit weniger oder im Idealfall gar keine Menschen bedroht sind.

Der nächste Unterschied ist, dass die Flucht von innen nach außen führt und die Rettung zunächst von außen nach innen, um dann wieder von innen nach außen zu gelangen. Fluchtwege sind in großen Sportstadien baulich von den Rettungswegen getrennt – denn wenn einige Zehntausend Menschen fliehen, können gegen diese Bewegungsrichtung kaum Feuerwehrfahrzeuge ohne Personengefährdung fahren.

Fluchtwege – egal ob Weg 1 oder Weg 2 – sind ständig freizuhalten, und das gilt in Gebäuden ebenso wie außerhalb von Gebäuden. Nach der Verkaufsstätten-verordnung ist diese Forderung außen vor den Gebäuden gut sichtbar anzubringen und einzuhalten – bei Verstößen können im Extremfall 500.000 € Strafe fällig werden. Solche hohen Summen werden dann angesetzt, wenn man regelmäßig gegen diese Vorgaben in Versammlungsstätten, Hotels oder großen Verkaufsstätten verstößt; sonst sind deutlich geringere Summen üblich.

Die Arbeitsstättenverordnung sagt zum Thema Flucht- und Rettungsplan konkret, und jetzt zitiere ich wieder: „Der Arbeitgeber hat einen Flucht- und Rettungsplan für die Bereiche in Arbeitsstätten zu erstellen, so es die Lage, die Ausdehnung oder die Art der Nutzung erfordern." Das ist unterschiedlich inter-pretierbar, aber es darf nicht dazu verwendet werden, diese möglicherweise lebensrettenden Maßnahmen wegzudiskutieren – auch weil ein Fluchtwegeplan oder die Ausschilderung von Fluchtwegen ja keine besonders großen zeitlichen oder finanziellen Aufwände mit sich bringen.

Zunächst einmal steht man aber ziemlich allein da mit den wenig konkreten Forderungen der Arbeitsstättenverordnung. Aus diesem Grund gibt es Regeln – Technische Regeln, in denen die angesprochenen Regeln der Arbeitsstätten-verordnung konkretisiert werden. Primär handelt es sich um die Arbeitsstätten-regel A2.3 („Technische Regeln für Arbeitsstätten, Fluchtweg und Notausgänge, Flucht- und Rettungsplan"). Hier kann man sich konkrete Tipps holen, wie das im konkreten Einzelfall umzusetzen ist.

Also, alles Relevante für diese Thematik holen wir uns aus der frei zugäng-lichen Arbeitsstättenregel A2.3 – diese beginnt mit den Worten, dass man bei Erfüllung der Inhalte wohl der Forderung der Arbeitsstättenverordnung ent-sprechen würde. Und jetzt kommt ein schöner Satz, der mehr Freiheit und Konstruktivität erlaubt: „Wählt der Arbeitgeber eine andere Lösung, muss er damit mindestens die gleiche Sicherheit und den gleichen Gesundheitsschutz für die Beschäftigten erreichen." Das bedeutet, wenn eine sonst übliche Gefahr nicht real, vermindert oder gar nicht existent ist oder wenn sie anderweitig kompensiert wird, dann muss man sich dagegen auch nicht schützen; mit einer Gefährdungs-beurteilung kann man also das eine oder andere, was ja im entsprechenden Einzel-fall wirklich unsinnig sein kann, wegdiskutieren. Man darf nicht vergessen: Der Unternehmer ist verantwortlich für das, was bei ihm getan und unterlassen wird, und somit hat er auch bestimmte Rechte und Pflichten.

Die Aufgabe von Brandschutzbeauftragten ist es zu definieren, wie man effektiv und effizient die Aushänge erstellt. Zunächst muss man sich in die Lage eines von einem Feuer in einem Gebäude bedrohten Menschen versetzen: Diese Person, respektive diese Personen rechnen nicht mit einem Feuer, und sie werden – noch harmlos ausgedrückt – entsprechend nervös sein. Und kein Mensch will in einem brennenden Haus sterben, sondern jeder will im Brandfall baldmöglichst und unbeschadet im sicheren Freien vor dem brennenden Haus sein. In so einer Situation, die man üblicherweise weniger als einmal im Leben er- und hoffentlich auch überlebt, sucht man keine theoretischen Pläne an der Wand, die uns den Weg zum Treppenraum weisen. Nein, man rennt um sein Leben – hektisch, aufgeregt oder gar panisch. Die beste Chance zum Überleben garantieren gut sichtbare, grünweiße Fluchtwegpiktogramme in ausreichender Menge, sei es im Hotel, in einer Versammlungsstätte wie einem Sportstadion und auch in einer großen Verkaufsstätte. Diese Wege sollen so gegliedert sein, dass sie möglichst gerade und eindeutig zu den Ausgängen oder zu den Eingängen in Treppenräume führen.

Außerdem muss man sich überlegen, wie viele Schilder man anbringen soll; manchmal ist weniger ja mehr, denn zu viele Schilder bewirken – auch im Straßenverkehr, dass man das einzelne nicht mehr so wahrnehmen kann, wie es gewünscht ist. Auch macht es Sinn, die Quantität von Fluchtwegbeschilderungen wie folgt vorzunehmen: Man stelle sich im Kaufhaus X oder im Hotel Y an eine beliebige Stelle, wo sich normalerweise viele Menschen aufhalten, und drehe sich um 360°: Nun soll man mindestens ein grünweißes Fluchtwegpiktogramm sehen – im Idealfall sogar zwei oder mehr. Wenn man weiß, woher die Feuergefahr kommt, hat man die Chance, einen alternativen Fluchtweg zu wählen, eben weg vom Feuer. Besonders wichtig für die Fluchtwegepläne sind die folgenden neun Punkte; wer sich daran hält, wird weder Probleme noch Vorwürfe bekommen:

1. Der Plan muss lagerichtig an der Wand angebracht sein, d. h., wenn man den Plan vor seinem geistigen Auge nach hinten umlegt, muss deckungsgleich mit der Realität sein. Er darf also nicht um 90° nach rechts oder links gedreht sein, geschweige denn auf dem Kopf stehen.
2. Der Plan muss ausreichend groß sein. Während in Hotelzimmern ein DIN-A4-Blatt als ausreichend gilt, muss er sonst überall doppelt so groß sein, also im DIN-A3-Format.
3. Auf dem Plan darf nur das stehen, was für diesen Bereich notwendig ist. Unnötige Informationen oder Fluchtwege von anderen, angrenzenden Bereichen haben hier nichts zu suchen.
4. Die von der Arbeitsstättenregel vorgegebenen Farben für Fluchtwege sind grün, der Standort ist blau und Löscheinrichtungen sind rot vorgegeben. Angaben zur Gestaltung finden sich übrigens auch in der Arbeitsstättenregel A1.3 („Sicherheits- und Gesundheitsschutzkennzeichnung"); hierin geht es primär um Symbole und die Farbwahl.
5. Der Plan ist ungefähr in Kopfhöhe von einem normalen Erwachsenen anzubringen, und er muss gut sichtbar sein.
6. Der Plan muss aktuell, übersichtlich und gut lesbar sein.

7. Sollte aufgrund des Feuers der Strom ausfallen, dann müssen diese Fluchtwegepläne meist mit Notstrom beleuchtet sein. (Tipp: Notstromversorgte Fluchtwegpiktogramme sind oftmals die sinnvollere Variante!)
8. Die Belegschaft muss einmal im Jahr über die Fluchtwege informiert werden, möglichst vor Ort oder im Rahmen einer Räumungsübung. Die DGUV Information 205-003 fordert in Punkt 12, dass sich Brandschutzbeauftragte mit der Planung, Organisation und Durchführung von Räumungsübungen befassen.
9. Es macht Sinn, die zuständigen Behörden wie Berufsgenossenschaft oder Feuerwehr mit einzubinden, um über die Pläne und deren Anbringungspunkte zu sprechen.

3.2 Brandschutz bei Neu- und Umbauarbeiten

Gerade bei Bauarbeiten passieren besonders viele Schäden wie Unfälle und Brände. Beschränken wir uns hier wieder auf die Brände. Bauarbeiten gelten versicherungsrechtlich als Gefahrenerhöhungen, und diese sind immer anzeigepflichtig, will man den Versicherungsschutz nicht riskieren. Sobald man also eine Gefahrenerhöhung anzeigt, hat man grundsätzlich für dieses Risiko auch Versicherungsschutz, allerdings kann die Versicherung, wie bereits erwähnt, kündigen, die Prämie bzw. die sicherheitstechnischen Auflagen erhöhen oder auch die Prämien und zugleich die sicherheitstechnischen Auflagen erhöhen.

Durch Neu- und Umbaumaßnahmen wird die Brandgefahr durch fahrlässiges Verhalten der Arbeiter, durch die Art der Arbeiten selbst sowie durch hinzukommende Brandlasten und Zündquellen erhöht. Brandvergrößernd wirken sich aufgekeilte bzw. noch nicht eingebaute Türen aus. Deshalb ist bei Bauarbeiten besonders auf die Sicherheit und die einschlägigen gesetzlichen und versicherungsrechtlichen Vorschriften zu achten. Doch die tägliche Praxis zeigt leider immer wieder, dass es hier eine besonders große Lücke zwischen den theoretischen Vorgaben und der praktizierten Realität gibt. Besonders bei Bauarbeiten passieren viele Brände, die fahrlässig, aber nicht selten auch vorsätzlich gelegt werden. Durch die regelmäßige Beseitigung von brennbaren Abfällen, gute Einweisung der arbeitenden Unternehmen (in einer für diese Personen verständlichen Sprache!) sowie einer Einzäunung der Baustelle mit Kontrolle der zu- und abfahrenden Fahrzeuge bzw. Personen könnte man die meisten Brände auf Baustellen vermeiden.

Neben dem Vorsatz ist die Fahrlässigkeit die zweite große Hauptursache für Brände auf Baustellen. In der Hektik der Bauerstellung und wegen des Drucks durch Architekten bzw. Bauleitung, Zeit und damit auch Kosten zu sparen, wird oft auf gesetzlich geforderte Schutzmaßnahmen verzichtet. Wenn mehrere hundert Arbeiter an der Erstellung eines großen Komplexes beteiligt sind, wird schnell ersichtlich, dass es um viele Zehntausend oder auch Hunderttausend Euro je Tag geht, wenn es zu Verzögerungen kommen sollte. In diesen Fällen steigen die Hektik, die Improvisation und damit auch die Wahrscheinlichkeit einer fahrlässigen Brandstiftung.

Mit der Zunahme des Baufortschritts steigt auch fast immer die Gefährdungszunahme, zum einen weil immer mehr brennbare Gegenstände vorhanden sind, zum anderen weil noch kurz vor Bauabschluss viele brandgefährliche Arbeiten stattfinden, viel brennbarer Abfall herumliegt und sich keiner so richtig für den Brandschutz verantwortlich fühlt. Und gegen Ende der Bauarbeiten kann natürlich immer der finanziell größte Schaden entstehen, da praktisch alle Einrichtungsgegenstände bereits vorhanden sind.

Die Berufsgenossenschaften, die Arbeitsstättenverordnung, der Verband der Schadenversicherer, die Baustellenverordnung, die Gewerbeaufsichten und die Landesbauordnungen gehen auf den Brandschutz bei Baustellen ein; die wesentlichen Punkte sollen im Folgenden kurz dargestellt werden.

Behelfsbauten und Bauunterkünfte sind aus brandschutztechnischen Gründen von anderen Gebäuden entfernt aufzustellen, um eine Brandübertragung zu unterbinden. Nach der Musterbauordnung müssen Baracken, die überwiegend aus brennbaren Stoffen bestehen, von anderen Baracken mindestens 20 m, von anderen Gebäuden mindestens 30 m und von besonders gefährdeten Anlagen mindestens 100 m entfernt liegen.

Das Abbrennen von Bauabfällen bedarf der Genehmigung von Behörden wie Polizei, Feuerwehr oder Gewerbeaufsicht und darf dann nur geschehen, wenn es zu keinem Moment zu einer Gefährdung durch das Feuer kommen kann. Aus Umweltschutzgründen ist es heutzutage unüblich geworden oder bereits pauschal verboten, Bauabfälle abzubrennen. Wenn eine Betriebs- oder Werkfeuerwehr vorhanden ist, so soll sie zu diesen Zeiten eine Übung in der Nähe abhalten, damit im Gefahrenfall umgehend gelöscht werden kann.

Technische Geräte, die mit Gas, Öl oder Strom betrieben werden, müssen jederzeit den sicherheitstechnischen Anforderungen entsprechen, was den Zustand, den Aufstellungsort, die Art des Betreibens und die direkte Umgebung betrifft. Mobile Elektrogeräte sind vierteljährlich von einer Elektrofachkraft und arbeitstäglich von den Handwerkern zu überprüfen.

Eine besondere Brandentstehungsgefahr besteht bei Arbeiten mit Schweißgeräten, Schneidbrennern, Dach-Bitumenarbeiten, Löt-, Aufbau- und Trocknungsgeräten. Es ist elementar wichtig, und zwar sowohl aus Gründen des Brandschutzes als auch aus juristischen Gründen, einen Erlaubnisschein für feuergefährliche Arbeiten einzuführen und die darin enthaltenen Punkte gewissenhaft umzusetzen.

Der Handwerker hat dafür zu sorgen, dass die entsprechenden brandschutztechnischen Vorkehrungen getroffen sind, z. B. das Bereitstellen von geeignetem Löschmittel, die vorherige Beseitigung von brennbaren Gegenständen im Gefahrenbereich oder deren sicheres Abdecken und die anschließende Brandkontrolle. Jeder Handwerker, der feuergefährliche Arbeiten durchführt, muss sich vorher die schriftliche Genehmigung einholen, auf der er durch seine Unterschrift seinerseits bestätigt, dass er die geltenden Vorschriften kennt, seinen Arbeitern vermittelt und einhält.

Brennbare Abfälle wie Holz, Teerpappe usw. dürfen nicht auf/in Gebäuden gelagert werden, sondern nur im Freien, an einer sicheren Stelle; ist dies nicht möglich, so müssen sie täglich entfernt werden. Besondere Vorsicht muss explosionsfähige Atmosphären vermeiden. Durch Reinigungsmittel, Lösemittel, Lacke, Farben, Klebestoffe usw. kann es zu Dämpfen kommen, die durch feuergefährliche Arbeiten explodieren. Menschenleben und Sachwerte sind dadurch bedroht. An Stellen, an denen derartige Stoffe gelagert oder verarbeitet werden, ist deshalb besonders darauf zu achten, dass ausreichend be- und entlüftet wird und dass feuergefährliche Arbeiten nicht ohne besondere Vorsichtsmaßnahmen stattfinden.

Die Lagerräume für Gasflaschen müssen ausreichend belüftet sein. Ideal ist es, wenn sie hinter stabilen, verschlossenen Metallgittern aufbewahrt und vor direkter Sonneneinstrahlung geschützt sind. Das Aufbewahren unter Erdgleiche ist verboten, ebenso wie die gemeinsame Lagerung mit brennbaren Gegenständen. Umfallen, Stoßen, Schlagen und Erschütterungen sind bei Gasflaschen unbedingt zu vermeiden. Am jeweiligen Arbeitsplatz dürfen nur die benötigten Gasflaschen gelagert sein, keine Reserveflaschen und nicht angeschlossene Gasflaschen.

Rettungswege sind jederzeit so freizuhalten, dass Fahrzeuge uneingeschränkt bewegt und Personen ungehindert helfen können. Es muss mindestens zwei entgegengesetzt liegende Rettungswege geben. Erforderlichenfalls sind auch Rettungskörbe bereitzuhalten.

Bereits während der Bauarbeiten müssen ausreichend Feuerlöscher oder anderes geeignetes Löschgerät zur Verfügung stehen, und zwar ausschließlich große Feuerlöscher mit Wasser oder Pulver. Jede Handwerksfirma hat für die Bereitstellung von Feuerlöschern eigenverantwortlich zu sorgen.

Es gibt mobile Brandmeldeanlagen, die mittlerweile einen akzeptabel guten technischen Stand erreicht haben und die im Stadium des Endausbaus bei Großbaustellen Sinn machen. Diese sind speziell für Gebäude gedacht, die im Entstehen sind und bei denen die installierte Brandmelde- oder Brandlöschtechnik noch nicht angeschlossen ist.

Bei größeren Bauarbeiten soll vorab mit der Feuerwehr ein Sicherheitskonzept erarbeitet werden, das über mögliche Löschaktionen oder Rettungen Auskunft gibt. In diesem Konzept soll folgendes enthalten sein:

- Rufnummern von Polizei, Feuerwehr und Krankenhäusern/Ärzte und ggf. auch Ansprechpartner
- Kennzeichnung der Rettungswege
- Kennzeichnung von Hydranten und weiteren Löschgeräten
- Namentliche Bekanntgabe von Personen, die mit dem Umgang der Löschgeräte vertraut sind
- Namentliche Bekanntgabe der Ersthelfer
- Kennzeichnung der Sanitätsräume
- Darüber hinaus: Bereitstellung von Sicherheits- und Gesundheitskoordinatoren

Gegen intelligente, gut vorbereitete Brandstifter kann man oft nur wenig erreichen, aber die meisten Brandstiftungen wären mit einfachsten Mitteln zu verhindern gewesen; dies gilt für fertig gestellte Gebäude ebenso wie für Gebäude, die gerade errichtet werden. Folgende technische, bauliche und organisatorische Maßnahmen sind geeignet, die Gefahr durch Brandstiftungen von innen und außen oder auch das Schadenausmaß zu minimieren (einzelne Maßnahmen sind auch abhängig von der Größe der Baustelle):

- Einsatz mobiler Brandmeldeanlagen für gefährdete Bereiche
- Umgebung der Baustelle durch einen mindestens 2 m hohen Bauzaun
- Helle Beleuchtung der Baustelle nachts
- Personelle Bewachung der Baustelle, auch bei Anwesenheit von Arbeitern
- Kontrolle aller zu- und abgehenden Personen sowie des Materials
- Offene und ehrliche Information der Nachbarschaft über das Bauvorhaben
- Bereitstellen von Handfeuerlöschern, fahrbaren Löschern und Hydranten
- Ausstattung der Handwerker mit Funkgeräten oder tragbaren Telefonen, um im Gefahrenfall verzögerungsfrei die Feuerwehr zu rufen
- Ausarbeitung eines Brandschutzkonzepts mit der Feuerwehr
- Anbringen von Bewegungsmeldern auf dem Grundstück, Sicherung der Bauhütten mit Einbruchmeldeanlagen (es gibt mobile Geräte, speziell für Bauunternehmen)
- Sichtbarer Hinweis auf die personellen und/oder technischen Schutzmaßnahmen
- Installation von Videokameras
- Brennbare Abfälle nicht offen liegen lassen, nie über Nacht oder über ein Wochenende liegen lassen; am besten bzw. sichersten ist es, wenn brennbare Abfälle umgehend vom Verursacher entfernt werden
- Wegsperren von Gasflaschen, brennbaren Abfälle, brennbaren Baumaterialien usw.
- Weitere individuell sinnvolle Maßnahmen

Wer sich auf Baustellen vorsichtig, vernünftig und umsichtig verhält und achtsam ist, vermeidet damit sicherlich bereits die meisten Gefahren und somit auch Brände. Brandschutz bei Bauarbeiten hat viel mit Psychologie, Disziplin und Kontrolle zu tun. Selbstverständlich muss man auch quantitativ wie qualitativ geeignete Feuerlöscher bereithalten, aber primär gilt es, Brände zu vermeiden, und dies geht am besten, indem man alle Arbeiter schult, auf das richtige Verhalten hinweist und kontrolliert. Nur wenn jeder Arbeiter merkt, dass „die da oben" (also Bauleitung, Bauherr und die eigenen Firmenchefs) die Sicherheit ernst nehmen und nicht als überflüssig ansehen, werden brandschutztechnische Maßnahmen auch akzeptiert – zumindest ist die Wahrscheinlichkeit dann größer.

Ich möchte abschließend noch auf zwei besonders wichtige und gute Ausarbeitungen verweisen, die sich mit der Sicherheit und auch dem Brandschutz auf Baustellen beschäftigen: VdS 2021 und DGUV Vorschrift 38. Hier finden Sie fast alle Antworten und Vorgaben, die bei Bauarbeiten bezüglich des Brandschutzes relevant sein können.

3.3   Brandschutz = Bestandsschutz?

„Bestandsschutz" ist ein großes Wort und noch dazu eines, das für viel Emotionen sorgt. Manche Menschen verbreiten die falsche Ansicht, es gäbe keinen Bestandsschutz, und wieder andere von bestimmten Behörden halten sich an die lebensgefährliche Einstellung, dass Denkmalschutz wichtiger wäre als die Sicherheit von Menschen. Die Wahrheit liegt zwar nicht immer im Mittelfeld, hier jedoch schon. Nun muss man doch ein paar wenige Fakten kennen und sie mit den realen Gegebenheiten abgleichen – dann kann man zu einer Beurteilung von Situationen kommen.

Fakt ist, dass es bei einer Nachrüstung des Baurechts nicht unbedingt zu einer Veränderung bestehender Gebäude kommen muss. Dies ist dann erforderlich, wenn eine Gefahr als konkret und erheblich einzustufen ist oder wenn es bereits schlimm verlaufende Brände gab und eine bestimmte Veränderung deren Verlauf verharmlosen würde. Grundsätzlich haben bestehende und genehmigte Gebäude Bestandsschutz; das bedeutet aber nicht, dass man hinsichtlich Sicherheit nichts mehr verändern muss. Übrigens, Bestandsschutz gilt – so überhaupt – für Gebäude, also für bauliche Belange. Bestandsschutz gilt weder für die Anlagentechnik noch für organisatorische Belange.

Viele Landesbauordnungen enthalten folgende Aussagen zum Thema „Bestandsschutz":

- „Bei bestandsgeschützten baulichen Anlagen können Anforderungen gestellt werden, wenn das zur Abwehr von erheblichen Gefahren für Leben und Gesundheit notwendig ist."
- „Werden bestehende bauliche Anlagen wesentlich geändert, so kann angeordnet werden, dass auch die von der Änderung nicht berührten Teile dieser baulichen Anlage mit diesem Gesetz oder den auf Grund dieses Gesetzes erlassenen Vorschriften in Einklang gebracht werden, wenn das erforderlich und wirtschaftlich vertretbar ist."

Das ist jetzt eine ganze Menge, und daraus lässt sich vieles herauslesen – je nachdem, aus welcher Richtung jemand kommt. Gefahren müssen also nicht lediglich Gefahren sein, sondern sie müssen auch als erheblich eingestuft werden können. Diese Beurteilung ist ebenfalls im subjektiv und nicht objektiv messbaren Bereich angesiedelt. Veränderungen im Bestand werden also nach dem Gesetz ggf. dann gefordert, wenn es Veränderungen erheblicher Art am Gebäude gibt – dann kann gefordert werden, die heute gültigen Bau- und sonstigen Brandschutzvorgaben umzusetzen. Und dann steht da noch etwas von „Wirtschaftlichkeit" in der Bauordnung; soll heißen, dass die Maßnahmen auch in einer nachvollziehbaren Relation (Kosten/Nutzen) gesehen werden müssen.

Als in Berlin vor wenigen Jahren ein Brandschutzkongress zum Thema „Bestandsschutz im Baurecht" stattfand, waren die wesentlichen und interessantesten Aussagen der Referenten folgende:

- Bestandsschutz gilt nicht mehr, wenn Menschenleben bedroht sind; dies bezieht sich primär auf den ersten und den zweiten Fluchtweg sowie auf die Gefährdung von körperlich und/oder geistig beeinträchtigten Personen.
- Bestandsschutz bedeutet, dass man den einmal hergestellten Status an brandschutztechnischem Niveau mindestens hält. „Mindestens" bedeutet, dass man nicht nach unten abweichen darf, sondern sich höchstens über die Jahre den heute gültigen Vorgaben anpassen sollte oder muss.
- Bestandsschutz ist nicht mehr gültig bei Nutzungsänderungen und elementaren Umbauten. In diesen Fällen werden die heute aktuell gültigen Bau- und sonstigen brandschutzrechtlichen Vorgaben eingefordert.
- Bestandsschutz kann mit den Regeln der Technik kollidieren. Man stelle sich je ein Wohngebäude von 1872, 1922, 1972 oder 2022 vor. Es galten jeweils andere Bauvorgaben zum Zeitpunkt der Errichtung, und in keinem dieser heute noch betriebenen Gebäude wäre es erlaubt, Menschenleben aufgrund bautechnischer Belange erheblich zu gefährden.
- Bestandsschutz kann von den Feuerversicherungen ignoriert werden; das bedeutet, dass Feuerversicherungen deutlich höhere Anforderungen stellen können, und wenn diese nicht umgesetzt werden, sie eben kein Versicherungsangebot vorgelegen.
- Nach Bränden kann es zu folgenden Problemen kommen: Damit gleichartige Brände nicht mehr eintreten, werden bestimmte (konkrete) Maßnahmen verbindlich für dieses Gebäude gefordert. Brennen beispielsweise zu dünne Wohnungseingangstüren bei einem Wohnungsbrand durch und wurde dadurch der Treppenraum verraucht, wird meist gefordert, für alle Wohnungen neue Türen anzuschaffen oder die bestehenden Türen aufzudoppeln. Und alle Türen, die vom Treppenraum im Keller abgehen, müssen als T30-RS-Türen ausgebildet werden.

Sehen Sie als Brandschutzbeauftragter Behördenvertreter als Ihre Unterstützung, nicht als Ihre Gegner. Wenn eine Baubehörde oder ein Vertreter der Feuerwehr eine Abänderung fordert, dann ist das meist sinnvoll und zielführend – schließlich will niemand, dass es zu Bränden, Zerstörungen oder gar Toten kommt. Und wenn eine Sache schon mal verbal oder schriftlich artikuliert wurde, aber nichts unternommen wurde, ist dies nach einem entsprechenden Brand besonders kritisch.

Löschen

4

Natürlich steht die Prävention im Vordergrund; das Löschen wird sekundär als kurative Maßnahme angesehen. Aber weil wir mit der Brandschadenverhütung keine 100 % Sicherheit realisieren können, muss man sich auch um das Löschen kümmern. Hier tut sich einiges, denn es werden neue Löschmittel kreiert (z. B. für Li-Batterien- und Fritteusenbrände), und es gibt neue Löschmethoden, etwa die Spraydosen für Kleinstbrände. Aber auch die Minimierung von Brandschäden ist ein wichtiges Thema, denn diese wird schlichtweg bei und nach einem Brand von den Feuerversicherungen sowie in der ASR A2.2 eingefordert. Diese ASR gibt zudem die Vorgaben, wie man präventiv, aber eben auch kurativ ein Feuer vermeiden oder löschen muss.

4.1 Löschmittelspraydosen einsetzen?

Die Erfindung und Einführung der Spraydosen mit Löschmitteln ist von vielen und falschen Emotionen begleitet. Einseitig wurde eine grundlegend gute Idee über Jahre ausschließlich negativ betrachtet; wenn man ruhig, souverän, mit Fach- und Hintergrundwissen sowie emotionslos das Pro und Contra abwägt, führt das – wie so oft im Leben – zu einem differenzierteren Urteil.

Wollen wir die Fakten und nicht die Emotionen sprechen lassen: Ungefähr 1995 hat das erste Unternehmen Löschspraydosen auf den Markt gebracht. Diese waren mit ca. 300 ml damals bei Entstehungsbränden ähnlich effektiv wie Wasserlöscher mit 6 l Löschmenge. Oder anders ausgedrückt: 20-mal so effizient. Das war eine revolutionäre Erfindung – die aber denen, die diese Technik nicht anbieten konnten, ein Dorn im Auge war. Doch die Hersteller der Handfeuerlöscher haben es geschafft, diese Erfindung ca. 20 Jahre lang kleinzuhalten. Doch Gutes setzt sich durch, langfristig jedenfalls bringt Maschinenstürmerei (gemeint ist die Zerstörung der Webstühle zur Aufrechterhaltung einzelner Handarbeitsplätze, ab ca. 1812) natürlich keinen Erfolg, denn die Kunden wollen

© Der/die Autor(en), exklusiv lizenziert durch Springer-Verlag GmbH, DE, ein Teil von Springer Nature 2022
W. J. Friedl, *Brandschutzbeauftragte: Das Weiterbildungsbuch*,
https://doi.org/10.1007/978-3-662-64619-9_4

und werden sich preiswertere und gleichzeitig auch bessere Dinge kaufen und nicht Überholtes.

Doch wie kann es sein, dass ein Löschmittel ungefähr 20-mal so effektiv ist wie ein anders? Das würde ja bedeuten, dass dieses Löschmittel in Handfeuerlöschern ebenfalls 20-mal so gut wäre und man dann damit wohl ganze Häuser löschen könnte. Nun, so einfach ist es nicht. Die Physik erläutert, warum dem so ist. Je feiner die Tröpfchen verteilt werden, umso wirkungsvoller ist der Löscheffekt. Das war bereits 1990 bekannt, als man neben der konventionellen Sprinklertechnik die Hochdrucklöschanlagen auf dem Markt bekannt gemacht hat. Auch hier war es so, dass man mit ca. 95 % weniger (also dem Zwanzigstel) an Löschmittel (hier: Wasser) den gleichen Löscheffekt erzielte. Grund ist, dass ein vom Feuer lediglich erwärmtes Wasser einen Nebenlöscheffekt hat und das vom Feuer verdampfte Wasser eben den Hauptlöscheffekt erzielt. Die Löschspraydosen verteilen das seifenartige Löschwasser deutlich feiner, und somit ist der Löscheffekt ca. 20-mal so wirkungsvoll. Eine großartige Idee, die von denen, die jetzt wirtschaftliche Nachteile erleiden, bekämpft wird. Natürlich könnte man auch Handfeuerlöscher derartig auslösen, doch das geht am Sinn vorbei, denn ein Entstehungsfeuer können konventionelle Handfeuerlöscher gut löschen, und größere Brände sollen von Brandschutzlaien nicht angegangen werden.

Die gleiche ablehnende Haltung erlebte man übrigens, als die erste Firma vor vielleicht 20 Jahren fähig war, Gefahrstoffschränke in der Qualität F 90 (üblich waren bis dahin F 30-Schränke) anboten – die Beiträge in den Fachzeitungen überschlugen sich mit Schilderungen, wie gefährlich F 90 Schränke im Vergleich zu F 30-Schränken seien. Heute ist F 90 für Gefahrstoffschränke zum Standard geworden, und die Anfang 2021 umgeschriebene TRGS 510 erlaubt auch grundsätzlich das numerisch unbegrenzte Aufstellen dieser Schränke in einem Raum, mit komplett unterschiedlichen Inhalten. Selbstverständlich können heute auch alle Lieferanten von Gefahrstoffschränken diese in feuerbeständiger Ausführung anbieten.

Versicherungen, Verbände und auch einzelne Politiker gingen deshalb mit zum Teil fragwürdigen Argumenten pauschal und absolut gegen die Verbreitung und Einführung von Löschspraydosen vor. Erst als der ehemalige Frankfurter Branddirektor Professor Reinhard Ries in einer TV-Sendung mit einem Brandversuch demonstrierte, dass diese Dosen unter bestimmten Voraussetzungen durchweg ihre Berechtigung haben, gilt eine Befürwortung nicht mehr als böse oder gar verschwörungstheoretisch.

Fakt ist: Löschspraydosen dürfen eingeführt und bereitgestellt werden, sie sind nicht verboten. Verboten ist es allerdings (Stand: 2022), dass man sie alternativ zu gesetzlich geforderten Handfeuerlöschern bereitstellt – unabhängig von der Menge der Dosen. Wir dürfen also Löschspraydosen additiv (aber nicht alternativ) in Unternehmen bereitstellen. Es mag einige Bereiche geben, in denen das wirklich Sinn macht, und andere, in denen sich das weniger empfiehlt. Löschspraydosen haben natürlich, naturgegeben wie alles, auch Nachteile oder, etwas freundlicher formuliert, Einsatzbegrenzungen:

- Aufgrund der geringen Größe können sie deutlich einfacher als Handfeuerlöscher entwendet werden. (Dies ist übrigens von strafrechtlicher Bedeutung.

Vermitteln Sie in Schulungen, dass das Stehlen von Löschspraydosen mit der fristlosen Kündigung verbunden ist. Wer riskiert schon seinen Arbeitsplatz für etwas, was ca. 20,- € kostet? Wie die Erfahrung zeigt, leider mehr Menschen, als man denkt.)

- Man muss etwas näher ans Feuer herantreten als bei Handfeuerlöschern, was aber bei einem Entstehungsbrand kein Problem sein dürfte.
- Man kann die Dosen nicht nachfüllen oder – wie Handfeuerlöscher – warten oder prüfen.
- Schnell größer werdende Brände sollte man aus Gründen des Eigenschutzes damit nicht löschen wollen.
- Bei bereits verwendeten Dosen weiß man nicht (oder hat es nur aufgrund des Gewichts im Gefühl), wie viele Sekunden man noch löschen kann.

Natürlich gibt es auch eine Reihe von Vorteilen gegenüber Handfeuerlöschern:

- Die Dosen sind schneller einsatzbereit.
- Die Dosen sind einfacher in der Handhabung.
- Die Dosen sind meist direkt an den Arbeitsplätzen und kommen somit schneller zum Einsatz.
- Die Löschmittel können Feststoffe, brennbare Flüssigkeiten und ggf. auch brennbare Speisefette ohne Personengefährdung löschen.
- Es wird wohl keine Person geben, die Hemmungen hat, die Löschspraydose anzuwenden.

Nun geht es aber nicht wie bei einem Fußballspiel darum, die Quantität der Vor- und Nachteile gegenüberzustellen, hier also mit 5 zu 5 ein Patt für beide Seiten – übrigens ein von mir gewünschtes Ergebnis. Nein, es geht darum, die einzelnen Punkte zum einen individuell zu werten und zum anderen zu überlegen, wo sie sinnvoll sind und wo eher nicht. So macht in öffentlichen Bereichen wohl keine Löschspraydose Sinn, einfach wegen der sicherlich ständigen Entwendung.

Es zeichnet sich ab, dass in näherer Zukunft auch die ASR A2.2, in welcher Form auch immer, sich hier anpassen wird. Gab es vor der Einführung dieser ASR noch die BGR 133, die lapidar von „Ausrüstung mit Handfeuerlöschern" sprach, sind die Forderungen der ASR mit der Formulierung „Maßnahmen gegen Brände" schon wesentlich subtiler und intelligenter. Die BGR 133 (übrigens, BGR stand für „Berufsgenossenschaftliches Regelwerk") galt bei nicht wenigen Personen und Institutionen als „gesetzlich lizensiertes Verkaufen von möglichst vielen Handfeuerlöschern". Damals war man so naiv und meinte, bei erhöhter Brandgefahr wäre die einzig richtige Lösung, deutlich mehr Handfeuerlöscher aufzuhängen (!). Die ASR A2.2 ist hier ein sehr guter und richtiger Schritt in die richtige Richtung, denn es ist fakultativ, ob man diese oder eine andere Lösung für zielführend hält.

Es gibt noch viel zu regeln, bevor Löschspraydosen in der ASR A2.2 berücksichtigt werden können. So ist zu überlegen, was man nach einem einmaligen, kurzen Gebrauch mit der Dose macht oder welche Haltbarkeitsgrenze angesetzt werden kann. Mir persönlich liegen ein paar Löschspraydosen von unterschiedlichen Herstellern vor, und diese sind auch nach Jahren der ersten Aktivierung noch einsatzfähig. Eine Dose von 1996 enthält den Hinweis, dass sie nach 2001 nicht mehr eingesetzt werden soll – sie funktionierte noch einwandfrei im Jahr 2021! Auch hier könnte bei der kurzen Einsatzdauer der Umsatz des Unternehmens mehr im Vordergrund gestanden haben als Ergebnisse von Laborversuchen.

Es gibt heute sehr viele und unterschiedliche Löschspraydosen. Manche haben 250 ml Löschmittel, andere 300, 500 oder sogar 750 ml. Auf den größeren stehen bereits Löschmitteleinheiten (LE) für A- und B-Stoffe (und auch F!), und diese Leistungen sind beachtlich. Das reale Löschvermögen guter Löschspraydosen indes geht zur eigenen Absicherung der Hersteller übrigens meist weit über das hinaus, was man per Definition für die Bekämpfung eines Entstehungsbrandes benötigt.

Im privaten Bereich sind Handfeuerlöscher nicht gefordert, und wer dort dennoch welche hat, muss diese nicht warten lassen; funktionieren sie im Brandfall nicht, kann weder ein Versicherer noch die Staatsanwaltschaft (Anmerkung: die Berufsgenossenschaft hat hier keine Befugnisse) Probleme bereiten. Also, zu Hause kann man sowohl abgelaufene Handfeuerlöscher als auch Löschspraydosen aufstellen. Die Löschspraydosen sollten die Brandklassen A und B abdecken, und wenn man sie in Küchen aufstellt, ist der Buchstabe F von besonderer Bedeutung – sonst kann es wirklich sehr gefährlich werden (gilt übrigens auch für A-Handfeuerlöscher!).

Ich gebe Ihnen den sinnvollen Hinweis, an bestimmten Stellen Löschspraydosen bereitzustellen, und zwar immer dort, wo grundlegend häufiger mit der Entstehung eines Feuers zu rechnen ist und das Feuer anfänglich klein und wenig heiß sowie wenig rauchend sein wird, z. B. bei einem Papierkorbbrand, den man sehr gut mit diesen Löschspraydosen löschen kann, während man ihn mit einem Handfeuerlöscher ggf. umstößt und das brennbare Papier mit dem Strahl weiträumig verteilt! Aber auch in Küchen kann ein ABF-Löschspray nach 5 s deutlich mehr erreichen als ein ABF-Handfeuerlöscher nach 45 s. In Küchen würde ich deshalb an Fritteusen und Pfannen ABF-Löschspraydosen aufstellen – und der Belegschaft völlig unzweideutig und direkt vermitteln, dass der Diebstahl (so er nachgewiesen werden kann) zur fristlosen Kündigung führen wird.

Wenn Sie also additiv zur nötigen Anzahl von Handfeuerlöschern Löschspraydosen bereitstellen, so ist das erlaubt und ggf. sinnvoll. Ist das Haltbarkeitsdatum abgelaufen, so müssen diese Dosen nicht ausgetauscht werden. Sie werden jetzt ja nicht schlagartig schlecht oder gar gefährlich – ggf. ist der Löscheffekt nach vielen Jahren durch die wässrige Lösung mit Schaummittel nicht mehr ganz so gut wie anfänglich, aber immer noch ausreichend. Und wenn nicht, dann stehen ja die Handfeuerlöscher zur Verfügung.

Meinung: Ohne davon wirtschaftlich zu profitieren, halte ich Löschspraydosen für sehr sinnvoll. Ich habe keine in meinem Auto, weil 1) im Winter niedrige Temperaturen und im Sommer ggf. sehr hohe Temperaturen zur Beschädigung der Dose führen könnte, 2) die Dose nicht Pflicht ist und 3) mein Auto gegen Brände versichert ist; außerdem wären sowohl die Dose als auch ein Handfeuerlöscher mit 2 l bzw. 2 kg bei einem PKW-Brand schnell überfordert. Aber ich habe im Wohnzimmer, im Büro (wo ich auch zwei Handfeuerlöscher habe: einen mit Schaum

und einen mit CO_2 für Gerätebrände) und in der Küche jeweils eine Löschspraydose; natürlich decken alle die Brandklassen A, B und F ab und sind nicht
abgelaufen …

4.2 Minimierung von Brandschäden

Wenn es uns schon nicht gelungen ist, einen Brandschaden zu vermeiden, dann
müssen wir wenigstens dafür sorgen, dass er möglichst gering bleibt. „Möglichst"
ist jetzt ein relativer Begriff, denn ein Papierkorbbrand im Büro, den die Sekretärin
mit einer Löschspraydose löscht, wird vielleicht einen Schaden von unter 1000 €
an Boden, Wand und Mobiliar anrichten. Es wäre übrigens empfehlenswert, diesen
Schaden selbst zu bezahlen und ihn nicht der Versicherung zu melden in der
Erwartung einer Schadenzahlung. Diese wird sicherlich geleistet, aber mit ebenso
großer Sicherheit wird es früher oder später zu einer Prämienerhöhung oder gar
zu einer Vertragskündigung kommen. In diesem Abschnitt soll also nicht auf die
Schadenvermeidung abgezielt werden, sondern auf die Schadenminimierung.
Dazu gibt es verschiedene Wege, und es empfiehlt sich, wie so oft im Leben,
mehrgleisig vorzugehen:

- Lösungen 1 und 2: Vor einem Brandschaden sollte man sich mit der Möglichkeit eines Brandes an der Stelle x, y oder z auseinandersetzen und sich
  überlegen, wie man die Schadenausweitung und zugleich auch die Schadeneintrittswahrscheinlichkeit minimieren kann. Das führt dazu, dass man zweigleisig erhebliche Erfolge verbuchen wird. Durch die gesetzlich geforderte
  Gefährdungsbeurteilung hat man schon mal eine gute Grundlage, wo mit
  Bränden gerechnet wird und wie der Brand sich ausbreiten kann. Wenn man
  ein wertvolles Lager mit Werten von 300 Mio. € durch eine in etwa mittig
  gesetzte feuerbeständige Wand oder Brandwand (oder auch Komplextrennwand) unterteilt, dann wäre bei einem Totalverlust eben kein Schaden von 300
  Mio. €, sondern „nur" von 150 Mio. € eingetreten. Auch wenn 150 Mio. €
  immer noch als eine existenzvernichtende Summe klingen mag, so sind das 50
  % weniger. Was hält uns davon ab, ein Lagergebäude mit sechs feuerbeständigen
  Abtrennungen zu planen und zu errichten? Somit würde der maximale Brandschaden bei 50 Mio. € liegen, 250 Mio. € wären gerettet – und das bei Kosten
  von vielleicht 150.000 €! Oder man baut eine automatische Brandlöschanlage
  (wohl eine Sprinkleranlage) ein, die diesem Risiko ebenfalls gerecht wird. Selbst
  wenn der VdS (übrigens: zu Recht!) die Sicherheit von derartigen Anlagen mit
  lediglich 98 % angibt, wird sie bei deutlich über 99 % liegen, aber nur, wenn die
  Anlage hochwertig geplant und ebenso realisiert, betrieben und instandgehalten
  wird. Und wer noch mehr Sicherheit will, schafft die eben erwähnte bauliche
  Trennung und schützt dennoch alle sechs Bereiche mit der Löschanlage.
- Lösung 3: Es sollten besonders befähigte Personen eingesetzt werden. In
  Köln ist der Sitz einer Spedition, deren Gründer zu mir bei einer hausinternen
  Schulung für die Lagerleiter zu Brandschutzbeauftragten Folgendes sagte: „Ich

bilde meine Belegschaft besser aus als die Mitbewerber. Wir haben mehr Ersthelfer, deutlich mehr Brandschutzbeauftragte, überall Brandschutzhelfer und,
wie ich meine, auch die besseren Fahrer. Das kostet Geld, aber die Kunden auf
dem Markt spüren das höhere Niveau auch!" Ist es nicht schön zu wissen, dass
es auch unter den Kaufleuten und Firmenbesitzern Personen gibt mit Weitblick
und Sachverstand, mit sozialer Einstellung und Verantwortungsgefühl? In und
für solche Unternehmen zu arbeiten, freut und motiviert uns Brandschützer.

Nun hat die Thematik auch eine versicherungsjuristische Seite. Versicherte
Unternehmen sind nämlich per Gesetz dazu verpflichtet, Schadenminderung zu
betreiben oder betreiben zu lassen. Und Schadenminderung beginnt schon in dem
Moment, in dem es brennt und das Feuer noch nicht gelöscht ist. Versicherungen
haben viel Erfahrung mit Bränden, mit der Beseitigung von Brandschäden,
mit der Minimierung von Betriebsunterbrechungen und somit mit der Kosten-
minimierung nach einem entsprechenden Schadenfall (Brand, Wasser). Die versicherten Kunden sind deshalb zum einen verpflichtet, einen Schaden umgehend
zu melden, und zum anderen entsprechende Schadenminderungsmaßnahmen,
die der Versicherer einleitet, geschehen zu lassen. Passiert dies nicht, wird der
Kunde Probleme bekommen und einen guten Teil der Schadenkosten selbst tragen
müssen. Doch im Detail: „Umgehende Schadenmeldung" bedeutet, dass man
Schäden unmittelbar meldet und nicht erst am Montag oder nach den Feiertagen.
Wer Schäden zu spät meldet, wird (gesetzlich korrekt) auf Kosten sitzen bleiben.
Unternehmen müssen wissen, dass „unmittelbar" eben „sofort" bedeutet, und
da ist es egal, ob es sich um den 25. Dezember, um Ostern oder einen Sonntag
handelt, denn die Schadenminderungsmaßnahmen, die man in den ersten 24 h einleitet, können sich zu 50 % und mehr kostenmindernd auswirken. Die Kosten für
die Schadenminderungsmaßnahmen übernimmt der Versicherer. Man handelt also
unintelligent, ja dumm, wenn man diese nicht zulässt.

Bei einem Brand ist es von größter Bedeutung, den zerstörenden (und tödlichen)
Rauch so zügig wie möglich aus den Gebäuden entweichen zu lassen. Je länger er
auf Gebäudebestandteile und Gebäudeinhalte einwirken kann, umso zerstörender
wirkt er – und die Brandhitze natürlich auch. Man muss vor dem gefürchteten
Flash-over auch keine Angst haben, denn dieser tritt, wenn überhaupt, erst längere
Zeit nach einem Vollbrand auf. Wer also frühzeitig die Entrauchung öffnet, der
lässt brennbare und damit explosive Pyrolysegase ebenso entweichen wie Rauch
und Hitze; somit wird ein Feuer kleingehalten und nicht vergrößert. Diese Tatsache
weiß man erst seit 1998, als der vflr e. V. im belgischen Gent mit objektiven (also
ergebnisoffenen) Versuchen belegte, wie sinnvoll eine frühzeitige Entrauchung
ist und dass es noch besser ist/wäre, vor einem Brand bereits die Rauch-/Wärme-
abzugsanlagen (RWA) offen zu haben. (Sorry, noch besser wäre es natürlich, es
nicht zu einem Brand kommen zu lassen!) So, werden wir wieder konkret. Rechnen
wir also mit einem Brandfall und legen lange zuvor in Ruhe fest, was man vor,
während und nach einem Brand alles richtig machen kann/muss (Tab. 4.1):

Wer sich vertieft mit der Materie beschäftigen will – und das wäre sinnvoll,
gerade für große Unternehmen (in denen es ja früher oder später doch mal zu

Tab. 4.1 Zielführende Maßnahmen vor, während und nach einem Brand

•	Richtig reagieren vor Brandfall:
–	Damit rechnen – Vorbereitungen treffen
–	Schriftliche Anweisungen ausarbeiten
–	Über Kontaktdaten (Versicherer, Sanierer) verfügen
–	Profis (Feuerwehr, Brandfahnder, Versicherer, Sanierungsfirmen) nach Tipps und Handlungsanweisungen befragen
•	Richtig reagieren im Brandfall:
–	Feuerwehr frühestmöglich rufen
–	Lüftungsanlagen abschalten
–	Entrauchungsöffnungen (RWA, Fenster, Zuluftöffnungen) öffnen
–	Nicht betroffene Bereiche schützen (Rauch, Hitze, Flammen, Löschwasser)
•	Richtig reagieren nach einem Brandfall:
–	Nichts vorsätzlich manipulieren (strafrechtlich relevant)
–	Bereiche nur betreten, wenn keine Gefahren (toxisch, Einsturz) vorliegen oder wenn der Bereich von Fachleuten freigegeben ist
–	Feuerversicherung(en) umgehend informieren (24-h-Hotline)
–	Arbeitsschutzvorgaben beachten
–	Bei Brandstiftung: Kripovorgaben beachten, keine Spuren vernichten
–	Brandschadenursachenermittlung: Versicherungsvorgaben beachten
–	An der Brandstelle ausschließlich dafür ausgebildete Profis arbeiten lassen, keine „normalen" Handwerker und keine einzige Person aus der Belegschaft (wenn doch, dann lediglich nach Freigabe und unter Aufsicht von Profis)
–	Möglichst zügig entfeuchten ($\leq$40 % rel. Feuchte)
–	Den betroffenen Bereich gegen unbefugtes Betreten, Verändern, Beschädigen, Plündern absichern
–	Mobile, unbeschädigte (intakte) Gegenstände (Geräte, Produkte), soweit möglich, umgehend aus dem Bereich entfernen
–	Nicht betroffene, nicht kontaminierte, aber angrenzende Bereiche vor Rauch, ggf. auch Feuchtigkeit gut schützen
–	Den betroffenen Bereich lange und gut belüften

einem größeren Brand kommen wird) –, soll sich die folgenden Regeln aus dem Internet herunterladen, lesen und weitere Schlüsse bzw. konkrete Handlungsanweisungen daraus ziehen:

- DGUV Regel 101-004 – Kontaminierte Bereiche
- TRGS 524 – Schutzmaßnahmen bei Tätigkeiten in kontaminierten Bereichen
- vfdb-MB 10-13 – Empfehlung für den Feuerwehreinsatz zur Einsatzhygiene bei Bränden

- VdS 3400 – Vermeidung von Schäden durch Rauch und Brandfolgeprodukte – Gefahren, Risiken, Schutzmaßnahmen
- VdS 2217 – Umgang mit kalten Brandstellen
- VdS 2357 – Richtlinien zur Brandschadensanierung

Die zuletzt erwähnte VdS 2357 empfiehlt die in Tab. 4.2 vorgenommene Einteilung bei unterschiedlich großen Bränden.

Die ebenfalls erwähnte VdS 3400 gibt ergänzend folgende Verhaltensanweisungen nach einem Brandschaden:

- Frühestens 1 h nach der Erkaltung des Brandrests (das bedeutet nicht 1 h nach dem Löschen!) den Bereich betreten lassen – aber ausschließlich von richtig bekleideten und geschützten Profis
- Nur „befähigte" Personen mit persönlicher Schutzausrüstung (Schuhe, Ganzkörperschutz, ggf. Atemschutz, geeignete Handschuhe) den Bereich betreten und dort arbeiten lassen
- Vorhandenes Löschwasser im ersten Schritt zügig entfernen – anschließend mit Entfeuchtern die Feuchtigkeit zügig weiter reduzieren (professionelle Bautrockner)
- Wichtig ist jetzt, schnell zu reagieren (ggf. Wände abwaschen, ggf. eine Folie auf die Wände aufsprühen und mit ihr anschließend die Kontaminationen abziehen, ggf. bestimmte Sachen/Gebäudeteile austauschen, ggf. den Putz abschlagen oder GK-Platten gegen neue, nicht kontaminierte austauschen)

Abschließender Tipp: Lassen Sie nach Bränden nicht Ihre Belegschaft die Schäden beseitigen, da können Sie sich schnell auf strafrechtlichem Terrain befinden. Nein, lassen Sie das Profis machen – Personen, die wissen, wie man seine Gesundheit bewahrt und den Schaden bald- und bestmöglich beseitigt.

Tab. 4.2 Gefahren, abhängig der Brandgröße

Gefährdungs- bereich (GB)	Brandart	Reaktion
0	Kleinmenge (Papierkorb, Adventskranz)	–
1	Ein einzelner Raum mit den üblichen Mengen an Papier, Kunststoffen, Elektrogeräten	–
1a	Wohnungs-, Dachstuhl-, Kellerbrand	Ggf. Sachverständiger*
1b	Öffentliches Gebäude (Schule, Krankenhaus, Kindergarten)	Ggf. Sachverständiger*
1c	Gewerblicher oder industrieller Brand	Ggf. Sachverständiger*
2	Größere Mengen an PVC, Elektrokabel, Kontamination	Sachverständiger empfohlen*
3	Große Mengen kritischer Stoffe (Gifte, PCB, Holz- und Pflanzenschutzmittel)	Sachverständiger nötig*

4.3   ASR A2.2

„Maßnahmen gegen Brände" heißt die Arbeitsschutzregel ASR A2.2, und das umfasst Löschmöglichkeiten, Brandschutzhelfer, Erkennung von Bränden und Brandschutz bei Bauarbeiten. Da Feststoffe anders brennen und demzufolge anders zu löschen sind als Gase, Leichtmetallspäne oder z. B. Speisefette, gibt es unterschiedliche Löschmittel; darauf geht die ASR A2.2 ein. Diese Regel ist für den Brandschutzbeauftragten von besonderer Bedeutung, weil sie sich – im Gegensatz zur vorher gültigen BGR 133 – nicht ausschließlich mit dem Bereitstellen von Handfeuerlöschern beschäftigt, sondern den Bereich „Brandschutz" deutlich weiter gefasst sieht. Doch beginnen wir mit Handfeuerlöschern, und zunächst mit der Umrechung der Löschleistung in Löschmitteleinheiten, wie sie in der Tab. 4.3 (der ASR A2.2 entnommen) und dient der Umrechnung der auf den Handfeuerlöschern angegebenen Löschmitteleinheiten (LE) der Brandklassen A und B.

Es gilt im Brandfall, Entstehungsbrände zu löschen, was bedeutet, dass man sich ihnen noch gefahrlos nähern kann. Ein größer oder gefährlicher werdendes Feuer muss nicht mehr gelöscht werden, da steht die zügige Flucht aller Personen im Gefahrenbereich im Vordergrund. Ein Löscher hat beispielsweise 6 LE, mit denen man theoretisch ein Volumen eines Holzstapels mit 588 l oder 113 l brennendes n-Heptan löschen. Das wird in der Praxis zwar nicht gelingen (vergleichbar dem Spritverbrauch in Autoprospekten oder der Kilometerreichweite bei Elektrofahrzeugen), aber es ist dennoch eine gute Leistung und reicht für jeden Entstehungsbrand.

Man muss für jede Art von Brandgut die richtigen Handfeuerlöscher bereitstellen. Einige verbinden mehrere Brandklassen: AB-Löscher die Brandklassen A (Feststoffe) und B (flüssig und flüssig werdend) und ABF-Löscher zusätzlich noch Speisefette. Die ASR A2.2 möchte, dass der Arbeitgeber durch jeweils individuell geeignete Maßnahmen erreicht, dass die möglicherweise gefährdete Belegschaft

Tab. 4.3 Leistungsvermögen unterschiedlicher Löscher	Löschmitteleinheiten (LE)	Brandklasse A	Brandklasse B
	1	5A	21B
	2	8A	34B
	3	–	55B
	4	13A	70B
	5	–	89B
	6	21A	113B
	9	27A	144B
	10	34A	–
	12	43A	183B
	15	55A	233B

Tab. 4.4 Benötigte Löschmitteleinheiten in Abhängigkeit der Fläche

Grundfläche (in m^2)	Löschmitteleinheiten (LE)
1–50	6
51–100	9
101–200	12
201–300	15
301–400	18
401–500	21
501–600	24
601–700	27
701–800	30
801–900	33
901–1000	36
Je weitere 250 m^2	+6

im Brandfall ohne zeitliche Verzögerung davor gewarnt wird. Tab. 4.4 zeigt, für welche Flächen die ASR A2.2 welche Löschmitteleinheiten (LE) fordert.

Die ASR A2.2 will lediglich Handfeuerlöscher mit ≥6 LE als Grundausstattung angerechnet und zugezählt sehen, aber sie erlaubt unter folgenden Umständen eine Abweichung:

- Dieser Bereich gilt als normal brandgefährdet und nicht als erhöht brandgefährdet.
- Die Handfeuerlöscher haben jeweils ≥2 LE.
- Die Handfeuerlöscher sind ≥25 % leichter als die anderen.
- Entfernung zu Handfeuerlöschern wird von maximal 20 auf ≤10 m reduziert.
- Die Anzahl der vorhandenen Brandschutzhelfer wird von 5 auf 10 % erhöht.

Löschmittelschäden sind zu berücksichtigen; dieser Hinweis betrifft die salzhaltigen ABC-Pulver-Handfeuerlöscher, die man nur dann einsetzen darf, wenn wirklich brennbare Gase vorhanden sind und gelöscht werden müssen – aus allen anderen Bereichen sind sie zu entfernen. Und bei Personenbränden kann es gefährlich werden, wenn man mit dem Löschgas CO_2 (das an der Austrittsstelle, wo es vom flüssigen in den gasförmigen Aggregatzustand übergeht −78 °C kalt ist) der unbekleideten Haut (Gesicht, Hals) zu nahe kommt; hier ist ein Abstand von mindestens 1 m einzuhalten – dann besteht keine Gefahr durch Unterkühlung. Doch auch eine weitere Gefahr besteht bei Kohlendioxid, denn 1 kg Löschgas kann auf ca. 5,5 m^2 den zum Atmen nötigen Sauerstoff verdrängen, so man den Bereich nicht zügig verlässt. Somit ist in kleineren Räumen auf diese Gefahr zu achten. CO_2-Löscher gibt es mit 2 kg und 5 kg, d. h., Räume, die kleiner als 11 bzw. 27,5 m^2 sind, müssen vor oder beim Löschen verlassen, geschlossen und anschließend entlüftet werden. Die nachfolgenden Punkte sind stichpunktartig aufgeführt und können bei Bedarf in der ASR A2.2 nachgelesen werden:

- Handfeuerlöscher sind gut sichtbar angebracht.
- Handfeuerlöscher sind dennoch immer ausgeschildert mit lang nach-leuchtenden Schildern, ggf. mit einem Pfeil zum schnelleren Auffinden.
- Handfeuerlöscher sind leicht erreichbar (d. h. angenehme Griffhöhe und ohne Verwendung eines Werkzeugs oder eines Schlüssels).
- Handfeuerlöscher hängen vorzugsweise in den Fluchtwegen neben den Türen.
- Die maximale Entfernung zum nächsten Handfeuerlöscher liegt bei 20 m.
- Handfeuerlöscher sind ggf. vor individuell möglichen, schädlichen Einflüssen zu schützen.
- Die Griffhöhe der Handfeuerlöscher liegt nicht unter 0,8 m und nicht über 1,2 m.
- Die Standorte von Handfeuerlöschern sind in den Fluchtwegeplänen ein-getragen.
- Bei erhöhter Brandgefahr sind zusätzliche Maßnahmen zu prüfen (ggf. TRGS 800 dazu lesen), z. B.:

  – ggf. automatische oder manuelle Brandmeldeanlage,
  – Erhöhung der Anzahl der Handfeuerlöscher,
  – mehr gleichartige Handfeuerlöscher *oder*
  – zusätzliche Handfeuerlöscher mit weiteren, anderen Löschmitteln,
  – gleichmäßigere Verteilung der Handfeuerlöscher *oder*
  – mehr Handfeuerlöscher an einer Stelle,
  – kürzere Entfernung als 20 m zu den Handfeuerlöschern,
  – zusätzliche Handfeuerlöscher mit anderen Löschmitteln, als die Grundaus-stattung es erforderlich macht,
  – Hinweis, dass bei einem Brand zwei Handfeuerlöscher gleichzeitig (natür-lich von zwei Personen!) eingesetzt werden sollen – also gleichzeitig, nicht hintereinander (dann nämlich ist die Löscheffektivität deutlich höher!),
  – zusätzliche Feuerlöscheinrichtungen wie fahrbare Löscher mit 30 kg und mehr Löschmittel (diese können deutlich länger löschen, und die Wurfweite ist größer, d. h., man muss sich nicht so nahe ans Feuer begeben und ist damit nicht in so großer Gefahr),
  – Installation von flächendeckenden Wandhydranten (ggf. mit einer auto-matischen Schaumzumischung),
  – bei großer Brandgefahr Entfernung zum nächstgelegenen Handfeuerlöscher von maximal 5 m,
  – Tipps, die man der TRGS 800 (Brandschutzmaßnahmen) entnehmen kann und die an dieser Stelle Sinn ergeben,
  – effektive Löschspraydosen je Arbeitsplatz für einen sofortigen Löscheinsatz, direkt nach Brandentstehung,
  – automatische Brandlöschanlagen installieren (möglichst solche, die Menschenleben nicht gefährden)
  – Bestellung von qualifizierten, gut ausgebildeten Brandschutzbeauftragten

Fähigen Brandschutzbeauftragten werden weitere sinnvolle Brandschutzsmaß-
nahmen einfallen.

Neben der Möglichkeit, die Betroffenen zu informieren, muss es auch die
Möglichkeit geben, Hilfs- und Rettungskräfte zu alarmieren – seit der deutsch-
landweiten Einführung von Telefonen an Arbeitsplätzen sowie der weiten Verbreitung von Smartphones und der Rufnummern 110 und 112 sollte das kein
Problem mehr darstellen und müsste wohl nicht mehr gefordert werden. Trotzdem
kann es Sinn machen, an bestimmten Stellen (wo man einen Brand zügig melden
will bzw. muss, wenn es dort brennt) Alarmierungsmöglichkeiten anzubringen.
Laut der ASR können Brände durch Personen oder Brandmelder gemeldet werden
und sind „Brandmelder" Handfeuermelder und/oder automatische Melder, also
technische Geräte zum Auslösen eines Brands. Automatische Brandmelder
reagieren meist auf Rauch, ab und zu auch auf Wärme, auf Kohlendioxid und in
seltenen Fällen auch auf die flackernde Wärmestrahlung von Flammen (IR oder
UV). Ob der Alarm dann alle oder nur einige (Betroffene) warnt oder ob er gleichzeitig oder ausschließlich zur eigenen oder zur öffentlichen Feuerwehr geht, muss
individuell unterschiedlich entschieden werden. Dazu gibt es viele Parameter, die
zu berücksichtigen sind. Auch die Frage, ob der Alarm optisch, akustisch, durch
einen Sirenenton oder eine Bandaufzeichnung erfolgen soll, kann nicht absolut
beantwortet werden. Als „möglich" gelten nach der ASR A2.2:

- Sprachalarmanlagen (SAA), die es nur in Kombination mit einer
  professionellen Brandmeldeanlage gibt
- Akustische Signalgeber (Hupen, Sirenen) in Verbindung mit einer
  professionellen Brandmeldeanlage
- Hausalarmierungsanlagen (z. B. in Altenheimen sinnvoll)
- Elektroakustische Notfallwarnsysteme (ENS)
- Rein akustische Alarmsirenen, manuell ausgelöst
- Rein optisch funktionierende Alarmierungsmittel
- Telefonanlagen (z. B. in Hotels sehr sinnvoll)
- Megafone (z. B. in größeren Industriehallen oder in Freibereichen sehr sinn-
  voll)
- Handsirenen (z. B. für sehr große Industriehallen sehr sinnvoll)
- Zuruf von Person zu Person (z. B. in kleineren Montage- oder Lagerhallen)
- Personenbezogene Warneinrichtungen (z. B. für Haustechniker sehr sinnvoll,
  die entweder gefährdet sind oder die man im Brandfall benötigt, also Personen,
  die sich aufgrund ihrer beruflichen Tätigkeiten ständig in anderen Bereichen
  des Unternehmens aufhalten, z. B. Garage, Lager, Keller, Heizung)

Die ASR empfiehlt, technische Maßnahmen vorrangig umzusetzen, was allerdings
kein „muss" bedeutet, denn das Gesetz, also die Landesbauordnungen, kennt derartige Systeme überhaupt nicht. Ob man diese Technik braucht, kann sich aus
den ggf. geltenden Sonderbauordnungen oder der Gefährdungsbeurteilung, aber
auch aus der Baugenehmigung ergeben. Ein Kriterium ist das Vorhandensein
einer Sichtverbindung, aber auch ungünstige räumliche oder schlechte akustische

Bedingungen können dazu führen, dass man sich um den Personenschutz etwas aufwendiger kümmern muss. Man stelle sich laute Arbeitsplätze vor, an denen alle mit Gehörschutz versehen sind – eine akustische Alarmierung wäre hier nicht zielführend oder müsste so laut sein, dass sie zu bleibenden Verletzungen der Hörfähigkeit führen könnte (was natürlich verboten ist). Es ist wichtig, *alle* Bereiche im Brandfall zu informieren, also auch Lager-, Pausen- und Toilettenräume!

Weiter fordert diese ASR neuerdings die Ausbildung von mindestens 5 % der Belegschaft als Brandschutzhelfer! Da diese Personen theoretisch und auch praktisch am Handfeuerlöscher geschult werden müssen, verfügen sie über deutlich mehr bandschutztechnisches Grundlagenwissen. Man stelle sich ein Unternehmen mit 100 Personen vor, das nicht nur fünf, sondern sogar 15 (also 15 %) Brandschutzhelfer ausgebildet hat. Es kann theoretisch sein, dass Personen 1 und 2 krank sind, Person 3 gekündigt hat, Personen 4 und 5 im Urlaub sind, Personen 6 mit 7 auf einer Weiterbildung, Person 8 in der Früh- und Personen 9 und 10 in der Spätschicht arbeiten und sich gerade die Personen 11 bis 15 bei einem Kunden, in einer anderen Etage oder auf einer Baustelle aufhalten. Zudem sind diese 100 Personen auf zehn Ebenen eines Hauses oder auf zehn Gebäude auf dem Grundstück verteilt. Somit kann es sein, dass eben kein einziger Brandschutzhelfer vor Ort ist und die „übrigen" 85 % relativ hilflos auf eine Person warten, die im Brandfall aktiv wird; zugegeben, das Beispiel mag konstruiert sein, aber es soll zum Ausdruck bringen, dass es eben vielleicht doch Sinn macht, 50 % oder mehr der Belegschaft zu schulen: In Bereichen mit besonderen Brandgefahren für Menschen oder Sachwerte (Altenheim, Kindergarten, Museum, Krankenhaus, Pflegeabteilung, Psychiatrie, petrochemische Industrie etc.) sollen deshalb 100 % der Belegschaft als Brandschutzhelfer ausgebildet werden. Brandschutzhelfer ausbilden ist übrigens eine der Aufgaben des Brandschutzbeauftragten!

Die ASR A2.2 verweist darauf, dass alle brandschutztechnischen Einrichtungen entsprechend gewartet werden müssen – das ist zwar trivial, aber elementar wichtig und richtig. Was „entsprechend" bedeutet, kann sich ändern; hier ist insbesondere der Inverkehrbringer einer Anlage oder eines Geräts (etwa eines Handfeuerlöschers) in der Verantwortung. So gibt es mittlerweile Wartungsintervalle bei Handfeuerlöschern, die zwischen ein und zehn (!) Jahren liegen. Die einjährige Wartung wird wohl dann nötig, wenn die Löscher in Bereichen hängen, die besonders beanspruchend sind, etwa im Freien, in bestimmten Laboren oder in sehr feuchten Räumen wie Schwimmbädern. Auch Erschütterungen können (insbesondere ABC-Pulverlöscher) ernsthaft beschädigen; diese Löscher sind häufiger zu prüfen oder umzuhängen. Die starre Vorgabe, dass Handfeuerlöscher alle zwei Jahre gewartet werden müssen, ist mit der aktuellen ASR A2.2 entfallen. Es ist jedoch anzumerken, dass bei den 10-Jahres-Handfeuerlöschern oftmals nach zehn Jahren keine Wartung erfolgt, sondern ein Austausch – und das kann deutlich teurer sein als alle zwei Jahre je eine Wartung! Berechnen Sie deshalb sehr genau, welche Handfeuerlöscher Sie sich anschaffen, und berücksichtigen Sie auch, dass die Wartung von Dauerdruck-Handfeuerlöschern meist wesentlich teurer ist als die der Auflade-Handfeuerlöscher. Aufladelöscher sind nur einmalig in der Anschaffung etwas teurer, allerdings auch hochwertiger!

Tipp: Auch bzw. gerade bei den Wartungskosten versuchen sich unsolide Firmen, gegenseitig zu unterbieten. Dabei ist jedem klar, dass der billigste Anbieter naturgemäß nicht die hochwertigsten Wartungsarbeiten liefern kann. Einen einzigen Löscher zu warten, und zwar wirklich nach den Vorgaben, kann zwischen 8 und 20 min Zeit kosten, und wer das für wenige Euro anbietet, kann nicht solide kalkuliert haben. Auch ist zu beachten, dass bei der Wartung die Handfeuerlöscher entfernt werden müssen und solide Wartungsinternehmen für diesen Zeitraum andere Löscher zur Verfügung stellen.

Vergessen Sie auch bitte nie, dass die fehlende Wartung von sicherheitstechnischen Einrichtungen zur Kürzung bei Schadenzahlungen von Versicherungen führen kann, was es zu vermeiden gilt.

Auch diese ASR geht besonders auf Baustellen ein – schlicht, weil dort besonders viele Brände passieren. Es ist also jedem Unternehmen geraten, gerade bei Baustellen ausreichend viele Handfeuerlöscher ($\geq$ 6 LE) zu stellen, und zwar immer dann, wenn eine Brandgefahr theoretisch gegeben ist oder wenn feuergefährliche Arbeiten durchgeführt werden. Baustellenbrände passieren häufig und sind mit zunehmenden Baufortschritt besonders teuer!

Abwehrenden betrieblichen Brandschutz umzusetzen, ist eine Aufgabe, die Erfahrung, Fachwissen und Fingerspitzengefühl erforderlich macht. Brandschutzbeauftragte sollen sich hier nicht ausschließlich auf die Tipps der Wartungsfirmen für Feuerlöscher verlassen, denn diese verfolgen ggf. andere Interessen als das Unternehmen – eine individuelle Beratung kostet Zeit und damit Geld, das man mit pauschalen Tipps schneller verdienen kann. Aber auch eine Überausstattung von Löschgeräten kann eine Folge sein. Im Brandfall steht aber die Gesundheit der Belegschaft, nicht die Ausstattung mit schweren und (zu) vielen Handfeuerlöschern im Vordergrund.

Tipp: Gehen Sie vorsichtig mit dem Anhang der ASR A2.2 um und lesen Sie diesen kritisch. Dort werden zu häufig ABC-Pulverlöscher empfohlen, und es finden sich weitere Tipps, die man ggf. nicht umsetzen sollte. Vertrauen Sie auf Ihr eigenes Fachwissen und das einer soliden Wartungsfirma! Halten Sie sich an die vier einfachen Regeln, und Sie werden Ihr Unternehmen auf die sichere Seite bringen:

1. Personenschutz vor Sachwerteschutz
2. Nicht möglichst viele, sondern die richtigen Feuerlöscher stellen
3. Von der ASR A2.2 abweichen, vorausgesetzt, es entsteht dadurch keine Gefahr
4. Auf die eigene innere Stimme hören, um die richtigen Entscheidungen zu treffen

Brandgefahr Strom

5

Strom ist und bleibt eine der Hauptbrandursachen, was man auch mit noch so vielen Vorsorgemaßnahmen nicht verhindern kann. Man kann aber erreichen, dass die Anzahl der Brände und auch die Schadenkosten je Brandschaden deutlich nach unten gehen, und allein das ist es wert, diesem Themenfeld eine besondere Beachtung zu schenken. Hinzu kommt, dass man gesetzlich gezwungen ist, mobile und immobile elektrische und elektronische Geräte und Anlagen intakt und sauber zu halten und regelmäßig prüfen, ggf. auch instandzusetzen muss. Da elektrische Akkumulatoren heute deutlich leistungsfähiger sein können als früher, ist es ratsam, damit sorgfältig umzugehen. Wichtig ist außerdem zu wissen, was wie zu prüfen ist und von wem und wie man mit privaten und anderen Elektrogeräten korrekt umgeht.

5.1 Umgang mit Akkus von Zweirädern

In Li-Akkus wird keine besondere, neue, andersartige Gefahr gesehen, weshalb es auch keine weiteren Forderungen für den Umgang damit gibt – bis auf die bereits vorhandenen oder die den Akkus beiliegenden (also die Vorgaben des Herstellers bzw. Inverkehrbringers). Fakt ist, dass eine Li-Batterie oder ein Li-Akkumulator deutlich gefährlicher ist als eine Zink-Kohle-Batterie oder ein Zink-Kohle-Akkumulator, und zwar deshalb, weil sie deutlich mehr Energie enthalten und auf äußere Einflüsse wie Kälte oder harte Schläge deutlich aggressiver reagieren können.

Anmerkung: Akkumulatoren (kurz: Akkus) sind Batterien, die – im Gegensatz zu Batterien – wieder aufladbar sind; deshalb ist die Starterbatterie im kraftstoffbetriebenen Auto auch ein Akku und keine Batterie.

Li-Energieträger sind einfach deshalb schon gefährlicher als konventionelle Zink-Kohle-Energieträger, weil sie deutlich mehr Energie enthalten. Dies ist auch

© Der/die Autor(en), exklusiv lizenziert durch Springer-Verlag GmbH, DE, ein Teil von Springer Nature 2022
W. J. Friedl, *Brandschutzbeauftragte: Das Weiterbildungsbuch*,
https://doi.org/10.1007/978-3-662-64619-9_5

schnell erklärt und belegt: Bei gleichem Volumen wird vielleicht die 15-fache
Energie gespeichert. Somit ist der Li-Speicher nicht unbedingt 15-mal so gefährlich, aber wenn er zerstört wird, wird eben die 15-fache Energie freigesetzt. Es
finden sich im Internet interessante Videos, wie beispielsweise ein Nagel einmal
durch eine Zink-Kohle-Batterie gedrückt wird und ein zweites Mal durch eine Li-
Batterie. Während es beim konventionellen Energiespeicher zu keinerlei erkenn-
baren Reaktion kommt, brennt der Li-Speicher explosionsartig ab. Es gab bereits
Tote, weil der Akku eines Smartphones oder einer E-Zigarette brannte – das stelle
man sich mal vor!

Besonders kritisch wird es in diesem Zusammenhang (also bei der Verwendung
von bestimmten Akkus) immer dann, wenn unternehmensfremde Aktivitäten im
Firmen ablaufen und diese Brandschäden auslösen – kritisch deshalb, weil die
Feuerversicherungen dann schnell die Begleichung (berechtigt!) ablehnen können.
Das gilt es zu verhindern. Dazu gibt es zwei Wege:

1. Man verbietet das Laden von privaten Energiespeichern (Smartphones,
   E-Bikes, E-Roller) im Unternehmen: Das wird nicht klappen, weil einige dann
   heimlich irgendwo versteckt diese Geräte dennoch laden; brennt es nun, stehen
   diese Personen mit ihrem privaten Vermögen (Rentenversicherung, Immobilien,
   Gehalt, Bankkonto) in der Verantwortung – was viele übrigens nicht wissen.
   Das läuft so ab: Der Versicherer ersetzt ggf. den Schaden und nimmt dann
   Regress beim Verursacher.
2. Man informiert den Versicherer darüber und bittet, das Risiko zu versichern:
   Der Versicherer wird bestimmte Auflagen machen, etwa eigene Laderäume und
   eine besondere, sichere, gute und korrekte Stromversorgung für diesen Raum.
   Und ggf. wird der Versicherer die Versicherungsprämie (unerheblich, also
   geringfügig) anheben.

Schnell wird klar, dass Lösung 2 deutlich konstruktiver, zielführender, effektiver,
effizienter, sozialer und intelligenter ist als Lösung 1. Die Politik will, dass
elektrobetriebene Geräte mit Akkus (Handwerksgeräte, Staubsauger, Smartphones,
Autos etc.) als harmlos, üblich, normal eingestuft werden. Doch das sind sie nicht,
im Gegenteil: Ständig brennende Elektroautos mit immensen Schäden und eigentlich immer Totalschäden sind heute üblich, und aus Gründen des Brandschutzes
sollen sie gemieden werden – auch aus Arbeitsschutz- und Umweltschutzgründen.
Hinzu kommen ernsthafte umweltschutztechnische Probleme bei bestimmten Ent-
sorgungsarten.

Kommen wir wieder zu den Elektrogeräten mit Li-Akkus zurück und teilen
diese in zwei Kategorien: nötig und unnötig. Die nötigen betreiben wir, und
zwar so sicher, wie es geht. Und die unnötigen vermeiden wir. So ist es völlig
unnötig, einen Staubsauger für den Boden erst aufzuladen, dann zu benutzen
und danach wieder aufzuladen – dieser Akku gefährdet völlig grundlos. Also
bitte nur Staubsauger einsetzen, die ihre Energie direkt aus dem Stromnetz
erhalten, denn der Wirkungsgrad von einem Akku liegt deutlich unter dem Faktor
1 – das ist ein aktiver und wirklicher Beitrag zum Umweltschutz und auch zum

Brandschutz. Doch andere Geräte wie z. B. Smartphones, Akkuschrauber oder Notbeleuchtungen muss man eben mit Li-Akkus betreiben.

Wer mit einem E-Bike oder E-Roller zur Arbeit fährt, darf diese auf dem Gelände und ggf. auch in einer Parkgarage abstellen. Bei E-Rädern in Garagen kann das ggf. aus formaljuristischer Sicht kritisch gesehen werden, nicht aber bei E-Rollern. E-Bikes haben heute schnell eine Kapazität von ca. 100 km – und kaum eine Person radelt täglich mehr als 50 km zum Arbeitsplatz. Das soll heißen, dass es zumutbar ist, den Ladestrom zu Hause zu kaufen und ihn nicht in der Firma geschenkt zu bekommen. Die Akkus von Zweirädern sind auch deshalb deutlich gefährlicher als die von E-Autos, weil sie zum einen öfter minderwertig hergestellt werden und sie zum anderen öfters mal harte Schläge abbekommen, z. B. durch Herunter- oder Umfallen des Rads; das passiert bei einem Auto eben nicht. Und danach können diese Akkus auch deutlich häufiger brennen, und zwar nicht unbedingt direkt (zeitlich gesehen) nach dem Schlag, sondern vielleicht erst Wochen danach! Wer also ein E-Bike hat, sollte es zu Hause an einer wirklich sicheren Stelle oder in einem dafür vorgesehenen, gut brandgeschützten Behälter laden (es gibt schon einige Firmen, die solche Behälter anbieten).

Besonders kritisch ist das Laden von solchen Akkus in Wohnungen – also Bereichen, in denen die Menschen außerhalb keine Steckdosen und somit keine Möglichkeit haben, in der Garage die Ladevorgänge vorzunehmen. Laden diese Geräte nämlich nachts, besteht ernsthafte Lebensgefahr für die Personen in der Wohnung. Um sich selbst ein Bild zu machen von der extrem schnellen Brandausbreitung von Li-Akkus, bitte ich Sie, sich im Internet ein paar Filme anzusehen. Sie werden schnell erkennen, wie sich die Politik irrt. Übrigens, auch Feuerwehrchefs bekommen hier einen Maulkorb verpasst und werden sich hüten, etwas anderes bzw. etwas Kritisches von sich zu geben; schließlich sind sie Staatsbeamte und wollen befördert werden und ihren Job und die steuerfreie Pension nicht riskieren. Beratende Ingenieure wie ich jedoch, die nicht von der Industrie oder dem Staat abhängig sind, können (noch?) solche Informationen, ja Wahrheiten von sich geben.

Übrigens, ein großer deutscher Elektrokonzern hat im Teil B der Brandschutzordnung das Laden von privaten Elektrogeräten wie Smartphones verboten – wer es dennoch macht, steht finanziell voll in der Verantwortung; das ist wie Russisch Roulette zu sehen!

Fassen wir zusammen: Li-Akkus sind großartig, wenn sie funktionieren. Ein Smartphone mit einer Zink-Kohle-Batterie (bzw. Akku) würde vielleicht 20 min funktionieren, jedoch nicht 20 h und mehr! Wir versuchen, auf Li-Akkus zu verzichten, soweit es möglich ist. Wo das nicht geht, müssen die Herstellervorgaben gewissenhaft gelesen und umgesetzt werden, um juristisch und versicherungsrechtlich auf der sicheren Seite zu stehen. Private Li-Akkus im Unternehmen sind unerwünscht und werden verbannt, und das Laden solcher Geräte in der Firma wird unter Strafe gestellt. Wer freundlicher auf seine Belegschaft zugehen will, kann in eigenen Räumen das Laden ermöglichen oder auch im Freien in sicherem Abstand zu Gebäuden Ladestationen und Ladeboxen errichten.

5.2   Umgang mit elektrischen Anlagen

Es gibt Gerätschaften, die ausschließlich Elektrofachkräfte handhaben dürfen.
Zum Beispiel bei Arbeiten mit Kabelbeschussgeräten und auch mit Kabelschneid-
geräten kann nach den beiden Arbeitsvorgängen, also Beschießen und Schneiden
eines Kabels, am Gerät unter ungünstigen Bedingungen eine elektrische Spannung
entstehen. Konventionelle Spannungsmessgeräte können diese Spannung jedoch
häufig nicht erkennen. Daher ist durch geeignete organisatorische Maßnahmen
zu klären, ob diese Gefahr bestehen könnte. Als „geeignet" gilt nach DGUV Vorschrift 3, dass man bei der netzführenden Stelle vor der Arbeit anfragt, ob diese
Gefahr hier realistisch gesehen wird. Auch gibt es Räumlichkeiten, die lediglich
von Elektrofachkräften oder elektrotechnisch unterwiesenen Personen betreten
werden dürfen, z. B. die Niederspannungshauptverteilung oder auch Hoch-
spannungstransformatoren, die grundsätzlich versperrt sein müssen und die nur
besondere Personengruppen betreten dürfen. Dort sind unter Spannung stehende
Teile oftmals ungeschützt vorhanden, und eine Berührung oder sogar eine bloße
Annäherung könnte tödlich enden; die Gefahren sind für elektrotechnische
Laien aber nicht offensichtlich erkennbar. Doch an Sicherungskästen, Etagenver-
teilungen oder die Stromeinspeisung von einem Gebäude kann normalerweise
jede Person herantreten. Es gibt also Räume, in die jede Person des Unternehmens
problemlos gelangen kann, und auch solche, die versperrt sind. In Technikräume oder sogar Traforäume dürfen nur bestimmte Personen, die mindestens
elektrotechnisch unterwiesen sind. Bei Betriebsmitteln, die nicht betriebsmäßig,
sondern nur zum Wiederherstellen des Soll-Zustands bedient werden, genügt bei
Nennspannungen bis 1000 V ein teilweiser Schutz gegen direktes Berühren wie
Abdecken – hier hält man sich an die DIN EN 50 274 und die VDE 0660-514.
Betriebsmäßig werden grundsätzlich alle „üblichen, normalen" Gerätschaften
benutzt. Folgendes dürfen elektrotechnisch unterwiesene Personen mit mobilen
Elektrogeräten angehen:

1. Einstellen eines Relais
2. Entsperren eines Relais
3. Auswechseln von Meldelampen
4. Auswechseln von Schraubsicherungen, ggf. auch von Stecksicherungen

Der Belegschaft muss man absolut und eindeutig erklären, wie man mit den
jeweiligen Elektrogeräten korrekt umzugehen hat – um Verletzungen, Gefahren
und Brände zu vermeiden. Das ist unabdingbar und dies auch dann, wenn
es sich um scheinbar triviale Geräte handelt, über die praktisch jeder mittel-
europäische Haushalt verfügt. Diesbezüglich gibt eine Fülle von Vorgaben und
logischen, wichtigen und richtigen Punkten. Zum einen darf man der Belegschaft ausschließlich diese Geräte geben, zu deren Betrieb sie auch befähigt sind.
Das beginnt mit der simplen Mikrowelle in der Küche, die ggf. auch über eine
Grillfunktion verfügt. Warum? Nun, Grillfunktion bedeutet Temperatur (°C) und

Mikrowellen sind Wärmestrahlen (W/m²). Ist das Gerät nun auf Grillen eingestellt und jemand stellt einen mikrowellengeeigneten Kunststoffbehälter hinein, fängt dieser zügig an zu brennen. Das muss vermittelt werden, so wie bei jedem Gerät die korrekte Handhabung und die konkreten Gefahren vorab und in verständlicher Form vermittelt werden müssen. Diese Unterweisungen müssen juristisch belegbar sein. Und bei der Ausübung der Arbeiten sind die Personen auch in – übrigens nicht vorgegebenen – Intervallen zu kontrollieren. Die Belegschaft muss z. B. auch wissen, dass aus der Steckdose 230 V kommen und dass die Sicherung mit 16 A abgesichert ist. Warum ist das wichtig? Eben weil 230 V, multipliziert mit 16 A die krumme Zahl von 3680 ergibt, und Volt mal Ampere ergibt Watt. Auf praktisch jedem Elektrogerät steht – meist auf der Unterseite, wie viel Watt Energie das Gerät benötigt. Wenn ein leistungsfähiger Wasserkocher also beispielsweise 3000 W Energie benötigt, so stehen auf dieser Leitung nur noch 680 W offiziell für andere elektrische Geräte zur Verfügung. Natürlich kann man die Leitung etwas überbelasten, aber das ist erstens verboten, und zweitens würde dann mit hoher Wahrscheinlichkeit die Sicherung noch nicht überlastet werden – aber es kann an einer Steckverbindung oder Knickstelle in der Stromzuleitung zu einer unzulässigen Erwärmung kommen, was letztlich zu einem Brand führen kann. Die Belegschaft muss wissen, dass es harmlosere Geräte wie Radiowecker gibt und weniger harmlose wie Kaffeemaschinen mit Heizplatte. Beide können Brände auslösen, aber mit extrem unterschiedlichen Wahrscheinlichkeiten. Als Faustregel gilt: je mehr Watt, umso brandgefährlicher. Und umgekehrt: Jedes ausgesteckte Gerät ohne Li-Akku ist harmlos. Und die Belegschaft muss wissen, dass jeder für die Geräte zuständig und damit verantwortlich ist, die man selbst betreibt. Und zum sicheren Betreiben gehört, dass man die Geräte nach Beendigung der Arbeit ausschaltet.

Doch was ist, wenn es keine absoluten Vorgaben zur Prüfung gibt? Dann darf natürlich nur eine besonders befähigte Person eine eigenverantwortliche Entscheidung treffen. Üblicherweise kennt jede Elektrofachkraft die Regeln, nach denen elektrische Anlagen und Betriebsmittel geprüft werden. Was gilt, wenn es hierzu keine besonderen Vorgaben oder nur unzureichende Empfehlungen gibt? Nun, in diesem Fall fordert die DGUV Vorschrift 3, dass man sich an die sieben folgenden Vorgaben hält:

1. Pauschal wird zum einen gefordert, dass elektrische Anlagen und Betriebsmittel sich in einem sicheren Zustand befinden, und zum anderen, dass dieser Zustand erhalten bleibt. Somit sind Inspektion, Wartung und ggf. Reparatur unerlässlich – die Frage ist nur, wann, wie häufig, wie tief und von wem.
2. Elektrische Anlagen und Betriebsmittel dürfen nur benutzt werden, wenn sie den betrieblichen und örtlichen Sicherheitsanforderungen im Hinblick auf Betriebsart und Umgebungseinflüssen genügen. Das bedeutet, man darf sein Augenmerk nicht lediglich auf das zu prüfende Objekt richten, sondern muss Gefahren durch dieses elektrische Gerät für andere Dinge in der Umgebung

ebenso beurteilen, wie umgekehrt. Auch kann eine hohe oder niedrige Temperatur, hohe oder niedrige Luftfeuchtigkeit bzw. eine höhere Wärmestrahlung den Betrieb des einen oder anderen Geräts negativ beeinflussen. Auch Dinge wie EMV (EMV = elektromagnetische Verträglichkeit) müssen insbesondere bei elektronischen Geräten oder stromführenden Leitungen berücksichtigt werden – das gilt auch für bestimmte Datenleitungen. Solche Beurteilungen kann lediglich eine Elektrofachkraft und keine unterwiesene Person ausführen.

3. Die aktiven Teile der elektrischen Anlagen und Betriebsmittel müssen entsprechend ihrer Spannung, Frequenz, Verwendungsart und insbesondere auch unter Berücksichtigung des Betriebsortes sicher sein. Hierzu muss man die Isolierung, die Lage, die Anordnung oder fest angebrachte Einrichtungen gegen direktes Berühren schützen.

4. Elektrische Anlagen und Betriebsmittel müssen so beschaffen sein, dass bei Arbeiten, bei denen aus zwingenden Gründen der Schutz gegen direktes Berühren aufgehoben werden muss, der spannungsfreie Zustand der aktiven Teile hergestellt und sichergestellt wird. Alternativ dazu kann man die aktiven Teile unter Berücksichtigung der Spannung durch zusätzliche Maßnahmen gegen direktes Berühren schützen.

5. Bei elektrischen Betriebsmitteln, bei denen ein vollständiger Schutz gegen direktes Berühren nicht gefordert wird oder nicht möglich ist, muss bei benachbarten aktiven Teilen mindestens ein teilweiser Schutz gegen direktes Berühren vorhanden sein.

6. Die Durchführung der Maßnahmen muss ohne eine Gefährdung möglich sein. Gefährdungen können verletzende oder gar tödliche Körperdurchströmungen oder Lichtbogenbildung sein – selbst dann, wenn sie lediglich ernsthafte Schmerzen verursachen, sind sie so einzustufen.

7. Elektrische Anlagen und Betriebsmittel müssen Schutz bei indirektem Berühren aufweisen, sodass auch im Fall eines Fehlers innerhalb Schutz gegen gefährliche Berührspannungen vorhanden ist.

Strom kann schnell tödlich wirken oder aber Behinderungen verursachen; nun mag ein bei 30 mA auslösender FI-Schutz deutlich sicherer sein (in Badezimmern häufig 10 mA), aber eine absolute Gewissheit auf „Überlebenssicherheit" bekommt man auch hier nicht – je nachdem, welchen Weg der Strom im Körper nimmt, wie feucht die Haut ist und wie der gesundheitliche Zustand ist. Sicherheit steht also immer an erster Stelle, und bei Arbeiten mit Strom ist das sehr ernst zu nehmen. Der sichere Zustand gilt als vorhanden, wenn elektrische Anlagen und Betriebsmittel so beschaffen sind, dass von ihnen bei ordnungsgemäßem Bedienen und bestimmungsgemäßer Verwendung weder eine unmittelbare noch eine mittelbare Gefahr ausgeht. „Unmittelbar" wäre ein gefährlich hoher Stromschlag, und „mittelbar" wären Gefahren durch Strahlung, Lärm oder das Herbeiführen eines Brandes oder gar einer Explosion. Um den sicheren Zustand jederzeit gewähren zu können, muss man auch möglicherweise, aber realistisch auftretende Situationen berücksichtigen, insbesondere die sieben folgenden:

1. Mechanische Einwirkungen von außen, aufgrund der in der Nähe üblichen Handlungen
2. Direkter oder indirekter Blitzeinschlag und die möglichen Folgen
3. Mögliche Feuchtigkeit, die sonst unüblich ist – etwa im Freien oder in der Nähe eines Dampfbades oder eines Reaktors
4. Eindringen von Fremdkörpern aufgrund der Verfahrenstechnik im Raum oder auch mittel- und langfristig von Stäuben
5. Extreme Kälte oder gefährlich hohe Temperaturen – sei es von der Sonne, vom Montageort in einem Kühlhaus oder aufgrund der im Raum ablaufenden Produktionstätigkeiten
6. Schäden durch Tiere, insbesondere in das Gerät eindringende Insekten – aber auch Nagetiere, die an Geräten oder Leitungen Schäden anrichten können und dadurch Menschen gefährden oder Brände auslösen können
7. Die realistische Lebensdauer einer Anlage oder eines Betriebsmittels muss bekannt sein, oder aber abgeschätzt werden können

Somit sind nicht nur einzelne Betriebsmittel separiert zu betrachten und einzustufen, sondern es müssen auch die gesamte Anlage und möglicherweise auch die gesamten Umgebungsbedingungen ins Beurteilungskalkül einbezogen werden. Als Konsequenz der Beurteilung folgen die Wahl der Schutzart, die Wahl der Schutzklasse, die Wahl der Isolationsklasse sowie die als sicher eingestufte Wahl der Kriechstrecken, ggf. auch die der Luftstrecken. Man muss also in jedem einzelnen Fall die speziellen Einsatzbedingungen berücksichtigen – diese sind in Laboren, in Saunen und Dampfbädern oder auf Baustellen deutlich aggressiver.

5.3   Private Elektrogeräte

Feuerversicherungen können private Elektrogeräte bei den Versicherungsnehmern pauschal verbieten, doch meist tun sie das nicht, sondern fordern für diese besondere Vorsorgemaßnahmen. Grundsätzlich kann es aber gerade deshalb gefährlich werden, denn wenn man keine Regelung bzw. Vereinbarung vorweisen kann, ist folgende Argumentation möglich: Das Betreiben mancher Geräte kann als eine nicht versicherte Unternehmensart gewertet werden, und somit ist der Versicherungsschutz gefährdet. Private Elektrogeräte sind tatsächlich relativ häufig die kausale Ursache für Brände in Unternehmen. Diese sind zwar nicht absolut verboten, aber es sind ein paar Dinge von besonderer Bedeutung:

- Gerät erfassen (in einer Liste)
- Aufstellort vorgeben (relativ brandsicher)
- Gerät regelmäßig elektrotechnisch überprüfen lassen (nach DGUV Vorschrift 3 und VdS 3602)
- Gerät nach Beendigung der Arbeit ausschalten und von einer anderen Person diesen Zustand bestätigen lassen (so fordert es die VdS 2038)

Dann sollte alles korrekt abgelaufen sein und es nicht zu einem Brand durch dieses Gerät kommen. Falls doch, sollte es mit dem Versicherer keine Probleme geben. Wird jedoch nur gegen einen der vier o. g. Punkte verstoßen und ein privates Gerät hat einen Brand ausgelöst, beginnen die Probleme. Nun gibt es aber noch deutlich mehr zu berücksichtigen: Zum einen ist das die Tatsache, dass Billiggerätschaften nicht in Unternehmen bereitgestellt oder gar benutzt werden sollten. Zum anderen ist zu berücksichtigen, dass bestimmte Geräte nicht privat mitgebracht und betrieben werden dürfen, etwa Kühlschränke, Grills, mobile Herdplatten, Mikrowellengeräte oder auch pauschal Geräte mit mehr als z. B. 2000 W. Es empfiehlt sich, alle benötigten Elektrogeräte vom Unternehmen zu stellen – weil die Belegschaft gern sehr preiswerte (und damit eher minderwertigere) Geräte kauft oder überalterte Geräte (die dann nicht mehr auf sicherheitstechnischer Höhe der Zeit sind) von zu Hause mitbringt.

Übrigens, durch eine Brandschutzordnung Teil B oder eine entsprechende Betriebsvereinbarung kann man privat organisierte Elektrogeräte im Unternehmen auch absolut verbieten – das gilt beispielsweise für besonders gefährdete Bereiche wie OP-Räume im Krankenhaus, EDV-Bereiche oder Lagerbereiche. Wichtig ist, dass alle Elektrogeräte und auch Steckdosenverlängerungen eine Inventarnummer besitzen; somit kann man gerichtsfest belegen, ob dieses Gerät zum Unternehmen gehört und wann es (und von wem) zuletzt geprüft wurde. Weiter muss jede ein Elektrogerät betreibende Person dieses vor Inbetriebnahme auf offensichtliche Schäden in Augenschein nehmen – bis hin zur Steckverbindung mit der in einer Wand fest montierten Steckdose (und nicht lediglich bis zur Verlängerungsleitung).

An dieser Stelle soll ein vor Jahren ablaufender Gerichtsprozess kurz erwähnt werden: Eine konventionelle Kaffeemaschine mit Heizplatte und Filtereinlage hatte eine defekte LED am Ein-/Ausschalter. Die Maschine funktionierte aber dennoch. Beim Überprüfen wurde sie deshalb nicht ausgeschaltet, weil die LED nicht leuchtete und der Prüfer davon ausging, dass sie ausgeschaltet war. Nachdem diese Maschine einen Brand ausgelöst hatte, kam heraus, dass die LED schon länger nicht funktioniert hatte. Der Versicherer argumentierte (übrigens erfolgreich) vor Gericht, dass die LED eine sicherheitstechnische Einrichtung sei, die offensichtlich defekt war und dieser Schaden nicht behoben wurde. Doch genau das fordert die ArbStättV: Mängel müssen möglichst unverzüglich beseitigt werden. Zudem dürfen Gerätschaften mit mangelbehafteten Sicherheitseinrichtungen nicht mehr betrieben werden.

Heizlüfter stellen grundlegend eine besondere Gefahr dar. Solche Gerätschaften werden „gern" privat von Personen besorgt, die in zugigen, kalten oder nicht gut beheizbaren Bereichen sitzend arbeiten müssen. Wenn ein Heizlüfter nun betrieblich gestellt wird, wäre das juristisch sicherer, aber auch nicht absolut sicher – denn die VdS 2038 (und deren Kurzfassung, die VdS 2039) fordert, dass Heizeinrichtungen im Umkreis von mindestens 2 m von brennbaren Stoffen freigehalten werden müssen. Das ist meist nicht der Fall, weil die Heizstrahler üblicherweise unter dem Tisch so aufgestellt sind, dass sie die Füße und Beine mit erwärmter Luft anblasen. Wenn man nun kurz den Raum verlässt und es jetzt zu einem Brand kommt, etwa durch ein heruntergefallenes Stück Papier, das von der Luftansaugöffnung angesaugt wird, sind Probleme mit dem Feuerversicherer vorprogrammiert. Deutlich sinnvoller, weil sicherer, wäre eine technische Lösung (etwa die Installation eines größeren oder eines weiteren Heizkörpers) für diesen Bereich.

Bei bestimmten Elektrogeräten liegt das Problem in der Hygiene: Viele Personen benutzen diese Geräte, aber nur wenige halten sie sauber oder sorgen für Entkalkung. Da das auf beiden Seiten immer dieselben Personen sind, fühlen sich die sich sozial verhaltenden Personen schnell ausgenutzt und stellen irgend wann ihre Hilfsbereitschaft ein. Fazit: verdreckte Kühlschränke mit Stockflecken an den Gummidichtungen, innen, total verkalkte Wasserkocher, mit Essensresten vollgespritzte Mikrowellengeräte und versiffte Kaffeemaschinen. Also besorgen sich nicht wenige Personen ihre eigenen Geräte, und dann stehen statt zwei Geräten plötzlich 16 in einer Teeküche. Hier wird es eine Lösung geben, die in Unternehmen A wieder anders als in Unternehmen B aussieht, z. B. können die Reinigungsfachkräfte damit beauftragt werden, für mehr Sauberkeit und Hygiene zu sorgen. Aber auch Vorgesetzte haben einen Einfluss auf das „anständige", soziale Verhalten ihrer Belegschaft gegenüber den Reinigungsfachkräften.

Es mag Bereiche geben, in denen ständiges Radiolaufen erwünscht und akzeptiert ist. Auch hier spreche ich die Empfehlung aus, ausschließlich betrieblich angeschaffte Radios aufzustellen. Übrigens, in der Adventszeit sind privat besorgte Beleuchtungen verboten, wenn sie netzstrombetrieben sind – batteriebetriebene Leuchten usw. sind indes ohne Prüfung grundlegend erlaubt.

Ein letzter Tipp: Besorgen Sie so viele Elektrogeräte wie möglich auf Kosten des Unternehmens und lassen Sie grundsätzlich keine privaten Elektrogeräte zu. Sollte jemand seine eigenen Elektrogeräte irgendwo versteckt (hinter Aktenordnern) betreiben, so wird und muss das Folgen haben!

5.4   Prüfung ortsveränderlicher Gerätschaften – der rote Faden

Es gibt Vorgaben, was und wie tief geprüft werden muss, und das sieht, grob gesprochen, so aus: Zunächst ist es wichtig, dass man alle Geräte und Streckdosenverlängerungen – also auch Mehrfachkabel – schriftlich erfasst. Als nächstes muss der Aufstellort oder Betriebsort vorgegeben werden. Und schließlich müssen diese Geräte nach der DGUV Vorschrift 3-Checkliste überprüft werden. Das beginnt mit der Inaugenscheinnahme von Gerät, Verkabelung und Steckdose. Dabei sind auf Sprünge im Gehäuse, auf freie Luftöffnungen oder auf Risse in der PVC- oder Gummiummantelung des Kabels zu achten. Dort dürfen keine Stellen mit Reparaturband umklebt sein. Dann wird das Gerät in die Prüfgerätschaft eingesteckt, und analog der Anweisung sind Knöpfe zu drücken, die z. B. den Erdungswiderstand messen. Ein anderer Knopf kann weitere Tests automatisch vornehmen. Schließlich bekommt das Gerät bei bestandenen Tests einen Aufkleber oder aber einen digitalen Eintrag in ein digitales Prüfbuch. Natürlich kann man auch beides vornehmen. Wichtig ist noch, darauf zu achten, dass man möglichst alle privat besorgten Elektrogeräte mit in die Überprüfung aufnimmt und dass auf den Gehäusen der privaten Gerätschaften nicht der Aufdruck „household use only" steht. In diesem Fall darf dieses Gerät nicht in Unternehmen ans Stromnetz angeschlossen werden.

Es wird zwischen ortsveränderlichen und ortsfesten Anlagen und Geräten unterschieden, denn selbst bei gleichartigen mobilen Anlagen wie beispielsweise zwei baugleichen Beamern gibt es unterschiedliche Gefährdungen: Der fest an der Decke montierte Beamer wird über die Jahre einstauben und somit eine Brandgefahr darstellen. Der täglich auf- und abgebaute Beamer wird mechanisch und der über Nacht im PKW untergebrachte Beamer auch durch Temperatur und Feuchtigkeit deutlich mehr belastet, und das Kabel ist aufgrund des täglichen Aufrollens erhöht knickgefährdet. Das wissen fähige Elektriker und behandeln deshalb das eine Gerät etwas anders als da andere. Auch die individuelle Häufigkeit der Benutzung fordert Elektrogeräte unterschiedlich.

Bei den Prüfungen wird einerseits unterschieden zwischen ortsveränderlichen und ortsfesten elektrischen Betriebsmitteln und andererseits zwischen stationären und nicht stationären Anlagen. Was ist das nun?

- Ortsveränderliche elektrische Betriebsmittel: Sie können während des Betriebs bewegt oder leicht von einem Platz zum anderen gebracht werden können, z. B. Bohrmaschinen oder Staubsauger.
- Ortsfeste elektrische Betriebsmittel: Es sind fest angebrachte Betriebsmittel oder solche, die keine Tragevorrichtung haben und deren Gewicht so groß ist, dass sie eben nicht oder nicht leicht bewegt werden können. Dazu zählen auch elektrische Betriebsmittel, die vorübergehend fest angebracht sind, aber über bewegliche Anschlussleitungen betrieben werden.
- Stationäre Anlagen: Sie sind mit ihrer Umgebung fest und dauerhaft verbunden sind, z. B. Installationen in Gebäuden.
- Nicht stationäre Anlagen: Sie werden beim bestimmungsgemäßen Gebrauch nach dem Einsatz wieder abgebaut, um sie an einem neuen Einsatzort wieder aufzubauen. Das sind Anlagen auf Baustellen, sog. fliegende Bauten oder Montagestellen.

Kleine und mobile Geräte können wohl immer spannungsfrei geschaltet werden. Bei komplexen Anlagen jedoch geht das nicht immer. An unter Spannung stehenden, aktiven Teilen elektrischer Anlagen und Betriebsmittel darf aber grundsätzlich nicht gearbeitet werden. Davon darf jedoch aus zwei Gründen abgewichen werden: erstens, wenn durch die Art der Anlage eine Gefährdung von Menschen ausgeschlossen ist, und zweitens, wenn aus zwingenden Gründen der spannungsfreie Zustand nicht hergestellt und sichergestellt werden kann – vorausgesetzt, es kommen dabei Hilfsmittel zum Einsatz, bei denen eine Körperdurchströmung oder eine Lichtbogenbildung ausgeschlossen ist und diese Person als fachlich geeignet einzustufen ist, und wenn weitere technische, organisatorische oder persönliche Sicherheitsmaßnahmen festgelegt werden, die als ausreichend einzustufen sind.

Dass diese Arbeiten dann von besonders befähigten Personen und lediglich unter besonderen, also weiteren Sicherheitsmaßnahmen durchgeführt werden, ist selbstverständlich. In der Nähe aktiver Teile elektrischer Anlagen und Betriebsmittel, die nicht gegen direktes Berühren geschützt sind, darf grundsätzlich nur dann gearbeitet werden, wenn drei Punkte erfüllt sind:

1. Der spannungsfreie Zustand wird hergestellt und für die Dauer der Arbeiten sichergestellt.
2. Die aktiven Teile sind für die Dauer der Arbeiten durch Abdecken oder Abschranken geschützt. Bei der Bemessung der Abschrankung ist besonders zu berücksichtigen, dass sich Menschen auch durch unbeabsichtigte und unbewusste Bewegungen gefährden können, oder man rutscht ab, fällt um, verliert das Gleichgewicht, etwas schnellt weg, oder man stößt sich an. Übrigens: Auch eine Leiter kann umfallen.
3. Bei Verzicht auf diese unter 1 und 2 genannten Maßnahmen darf eine zulässige Annäherung nicht unterschritten werden.

Die möglichen Gefahrenzonen, abhängig von der Nennspannung, finden sich in Tab. 2 der DGUV Vorschrift 3; beispielhaft seien genannt:

- Bis 1000 V reicht es aus, wenn man eine direkte Berührung vermeidet.
- Bis 15.000 V reicht ein minimaler Abstand von 16 cm.
- Bis 110.000 V reicht ein minimaler Abstand von 1,10 m.
- Bis 700.000 V reicht ein minimaler Abstand von 6,40 m.

Die nötigen Schutzabstände bei Arbeiten (nennspannungsabhängig) in der Nähe aktiver Teile lauten:

- 50 cm bis 1000 V
- 1,50 m bis 30.000 V
- 2 m bis 110.000 V

Die drei eben beispielhaft genannten Schutzabstände gelten für die folgenden fünf Tätigkeiten:

1. Bewegen von Leitern oder anderen sperrigen Gegenständen in der Nähe von aktiv betriebenen Freileitungen
2. Hochziehen oder Herablassen von Werkzeugen oder Material im Gefahrenbereich von unter Spannung stehenden Freileitungen
3. Arbeiten an einem Stromkreis von Freileitungen, wenn mehrere Stromkreissysteme mit Nennspannungen oberhalb 1000 V auf einem gemeinsamen Gestänge liegen

4. Anstricharbeiten oder Ausbesserungsarbeiten an Masten und dergleichen von Freileitungen
5. Arbeiten an Freiluftanlagen

Die DGUV Vorschrift 3 geht auch auf andere Arbeiten in der Nähe von gefährlichen Strömen ein, denn bei nichtelektrischen Arbeiten wie Malen, Putzen oder Gerüstbauen sind die Anforderungen wieder anders, da diese Facharbeiter keine elektrotechnisch unterwiesenen Personen sind; hier müssen die nachfolgenden Mindestschutzabstände eingehalten werden:

- 1 m bis 1000 V
- 3 m bis 110.000 V
- 4 m bis 220.000 V
- 5 m bis 380.000 V

Dabei ist anzumerken, dass Wechselspannungen ab ca. 50 V bereits lebensgefährlich sein können. Abhängig von der individuell unterschiedlichen Physiologie der Menschen und auch der Kleidung, der Schuhe und der Feuchtigkeit der Haut ist von einem Körperwiderstand von 700–1000 Ω auszugehen. Entsprechend genügen 50 V, um einen lebensgefährlichen Strom von 50 mA fließen zu lassen. Doch auch weitaus geringer Ströme ab ca. 19 mA können unter ungünstigen Bedingungen bereits tödlich sein. Bei Gleichspannungen sind Energien über 120 V als lebensgefährlich eingestuft. Doch bereits bei 24 V – eine als nicht gefährlich eingestufte Spannung – kann es Probleme geben: Kurzschlüsse, Verbrennungen, Brände oder elektrotechnische Defekte an einem Netzteil, einer Platine oder einem sonstigen Bauteil.

Es gibt die sog. fünf goldenen Sicherheitsregeln in der Elektrotechnik:

1. Freischalten der Anlage oder des Geräts: In diesem Fall ist keine Spannung vorhanden, und somit liegen keine elektrische Gefahren vor.
2. Sichern der Anlage oder des Gerät gegen unbeabsichtigtes Wiedereinschalten: Das geschieht bitte nicht lediglich durch ein aufgehängtes Schild „Nicht einschalten", sondern wird mit einem Sperrschalter und Schlüssel zuverlässig verhindert. Übrigens, auch das Auslösen einer Sicherung gilt als „nicht genügend sicher"!
3. Feststellung der Spannungsfreiheit: Es kommt nicht selten vor, dass Anlage A fälschlicherweise stromlos geschaltet wird, um dann an der unter Spannung stehenden Anlage B zu arbeiten.
4. Erden und Kurzschließen: Diese Maßnahme bedeutet, dass die Anlage, an der gerade gearbeitet wird, umgehend wieder harmlos wird, falls in sie – woher auch immer – Strom gelangt. Das Erden und Kurzschließen sind übrigens zwei gleich bedeutende, wichtige und unterschiedliche Maßnahmen.
5. Abdeckung und Abschrankung benachbarter und unter Spannung stehender Teile: Diese Regel ist besonders wichtig; manchaml ist es auch möglich,

diese ebenfalls spannungslos zu schalten, um dort dann die anderen oben aufgeführten Punkte durchzuführen.

Würden sich alle an diese trivialen, aber elementaren Vorgaben halten, so
könnten Verletzungen, Schmerzen, Behinderungen, Brände und auch der Tod zu
100 % vermieden werden. Doch da Menschen aufgrund von fehlenden Schaden-
erfahrungen manchmal meinen, davon abweichen zu können, passieren diese
Situationen immer wieder. Auch weil die Umsetzung dieser fünf Punkte Zeit
kostet und Zeit bekannterweise Geld wert ist, wird dagegen häufig verstoßen –
meistens geht es ja gut aus, eigentlich wie beim Russisch Roulette. Verständlicherweise ist ein vollständiger Schutz gegen direktes Berühren die wirkungsvollste
Schutzmaßnahme, doch sie lässt sich eben nicht immer umsetzen. Zu Punkt 5 ist
zu sagen, dass ein wirklicher Schutz lediglich dann gegeben ist, wenn die Teile
gegen unbeabsichtigtes Verschieben, Verrutschen oder Entfernen gesichert sind
und im Idealfall nur mit Werkzeug oder Schlüssel entfernt werden können.
    Strom ist gefährlich, und zwar in zweierlei Hinsicht: Personenschutz und Brand-
schutz. Monatlich sterben drei bis vier Personen durch Strom. Elektrogeräte und
Strom sind übrigens bei ca. einem Drittel aller Brände die Ursache, was sich zu
einem jährlichen Milliardenschaden summiert. Das bedeutet, man tut sich einen
großen Gefallen, wenn man erstens nur geprüfte und somit sichere Geräte betreibt
und man zweitens seiner Belegschaft verständlich erläutert, wie man diese Gerätschaften sicher betreibt. Auch wenn man die FI-Schalter von 500 mA auf 30 mA und
in Feuchträumen auf weitere 10 mA reduziert hat, ist die Wahrscheinlichkeit einer
Verletzung, einer bleibenden Behinderung oder gar des Todes nicht auf 0 % reduziert.

5.5   Elektrotechnisches Personal – wer darf was prüfen?

Grundsätzlich dürfen drei verschiedenartig ausgebildete Personenkreise an
elektrischen und elektronischen Anlagen und Gerätschaften bestimmte Handlungen vornehmen:

- Elektrofachkräfte: Dies können Elektrogesellen, Elektromeister, Elektro-
  techniker oder Ingenieure mit dem Schwerpunkt Elektrotechnik sein. Sie
  können und dürfen praktisch alle Arbeiten, die mit Strom zu tun haben, ausführen, natürlich immer gesetzeskonform.
- Von Elektrofachkräften elektrotechnisch unterwiesene Personen: Dieser
  Personenkreis darf nur bestimmte Dinge, manche nur unter Aufsicht, vornehmen.
- Elektrotechnische Laien ohne jegliche Unterweisung: Sie dürfen nur wenige
  und harmlose Arbeiten durchführen. Allerdings können sie ihre Befähigung
  nach einer mehrjährigen Tätigkeit mit Ausbildung in Theorie und Praxis und
  nach Überprüfung durch eine Elektrofachkraft nachweisen, so sieht es die
  DGUV Vorschrift 3 nämlich auch vor.

Jede Person, die ein Elektrogerät verwenden darf und wird, muss dieses vor jeder Inbetriebnahme auf offensichtliche Mängel untersuchen und damit umgehen können. „Offensichtlich" bedeutet, dass man durch Inaugenscheinnahme das Gerät an sich, die Stromzuleitung sowie die Steckverbindung hin zur Steckdose überprüft. Dazu gehört auch zu wissen, dass gemäß den Vorgaben von DIN VDE 0620-1 sowie VdS 2046 möglichst keine zusätzliche Verlängerungsleitung verwenden soll. Sollte dies unumgänglich sein, dann immer nur eine. Dabei ist zu beachten, welche maximale Wattleistung nicht überschritten werden darf: Während bei einer mit 16 A abgesicherten 230-V-Steckdose üblicherweise 3680 W Stromentnahme erlaubt sind, können manche Verlängerungsleitungen dies auf beispielsweise 3000 W begrenzen. Manche Gerätschaften jedoch benötigen mehr Energie, und dann kann es zu einem Brand kommen. Nicht offensichtliche Mängel an Elektrogeräten rechtzeitig zu erkennen, liegt letztlich in der Verantwortung der hierfür zuständigen Elektrofachkraft oder auch der elektrotechnisch unterwiesenen Person.

Der Unternehmer hat dafür zu sorgen, dass die elektrischen Anlagen und Betriebsmittel auf ihren ordnungsgemäßen Zustand geprüft werden, und zwar in bestimmten Zeitabständen, vor der ersten Inbetriebnahme, nach Änderungen und nach Instandsetzungsarbeiten. Die Zeitabstände sind so zu wählen, dass mit gefährlichen Mängeln innerhalb dieser Frist nicht gerechnet werden muss. Hinzu kommt ja auch noch die Inaugenscheinnahme vor jeder Benutzung – manchmal also mehrfach am Tag! Bei den Prüfungen sind die aktuell gültigen elektrotechnischen Regeln zu beachten. Nun ist aber die erste Prüfung eines neuen Geräts ggf. nicht absolut erforderlich, die regelmäßig Prüfung jedoch schon. Wenn der Inverkehrbringer, Hersteller oder Errichter bestätigt, dass die elektrischen Anlagen und Betriebsmittel den Bestimmungen der DGUV Vorschrift 3 entsprechend beschaffen sind, ist eine Erstprüfung nicht unbedingt nötig. Darauf kann man insbesondere dann verzichten, wenn es um größere, komplexere und fest verlegte Anlagen geht. Bei kleinen, mobilen Elektrogeräten jedoch muss man davon ausgehen, dass beim Transport ein Mangel durch Mechanik, Thermik oder Feuchtigkeit von außen entstanden ist, weshalb diese neuen Geräte eigentlich immer geprüft werden sollen.

In der DGUV Vorschrift 3 heißt es:

Nur unter bestimmten Voraussetzungen dürfen Erstprüfungen elektrischer Anlagen und Betriebsmittel entfallen. Die Bestätigung des Herstellers oder Errichters bezieht sich auf betriebsfertig installierte oder angeschlossene Anlagen, Betriebsmittel und Ausrüstungen. Sie kann in der Regel nur vom Errichter abgegeben werden, da nur er die für den sicheren Einsatz der Anlage maßgebenden Umgebungs- und Einsatzbedingungen kennt. Zu unterscheiden von der hier geforderten Bestätigung ist die Lieferbestätigung des Herstellers oder Lieferers bei der Lieferung von anschlussfertigen elektrischen Betriebsmitteln. Für diese Lieferbestätigung reicht es aus, wenn der Hersteller oder Lieferer auf Verlangen nachweist, dass der gelieferte Gegenstand den Verordnungen zum Geräte- und Produktsicherheitsgesetz entspricht, z. B. durch eine Konformitätserklärung, in der die Einhaltung der einschlägigen elektrotechnischen Regeln bestätigt wird.

Es ist absolut empfehlenswert, ein Prüfbuch für alle mobilen Gerätschaften anzu-schaffen, in dem möglichst alle elektrischen Gerätschaften aufgelistet sind und auch der Aufstell- oder Betriebsort genannt wird. Die Berufsgenossenschaften können ein Prüfbuch verlangen, und selbst wenn das noch nicht erfolgt ist, so ist dieses korrekt ausgefüllte Prüfbuch immer das wesentliche Mosaiksteinchen, wenn es zu einem Schaden gekommen sein sollte. Wie sonst soll man sich denn exkulpieren? Man muss belegen können, welche Anlagen und Geräte wann, wie und von wem überprüft worden sind. Damit es gerichtsfest ist, geht so etwas nur schriftlich, nicht mündlich.

Zunächst muss man definieren, von welcher Seite eine Prüfung gefordert wird: zum einen von privatrechtlicher, d. h. dem Feuerversicherer für Gewerbe und Industrie, und zum anderen von der Berufsgenossenschaft, die sog. auto-nome Rechtsnormen erlassen darf. Diese sind Gesetzen gleichgestellt und heißen DGUV-Vorschriften und die hier zutreffende Vorschrift lautet DGUV Vorschrift 3. Danach sind grundsätzlich alle mobilen und immobilen elektrische Anlagen und Gerätschaften einmal jährlich zu überprüfen. Sicherungskästen, größere mobile Anlagen oder Stromzuleitungen werden von einem befähigten und zuverlässigen Profi geprüft, also einem Elektriker mit abgeschlossener Berufsausbildung, egal ob Geselle oder Meister. Bei mobilen Kleingeräten wie Wasserkocher, Kaffee-maschine oder PC kann das aber auch eine sog. elektrotechnisch unterwiesene Person sein, d. h. jemand, der eine dafür bestimmte Gerätschaft, an die das zu prüfende Elektrogerät angeschlossen wird, ausgehändigt und erklärt bekommt. Nun sind ein paar Tasten zu drücken, und es leuchtet entweder eine grüne oder eine rote LED-Lampe auf. Grün bedeutet „o. k.", rot bedeutet demzufolge „nicht o. k." Wenn also die verschiedenen Erdungs- und Funktionsmessungen ergeben, dass das Prüflicht ständig grün leuchtet, dann darf auch diese lediglich unter-wiesene bzw. eingewiesene Person die ordnungsgemäße Funktion des jeweiligen Geräts bestätigen. Hinzu kommt eine sog. optische Inaugenscheinnahme. Das bedeutet, dass man das Gerät, die Verkabelung, das Gehäuse, die Luftein- und Luftaustrittsöffnungen, die Steckverbindung usw. kritisch betrachtet. Poröser Kunststoff, Quetschungen, Knicke, Risse oder verbogene Pole sind häufige Beschwerdegründe. Liegen keinerlei Mängel vor, ist das Gerät für ein weiteres Jahr akzeptabel. Leuchtet die Lampe rot, muss das Gerät an eine Elektrofachkraft übergeben werden, denn die Wertung und Beseitigung von Mängeln darf eine lediglich unterwiesene Person nicht vornehmen.

Grundsätzlich dürfen elektrotechnisch unterwiesene Personen Prüfungen durchführen. Wenn unterwiesene Personen unter Aufsicht prüfen, sind enge Vor-gaben gesetzt. Aufsichtführung bedeutet die ständige Überwachung der gebotenen Sicherheitsmaßnahmen bei der Durchführung der Arbeiten an der Arbeitsstelle. Die aufsichtführende Person darf dabei nur Arbeiten ausführen, die sie nicht in der Aufsichtführung beeinträchtigen. Eine Beaufsichtigung ist übrigens etwas anderes als eine Aufsichtführung: Die Beaufsichtigung erfordert die ständige und ausschließliche Durchführung der Aufsicht. Daneben dürfen keine weiteren Tätig-keiten durchgeführt werden.

Nun kommt aber immer wieder die Frage nach dem Bestandsschutz auf (Abschn. 3.3). Gibt es so etwas, wann und wo greift er? Hier die zweideutige Antwort: jein. Fast noch wichtiger als die Frage, wer prüfen darf, ist die Frage, wann man an bestehenden Anlagen nachrüsten muss. Eine Anpassung an neu erschienene elektrotechnische Regeln ist nicht allein schon deshalb erforderlich, weil in ihnen andere, weitergehende Anforderungen an neue elektrische Anlagen und Betriebsmittel erhoben werden, sondern weil sie mitunter Bau- und Ausrüstungsbestimmungen enthalten, die wegen besonderer Unfallgefahren oder auch eingetretener Unfälle oder Brände neu in den VDE-Bestimmungen aufgenommen wurden. Wegen vermeidbarer und besonderer Unfallgefahren werden in der DGUV Vorschrift 3 die folgenden zehn Anpassungen gefordert, wobei für die sog. neuen fünf Bundesländer insbesondere die Punkte 6 bis 10 zu beachten sind:

1. Realisierung des Berührungsschutzes für Bedienvorgänge
2. Sicherstellen des Schutzes beim Bedienen von Hochspannungsanlagen
3. Anpassung elektrischer Anlagen auf Baustellen entsprechend der DGUV Information 203-006
4. Sicherstellen des Zusatzschutzes in Prüfanlagen nach DIN EN 50 191 und VDE 0104
5. Kennzeichnung ortsveränderlicher elektrischer Betriebsmittel gemäß der DGUV Information 203-005
6. Umstellen von Drehstromvorrichtungen nach der alten Norm DIN 49 450 auf das Rundsteckvorrichtungssystem nach DIN EN 60 309-1 und VDE 0623-1
7. Anpassung von Innenraumschaltanlagen ISA 2000 an die DGUV Information 203-013
8. Anpassung an die aktuellen elektrotechnischen Regeln von Schutz- und Hilfsmitteln, sofern an diese elektrotechnische Anforderungen gestellt werden
9. Trennung von Erdungsanlagen in elektrischen Verteilungsnetzen und Verbraucheranlagen von Wasserrohranlagen
10. Ausrüstung von Leuchten-Vorführständen mit Zusatzschutz nach DIN VDE 0100-559

Alle in der Elektrotechnik arbeitende Personen sollen in Erster Hilfe ausgebildet sein – dies findet sich nicht nur in der DGUV Vorschrift 3, sondern auch in der DGUV Vorschrift 1. Am besten ist natürlich eine einschlägige handwerkliche oder universitäre Ausbildung. Dann gibt es von diesen Personen unterwiesene und beaufsichtige Personen. Eine elektrotechnisch unterwiesene Person kann ihre Fähigkeit aber auch durch mehrjährige Tätigkeiten und nach Überprüfung der Arbeiten durch eine Elektrofachkraft nachweisen. Darüber hinaus gibt es die Möglichkeit, für klar festgelegte Tätigkeiten bei der Inbetriebnahme und Instandhaltung von elektrischen Betriebsmitteln eine Qualifikation als „Elektrofachkraft für festgelegte Tätigkeiten" zu bekommen. Das gibt der Paragraf 5 der Handwerksordnung vor. So ist es beispielsweise erlaubt, einfache und sich ständig wiederholende Tätigkeiten durchzuführen, wenn man dazu erstens befähigt ist und wenn das zweitens zum eigentlichen Hauptberuf gehört. Beispielhaft dürfen Möbelpacker in Möbel eingebaute Lampen und Leitungen beim Abbau demontieren und beim Aufstellen wieder montieren – wenn sie dazu befähigt sind und die Arbeiten korrekt ausführen. Festgelegte Tätigkeiten sind gleichartige, sich wiederholende Arbeiten an Betriebsmitteln, die in einer Arbeitsanweisung beschrieben sind. Eigenverantwortlich darf man solche festgelegten Tätigkeiten also ausführen. Allerdings sind hier enge Grenzen gesteckt; beispielsweise dürfen die Arbeiten nur in Anlagen mit Nennspannungen bis 1000 V Wechselspannung oder 1500 V Gleichspannung und grundsätzlich lediglich im freigeschalteten Zustand erfolgen. Es sei jedoch darauf hingewiesen, dass man Arbeiten ab 230 V Wechselspannung wohl besser nur von gewissenhaften Profis ausführen lassen sollte. Unter Leitung und Aufsicht einer Elektrofachkraft dürfen elektrotechnisch unterwiesene Personen bestimmte Arbeiten durchführen, etwa tragbare Elektrogeräte mittels vorgegebener Gerätschaft prüfen. Diese Arbeiten müssen einfach sein, sich regelmäßig wiederholen und klar definiert sein. Das Ziel ist es und muss es immer sein, dass die Arbeiten sachgerecht und sicher durchgeführt werden. Doch was bedeutet „unter Leitung und Aufsicht"? Nun, das sind sechs Punkte:

1. Man muss die ordnungsgemäße Errichtung, die ordnungsgemäße Abänderung oder die ordnungsgemäße Instandhaltung überwachen.
2. Man muss die nötigen Sicherheitsmaßnahmen bekannt geben, verbindlich vorgeben und auch kontrollieren, ob sie eingehalten werden.
3. Man muss die möglicherweise nötigen Sicherheitseinrichtungen zur Verfügung stellen; das können Geräte oder auch persönliche Schutzausrüstungen sein.
4. Man muss die diese Arbeiten durchführenden Personen gut und ausreichend unterrichten, damit sie die Tätigkeiten korrekt und ohne Gefährdung der eigenen Person oder einer anderen Person durchführen können.
5. Die diese Arbeiten durchführenden Person müssen über den Punkt 4 hinaus über die sicherheitstechnisch notwendigen Maßnahmen informiert und unterwiesen werden – und das bedeutet Personenschutzmaßnahmen, elektrotechnisch korrekte Verhaltensmaßnahmen und Brandschutzmaßnahmen
6. Ganz wichtig ist das Überwachen, erforderlichenfalls auch das Beaufsichtigen der Arbeiten und der Arbeitskräfte – Letzteres insbesondere bei nicht elektrotechnischen Arbeiten in der Nähe unter Spannung stehender Teile. Das können z. B. Maurerarbeiten oder Verputzerarbeiten sein, aber auch Maler- oder Bodenlegerarbeiten

Prüfungen von einfachen, übersichtlichen Gerätschaften dürfen elektrotechnisch unterwiesene Personen mit dafür vorgesehenen Gerätschaften und unter Aufsicht durchführen. Nicht mehr, aber auch nicht weniger. Wartung und Instandhaltung jedoch sind Elektrofachkräften vorbehalten. Das Betreiben umfasst alle Tätigkeiten an und in elektrischen Anlagen sowie an und mit elektrischen Betriebsmitteln. Zum Instandhalten gehören übrigens laut DIN 31 051 auch die Inspektion, also die Kontrolle, sowie die Wartung und ggf. die Instandsetzung. Also, die lediglich eingewiesene Person, die aber für die Prüfungen ein vorgegebenes Prüffeld übergeben bekommt, benötigt keine besonderen Fähigkeiten oder Ausbildungen. Sie sollten natürlich gewisse Anforderungen, z. B. Intelligenz, bestimmte handwerkliche Grundkenntnisse, Gewissenhaftigkeit und Ehrlichkeit, erfüllen, aber sie benötigen keinen technischen Beruf und nicht einmal eine abgeschlossene Berufsausbildung. Mobile Elektrokleingeräte dürfen also von unterwiesenen Person geprüft werden. Und korrekt getestete Geräte bekommen dann einen Aufkleber über die Prüfung, andere werden dem Elektriker vorgelegt oder – je nach Preis eines neuen Geräts – gleich ausgetauscht.

Sobald Elektrogeräte aber größer und nicht mehr mobil sind oder keinen ziehbaren Stecker haben, beispielsweise eine EDV-Anlage oder eine fest montierte Klimaanlage, prüft ein Elektriker nach DGUV Vorschrift 3. Hierbei steht der Personenschutz im Vordergrund. Wird jedoch vom Feuerversicherer eine Prüfung nach VdS 3602 gefordert, wird es anspruchsvoller, denn in diesem Fall darf nur ein Elektriker prüfen, der über eine zusätzliche Prüfung beim VdS in Köln erfolgreich abgelegt hat. (Das kann man mit einem KFZ-Meister vergleichen, der eine Autoinspektion und eine Reparatur sicherlich fachlich korrekt durchführen kann, aber keine TÜV-Prüfung ohne besondere, zusätzliche Ausbildung vergeben darf.) In einer Liste mit dem Namen VdS 2507 wird dieser Elektriker als sog. sachverständige Person eingetragen.

Was man übrigens auch prüfen muss, sind Steckdosenverlängerungen, egal ob diese einen oder mehrere Anschlüsse für Geräte am anderen Ende haben. Und man muss vor Ort prüfen, ob diese korrekt verwendet werden; so darf man beispielsweise nur eine Verlängerung zwischen Wandsteckdose und Elektrogerät einsetzen und nicht zwei oder mehr. Das wiederum findet sich – wie weiter vorn schon mal erwähnt – in der VdS 2046, aber auch in der DIN VDE 0620, Teil 1.

Die Verantwortung für die ordnungsgemäße Durchführung der Prüfungen obliegt immer einer Elektrofachkraft – dies gilt auch und insbesondere, wenn lediglich eine elektrotechnisch unterwiesene Person bestimmte einfache Prüfungen durchgeführt hat. Übrigens, bei Jugendlichen muss man besondere Vorsicht walten lassen. Hier ist zum einen der intellektuelle Entwicklungsstand abzuwägen und zum anderen die Art der gewählten Ausbildung. Soll heißen, dass ein Jugendlicher während der Lehrzeit zum Elektriker – natürlich unter Aufsicht – bestimmte Arbeiten durchführen darf, wenn diese schlichtweg nötig sind, um diesen Beruf zu erlernen. Ansonsten gilt, dass Jugendliche nicht mit Arbeiten beschäftigt werden dürfen, die mit Unfallgefahren verbunden sind, von denen anzunehmen ist, dass sie wegen mangelnden Sicherheitsbewusstseins oder mangelnder Erfahrung nicht erkannt oder nicht abgewendet werden können.

Man kann, wie weiter oben bereits aufgeführt, von drei verschieden ausgebildeten bzw. informierten Personengruppen ausgehen: Elektrofachkräfte, elektrotechnisch unterwiesenen Personen und elektrotechnische Laien. Bis 50 V Wechselspannung oder 120 V Gleichspannung dürfen alle drei Personengruppen alle Arbeiten ausführen, soweit eine Gefährdung ausgeschlossen ist und die Arbeiten gesetzeskonform durchgeführt werden. Verständlich, dass man möglichst keine Laien ran lassen sollte und unterwiesene Personen möglichst nur unter ständiger Aufsicht oder wirklich für an sich harmlose Tätigkeiten, die man zuverlässigen Personen auch haptisch zutraut. Oberhalb von 50 bzw. 120 V dürfen Laien keine Handlungen mehr vornehmen; Elektrofachkräfte und elektrotechnisch unterwiesene Personen dürfen die nachfolgend aufgeführten Arbeiten ausführen:

1. Heranführen von Prüfeinrichtungen, Messeinrichtungen oder Justiervor-richtungen
2. Anwenden von Spannungsprüfern
3. Heranführen von Werkzeugen und Hilfsmitteln zum Reinigen
4. Anbringen von Abdeckungen und Abschrankungen
5. Herausnehmen und Einsetzen von nicht gegen direktes Berühren geschützten Sicherungseinsätzen mit Hilfsmitteln, wenn dies gefahrlos möglich ist
6. Reinigen von unter Spannung stehenden Teilen
7. Arbeiten an Akkumulatoren
8. Arbeiten an Fotovoltaikanlagen
9. Arbeiten in Prüfanlagen
10. Arbeiten in Laboratorien
11. Abklopfen von Raureif mit isolierenden Stangen

Darüber hinaus dürfen Fehlereingrenzungen und sonstige Arbeiten ausschließlich von Elektrofachkräften ausgeführt werden, sobald 50 V Wechselspannung oder 120 V Gleichspannung überschritten werden. Es können zwingende Gründe für Arbeiten an unter Spannung stehenden Anlagen vorliegen: zum einen, wenn durch Wegfall der Spannung eine Gefährdung von Leben und Gesundheit von Personen anderswo zu befürchten ist, und zum anderen, wenn im Betrieb das Abschalten zu einem erheblichen wirtschaftlichen Schaden führen würde. Sollen respektive müssen Arbeiten unter Spannung durchgeführt werden, ist vom Unternehmen schriftlich für jede der vorgesehenen Arbeiten festzustellen, welche Gründe als zwingend angesehen werden. Hierbei müssen das jeweilige gewählte Arbeits-verfahren, die Häufigkeit der Arbeiten und die Qualifizierung der arbeitenden Personen berücksichtigt werden. Auch an unter Spannung stehenden Anlagen darf von Elektrofachkräften unter fünf Vorgaben bzw. Bedingungen gearbeitet werden:

1. Der Kurzschlussstrom an der Arbeitsstelle beträgt höchstens 3 mA bei Wechselstrom oder 12 mA bei Gleichstrom.
2. Die Energie an der Arbeitsstelle beträgt nicht mehr als 350 mJ.
3. Durch Isolierung des Standorts oder der aktiven Teile oder durch Potenzial-ausgleich ist eine Potenzialüberbrückung verhindert.
4. Die Berührspannung beträgt weniger als 50 V Wechselspannung respektive 120 V Gleichspannung.
5. Bei den verwendeten Prüfeinrichtungen werden die in den vergleichbaren elektrotechnischen Regeln festgelegten Werte für den Ableitstrom nicht über-schritten.

Beim Herausnehmen und Einsetzen von unter Spannung stehenden Sicherungs-einsätzen des Systems ohne Berührschutz und ohne Lastschalteigenschaften wird eine Gefährdung durch Körperdurchströmung und durch Lichtbögen weitgehend ausgeschlossen, wenn Sicherungsaufsteckgriffe mit fest angebrachter Stulpe ver-wendet werden sowie Gesichtsschutz getragen wird.

5.6   Wann müssen elektrotechnische Betriebsmittel geprüft werden?

Als Unternehmen darf und muss man elektrische Gerätschaften stellen, die nötig und sicher sind. Kurz gesagt solche, die nötig sind, die zugelassen sind, die sicher betrieben werden können und die von den dafür ausgewählten Personen auch korrekt und bestimmungsgemäß eingesetzt werden können. Bevor man sich die Frage stellt, wann elektrische Betriebsmittel geprüft werden, muss man sich die Frage beantworten, welche man überhaupt vor Ort haben darf. Das sind grundsätzlich nämlich ausschließlich die Gerätschaften, die vom Unternehmen gestellt werden oder deren Benutzung ausdrücklich erlaubt ist. Für das Inverkehrbringen und für die Bereitstellung von elektrischen Arbeitsmitteln sind die Rechtsvorschriften anzuwenden, durch die die einschlägigen Gemeinschaftsrichtlinien auf der Grundlage des Artikels 95 des EG-Vertrags in deutsches Recht umgesetzt werden. Die Berufsgenossenschaften verweisen in der DGUV Vorschrift 3 auf die Bekanntmachungen nach den Rechtsvorschriften im Bundesanzeiger und im Bundesarbeitsblatt sowie auf die folgenden drei DIN-Vorgaben:

- DIN VDE 0105-1000: Betrieb von elektrischen Anlagen, allgemeine Festlegungen
- DIN EN 50 191 in Verbindung mit der VDE 0104: Errichten und Betreiben elektrischer Prüfanlagen
- DIN VDE 0800-1: Anforderungen und Prüfungen für die Sicherheit der Anlagen und Geräte

Mit privaten Elektrogeräten kann es mehrfach Probleme geben. Zum einen können sogar Handys und deren Ladegeräte einen Brand verursachen. Ist das Laden im Unternehmen nicht ausdrücklich genehmigt und sind die beiden Teile geprüft, steht der Eigentümer mit seinem privaten Vermögen für den Schaden in der Verantwortung. Doch auch die mehrere Kilogramm schweren Akkus von E-Bikes werden gern ausgebaut und unter dem eigenen Schreibtisch geladen. Sollten diese einen Defekt aufweisen – und das passiert nach mechanischen Beschädigungen nicht selten, können sie explosionsartig abbrennen und einen Raum, ja ein ganzes Gebäude zerstören. Löschversuche mit Handfeuerlöschern funktionieren in diesem Fall nicht mehr. Das Unternehmen und/oder die Feuerversicherer können den Schaden für Gebäude, Inhalte und Betriebsunterbrechung dann einklagen. Das nächste Problem liegt darin, dass einfache und billige Gerätschaften mit dem Aufdruck „private use only" in Unternehmen nicht betrieben werden dürfen; gerade weil dieser Punkt juristisch so wichtig ist und dennoch so häufig dagegen verstoßen wird, findet er im Buch mehrfach Erwähnung!

Die Unfallverhütungsvorschrift DGUV Vorschrift 3 ist quasi als Gesetz anzusehen und somit verbindlich; sie fordert von behördlicher Seite aus, nämlich von der Berufsgenossenschaft, dass elektrische Anlagen und Betriebsmittel geprüft werden. Diese Vorschrift gilt übrigens auch für nicht elektrotechnische Arbeiten in der Nähe elektrischer Anlagen und Betriebsmittel. Elektrotechnische Regeln im Sinn der BG-Vorschrift sind allgemein anerkannte Regeln der Elektrotechnik, insbesondere VDE-Bestimmungen. Der Unternehmer muss direkt oder indirekt dafür sorgen, dass elektrische Anlagen und Betriebsmittel nur von einer Elektrofachkraft oder eben unter Leitung und Aufsicht einer Elektrofachkraft errichtet, geändert und instandgehalten werden.

Jede Person, die ein Elektrogerät verwendet, muss es höchstpersönlich vor jeder Inbetriebnahme prüfen, und zwar optisch, also visuell in Augenschein nehmend. Das Gerät, also das Gehäuse, die Verkabelung und der Stecker, muss trocken und unbeschädigt sein, und es darf kein offensichtlich auffallender Defekt vorliegen. Wenn doch, dann darf dieses Gerät nicht in Betrieb genommen werden. Diese optische Prüfung schließt übrigens auch die Steckdose mit ein.

Nach DGUV Vorschrift 3 müssen diese Gerätschaften alle sechs Monate geprüft werden. Liegen bei der nächsten Prüfung keine oder nur geringfügige Mängel vor (bis maximal 2 %), dann darf man die Prüffrist verdoppeln. Somit muss man die Prüfung nur einmal im Jahr machen. Wenn nun nach einem weiteren Jahr die Prüfung ergibt, dass die nicht sicherheitsrelevante Fehlerquote weiterhin unterhalb 2 % liegt, so ist es erlaubt, dieses Prüfintervall erneut zu verdoppeln. Somit kommt man auf maximal zwei Jahre. Das ist legitim bei Gerätschaften in Büros und vergleichbaren Bereichen, also dort, wo die Geräte keinen unüblichen Bedingungen ausgesetzt sind. Auf Baustellen beginnt die Forderung nach Prüfung bereits nach drei Monaten. Baustellengeräte, etwa Bohrmaschinen, elektrische Zementmischer, Vibratoren, Rührer oder Kernbohrgeräte, müssen also vierteljährlich geprüft werden. Und auch hier gilt, dass die Überprüfung bei weniger als 2 % nicht sicherheitsrelevanter Mängel verdoppelt werden darf – sprich, die Geräte müssen jetzt nur noch alle sechs Monate geprüft werden usw., also auch hier ist eine zweite Verdoppelung auf somit zwölf Monate, sprich ein Jahr, möglich. Nun gibt es einen legalen „Trick", um diese geringe Fehlerquote hinzubekommen – man überprüft nämlich wenige Tage vor der eigentlichen Prüfung die Gerätschaften etwas oberflächlicher und beseitigt alle dabei auffallenden Mängel; kommt nun der eigentliche Prüfer nach wenigen Tagen, stellt er die bereits beseitigten Fehler nicht mehr fest. Ortsfeste elektrische Anlagen und Betriebsmittel sind wie folgt zu prüfen:

- Elektrische Anlagen und ortsfeste Betriebsmittel müssen alle vier Jahre auf ordnungsgemäßen Zustand hin geprüft werden. Diese Arbeiten dürfen ausschließlich Elektrofachkräfte durchführen.
- Bei elektrischen Anlagen und ortsfesten elektrischen Betriebsmitteln in Betriebsstätten, Räumen und Anlagen besonderer Art lt. DIN VDE 0100-700 muss jährlich eine Prüfung auf ordnungsgemäßen Zustand von einer Elektrofachkraft durchgeführt werden.
- Schutzmaßnahmen mit Fehlerstromschutzeinrichtungen in nicht stationären Anlagen müssen monatlich auf Wirksamkeit von mindestens einer elektrotechnisch unterwiesenen Person bei Verwendung geeigneter Messgeräte oder sogar Prüfgeräte durchgeführt werden.

- Fehlerstromschutzschalter, Differenzstromschutzschalter und Fehlerspannungs-schutzschalter in stationären Anlagen müssen halbjährlich auf einwandfreie Funktion durch Betätigung der Prüfeinrichtung vom Benutzer geprüft werden und bei nicht stationären Anlagen sogar arbeitstäglich.

Dabei ist zu beachten, dass die Prüfungen entfallen können, wenn die Anlagen kontinuierlich von Elektrofachkräften instandgehalten sind und durch elektro-technische Messtechnik im Rahmen des korrekten Betreibens regelmäßig geprüft werden. Besonders wichtig ist hierbei die Überwachung des Isolationswider-stands. Für ortsveränderliche elektrische Betriebsmittel gelten andere Vorgaben. Die DGUV Vorschrift 3 gibt hier Richtwerte für Prüffristen vor. Als Maß, ob die Prüffristen ausreichend bemessen werden, gilt die bei den Prüfungen festgestellte relevante Fehlerquote. Das heißt, rein kosmetische Mängel – solche, die nicht sicherheitsrelevant sind – müssen hier nicht berücksichtigt werden. Beträgt die Fehlerquote höchstens 2 %, kann die Prüffrist als ausreichend angesehen werden. Ist sie deutlich geringer – was meistens der Fall ist –, so darf sie im Extremfall sogar zweimal verdoppelt werden.

Die Verantwortung für die ordnungsgemäße Durchführung der Prüfung orts-veränderlicher elektrischer Betriebsmittel darf auch eine elektrotechnisch unter-wiesene Person übernehmen, wenn dafür geeignete, einfache und sichere Messgeräte und Prüfvorrichtungen verwendet werden. Folgendes gibt die DGUV Vorschrift 3 vor:

- Ortsveränderliche, benutzte elektrische Betriebsmittel sind auf die Gerätschaft beanspruchende Arbeitsstellen wie Baustellen alle drei Monate zu prüfen; liegt die Fehlerquote dann deutlich unterhalb 2 %, darf die Frist auf sechs Monate verdoppelt werden; liegt sie dann immer noch deutlich unterhalb 2 %, so ist eine weitere Verdoppelung auf maximal zwölf Monate, also ein Jahr möglich. Konkretisiert werden die Prüfvorgaben in der DGUV Information 203-006, die sich mit der Auswahl und dem Betrieb elektrischer Anlagen und Betriebsmittel auf Baustellen und Montagestellen beschäftigt.
- Ortsveränderliche, benutzte elektrische Betriebsmittel in weniger belastenden Umgebungen wie Werkstätten oder Büros sind alle sechs Monate zu prüfen; auch hier gilt, dass bei einer Fehlerquote von unterhalb 2 % die Frist maximal zweimal auf bis zu zwei Jahre verdoppelt werden darf.

In beiden genannten Fällen ist die Gerätschaft auf ordnungsgemäßen Zustand hin zu überprüfen. Die Prüfung muss von einer Elektrofachkraft vorgenommen werden; bei Verwendung geeigneter Messgeräte und Prüfvorrichtungen wäre es aber auch erlaubt, dass eine elektrotechnisch unterwiesene Person diese Prüfungen durchführt. Die beiden o. g. ortsveränderlichen, elektrischen Betriebs-mittel beinhalten übrigens auch Verlängerungsleitungen, Geräteanschlussleitungen und die Steckvorrichtungen sowie Anschlussleitungen mit Stecker oder beweg-liche Leitungen mit Stecker und Festanschluss. Übrigens, über längere Zeit nicht benutzte elektrische Gerätschaften müssen nicht periodisch geprüft werden, sondern erstmalig wieder vor deren Inbetriebnahme – hierfür empfiehlt es sich, eine ausgebildete Elektrofachkraft auszuwählen. Interessant sind in diesem Zusammenhang auch die Prüffristen für Schutz- und Hilfsmittel zum sicheren Arbeiten in elektrischen Anlagen; darunter fallen auch die ggf. nötigen persönlichen Schutzausrüstungen. Hierzu fordert die DGUV Vorschrift 3:

- Isolierende Schutzbekleidung muss vor jeder Benutzung auf offensichtliche Mängel geprüft werden, und zwar von der diese persönliche Schutzausrüstung (PSA) tragenden Person. Darüber hinaus muss eine Elektrofachkraft auf Einhaltung der vorgegebenen Grenzwerte alle zwölf Monate die Kleidung und alle sechs Monate die Handschuhe prüfen.
- Für isolierte Werkzeuge, Kabelschneidgeräte, Betätigungsstangen, isolierende Schutzvorrichtungen sowie Erdungsvorrichtungen gilt, dass der jeweilige Benutzer vor jeder Benutzung auf äußerlich erkennbare Schäden und Mängel achten muss.
- Spannungsprüfer und Phasenvergleicher müssen vor jeder Benutzung die Gerätschaften auf einwandfreie Funktion prüfen.
- Ausschließlich eine Elektrofachkraft darf Spannungsprüfer, Phasenvergleicher für Nennspannungen über 1000 V prüfen; die Prüfung ist spätestens alle sechs Jahre erforderlich.

Brandschutz in unterschiedlichen Bereichen

6

Eigentlich könnte man über das Thema dieses Kapitels ein Buch oder auch ein größeres Loseblattwerk verfassen, denn darum geht es ja im Brandschutz: Vermeidung von Bränden in allen Bereichen. Doch jede Art von Unternehmensbereich hat eben seine spezifischen Brandgefahren, z. B. erhöhte Brandlasten, erhöhte Zündgefahren, sehr hohe Sachwerte oder auch besonders viele Personen ohne Berufsausbildung bzw. mit geringen Sprachkenntnissen. Es wird in diesem Kapitel auf Bereiche eingegangen, die es in praktisch jedem Unternehmen gibt, und es werden die jeweiligen Schwachpunkte im Brandschutz und Gegenmaßnahmen aufgezeigt.

6.1 Brandschutz im Lager

Von gesetzlicher Seite findet sich hinsichtlich der Lagerbereiche sehr wenig. In der Bauordnung steht, dass ab einer Lagerhöhenüberschreitung von mehr als 7,50 m ein sog. ungeregelter Sonderbau vorliegt, und die Kompensation ist in fast allen Fällen der Einbau einer Sprinkleranlage. Diese Löschanlagen gibt es üblicherweise in vier Klassen (4.1, 4.2, 4.3 und 4.4 nach VdS 2092 und HHP/HHS 1, 2, 3, 4 nach CEA-Norm 4001), und diese Klassen entsprechen der Quantität der Brandlasten. Man kann sich das so vorstellen wie die Bremsanlage von einem Motorrad, einem PKW, einem Rennwagen oder einem 40 t schweren LKW. Das heißt, die Sprinkleranlage muss dem Risiko entsprechend ausgelegt werden. Hierzu ein wichtiger Tipp, der Ihrem Unternehmen viel Geld sparen hilft: Die Aufrüstung auf eine leistungsfähigere Brandlöschanlage ist entweder überproportional teuer oder unmöglich. Es empfiehlt sich demnach, eine Sprinkleranlage – die ja 30 und mehr Jahre alt werden kann – langfristig gleich richtig auszulegen, also besser über- als unterzudimensionieren. Schließlich weiß man nicht sicher, welche Art von Produkten man in zwei Jahren einlagert und ob es an der Verpackung brandschutztechnische Ver-

© Der/die Autor(en), exklusiv lizenziert durch Springer-Verlag GmbH, DE, ein Teil von Springer Nature 2022
W. J. Friedl, *Brandschutzbeauftragte: Das Weiterbildungsbuch*,
https://doi.org/10.1007/978-3-662-64619-9_6

änderungen geben wird. Weiter ist wichtig, dass man die Abstände vom Lagergut zu den Sprinklerköpfen den Vorgaben des Errichters entsprechend auswählt. Lagert man zu nahe, wird die Löschwirkung stark reduziert. Auch darf man an den Lagerböden keine die Löschwirkung beeinträchtigende Veränderungen vornehmen; am besten ist, jede Veränderung zuvor mit der Errichterfirma einvernehmlich abzuklären, auch scheinbar harmlose Änderungen an Regalböden, Verpackungen oder verpackten Produkten, aber auch Lagerhöhen, Lagerbreiten und Abständen.

Von Seiten der Berufsgenossenschaft sind keine brandschutztechnischen Forderungen zu erwarten, aber arbeitsschutztechnische; Gleiches gilt für die Gewerbeaufsicht. Und von Seiten der Baugesetzgebung ist auch nicht viel mehr als eine Besprinklerung zu erwarten – vielleicht noch ein baulich gegebener zweiter Fluchtweg, wenn sich Personen regelmäßig und länger im Lager aufhalten. Allerdings hängt es stark vom Lagergut ab, denn bestimmte Stoffe dürfen nicht gemeinsam oder im selben Raum/Regal gelagert werden – hier wird man in der in Abschn. 6.5 stichpunktartig aufgeführten TRGS 510 fündig. Dem Gesetzgeber und übrigens auch der Feuerwehr ist es meistens völlig egal, ob es in einem Raum Lagerung und Produktion gibt und ob Ausgangsteile oder die fertigen Produkte gemeinsam oder getrennt gelagert werden. Anders kann das bei der Feuerversicherung aussehen. Sie kann und wird – unternehmens- und summenabhängig – deutlich höhere Auflagen privatrechtlich in den Versicherungsvertrag hineinschreiben, was jetzt als verbindlich anzusehen ist. Als Hauptbrandursachen in Lagergebäuden (Reihenfolge ohne Wertung) gelten:

1. Zündung durch Beleuchtungsanlagen
2. Raucherverhalten
3. Gabelstaplerladegeräte
4. Brandstiftung
5. Folienschrumpfen
6. Betreiben von lagerfremden Elektrogeräten

Punkt 1 („Zündung durch Beleuchtungsanlagen") lässt sich relativ leicht beseitigen, denn durch eine intelligente Verlegung der Leitungen und Platzierung der Beleuchtungskörper wird eine fahrlässige mechanische Beschädigung durch Ein- und Auslagerung von Paletten nahezu unmöglich gemacht. Hinzu kommt, dass stromsparende LED-Technik um ca. 85 % weniger Energie benötigt und damit als deutlich weniger brandgefährlich eingestuft werden kann.

Auch Punkt 2 („Raucherverhalten") sollte heute kein Problem mehr sein, denn in Gebäuden herrscht ja ein grundsätzliches gesetzliches Rauchverbot – die Lagerchefs müssen auf heimliches Rauchen in ruhigen Ecken achten, denn dort werden die ggf. noch glimmenden Kippen unter die Paletten geworfen; und dort entzündet sich dann Staub, der wiederum Kunststoffe entzündet, bis schließlich die Paletten und deren gelagerte Produkte brennen. Man bedenke, dass sich ein Feuer in einem Lager sehr zügig von unten nach oben ausbreitet, und wenn nicht binnen Sekunden eingegriffen wird, ist die Flamme schon viele Meter hoch und kann mit einem Handfeuerlöscher nicht mehr beherrscht werden. Kritisch kommt noch hinzu, dass in Lagern häufig keine Personen anwesend sind also und sich ein Feuer dort unerkannt und damit ungehindert über längere Zeit ausbreiten kann. Weiter kritisch ist die Tatsache, dass in Lagern häufig große Mengen an leicht-entzündlichen Gegenständen vorhanden sind. Rauchen im Lager darf keinesfalls akzeptiert werden.

Punkt 3 („Gabelstaplerladegeräte") sind in der VdS 2259 gut und umfassend abgehandelt; es empfiehlt sich, Ladevorgänge in eigenen Räumen vorzunehmen, denn diese Geräte sind tatsächlich eine ernsthafte, große Brandgefahr für Lager. Nun erlaubt diese VdS aber auch das Laden in den Lagerräumen, doch davon wird abgeraten: Je höher die Werte in einem Lager oder je wichtiger das Lager für das Unternehmen ist, umso mehr sollte man diesen Tipp ernst nehmen, also umsetzen. Die VdS 2259 ist bei praktisch allen Speditions- und Logistikunternehmen ver-pflichtender Bestandteil des Versicherungsvertrags; hier ist der Brandschutzbeauf-tragte also im Zugzwang – er muss sich diese VdS besorgen oder vom Versicherer geben lassen und die relevanten Punkte darin umsetzen. Gibt es Widerstand in der Belegschaft, ist dem recht einfach zu begegnen, etwa so: „Der Chef hat unter-schrieben, dass er damit einverstanden ist. Ich werde dafür bezahlt, mir bekannte Brandschutzvorschriften umzusetzen. Machen wir das also nicht, wäre der Ver-sicherer im entsprechenden Schadenfall leistungsfrei, und das wollen Sie nicht, das will ich nicht und der Chef ohnehin nicht. Also, nicht ich will das, sondern es ist schlichtweg notwendig!"

Punkt 4 („Brandstiftung") ist bei manchen Unternehmen eine ganz große und häufiger eintretende Brandgefahr und bei vielen überhaupt nicht. Wir haben bereits gelernt, dass es im Strafgesetzbuch fahrlässige und vorsätzliche Brand-stiftung (nicht nur) in Lagern gibt. Die fahrlässige Brandstiftung bekommen wir durch Kontrollen, Schulungen und dem Beseitigen von im Lager nicht benötigten Elektrogeräten schnell in Griff. Um gegen vorsätzliche Brandstiftung vorzugehen, empfiehlt es sich, mehrgleisig vorzugehen, z. B. Kameraüberwachung, stabile Zaunanlagen, Zutrittsverbote, Kontrollen, Besprinklerung (auch auf der Rampe), durchwurfhemmende Verglasungen, keine Verglasungen oder auch das Verbot, in den Freibereichen am Lager brennbare Gegenstände (Kunststoffrohre, Paletten, Müll etc.) abzustellen.

Punkt 5 („Folienschrumpfen") sollte deshalb keine Brandgefahr mehr dar-stellen, weil Ihr Unternehmen *vor* dem ersten Brand aus dieser Ursache auf Folienwickeln (Stretchen) umgestellt hat – dieses Verfahren ist deutlich brand-sicherer, und das Folienschrumpfen wird von zunehmend weniger Versicherungen noch erlaubt, d. h., dass diese Verfahrenstechnik nicht mehr eingesetzt werden darf; wird sie dennoch eingesetzt, wären die daraus resultierenden Schäden nicht mehr versichert.

Punkt 6 („Betreiben von lagerfremden Elektrogeräten") kann schnell zu echten juristischen Problemen führen. In einem Lager darf man nach Einstufung von Versicherungen lediglich Aktivitäten durchführen, die dort unmittelbar nötig sind. Somit sind Kühlschränke, Getränkeausgabeautomaten und ggf. auch EDV-Geräte und Drucker (falls nicht unbedingt nötig) in andere, eigene Bereiche zu verlagern. Auch Technikräume und Sozialbereiche sind effektiv (F 90, T 30) von

Lagerbereichen abzutrennen. Und wie oben schon aufgeführt, entsteht die eigentlich größte Brandgefahr durch Elektrogeräte beim Laden von Flurförderzeugen – ein horizontaler Abstand von 2,5 m bringt im Brandfall (wenn einige Zehntausend Kubikmeter Rauch entstehen) nicht nur wenig, sondern überhaupt nichts. Fazit: Totalschaden!

Optimal gut baulich abgetrennt sind Lager, die wie folgt aussehen (alles nachfolgende ist brandschutztechnisch oder räumlich voneinander getrennt): Ausgangteilelager, Fertigteilelager, Verpackungsmittellager, Technikbereiche, Ladebereiche. Je nach Wert einzelner Bereiche mag sich eine weitere Unterteilung anraten. Technisch empfiehlt sich eine automatisch ansprechende Sprinkleranlage, die eine Brandmeldeanlage ggf. überflüssig macht. Auch die besser überals unterdimensionierte Entrauchungsanlage sollte automatisch angehen, und dies wird umso wichtiger, wenn es keine Besprinklerung gibt. Grund ist, dass die Feuerwehreinsatzkräfte deutlich effektiver löschen können, als wenn ein Lager komplett und tödlich gefährlich verraucht ist.

Die VdS 2199 beschäftigt sich ausschließlich mit Brandschutz im Lager. Die wesentlichen Punkte lauten (in Klammern finden sich, so es nötig erscheint, Erläuterungen):

- Mindestens 30 % der Brände in Unternehmen ereignen sich im Lager.
- Die Belegschaft, die in Lagern arbeitet, ist nach der VdS 2000 zu schulen.
- Die Folgen von Lagerbränden (z. B. Betriebsunterbrechung, Lieferprobleme, Nichteinhalten von Lieferverträgen) sind zu berücksichtigen.
- Für Fremde besteht ein Zutrittsverbot in die betrieblichen Lager; das schießt auch eigene Mitarbeiter ein, die dort nicht arbeiten.
- Es wird eine Einfriedung des Geländes, zumindest aber des Lagers durch einen Zaun (stabil, Stacheldraht oben, ≥ 2 m) erwartet.
- Es wird eine Videoüberwachung empfohlen oder gefordert, die ständig aufzeichnet, und dies an einem sicheren Ort.
- Das Freigelände ist nachts zu beleuchten.
- Fenster sind derart zu sichern, dass es Einbrechern und Brandstiftern von außen nicht leicht gemacht wird.
- Es ist ggf. eine Einbruchmeldeanlage zu installieren.
- Fremde Personen darf man nie allein im Lager lassen.
- Elektrogeräte (etwa Getränkeautomaten, Heizplatten etc.) im Lager sind verboten.
- Freiflächen an und um Lager sind freizuhalten.
- Man darf am/im Lager keine Brandbeschleuniger (z. B. Benzin für Rasenmäher, brennbare Reinigungsmittel, Handdesinfektionsmittel) bereithalten, es sei denn, diese Dinge gehören zum gelagerten Gut.
- Es muss ggf. weitere, sinnvolle Unterteilungen (nach Absprache mit der Versicherung) im Lager geben.
- Gegebenenfalls ist ein passender Sprinklerschutz zu installieren.
- Eventuell wird eine passende Brandmeldeanlage gefordert.

- Nach „kritischen" Entlassungen von Personen muss mit Brandstiftung gerechnet werden, ggf. sind jetzt „entsprechende" Vorsorgemaßnahmen zu treffen (welche, das wird hier nicht angegeben).
- Zum Thema „Rauchen" sagt die VdS-Vorgabe:
  - Das Rauchverbot muss unbedingt eingehalten werden.
  - Das Rauchverbot ist im Lager auszuschildern.
  - Die möglichen juristischen Konsequenzen für Personen, die sich an diese Vorgaben nicht halten, sind zu erklären.
  - Es soll „menschenwürdige" Raucherzonen geben für die Personen, die aufgrund der Nikotinabhängigkeit während der Arbeitszeit mal rauchen müssen.
  - Es müssen Sicherheitsaschenbecher bereitgestellt werden.
- Bei feuergefährlichen Arbeiten im Lager sind besondere Vorsorgemaßnahmen zu treffen:
  - Besondere Vorsicht ist immer bei Dacharbeiten gefordert (ggf. einen Löschschlauch vor Beginn der Arbeiten auf das Dach legen und mindestens eine befähigte Person zur Beobachtung und ggf. zum Löschen bereitstellen).
  - Fremdfirmen sind entsprechend zu unterweisen.
  - Der Gefahrenbereich bei Feuerarbeiten liegt mindestens bei 10 m, kann aber auch bis zu 30 m gehen.
  - Es ist ein passender Erlaubnisschein für feuergefährliche Arbeiten auszufüllen; darin enthalten sind Punkte vor, während und nach den feuergefährlichen Arbeiten.
  - Vor der Durchführung der feuergefährlichen Arbeit sind Alternativen wie Bohren, Kleben oder Nieten zu überprüfen.
  - Die feuergefährlichen Arbeiten dürfen nur wirklich besonders qualifizierte Arbeiter durchführen.
  - Es muss während und ausreichend lang nach der feuergefährlichen Arbeit mindestens eine gut qualifizierte Brandwache abgestellt werden, die zuverlässig ist und Brände ohne zeitliche Verzögerung löschen und melden kann.
  - Es sind qualitativ und quantitativ ausreichend viele Löschmittel zu stellen.
  - Gibt es möglicherweise eine explosionsfähige Atmosphäre, so muss diese vor Beginn der feuergefährlichen Arbeit zuverlässig und sicher entfernt werden.
  - Alle Personen im Lager sind entsprechend zu unterweisen, wenn solche Arbeiten anstehen.
- Es ist eine Verpackungstechnik mit geringer Brandgefahr zu wählen, falls das möglich ist.
- Verpackungsmaterialien und Verpackungsverfahren, die nichtbrennbar oder schwerentflammbar sind, sollten bevorzugt vor normal- und leichtentflammbaren eingesetzt werden. (Anmerkung: Das wird nur in den wenigsten Fällen möglich sein.)
- Das eigentliche Produktelager ist vom Verpackungslager und von der Kommissionierung nach F 90/T 30 zu trennen.
- Brennbares Packmaterial ist zu minimieren im Kommissionierungsbereich (maximal der nötige Tagesbedarf!).

- Abfall ist ggf. mehrfach täglich zu entfernen (spätestens aber direkt nach Arbeitsende).
- Abfall ist (brand)sicher zu lagern (mindestens die Vorgaben der Landesbauordnung sind gewissenhaft umzusetzen).
- Abstellen von Fahrzeugen (insbesondere LKWs) ist nur nach Genehmigung der Baubehörde und ggf. des Versicherers am Lager bzw. im Gefahrenbereich vom Lager erlaubt:
  - Bereiche am Boden markieren
  - Ausreichende Abstände einhalten
  - Rauchverbot auch für Fahrer im Freien oder in ihren Fahrzeugen
  - Für Be- und Entlüftung sorgen
  - Rangieren möglichst durch intelligente Verkehrsführung unnötig machen
  - Fahrzeugabgase ableiten, so sie in die Gebäude einfahren müssen
  - Günstige Logistik realisieren
  - Nie einen LKW an der Lageraußenwand abstellen
- Folienschrumpfen (so es nicht lt. Vertrag an anderer Stelle überhaupt gänzlich verboten wird) ist nur erlaubt, wenn mindestens die nachfolgenden Punkte umgesetzt werden:
  - Eigener Raum
  - Alternativ zum eigenen Raum: mindestens im Radius von 5 m komplett freihalten
  - Verfahren ohne offene Flamme wählen
  - Wärmeabgabe automatisch regeln
  - Automatisches Abschalten der Anlage
  - Anlage immer sehr sauber halten
  - Mitarbeiter, die hier arbeiten, besonders qualifizieren
  - Alle Mitarbeiter besonders sensibilisieren
  - Gewissenhafte Nachkontrolle nach Arbeitsende zwingend erforderlich
  - Zwischenlagerung frisch geschrumpfter Paletten, d. h., sie dürfen für x Stunden (x ist von Versicherung zu Versicherung variabel) nicht ins Hauptlager
  - Keine Schrumpfung explosionsgefährlicher Produkte wie Sprühdosen, Spiritusflaschen usw.
  - Ständige und gewissenhafte Beachtung der gesamten Betriebsanleitung
  - Alle Geräte regelmäßig warten und arbeitstäglich prüfen
  - Möglichst keine mobilen Schrumpfanlagen einsetzen
- Es dürfen ausschließlich geprüfte Gabelstaplerfahrer eingesetzt werden.
- Die Fahrer müssen besonders gut sensibilisiert werden.
- Sämtliche Fahrzeuge müssen besonders aufwendig und gut gewartet werden.
- Dieselbetriebene Flurförderzeuge sind mit Funkenfängern am Auspuff auszustatten.
- Eventuell müssen Feuerlöscher (möglichst Schaum, kein ABC-Pulver) am Stapler installiert werden.
- Dieselbetriebene Fahrzeuge dürfen ausschließlich im Freien betankt werden.
- Es sind möglichst eigene Laderäume für batteriebetriebene Flurförderzeuge bereitzustellen (wichtiger Punkt!).

- Die Wartung der Geräte (Flurförderzeuge) darf nie im Lager selbst erfolgen.
- Für die Geräte (unabhängig der Ladung/Betankung) muss es eigene Abstellbereiche geben.
- Gegebenenfalls müssen explosionsgeschützte Stapler gestellt werden.
- Elektroschleppkabel von Regalförderzeugen müssen möglichst regelmäßig auf mechanische oder elektrisch bedingte Schäden hin kontrolliert werden.
- In Lagern sollten Wandhydranten möglichst flächendeckend angebracht werden.
- Rollenlager müssen auf heiß gelaufene Lager hin regelmäßig geprüft werden.
- Wenn Transportförderbänder durch feuerbeständige Wände geführt werden, muss es eine wirksame Abtrennung geben, damit ein Feuer nicht von der einen auf die andere Seite gelangen kann.
- Brandhemmende Gurtförderbänder sind anderen vorzuziehen.
- Gegebenenfalls sind besondere Erdungsmaßnahmen zu treffen, um möglicherweise gefährliche statische Aufladungen zu vermeiden.
- Strom- und datenführende Kabel sind sicher (also gegen fahrlässiges Beschädigen geschützt) zu verlegen.
- Die Sauberkeit im Lager und auch die Übersichtlichkeit sind besonders wichtig und müssen jederzeit eingehalten werden.
- Gegebenenfalls sind zusätzlich besondere, hier jetzt geltende Unfallverhütungsvorschriften einzuhalten.
- Bei pneumatischen Fördersystemen muss auf ausreichende Luftfeuchte geachtet werden.
- An Rampen gibt es weitere besondere Brandgefahren, die kompensiert werden müssen:
  - Gegebenenfalls ist die Rampe mit in die Besprinklerung einzubeziehen (trockene Anlage); dies wird dann besonders nötig, wenn das Lager gesprinklert ist und wenn auf der Rampe üblicherweise tagsüber viele brennbare Gegenstände abgestellt werden und/oder wenn besonders viele und fremde LKW-Fahrer sich dort aufhalten.
  - Tagsüber sollte auf der Rampe möglichst nichts gelagert werden.
  - Das Rauchverbot gilt auch bzw. besonders auf der Rampe.
  - Tore ins Gebäudeinnere sollen möglichst geschlossen gehalten werden.
  - Nach Arbeitsende muss alles Brennbare von den Rampen weggeräumt werden.
  - Abfall muss mindestens 5 m entfernt von der Rampe und vom Lagergebäude aufgestellt bzw. gelagert werden.
  - Unter dem Lager (der Rampe) dürfen keine Abfälle abgelegt und auch keine Holzpaletten gelager werden.
- Heizungen für Lagergebäude sind nicht selten eine Brandgefahr, weshalb Folgendes zu empfehlen oder auch verbindlich festgelegt ist:
  - Lagerräume sollen möglichst indirekt beheizt werden.
  - Es soll/muss einen eigenen Heizraum (F 90, T 30 oder T 30-RS) geben, und zwar unabhängig von einer möglichen anderen Einstufung nach der hier geltenden Landesfeuerungsverordnung.

- Bei Heizungen im Lager sind bestimmte Sicherheitsabstände einzuhalten.
- Es ist ggf. ein Temperaturwächter an der Heizung gefordert.
- Heizungen im Lager sind mechanisch zu schützen.
- Gibt es einen Heizraum, muss dieser grundsätzlich freigehalten werden.
- Auf Heizungen – unabhängig davon, wo sie stehen – darf nichts abgelegt werden; wenn das problematisch werden sollte, ist oberhalb eine schräge Abdeckung zu montieren.
- Staub ist an Heizungen rechtzeitig zu entfernen.
- In Lagern dürfen keine mobilen Heizgeräte und keine Gasstrahler (!) aufgestellt werden.
- Die Heizanlagen für Lagergebäude sind regelmäßig zu warten.
- Brennstoff-Absperrvorrichtungen (Energiezuführung für die Heizungen) müssen an einer sicheren Stelle angebracht sein.

- Außerdem gibt eine Reihe von organisatorischen Dingen in Lagergebäuden, die man berücksichtigen und umsetzen muss:
  - Das Verhalten im Brandfall ist auszuhängen und bekannt zu geben.
  - Die Art der Alarmmeldung(en) muss allen klar sein.
  - Es muss entsprechende Übungen geben.
  - Es muss für jedes Lager einen sog. Brandschutzverantwortlichen geben (das ist nicht der Brandschutzbeauftragte, sondern der Lagerchef, also die hier verantwortliche Person).
  - Es muss eine Brandschutzordnung (Teile A, B und C) für das Lager geben.
  - Es muss einen Alarmplan für das Lager geben.
  - Der Umgang mit Feuerlöschern muss (unabhängig von der Forderung nach Brandschutzhelfern) geübt werden.
  - Es soll eine Löschtruppe aufgestellt werden.
  - Übungen mit der hierfür zuständigen Feuerwehr wären sinnvoll.
  - Es soll Absprachen über Lieferungen geben, wenn das Lager nicht mehr existent ist.
  - Es soll Telefonapparate, Alarmierungseinrichtungen oder auch Smartphones geben.
  - Es soll Handfeuermelder geben
  - Wenn es Sinn macht, soll eine Brandmeldeanlage installiert werden.
  - Wenn es wirtschaftlich oder sicherheitstechnisch Sinn macht, soll eine Sprinkleranlage oder eine andere geeignete Brandlöschanlage (ggf. Schaumlöschanlage oder Gaslöschanlage) eingebaut werden.
  - Es sollte möglichst Nachtwächterkontrollgänge geben.
  - Fahrbare Löscher und/oder Wandhydrantensollen sollen flächendeckend bereitgestellt werden.
  - Handfeuerlöscher sind quantitativ und qualitativ und erreichbar anzubringen.
  - Sämtliche Handfeuerlöscher sind ständig zugänglich zu halten (also keine Paletten davor abstellen).
  - Die Handfeuerlöscher müssen korrekt gewartet sein.
  - Es muss sich immer um das für den jeweiligen Fall richtige Löschmittel handeln, und das bedeutet, dass ein Feuer damit schnell und sicher (ohne

Personengefährdung) gelöscht werden kann und das Löschmittel keine unverhältnismäßig großen Sachschäden anrichten darf (d. h., ABC-Pulver ist zu vermeiden).

– Gegebenenfalls sind neben nassen auch trockene Steigleitungen zu installieren (falls das Sinn macht).

– Türen zum Lager sind außerhalb der Arbeitszeiten geschlossen zu halten.

• Zu der richtigen Auswahl von Brandlöschanlagen sagt der VdS in dieser Empfehlung:

– Zur Auswahl stehen Sprinkleranlagen, Wassernebelanlagen, Sprühwasser-löschanlagen, Schaumlöschanlagen oder Gaslöschanlagen.

– Gibt es eine Sprinkleranlage, kann ggf. ein Benetzungsmittel nachgerüstet werden (wenn der Löscherfolg dadurch deutlich verbessert wird).

– Die Sprinkleranlage muss nachweislich den Brandlasten entsprechen; damit Sprinkleranlagen funktionsfähig (wirksam) sein können, sind ggf. Vorgaben des Sprinklererrichters einzuhalten.

– Meist werden automatische Brandlöschanlagen ab 7,5 m Lagerhöhe gefordert.

– Brandlöschanlagen sollen gemäß einer CEA- oder VdS-Richtlinie (CEA 4001; VdS 2992) errichtet werden.

– Nutzungsänderungen sind bei der Auslegung der Löschtechnik vorab zu berücksichtigen.

– Bauliche Veränderungen können Löschanlagen ebenfalls beeinträchtigen, das muss vor der Veränderung berücksichtigt werden (ggf. die bauliche Veränderung anders wählen oder die Löschtechnik den baulichen Veränderungen anpassen).

– Bestimmte Freiflächen, Abstände und Lagerhöhen sind immer zu berücksichtigen.

• Für Entrauchungsanlagen gibt es folgende Empfehlungen:

– Grundlegend soll eine automatische RWA installiert werden; diese darf zusätzlich manuell anfahrbar sein (sinnvoll).

– Die Empfehlungen der VdS 2098 sind bei der Dimensionierung der RWA-Anlage zu berücksichtigen.

– Gegebenenfalls können Rauchschützen eingebaut werden, wenn ein Lager groß und hoch genug dafür ist.

– Auch Zuluftöffnungen (Luftnachströmvorrichtungen) sind einzubauen, denn diese sind mindestens so wichtig wie die rauchabführenden Öffnungen (möglichst auch automatisch öffnend).

– Die RWA-Technik muss solide gewartet werden.

– Die Ansteuerung der Entrauchungstechnik soll vor dem Auslösen der Sprinklerung erfolgen (Sprinkleröffnung meist bei 68 °C; RWA-Ansteuerung ggf. bei unter 60 °C).

– Die Entrauchungsöffnungen sollten eher über- als unterdimensioniert werden; laut IndBauRL sind mindestens 0,5 % der Grundfläche für gesprinklerte Bereiche gefordert und mindestens 2 % für ungesprinklerte Lagergebäude. Wenn man jeweils mehr Öffnungen schafft, wäre das hinsichtlich der Schadenminimierung sehr sinnvoll.

- Als bauliche Brandschutzmaßnahmen empfiehlt diese VdS-Regel Folgendes:
  - Es sollten möglichst F 90-A-Bauteile (also feuerbeständige und nichtbrennbare Baustoffe und Bauteile) verwendet werden.
  - Das Dachtragwerk soll nichtbrennbar und mindestens F 30 (also feuer-hemmend) gewählt werden. Hintergrund ist, dass ein brennendes Lager mit nicht mindestens feuerhemmendem Dachtragwerk von den Löschkräften aus Sicherheitsgründen nicht betreten werden darf.
  - Die Schalung soll nichtbrennbar gewählt werden.
  - Auf das Dach sollte möglichst kein Bitumen geklebt werden, oder das Dach muss anschließend mit mindestens 5 cm Schütthöhe bekiest werden.
  - Soweit möglich und sinnvoll, sollten möglichst mehrere Brandabschnitte gebildet werden (Brandwand nach Bauordnung oder Komplextrennwand nach VdS 2234).
  - Nebenbereiche vom Lager sind effektiv abzutrennen, damit sich dort ent-wickelnde Brände nicht auf die Lagerbereiche auswirken können.
  - Brand- bzw. Komplextrennwände sollten möglichst 70 cm über Dach geführt werden. Weder vor diesen Wände noch oberhalb dürfen brennbare Gegenstände (Leitungen, Dämmstoffe) angebracht werden. Auch bei Foto-voltaikanlagen müssen besondere Vorsorgemaßnahmen (Rücksprache mit Versicherung) ergriffen werden.
  - Sämtliche Öffnungen in Brandwänden müssen feuerbeständig geschlossen und ggf. selbstschließend ausgebildet sein.
  - Alle vom/zum Lager führenden Türen müssen außerhalb der Arbeitszeit geschlossen gehalten werden.
  - Kabel und Rohre durch Wände ins/vom Lager müssen feuerbeständig geschottet sein

Brandschutz im Lager hat eine besonders hohe Bedeutung. Das bedeutet jetzt nicht, dass Brandschutz in der Produktion weniger wichtig wäre. Aber beispiels-weise könnte eine Verwaltung schnell anderswo hinziehen oder in Containern untergebracht werden. Doch wenn die Produktion aufgrund von Produkteng-pässen steht, können die Betriebsunterbrechungskosten schnell die Sachschaden-kosten überschreiten. Übrigens, manchmal ist es sogar schneller möglich, neue Produktionsanlagen zu erhalten als neue Materialien. Und Lagergebäude können schnell einen Wert von vielen zig-Millionen Euro enthalten. Hinzu kommt noch: Wenn es in einem Lagergebäude brennt, ist in den meisten Fällen davon auszu-gehen, dass jemand aus der Belegschaft (andere Personen dürfen ja Lagergebäude üblicherweise nicht betreten) einen Fehler begangen hat – wird dieser als grob fahrlässig eingestuft, so kann das den Versicherungsschutz gefährden. So weit darf es nicht, nie kommen!

6.2 Brandschutz in der Verwaltung

Wenn wir Auto fahren, so machen wir das, um von A nach B zu kommen. Und wir wollen das ohne Probleme hinbekommen, also ohne Unfall. Wir wollen weder auf der laubnassen Straße verunglücken noch die sorglos spielenden Kinder am Straßenrand gefährden und passen unser Verhalten entsprechend an. Was ich damit sagen will, sind zwei Sachen: Zum einen wollen wir weder ein Feuer in der Produktion noch im Lager, in der Kantine oder im Büro. Und zum anderen ist die Brandgefahr im Büro deutlich geringer als in den drei zuvor genannten Unternehmensbereichen. Genauso wie beim Autofahren passen wir uns nämlich auch hier an: Da die Brandgefahr im Büro geringer ist, sorgen wir uns hier weniger, passen also weniger auf. Und somit ist, Gefahr und Kompensationsmaßnahmen zusammengenommen, die Brandgefährdung in allen Bereichen gleich hoch. Wenn wir – auch im Straßenverkehr – keine Gefahr sehen, lässt die Vorsorge nach, und dann ist die Situation ebenso kritisch wie eine gefährlichere mit mehr Sorgfalt.

Und genau davon müssen wir uns lösen. So wie wir auf einer mit dem PKW zu bewältigenden Strecke von 455 km nicht nur jeden Kilometer, sondern jeden Meter und jede Sekunde gewissenhaft aufpassen und abwägen müssen, so müssen wir uns – gerade im Büro – von dem Glauben an eine Brandsicherheit lösen und demzufolge sorgloses Verhalten ablegen. Vorsicht ist hinsichtlich Arbeitsschutz, Verkehrssicherheit und Brandschutz immer geboten: zu Hause wie am Arbeitsplatz (Arbeitsschutz), mit dem Rad ebenso wie als Fußgänger (Verkehrssicherheit) und im Büro ebenso wie in der Produktion (Brandschutz).

Es kommt ja nur dann zu einem Brand, wenn Brandlasten und dafür ausreichend hohe Zündquellen zusammenkommen – einmal unterstellt, dass der nötige Sauerstoff überall vorhanden ist. In Büros gibt es nach einer gründlichen Einschätzung lediglich die nachfolgenden Zündquellen und damit Brandursachen:

- Vorsätzliche Brandstiftung
- Fahrlässige Brandstiftung
- Elektrogeräte
- Brände durch Blitzeinschläge und Überspannungen
- Gerätedefekte
- Verstellte Luftein- und Luftaustrittsöffnungen von Elektrogeräten
- Kerzen
- Küchenbrände
- Brände an defekten, gequetschten Stromleitungen
- Private Elektrogeräte

Es würde mich sehr freuen, wenn Ihnen noch weitere (realistische) Brandursachen einfallen und Sie sie mir schreiben, für die nächste Auflage als Verbesserung und Ergänzung. Doch es geht jetzt nicht darum, ach so schlau zu sein und dem Autor noch fünf weitere mögliche oder auch unmögliche Gründe zu nennen. Nein, es geht darum, die primären 99 % der Brandursachen zu kennen, um Vorsorge- und Präventionsmaßnahmen zu entwickeln. Zum einen hilft uns hier unser Verstand, zum anderen die Vorgaben (hier insbesondere die von den Feuerversicherungen und der Berufsgenossenschaft).

Beginnen wir mit der vorsätzlichen Brandstiftung: Eine hochkriminelle Person will, dass unserem Unternehmen ein immenser Schaden durch ein Feuer im Büro entsteht. Diese Person wird voraussichtlich nachts eindringen. Hier muss man zwei Arten von Verbrechern unterscheiden: Die einen wollen sich „nur" bereichern durch Diebstahl, und wenn sie nichts Wertvolles finden, zünden sie aus Frust das Unternehmen an – Vorhänge, Flip-Chart-Papier, vorgefundene Kleidung, Küchenhandtücher und ggf. Papier im Abfallbehälter. Anschließend wird der Bereich fluchtartig verlassen, so die Erfahrung; und relativ häufig gehen diese Brände auch wieder aus! Man kommt morgens ins Unternehmen, findet die Einbruchspuren und an zwei oder mehr unterschiedlichen Stellen schwarze Brand- und Rauchflecke. Somit ist der Tatverlauf eindeutig und der Schaden – glücklicherweise – relativ gering. Doch der Schaden wird deutlich größer, wenn diese Person vor Ort einen Brandbeschleuniger vorfindet, z. B. Spiritus (zum Reinigen von Fensterglas), Reinigungsbenzin oder auch Handdesinfektionsmittel. Daher meine beiden Tipps: Erstens sollten diese Stoffe möglichst durch nichtbrennbare ersetzt werden, und zweitens sollten nicht ersetzbare Stoffe minimiert und gut weggeräumt werden, sodass man sie nicht gleich vorfindet. Die wenigsten Brandstifter nehmen nämlich Brandbeschleuniger mit zum Einsatzort (auch das gibt es natürlich, aber hier haben wir dann eben definitiv weniger gute Chancen) – das wären sozusagen die anderen Brandstifter: die, die schon mit dem festen Vorhaben einbrechen, Brände zu legen. Ist damit zu rechnen, kann man nur mit einem erheblich hohen Aufwand an unterschiedlichen Gebäudeschutzmaßnahmen (durchwurfhemmende Glasscheiben, Pilzkopfverriegelungen für die Rahmen, einbruchhemmende Zugangstüren, Einbruchmeldeanlage, Kameraüberwachung, Werkschutz etc.) das hochkriminelle Vorhaben erschweren.

Als Nächstes kommt die fahrlässige Brandstiftung, die vielleicht um den Faktor 80 höher ist als die vorsätzliche Brandstiftung. Wir fühlen uns im Büro sicher, gut geschützt vor Bränden, so wie wir uns in Deutschland auch vor Tsunamis und Vulkanausbrüchen sicher fühlen und deshalb dagegen keine Vorsorge- und Schutzmaßnahmen treffen. Das mag ja auch Sinn ergeben, aber Brandschutz muss eben auch im Büro realisiert werden. Personen stellen in Büros achtlos Taschen und Aktenmappen auf den Boden und merken nicht, dass sie dadurch die Luftöffnungen vom PC blockieren. Manche stellen brennbare Gegenstände auf die Herdplatte und kommen überhaupt nicht auf die Idee, dass aufgrund eines technischen Defekts oder einer fahrlässigen Handlung erst mal unbemerkt Strom eingeschaltet wird und zu einer Entflammung führt. Wieder andere besorgen Heizlüfter und platzieren diese direkt unter dem Schreibtisch; sie laufen auch in der Mittagspause durch, und weil sie über die Sommermonate nicht gelaufen sind, sind sie eingestaubt und beginnen zu brennen – oder weil ein Stück Papier heruntergefallen ist oder weil sie um 180° verkehrt auf den Teppichboden gestellt wurden.

Beispiel: In einem Unternehmen wurde die defekte, alte und einfache Mikrowelle durch eine neue mit Grillfunktion ersetzt. Person A nimmt wie jeden Tag ihr Mittagessen in einem mikrowellengeeigneten Kunststoffbehälter mit, dreht einen Hebel auf Maximum und den Zeitschalter auf 5 min; sie übersieht den Schalter, der von Grillfunktion ($=°C$) auf Mikrowellenfunktion ($=$Watt/m^2, also eine besondere Art der Wärmestrahlung) umschaltet, und dieser Schalter steht auf Grillfunktion. Fazit: Die Küche konnte nicht mehr betreten werden, der Schaden war im fünfstelligen Eurobereich. Da das Unternehmen nicht belegen konnte, die Belegschaft direkt nach der Installation dieses Geräts über diese neue, andere, neuartige und gefährliche Brandgefahr informiert zu haben, unterstellte der Richter grobe Fahrlässigkeit. Hätte das Unternehmen gerichtsfest belegen können, dass alle im Büro über das korrekte, sichere Bedienen der Mikrowelle informiert wurden, und wäre dieser Schaden dennoch passiert, so würde man von einem sog. Augenblicksversagen und von fahrlässigem Verhalten sprechen – der Schaden wäre auch fünfstellig, aber der Versicherer würde/müsste ihn begleichen. So einfach kann die Welt manchmal sein.

· Elektrogeräte sind und bleiben nun mal die Hauptbrandgefahr in Büros – es wäre ja auch schrecklich, wenn sich das zugunsten von Blitzeinschlägen oder Brandstiftungen verschieben würde! Elektrogeräte und sorgloses (falsches) Verhalten. Um Brände an und durch Elektrogeräte zu minimieren, gehen wir bitte zweigleisig vor: Zum einen lassen wir von befähigten Personen alle (100 %!) Elektrogeräte erfassen, nach DGUV Vorschrift 3 und VdS 3602 überprüfen und die Aufstellorte sowie Betriebsbedingungen vorgeben. Zum anderen vermeiden wir private Elektrogeräte, denn diese sind erfahrungsgemäß entweder sehr alt oder sehr minderwertig. Es ist wesentlich preiswerter, wenn ein Unternehmen hochwertige Kaffeeautomaten und ebensolche Wasserkocher stellt, als wenn die Belegschaft sich diese selbst mitbringt.

Umweltschutztechnisch und auch pekuniär ist es übrigens sinnvoll, einen Kaffeevollautomaten oder eine Kaffeefiltermaschine mit Thermoskanne anstatt Heizplatte anzuschaffen und kein Gerät mit Kapseln. Ich würde mich sehr freuen, wenn Sie diesen Aspekt nicht gänzlich unberücksichtigt lassen, denn in einem größeren Büro werden täglich 25 Kaffeefilter nicht zum Umweltproblem – 255 Kunststoffkapseln oder aluverpackte Einzelbehälter jedoch schon!

Um Brände an Elektrogeräten zu vermeiden, muss man also zum einen sichere, gute und geprüfte Geräte stellen und zum anderen allen erläutern, wie man damit umgeht; dazu gehört auch das sichere Verlassen des eigenen Arbeitsplatzes – problematisch wird jetzt die Kaffeemaschine, die ja in der Teeküche steht und somit nicht direkt zum Arbeitsplatz zählt. Außerdem ist es nötig (vgl. VdS 2038 und 2039), nach Arbeitsende zu prüfen, ob „alles" korrekt und sicher ist. Prüfen bedeutet, dass eine Person nachschaut, ob es eine andere Person gemacht hat. Es müsste demzufolge erstens Person A vergessen, die Kaffeemaschine auszuschalten, zweitens Person B vergessen, den ausgeschalteten Zustand der Kaffeemaschine zu prüfen. Und drittens müsste es genau in dieser Nacht zu einem Brand kommen. Setzen wir mal realistische Wahrscheinlichkeiten ein für diese drei Fälle: Dass A vergisst, seine Elektrogeräte auszuschalten, passiert dreimal im Jahr ($p \approx 3/200$); dass B vergisst, das zu kontrollieren, passiert einmal im Jahr ($p \approx 1/200$); und dass eine Kaffeemaschine brennt, passiert in 100 Jahren je Gerät einmal (p ≈ 1/20.000). Somit gibt es folgende Wahrscheinlichkeiten für einen Brand:

1. Niemand schaltet das Gerät aus, und niemand kontrolliert das: 1/20.000 (2×10^{-4})
2. A schaltet das Gerät meistens aus, B kontrolliert aber nicht: 1/4.000.000 (4×10^{-6})
3. A schaltet das Gerät meistens aus, und B kontrolliert das anschließend auch meistens: 1/266.000.000 $(2,6 \times 10^{-8})$

Mit diesen Zahlen „bewaffnet" könnte der Versicherer jetzt vielleicht noch nicht unbedingt ein grob fahrlässiges Verhalten belegen, aber eine Wahrscheinlichkeit von 10^{-4} ist durchaus nach ein paar Jahren – früher oder später – realistisch. Doch 10^{-8} ist eben doch um Dimensionen unwahrscheinlicher, wird in 1000 Jahren wohl nicht einmal passieren, und somit würde man in Fall 1 deutlich weniger und in Fall 2 immer noch weniger als 100 % vom Schaden ersetzt bekommen.

Gegen direkte Blitzeinschläge in Gebäude hilft nur ein wirklich guter Blitzableiter, der aber auch gewartet sein will. Dieser schützt vor physischer Gebäudezerstörung, nicht aber vor indirekten Bränden durch Überspannungen. Hierzu ist neben dem Potenzialausgleich ein guter Überspannungsschutz nötig, der ineinandergreift: Grobschutzelemente (Schutzklasse I) für die Stromeinspeisung; Mittelschutzelemente (Schutzklasse II) für die Etagenunterverteilung, also den Sicherungskasten je Ebene. Und, so man optimalen Schutz erreichen will, noch Feinschutz für Strom- und Datenleitungen (Schutzklasse III) – diese greift individuell für jedes einzelne Gerät. Dabei geht es weniger um den Wert eines Geräts (etwa eines PC für 500 € oder einer Kaffeemaschine für 65 €), sondern um den Wert des Büros: Brennen diese Geräte, kann sich das Feuer nachts erst mal völlig ungehindert ausbreiten.

Gerätedefekte von intakten, offtensichtlich unbeschädigten und gewarteten sowie an den Luftschlitzen nicht zugestellten Geräten stufe ich jetzt mal als höhere Gewalt ein, und das wäre somit ein völlig eindeutiger Fall, in dem man dem Versicherungsnehmer nichts vorwerfen kann. Demzufolge müsste der Versicherer den Schaden bzw. die Schäden (Sachschaden, Betriebsunterbrechungsschäden) voll übernehmen, theoretisch jedenfalls ...

Verstellte oder stark verschmutzte Lufteins- und Luftaustrittsöffnungen von Elektrogeräten darf es nicht geben, weil das geschult und geprüft wird. Gleiches gilt für Kerzen im Büro, auch die darf es nicht geben, ggf. werden digitale Kerzen aufgestellt (da gibt es schon recht stilvolle, ziemlich echt aussehende – aber bitte mit Batterien oder Akkus und nicht mit Netzstrom betrieben!). Auch gequetschte Stromkabel darf es in Büros und anderswo nicht geben, einfach deshalb, weil die Belegschaft geschult und sensibilisiert ist und solche Situationen meidet bzw. solche Gerätschaften nicht mehr verwendet.

Grundlegend kann gesagt werden, dass Elektrogeräte umso häufiger Brände auslösen, je mehr Energie sie benötigen; somit sind Öfen, Kaffeemaschinen oder Wasserkocher (die können 3000 W benötigen!) erhöht brandgefährlich. In

Küchen geht man vorsichtig, überlegt um und achtet auf die richtige Einstellung bei Mikrowellen, hat nichtbrennbare Fliesen unterhalb von Wasserkochern und Kaffeemaschinen mit Heizplatte (so man solche Geräte überhaupt noch betreibt), und man – ganz wichtig! – legt niemals, auch nicht kurzfristig, etwas Brennbares auf Herdplatten, unabhängig davon, ob es sich um konventionelle Herdplatten handelt, um ein Keramikfeld oder um einen Induktionsherd.

Manchmal bringen Personen auch Lichterketten, sich elektromotorisch bewegende Figuren, Radios oder sonstige Kleinelektrogeräte mit ins Unternehmen – diese wurden für wenige Euro auf dem Weihnachtsmarkt gekauft, und das GS-Zeichen ist möglicherweise gefälscht. So etwas wird nicht geduldet, weder beim Chef im Zimmer (Vorbildfunktion) noch anderswo.

6.3 Brandschutz in der Produktion

Allein über den Inhalt dieses Abschnitts könnte man Bücher schreiben; es gibt so viele Produktionsarten und -bereiche, dass es praktisch unmöglich ist, hier auf alle einzugehen, denn unterschiedliche Bereiche benötigen unterschiedliche Schutzkonzepte, und auch gleichartige Produktionsbereiche benötigen aufgrund der unterschiedlichen Zusammensetzung des Niveaus in der Belegschaft oder auch der geologischen Lage individuell unterschiedliche Maßnahmen. Während in Lagern grundlegend eher weniger Personen anwesend sind und es auch deutlich wenige Zündquellen gibt, gibt es in Produktionsstätten meist besonders viele Zündquellen, relativ viele Personen und wenige bis „normal" viele Brandlasten. Das ist in Holzbearbeitungsbetrieben natürlich anders, denn dort sind Lager und Bearbeitung meist offen verbunden, alles ist voller Holzstaub und -späne, und 20 % der Belegschaft haben eine glimmende Zigarette im Mund oder in der Hand. Vielleicht sehen Sie in dieser anklagenden Beschreibung schon die ersten drei hier wesentlichen Ansätze:

1. Bauliche oder räumliche Trennung von Lager und Produktion
2. Bessere Reinhaltung der Arbeitsbereiche
3. Einführung eines absoluten Rauchverbots (oberste Priorität)

Arbeitende Menschen handeln, und das Wort kommt von „Hand". Und Menschen machen Fehler bei Handlungen; je mehr Menschen arbeiten, umso mehr Fehler passieren. Je länger kein Unfall, kein Schaden und kein Brand eingetreten ist, umso nachlässiger verhalten sich die Menschen, und umso wahrscheinlicher wird ein schädigendes Ereignis. Deshalb sind regelmäßige Schulungen auch so wichtig – regelmäßig und passend, aber nicht permanent und nervend! Während der Arbeit gibt es manchmal einen ungesunden Zeitdruck, etwas fertig zu bekommen. Nun gilt es, zügig, aber nicht hastig zu arbeiten. Der Brandschutz hat dabei zum einen wegen des Zeitdrucks und zum anderen wegen bis jetzt ausbleibender Brände keine Bedeutung. Und genau das unterscheidet den Profi vom Amateur! Profis beseitigen unnötigen Abfall, handeln ruhig und überlegt und nicht hastig und keilen keine Brandschutztüren auf.

Es gibt von vielen Berufsverbänden konkrete Handlungsanweisungen zur Erstellung von Gefährdungsbeurteilungen oder dem sicherheitsgerechten Ablauf von Arbeitsverfahren. Diese gibt es auch von der Berufsgenossenschaft und von der Herstellern und Inverkehrbringern von Gerätschaften und Stoffen (festen, flüssigen, gasförmigen). Nutzen Sie dieses Wissen, diese Sicherheitshinweise! Besorgen Sie sie sich, lesen Sie sie und vor allem glauben Sie das, was Sie da lesen. Holen Sie die jetzt Ihrer Meinung nach wichtigen, richtigen Informationen heraus und erstellen Sie Betriebsanweisungen, Schulungsunterlagen, Brandschutzordnungen (Teil B), Havarieüberlegungen, und erarbeiten Sie sich eine Checkliste für Ihre regelmäßigen Begehungen. Überlegen Sie, wie man Brandlasten von Zündquellen trennen, substituieren, minimieren oder kapseln kann. Suchen Sie Bereiche heraus, in denen es Sinn macht, dass es nicht 5 %, sondern 100 % Brandschutzhelfer gibt. Übertrieben? Nein, vernünftig! Bitte lesen Sie hierzu auch Punkt 25 der Anforderungen an Brandschutzbeauftragte in der DGUV Information 205-003 (Notfallmanagement) – ein wichtiges Thema, das in vielen Unternehmen noch vernachlässigt wird!

Gerade bei komplexen Arbeitsgeräten und Reaktoren sind „normale" Brandschutzbeauftragte schnell überfordert in der Einstufung der Brand- und Explosionsgefährlichkeit. Hier brauchen wir Tipps von den Herstellern oder von hauseigenen Verfahrensingenieuren, Chemikern oder Maschinenbauern. Diese sind unsere Partner, und wir benötigen deren Fachwissen, um Brandschutzmaßnahmen abzuleiten.

Wenn neue Geräte und Anlagen angeschafft werden – von der Absaugung über die Funkenerodieranlagen bis hin zum Chemiereaktor für 135 Mio. €, dann hat das verkaufende Unternehmen ein wirklich großes Interesse, dass das Unternehmen damit zufrieden ist und ggf. weitere Anlagen einkaufen wird. Die Zufriedenheit lässt aber spürbar nach, wenn es zu Bränden oder Unfällen kommt. Also wird der Inverkehrbringer sich viel und vieles theoretisch und praktisch überlegen, um die Anlage sicher zu machen und um Tipps zu geben, wie man für (Brand-)Sicherheit durch das richtige Handeln sorgt. Also nehmen Sie diese Leute mit in die Verantwortung; besprechen Sie, welche vorhersehbaren Störfälle es geben könnte und wie man zu reagieren hat, um Energien möglichst harmlos abzuleiten, und zwar so, dass es nicht zu einem Brand oder einer Verpuffung kommt.

Beispiel: Eine große Zimmerei schafft sich eine komplexe Anlage an, die – richtig einprogrammiert – ganze Gebäudedachstühle millimetergenau und in Rekordschnelle sägen und fräsen kann: schneller und besser als Zimmerer vor Ort. Ein exklusives Wohnhaus soll einen besonderen Dachstuhl aus Hartholz und nicht aus Fichtenholz erhalten, und der Zimmerer fragt beim Hersteller an, ob die Werkzeuge der Anlage dafür ausgelegt sind. Dieser bejaht, und es kommt zu einem Glimmbrand durch das Fräsen von Hartholz (was bei Fichtenholz nicht passiert). Die Anlage lässt gesägtes und gefrästes Holz einfach auf den Boden fallen, ohne hierfür besondere Auffangvorrichtungen zu bieten. Hartholz kann beim Fräsen nämlich so heiß werden, dass es zur Glutbildung und schließlich zu

einem Brand kommt. Der Zimmerer sieht also in einem ca. 250 l großem Holz-
staubhaufen einige Glutnester und bläst einen Handfeuerlöscher etwas zu nahe
davor ab mit dem Resultat, dass der Staubhaufen verpuffungsartig auseinander-
fliegt. Die Anlage wurde total zerstört und das Gebäude vernichtet – beides Totalschaden. Nun ist diese Sache für den Unternehmer jedoch sehr günstig abgelaufen:
Der Feuerversicherer ersetzte den Gebäudeschaden, und der Lieferant der Anlage
verbuchte diese Havarie als „Weiterbildung". Es wurde eine neue Anlage geliefert
(mit geringem Aufpreis, die der Zimmerer gern bezahlte), und diese enthielt als
Weiterentwicklung Auffangbehälter für das herunterfallende Holzmehl bzw. die
Holzspäne. Auch gab es eine Option, nämlich eine stationäre Wasserlöschanlage.
Raten Sie mal, was der Zimmerer sich zusätzlich bestellt hat …

Es gibt aber auch völlig triviale Hinweise, die sich extrem schadenmindernd
auswirken können. Stellen Sie sich eine große Stromanlage für eine Industriehalle
vor, die auf einigen Quadratmetern an der Wand montiert ist. Davor stehen offene
Container für Papier/Kartonagen, Kunststoffe, Restmüll, Metall, Kabel und Glas.
Brennt es jetzt in einem der Behälter mit brennbaren Abfällen, wird die Stromanlage zerstört, und die Wiederherstellung kann einige Tage, ggf. Wochen dauern.
Natürlich würde eine Betriebsunterbrechungsversicherung hierfür aufkommen –
doch wozu? Stellen Sie die Behälter doch 8 m weiter vor die Fensterfront oder an
eine Wand, die maximal schwarz wird im Brandfall, und der Betrieb würde weiter-
laufen. Oder, noch besser, schaffen Sie vor (und nicht nach dem ersten Brand!)
geschlossene Abfallbehälter an – dann nämlich kommt es nicht zu einem Vollbrand innerhalb. Doch weil diese Behälter tagsüber doch mal offen stehen, räumen
Sie sie bitte dennoch von der Stromanlage weg. Gehen Sie also immer individuell
vor und erfinden Sie das Rad nicht neu – holen Sie andere mit ins Boot; andere,
die bereits Brand(schutz)erfahrung mit diesen Anlagen oder Geräten haben. Das
spart Ihnen Zeit, der Firma Geld, und es wird vom qualitativen Niveau auch hochwertiger.

Ein abschließender Tipp für Sie: Wenn es die Möglichkeit gibt, eine Löschanlage, eine Funkenausscheideanlage oder eine andere brandschadenmindernde
Einrichtung als Aufpreisoption anzuschaffen, dann setzen Sie sich für diese
Anschaffung ein. Hintergrund ist auch, dass nach einem Brandschaden Versicherungen jetzt schlechtere Chancen haben, Ihrem Unternehmen zu unterstellen,
nicht auf der Höhe der Zeit zu sein. Und da Sie die Anlage ja ggf. zehn und mehr
Jahre betreiben, macht es heute schon Sinn, an morgen zu denken – eine Nachrüstung ist oftmals deutlich teurer, stört den Betriebsablauf und ist manchmal auch
nicht so wirksam wie ein Teil, das von Anfang an eingebaut ist.

6.4 Brandschutz in der Küche

In der Küche von Kantinen haben Sie drei Probleme/Risiken, die zusammen syn-
ergistisch wirken können: Erstens geht es meist zwischen 11 und 14 Uhr sehr
aggressiv und hektisch zu. Zweitens ist die Mehrzahl der hier beschäftigten Belegschaft nicht unbedingt überqualifiziert. Und drittens haben fettgefüllte heiße

Pfannen und Fritteusen die Neigung zu explodieren, wenn Wasser oder eine andere Flüssigkeit (Orangensaft, Bier etc.) hineingelangt. Das wissen oder glauben viele nicht und müssen es dann ggf. schmerzlich erfahren.

Wie geht man dagegen vor? Nun, durch gute Schulungen. Gehen Sie davon aus, je weniger ein Mensch an Bildung und Ausbildung mitbekommen hat, umso mehr müssen Sie als Unternehmen ihn warnen, ausbilden, kontrollieren, schulen und vorgeben. „Das wusste ich nicht; dass das so gefährlich ist, wurde mir nicht gesagt" – so die typische „Ausrede" nach einem entsprechenden Schadenfall. Ist das aber keine Ausrede sondern Realität, dann hat der direkte Vorgesetzte (und meist nicht der Brandschutzbeauftragte oder die Fachkraft für Arbeitsschutz) juristische Probleme.

Brennende Pfannen entzünden meist in Sekundenschnelle die darüber befindlichen Dunstabzugsanlagen, unabhängig davon, ob deren letzte Reinigung 5 min oder 5 Wochen zurück lag. Soll heißen, wenn eine Pfanne brennt, muss man schnell und richtig handeln, und darin liegt das eigentliche Problem: Meist kann man nur langsam (überlegt) und richtig oder schnell (hektisch) und fehlerbehaftet handeln; hinzu kommt, dass die Personen, die mit dem Feuer konfrontiert sind, meist über abwehrenden Brandschutz nicht viel wissen. Dagegen müssen Sie vorgehen: Machen Sie Übungen mit Handfeuerlöschern mit einer befähigten Firma – und die führt auch Fettbrände, Fettexplosionen und das richtige Verhalten vor. „Richtig" ist jetzt nämlich, mit dem richtigen (unmittelbar bereitstehenden) Handfeuerlöscher sofort das Feuer abzulöschen, und zwar zunächst die Pfanne bzw. Fritteuse und danach umgehend den Dunstabzug. Eine zweite und dritte Person mit jeweils einem weiteren Handfeuerlöscher stehen schon bereit, sobald der erste Handfeuerlöscher kein Löschmittel mehr enthält. Wenn das so abläuft, wird mit fast 100 % Sicherheit das Feuer gelöscht und der Brandschaden bei null sein. Doch in 95 von 100 derartigen Fällen läuft es anders, ganz anders: Der Handfeuerlöscher wird zu spät geholt und zu zaghaft eingesetzt, und es bleibt bei einem Löschgerät. Der Dunstabzug brennt, die Küche wird komplett durch Hitze, Flammen und Rauch ein Raub des Feuers, und der Schaden liegt, die Betriebsunterbrechung eingerechnet, schnell im sechsstelligen Bereich. Doch welche Löschmittel sind nun richtig, welche nicht und welche eventuell sogar gefährlich? Hierauf gibt es seit ca. dem Jahr 2001 eindeutige Antworten und das Nachfolgende sind Tatsachen, keine Meinungen:

- Löschdecken können hochgefährlich werden für die sie einsetzenden Personen.
- Löschdecken sind – gerade in Küchen – nicht besonders „erfolgreich" als Möglichkeit, einen Brand zu löschen.
- Löschdecken entsprechen nicht mehr dem Stand/den Regeln der Technik.
- Handfeuerlöscher mit Wasser können bei Küchenbränden (Fettbränden) zum Tod der Person führen, die den Handfeuerlöscher bedient oder in der Nähe des Brandes steht.
- Handfeuerlöscher mit Schaum können sich ggf. ähnlich gefährdend verhalten wie Handfeuerlöscher mit Wasser.

- Handfeuerlöscher mit Kohlenstoffdioxid (CO_2) zeigen beim Einsatz in Küchen zwar keine tödlich gefährlichen Folgen, doch sie löschen meist nicht dauerhaft.
- Handfeuerlöscher mit ABC-Pulver können bei falschem Einsatz gefährlich enden. Meist löschen sie zwar das Küchenfeuer, aber die Küche wird, einschließlich Edelstahl, zu 100 % zerstört; ggf. werden auch anschließende Bereiche, zu denen beim Abblasen des Löschmittels die Türen offen gestanden haben, zerstört.
- ABF-Handfeuerlöscher gelten seit über 20 Jahren als Stand/Regel der Technik in Küchen; sie löschen zügig, gefährden die den Handfeuerlöscher einsetzende Person nicht, und es besteht nicht die Gefahr der Rückzündung.
- In Küchen gehören nur noch ABF-Handfeuerlöscher, keine A-, AB-, B-, D-, BC- oder ABC-Handfeuerlöscher oder gar Löschdecken (auch wenn noch original verpackt, also neu im Regal liegend!).

Die richtige Auswahl der jeweils richtigen Handfeuerlöscher ist in keinem Bereich so wichtig wie in Küchen – Bereiche mit brennbaren Metallen ausgenommen. Lassen Sie sich nicht davom abhalten, den CO_2-Handfeuerlöscher und die Löschdecken aus Küchen zu verbannen. Heute ist ein Dienstag, und Sie erfahren/sehen, dass in Ihrer Kantinenküche diese noch vorhanden sind. Dann sorgen Sie dafür, dass ab Mittwoch, ggf. Donnerstag derselben Woche dieses gefährliche Manko beseitigt ist. Sie fahren ja auch kein Auto noch 8 oder 16 h lang, bei dem es keinen Sicherheitsgurt gibt, oder?

Lassen Sie mich kurz die verschiedenen Szenarien beleuchten, und gehen wir davon aus, dass in einer Küche eine Fritteuse oder eine Pfanne brennt und ggf. kurz darauf auch der darüber befindliche Dunstabzug – was auch sonst soll schon brennen in einer Küche, und durch was soll es entzündet werden? Mit der Löschdecke kann man weder brennende Menschen noch brennende Pfannen ablöschen – und wenn doch, dann gefährdet man sich in hohem Maße selbst. Das mag in der Theorie gehen, wenn ein Mensch Feuerwehrkleidung trägt und die Pfanne oder der Fritteusentopf frei auf einem Pfosten steht, nicht aber auf dem Herd bzw. in einer Küche. Löschdecken sind seit über 20 Jahren (auch von der Berufsgenossenschaft für Gaststätten und Nahrungsmittel, Mitteilung 9.14) nicht nur nicht mehr Stand der Technik, nein sie gelten als hoch personengefährdend – auch beim Einsatz bei Personenbränden! Hier sind Handfeuerlöscher deutlich sinnvoller, effizienter und weniger gefährlich für alle Beteiligten.

Wasserlöscher sind deshalb hochgefährlich, weil das Wasser schwerer als das Fett ist und „dummerweise" bei ca. 100 °C schlagartig vom flüssigen in den dampfförmigen Aggregatzustand übergeht. Dabei verändert sich das Volumen explosionsartig von 1 zu 1680, und da Wasser schwerer als Fett ist und somit nach unten sinkt, bringt man es auf brennende Pfannen oder Fritteusen auf, und da weiter das Fett weit über 100 °C Temperatur besitzt, wird das Wasser dort unten so zügig erhitzt, dass es sich explosionsartig im Volumen vergrößert. Somit wird das darüber befindliche Fett herausgerissen, seine Relation Oberfläche zu Volumen wird um den Faktor 10^6 verändert. Plötzlich sind Millionen von Fetttröpfchen in der Luft, allseitig von Sauerstoff umgeben und sehr heiß. Somit brennen alle

Tröpfchen gleichzeitig und nicht mehr hintereinander. Flüssigkeiten brennen nur an der Oberfläche, nicht darunter. Deshalb brennt eine Pfanne oder eine Fritteuse an der Oberfläche. Wenn aber deren Inhalt gänzlich – in der Luft verteilt – aus „Oberfläche" besteht, brennt eben alles gleichzeitig und wird sich aufgrund seiner Eigentemperatur auch selbst entzünden. Brennt aber alles gleichzeitig und nicht über einen Zeitraum von sagen wir 3 h (so lange würde z. B. eine Fritteuse vor sich hinbrennen, bis alles Fett verbrannt ist), dann wird die Energie, die sonst in 180 min freigesetzt wird, in ca. 3 s freigesetzt. Wenn aber die gesamte Energie, die in 10.800 s (= 3 h) in 3 s freigesetzt wird, dann bedeutet das, dass ungefähr die 3000–4000 Energie kurzfristig entsteht, und das ist lebensgefährlich.

Dazu ein Beispiel: Ein konventionelles Vergrößerungsglas (Brennglas) hat einen Radius von 5 cm und somit eine Fläche von ca. 78,5 cm^2 oder 7850 mm^2; wenn man nun damit das darauf einfallende Sonnenlicht auf wenige Quadratmillimeter fokussiert, wird auch hier die ca. 3000-fache Energie auftreffen, und dort befindliches Holz oder Papier wird in Sekundenschnelle brennen.

Also: Es ist jetzt 14.47 Uhr, und Sie erfahren, dass sich ein Wasserlöscher in Ihrer Betriebsküche befindet. Ab 14.49 Uhr ist dieser entfernt – es ist besser, bis morgen keinen Handfeuerlöscher als einen Wasserhandfeuerlöscher in der Küche zu haben! Ich meine das sehr ernst, denn es geht um das Leben anderer und – sollten Sie nicht reagieren und es zu einer Verletzung oder gar zum Tod kommt – auch um Ihre Freiheit!

Bei Schaumhandfeuerlöschern (AB-Löschern) ist es übrigens ähnlich, weil nämlich bei den meisten heute kaufbaren Schaumlöschern das Schaummittel erst durch den beim Aktivieren des Löschers aufgebauten Überdruck aus einem Aufbewahrungsbehälter (etwas kleiner als ein Joghurtbecher, aber grundlegend ähnlich aufgebaut) austritt und sich jetzt erst mehr oder weniger schnell mit dem Wasser vermischen muss. Das heißt, die ersten 0,5–2 s tritt reines Wasser aus, und wenn man damit bereits voll auf eine Fritteuse oder eine brennende Pfanne spritzt, ist das so wie der Einsatz eines reinen Wasserlöschers.

Handfeuerlöscher mit Kohlenstoffdioxid können in Küchenbränden ggf. ein Feuer löschen, oder aber es entzündet sich nach wenigen Sekunden erneut. Somit sind diese Löscher zwar nicht gefährlich für Menschen (abgesehen von der sauerstoffverdrängenden Wirkung von CO_2), aber ggf. eben unwirksam gegen das Feuer, das nicht dauerhaft gelöscht werden kann.

Die ASR A2.2 „befiehlt" uns Anwendern, die Löschmittelfolgen bei der Auswahl der Löschmittel in Handfeuerlöschern mit zu berücksichtigen. Tun wir das nicht und resultiert daraus ein unverhältnismäßig großer Schaden, dann ist der Feuerversicherer berechtigt, diesen vermeidbaren Brandfolgeschaden nicht zu begleichen. Im Fall einer Küche heißt das: Wäre ein ABF-Löscher abgeblasen, so würde sich der Schaden in der Größenordnung von unter 1000 € (wahrscheinlich: 0,00 €!) halten. Durch das hochkorrosive und extrem feine Pulver jedoch wurde die Kantine komplett zerstört, und deren Entsorgung und der Einbau einer neuen werden mit 400.000 € angesetzt. Haben Sie also noch Pulverhandfeuerlöscher in Kantinenküchen, und es ist heute mal ein Donnerstag, so werden Sie ab Freitagmorgen einen ABF-Löscher dort haben, idealerweise drei Stück! Und der ABC-Handfeuerlöscher wird bitte entsorgt oder im Gaslager oder in einem Außenbereich weiterbetrieben.

Wir wollen kurz zusammenfassen: Brandschutz in der Küche bezieht sich im Wesentlichen auf drei extrem wichtige Punkte: Erstens, die richtigen Handfeuerlöscher (ABF) dort bereithalten. Erstens die Belegschaft gut schulen. Und noch mal erstens, alle falschen und möglicherweise gefährlichen Löschmöglichkeiten (Decken, Wasser, Schaum, Pulver) von dort entfernen.

6.5 Brandschutz in Freibereichen

Die ASR A2.2 heißt „Maßnahmen gegen Brände", und dort dürfen Freiflächen unberücksichtigt bleiben. Dürfen, aber nicht müssen – Sie können ja für ein höheres Niveau im Bereich Brandschutz sorgen. Bedenken Sie aber, dass Handfeuerlöscher im Freien der Witterung (Sonnenstrahlen, Regen, Schnee, Hagel, extremer Kälte und hohen Temperaturen) ausgesetzt und leichter zu stehlen sind. Wenn es also außerhalb von Gebäuden brennt, muss man nicht unbedingt dort löschen können. Im Freien stellt sich auch die Frage, woher die Zündenergie kommen soll, die dort etwas anzündet. Man kann sich Blitzschlag, Brandstiftung und Selbstentzündung (bestimmter Abfall; Elektro-PKW) vorstellen. Und bei Blitzschlag mit nachfolgendem Brand wird wohl keine normal gepolte Person im Freien mit einem Handfeuerlöscher hantieren. Bei Brandstiftung wird man eher nicht vor Ort sein, wenn der Verbrecher gerade etwas anzündet. Und wenn ölgetränkte Lumpen sich im Mülllager im Freien entzünden, wird man auch nicht unbedingt gleich danebenstehen – oder aber der Müll ist so weit entfernt vom Gebäude, dass dieser Bereich abbrennen darf, ohne Personen zu gefährden und ohne einen exorbitant hohen Sachschaden anzurichten.

Brandschutz im Freien – wenn wir keine brennbaren Gegenstände im Freien haben, kann es dort nicht brennen, das wäre also die Lösung. Doch so einfach ist es in fast allen Fällen nicht. Zum einen ist das Lagern brennbarer Gegenstände im Freien nicht verboten. Zum anderen ist es ja auch erlaubt, Kraftfahrzeuge im Freien oder an Gebäuden abzustellen und diese sind brennbar, und manche neigen dazu, sich selbst zu entzünden. Das sind primär Elektrofahrzeuge, vor allem wenn sie gerade betankt (also mit Strom versorgt) werden. Elektroautos haben drei besondere Nachteile: Erstens dauert das Laden besonders lange. Zweitens sind sie, gerade beim Laden oder bei Unfällen, extrem brand- oder sogar explosionsgefährlich. Lesen Sie mal verschiedene Fälle im Internet nach, wie schnell sie brennen, wie schwer das Löschen und wie kompliziert ihr Abtransport ist. Zudem sind sie hinterher immer ein 100-%-Schaden! Drittens sind sie sehr teuer. Leider kommt viertens noch hinzu, dass die – ehrliche – Ökobilanz deutlich katastrophaler aussieht, als es manche Politiker oder naive Gutmenschen gern hätten. Ökobilanz bedeutet, sowohl die Herstellung der Akkus als auch die Gewinnung der Ladeenergie (in Deutschland: häufig Atomstrom aus Tschechien oder Frankreich!) umweltschutztechnisch zu analysieren; und die Entsorgung (die ist nämlich nicht ökonomisch möglich – deshalb werden die Akkus bei hohen Temperaturen meist verbrannt!) klappt auch nicht so, wie es umweltverträglich wäre. Geringe Reichweiten und hohe Gewichte sind weitere Probleme dieser Erfindungen. Nun kann mán durch Neuentwicklungen und idealisierten Bedingungen die Reichweite ggf. auf 800 km und mehr anheben (im Sommer, ohne Stau, ohne Steigungen, ohne Klimatechnik oder eingeschaltetes Radio oder andere Stromverbraucher und mit konstanter Geschwindigkeit von 73 km/h fahrend – realistisch?), aber das Aufladen dauert lange, zu lange. Das Tanken von Elektrofahrzeugen geht aber schneller, wenn man die Stromstärke und zugleich auch die Stromspannung nach oben dreht. Elektrische Energie (Watt) ist nun mal Volt mit Ampere multipliziert. Spannung durch Stromstärke dividiert ergibt den Ohmschen Widerstand, und Spannung mit Stromstärke multipliziert ergibt Watt. Demzufolge entstehen bei 230 V und 16 A also 3680 W. Wenn man an beiden Multiplikationsfaktoren nach oben schraubt, erreicht man deutlich mehr Leistung, als wenn man nur einen verändert. Ein Deutscher Automobilbauer hat die Voltzahl von 230 auf 800 angehoben; somit würde bei gleichbleibenden 16 A die Wattleistung auf 12.800 ansteigen, also knapp das 3,5-Fache. Ein zweistündiger Ladevorgang könnte somit auf ca. 35 min reduziert werden. Immer noch ein sehr langer Tankvorgang! Aber wenn man jetzt die Stromstärke von 16 A auf beispielsweise 50 A hochschraubt ($50 \times 800 = 40.000$ W), wäre der sonst in angesetzten 120 min betankte E-Wagen in ca. 11 min wieder voll – und das ist eine respektable Leistung. Nun sind die Physik und auch die Chemie leider nicht so einfach, denn das Laden eines Akkumulators ist ein hochkomplexer und die Speichereinheit ein stark belastender Vorgang, bei dem auch Wärme entsteht, so viel Wärme, dass allein dadurch schon ein Brand entstehen kann. Deshalb werden in Akkus auch Ventilatoren eingebaut, wenn sie sehr schnell geladen werden sollen. Fazit: Es wird noch viel Zeit vergehen, bis Elektroautos das halten, was sich alle erhoffen. Vielleicht sind sie auch eine Fehlentwicklung? Oder vielleicht sind Wasserstoff und auch Natriumbatterien (an denen gearbeitet wird) die deutlich sinnvollere Lösung? Die solide Antwort auf diese Frage kann heute keine auch noch so intelligente Person ehrlich geben, leider!

Warum führe ich das so ausführlich aus? Weil es eben zum Thema wird, weil Unternehmen Ladestationen im Freien und in Garagen einbauen und weil damit die Brandgefahr erheblich steigt. Das ist eine belegte Tatsache, die manche negieren. Wie gehen wir Brandschutzbeauftragte nun damit um? Wir legen solche Ladebereiche an Stellen, an denen der früher oder später sicher kommende Feuerschaden sich eben nicht auf viele andere Fahrzeuge oder gar auf Gebäude ausbreiten kann. Dazu muss man aber ein Gelände besitzen, das auch groß genug dafür ist. Neben Abfall (der eine ausreichend große horizontale Entfernung zu Gebäuden benötigt) und Fahrzeugen können eigentlich nur Gasflaschen, Holzpaletten oder Produkte wie z. B. Kunststoffrohre im Freien gelagert werden. Gehen wir diese der Reihe nach durch:

Gasflaschen werden nach der TRGS 510 gelagert, vorzugsweise an geschützter Stelle im Freien und bevorzugt so, dass im Brandfall kein Schaden an/in angrenzenden Gebäuden entstehen kann. Dabei ist es nicht primär relevant, ob es sich um ein brennbares, ein nichtbrennbares oder um ein brandförderndes Gas handelt. Gasflaschen sind für Menschen tödlich gefährlich, und deshalb muss man mit ihnen besonders umsichtig und den Vorgaben entsprechend umgehen (die eben erwähnte 510er Vorgabe!). Holzpaletten oder Kunststoffrohre sollen so weit von Gebäuden entfernt stehen, dass sie sich im Brandfall (Blitzschlag, Brandstiftung) nicht negativ auf diese Gebäude auswirken können. Auch das geht nicht immer aufgrund der räumlichen Gegebenheiten. Stehen sie an feuerbeständigen und fenster- bzw. öffnungslosen Außenwänden und besteht keine Brandüberschlagsgefahr über das Dach (das ist zentral wichtig!), dann wäre es kein brandschutztechnisches Problem, sie dort direkt an der Fassade abzustellen. Sie sehen an diesem Beispiel wieder einmal, dass es im Brandschutz manchmal keine Ja/Nein-Antworten gibt, wie auch in der Juristerei – eine „Es kommt drauf an"-Antwort ist hier richtig, und solche überlegten Aussagen kann eben nur eine Person mit Fachwissen treffen.

Bei Bränden im Freien (egal ob PKW oder Holzpaletten) wird bitte umgehend die Feuerwehr gerufen. Und wenn sich das Feuer noch nicht zum größeren Brand entwickelt hat, kann man ja überlegt und aus sicherer Position einen Löschversuch unternehmen. Löschversuch bedeutet, dass mindestens zwei Trupps à zwei Personen sich mit mindestens zwei, besser aber vier Handfeuerlöschern dem Feuer aus sicherer Richtung (nicht gegen den Wind) nähern. Während je eine Person je einen Handfeuerlöscher abbläst (ggf. zueinander im 30-Grad-Winkel vorgehend), schaut die zweite Person auf die Gesamtsituation. Die löschende Person ist so auf das Feuer fokussiert, dass sie den Überblick nicht mehr haben kann – Psychologen nennen das Tunnelblick. Brennt es nämlich zu stark oder zu gefährlich, entsteht zu viel tödlicher Rauch oder wirbelt der Wind den Rauch auf die Personen zu oder blockiert den Fluchtweg, wird das Löschgerät fallen gelassen, und man begibt sich zügig in Sicherheit – keine Berufsgenossenschaft, keine Gewerbeaufsicht, keine Versicherung und erst recht keine Person von der Staatsanwaltschaft würde in diesem Fallein Fehlverhalten sehen.

Will man Handfeuerlöscher im Freien aufhängen, so müssen sie frostgeschützt sein, sonst würden sie in der kalten Jahreszeit kaputt gehen. Da das jeweilige Löschmittel im Freien weiter verteilt wird als in Räumen, ist es also nicht so effektiv, d. h., dass man eher Löscher mit 12 kg als solche mit 6 kg bzw. 6 l bereit stellt. Und da korrosive Mittel im Freien an der Natur (wohl aber an PKWs) keinen Schaden anrichten, kann man dort auch Handfeuerlöscher mit dem Löschmittel ABC-Pulver anbringen; dieses hat den Vorteil, auch bei Gasbränden einen Löscherfolg erzielen zu können.

6.6 Brandschutz in der EDV

EDV-Brandschutz ist ein so komplexes Thema, dass der Springer-Verlag im Jahr 2000 ein eigenes Buch zu der Thematik der korrekten und bestmöglichen Absicherung von Rechenzentren herausbrachte. Hier soll mit wenigen Absätzen das Wesentliche zur Thematik zusammengefasst werden. Jetzt ist eine Versicherungsstatistik hilfreich, die aufzeigt, dass von 100 beschädigten oder zerstörten Rechenzentren deutlich unter 10 % durch Feuer oder Rauch an den dort aufgestellten EDV-Geräten geschädigt wurden. Über 30 % der Havarien waren fahrlässiges Verhalten der Belegschaft, ein nicht zu unterschätzender Anteil auch Softwareattacken von außerhalb, und ca. 25 % der Schäden sind durch direkten und indirekten Blitzeinschlag, durch Stromunterbrechungen und auch durch Spannungsschwankungen entstanden, dann vielleicht noch ein Anteil von ca. 10 % durch Wasser (das kann Regenwasser, Löschwasser, Leitungswasser, Sprinklerwasser, Abwasser oder Brauchwasser sein oder durch Überschwemmungen). Meist sind davon nur Schäden durch Leitungs- und Löschwasser versichert! Wir sehen also, dass die Brandgefahr für EDV-Geräte nur eine untergeordnete Rolle spielt, und dennoch beschränke ich mich jetzt aufgrund der Thematik des Buches ausschließlich hierauf.

Auch in der EDV gehen wir zweigleisig vor, d. h., wir überlegen uns zunächst, wie wir präventiv Brände verhindern können, und anschließend, wie wir kurativ nun doch eingetretene Schäden schnell und möglichst kostengünstig beseitigen können. Dazu überlegen wir uns auch, wie wir Brandlasten und Zündquellen (auch hier geht man zweigleisig vor, um einen doppelten Wirkungseffekt zu erzielen) minimieren oder horizontal gegenseitig wirksam trennen.

Beginnen wir, von rückwärts, mit dem Löschen. Während es früher eine Brandklasse E gab, die elektrische und elektronische Geräte und Anlagen abdeckte, wurde diese aus – vorgeschoben – wissenschaftlichen Gründen ersatzlos gestrichen. Dass das in anderen Ländern sinnvollerweise nicht geschehen ist, belegt, dass unser Schritt nicht so richtig intelligent war. Elektrogeräte haben ein paar Eigenschaften, die sich im Brandfall von anderen Bränden unterscheiden; eine ist, dass weder Platinen und ihre elektronischen Komponenten noch die Isolationsmittel im Brandfall Glut bilden. Nimmt man hier (im Gegensatz zu Holz oder Papier) die Flammen mit beispielsweise Kohlenstoffdioxid (CO_2) weg (und ggf. auch die Zündenergie, indem man die Sicherung auslöst), geht das Feuer schlagartig aus und bleibt auch aus, kann sich also nicht wieder neu entzünden. Somit ist klar, dass CO_2 das optimale Löschmittel (für Handfeuerlöscher) in EDV-Bereichen darstellt. Bei Löschanlagen kann man das aus Gründen der schnell tödlichen Personengefährdung durch die erstickende Wirkung des sauerstoffverdrängenden Gases auch anders sehen. ABC-Pulver wird an der sensiblen Elektronik schnell Totalschäden anrichten und darf deshalb nicht vorgehalten werden; Wasser und Schaum sind praktisch völlig uneffektiv, wenn man diese Löschmittel von außen auf die Blechgehäuse der innen schmorenden oder gar schon brennenden Geräte aufbringt. Also ist das Löschgas CO_2 das einzig real mögliche, sinnvolle Löschmittel an EDV-Geräten. Bitte nie vergessen, dass 1 kg dieses Löschmittels auf einer Fläche von ca. 5,5 m² den zum Leben notwendigen Sauerstoff verdrängen kann.

Doch es soll ja nicht zu einem Brand in der EDV kommen, und deshalb ist das Abwehren bei wirksamer Vorsorge auch nicht nötig. Wie geht nun wirksame Vorsorge? Vielseitig, also das eine tun, das andere dennoch nicht lassen. Alle folgenden Punkte sind von – singulär betrachtet – einzigartig wichtiger Bedeutung (!):

- In dem Bereich arbeiten nur besonders befähigte Personen, die sich der Bedeutung auch bewusst sind.
- Alle elektrischen und elektronischen mobilen und immobilen Geräte und Anlagen werden von befähigten Elektrikern oder Elektronikern nach DGUV Vorschrift 3 und VdS 3602 geprüft.
- Der Bereich ist baulich von anderen Bereichen daneben und ggf. darüber oder darunter wirksam abgetrennt.
- In dem Bereich befinden sich wirklich nur die Geräte und Brandlasten, die für hier nötig/notwendig sind.
- Es gibt praktisch keine Abfallbehälter – entsteht Abfall (etwa Geräteverpackungen), wird dieser umgehend aus dem Bereich entfernt.
- Sozialbereiche (Toiletten, Pausenräume) bilden eigene Brandbereiche.
- Die Technik (Notstromanlagen, USV-Anlagen, Klimatechnik, Stromversorgung) befindet sich in jeweils eigenen Brandabschnitten.
- Es gibt Rauchgasansaug-Brandmeldeanlagen für Doppelböden und sämtliche Gerätschaften.
- Rechnerräume, Speicherräume und Technikräume sind untereinander abgetrennt, und zwar feuerbeständig und rauchdicht; ebenso die bedienten von den unbedienten CPU-Räumen.
- Lagerbereiche sind gut abgesichert, d. h., ein Brand kann/wird sich nicht schädigend außerhalb ausweiten und auswirken können; bitte hierbei auch das ggf. eingesetzte Löschwasser berücksichtigen.
- Es gibt wirklich gute, greifbare Blitz- und Überspannungsschutzkonzepte; ein Unwetter mit Blitzschäden soll/darf sich nicht schädigend auswirken können auf den Betrieb der Anlage.
- Ob man noch eine Brandlöschanlage benötigt, ist eine Frage, die sich nicht eindeutig mit ja/nein beantworten lässt.
- Private Elektrogeräte sind hier absolut verboten.

Wenn Sie wissen wollen, welche weitere Maßnahmen sich hinter dem letzten Punkt verbergen, dann empfehle ich Ihnen, die VdS 2007 aus dem Netz herunterzuladen und zu lesen.

Neben Wassernebel und Kohlenstoffdioxid gibt es, wie in Tab. 6.1 gezeigt, eine Reihe von weiteren Gaslöschanlagen (diese Gase gibt es jedoch lediglich in stationären und automatischen Löschanlagen, nicht – wie CO_2 – in Handfeuerlöschern), die hier sinnvoll und möglich wären.

Schnell wird klar, dass das preiswerteste Mittel (CO_2) auch das gefährlichste ist und dass die Löschmittel mit Stickstoff, Argon oder Flurbestandteilen offenbar am sichersten sind. Allerdings ist Argon auch aufgrund der hohen Energiekosten beim Zerlegungsprozess der Luft sehr teuer – deutlich teurer als Stickstoff. Jetzt muss man allerdings noch berücksichtigen, dass Löschmittel mit „F" (= Flur) aus Gründen des Umweltschutzes – wie vor über 20 Jahren auch die beiden Halone

Tab. 6.1 Mögliche Löschgase für automatische Brandlöschanlagen

Löschmittel	Chemische Formel	NOAEL[*]	LBK[**]
Kohlendioxid	CO_2	5 Vol.-%	> 5 Vol.-%
Argon	Ar	43 Vol.-%	62 Vol.-%
Stickstoff	N_2	43 Vol.-%	62 Vol.-%
Inergen	$N_2 + Ar + CO_2$ (52+40+8 %)	43 Vol.-%	62 Vol.-%
Argonit	$Ar + N_2$ (50+50 %)	43 Vol.-%	62 Vol.-%
FM 200	C_3HF_7	9 Vol.-%	12 Vol.-%
Novec 1230	$CF_3CF_2COCF(CF_3)_2$	10 Vol.-%	–

[*]NOAEL = Löschgaskonzentration ohne signifikant erhöhte gesundheitliche Beeinträchtigung
[**]LBK = die niedrigste Löschgaskonzentration, bei der auch kurzzeitig und akut Lebensgefahr (Tierversuche) besteht

1211 und 1301 – eventuell einmal verboten werden. Aber es muss natürlich auch die wirtschaftliche Seite beleuchtet werden: Kohlendioxid ist sehr preiswert (aber eben zügig lebensgefährlich, gerade wenn viele Tonnen davon in ein Rechenzentrum geblasen werden), Argon ist zwar teuer, aber eher weniger gefährlich. Novec 1230 mag zu den am wenigsten gefährdenden aller genannten Löschgasen zählen, aber ob es langfristig eingesetzt wird (sprich, ob die Politik nicht einmal aus Gründen des Umweltschutzes auch dieses Löschmittel verbietet), kann keine Person oder Institution solide voraussagen.

Fassen wir kurz zusammen: Es gibt bauliche, anlagentechnische und organisatorische Maßnahmen, die hier umgesetzt werden und die nur in ihrer gemeinsamen Wirkung ein umfassendes Schutzkonzept erreichen.

Beide Themen sind von hoher Relevanz, da sowohl Abfall relativ häufig brennt und immense Schäden anrichtet als auch Brandstiftung in nicht wenigen Fällen zu Schäden führt. Abfall entsteht in jedem Unternehmen und auch Brandstiftung kann jedes Unternehmen betreffen – beschäftigen wir uns damit also professionell und sorgen dafür, dass diese Ursachen nicht zum Brandschadenereignis werden.

7.1 Brandgefährlicher Abfall

Abfall brennt relativ häufig und dann oft auch sehr schädigend. Es gibt zwei Gründe für Abfallbrände: zum einen vorsätzliche Brandstiftung und zum anderen Selbstentzündung von Gegenständen im Abfall, die mit sich oder anderen Stoffen so viel Wärme erzeugen, dass es zu einem Brand kommt. Abfall brennt übrigens seit Jahrzehnten so häufig und schädigend sowie auch menschengefährdend, dass die jeweiligen Landesbauordnungen vorgeben, wie man mit Abfällen umzugehen hat. Sie müssen demnach in eigenen Räumen aufbewahrt sein, die ggf. direkt einen Ausgang ins Freie und ansonsten feuerbeständige Ummantelungen haben. Im Türbereich nach innen ins Gebäude müssen Türen feuerhemmend sein und ggf. auch eine Rauchschutzfunktion haben, was immer dann sinnvoll ist, wenn der Raum kein Fenster hat; an Türen und Fenster, die ins Freie führen, gibt es keine Brand- und Rauchschutzanforderungen. Oder aber die Bauordnung erlaubt, Abfälle auch im Freien aufzubewaren, und zwar in solchen Entfernungen zu Gebäuden, dass sich ein Feuer am Abfall nicht schädigend auf Gebäude auswirken kann. Nun sollte man zwischen verwertbaren (also recycelbaren) und nicht verwertbaren Abfällen als Brandschützer nicht unterscheiden, denn beide Arten können uns ja Brandschäden zuführen; demzufolge ist auch mit den sog. Wertstoffen brandsicher umzugehen.

© Der/die Autor(en), exklusiv lizenziert durch Springer-Verlag GmbH, DE, ein Teil von Springer Nature 2022
W. J. Friedl, *Brandschutzbeauftragte: Das Weiterbildungsbuch*,
https://doi.org/10.1007/978-3-662-64619-9_7

Auch die Berufsgenossenschaften wünschen einen sicheren Umgang mit Abfall, hier aber primär aus Gründen des Personenschutzes oder der Ästhetik. Doch die Feuerversicherer haben konkrete Anforderungen, und zwar aus Brandschutzgründen. Abfall muss demnach umgehend nach seinem Entstehen, spätestens aber nach Arbeitsende aus den Arbeitsräumen entfernt werden. Dabei soll es keinen großen zeitlichen Abstand zwischen Arbeitsende und Entfernung des Abfalls geben, wenn der Abfall sich selbst entzünden und somit dem Unternehmen einen großen Schaden zufügen könnte. Wer also um 17.30 Uhr das Unternehmen verlässt und irgendwann zwischen 23 Uhr und 5 Uhr morgens die Reinigungsfachfirma einlässt, begeht einen Organisationsfehler und würde bei einem Brand ernsthafte Probleme mit dem Versicherer und seiner Einstellung, den Schaden zu begleichen, bekommen.

Abfall ist also arbeitstäglich zu entfernen. Nun muss man den Teebeutel und den Kaffeefiltersatz sowie einen Joghurtbecher nicht unbedingt täglich aus der Küche entfernen, allenfalls aus Gründen des Ästhetik bzw. Hygiene, aber nicht aus Brandschutzgründen. Und auch das Papier im Papierkorb vom Büro ist nicht als Gefahr oder Brandlasterhöhung einzustufen, wohl aber ölgetränkte Lumpen (egal ob diese als Abfall oder als recycelbar eingestuft werden), bestimmte chemische Abfälle, alte Akkus und Batterien; oder wenn der Abfall so erheblich in seiner qualitativen und quantitativen Brandlast einzustufen ist, dass er einen Brandschaden erleichtert oder relevant vergrößert. Sobald Abfall also (brand)gefährlich werden kann, muss man mit ihm „besonders" umgehen. Das erfolgt oftmals aber nicht, denn erstens hat es noch nie gebrannt, und zweitens hat Abfall ja so gesehen keinen exorbitant hohen Wert, der als schützenswert einzustufen ist. Wer vertieft etwas über den korrekten Umgang mit Abfall auf dem Firmengelände (also der firmeninterne Transport und die Lagerung, nicht die Entsorgung) wissen will, wird ggf. hier fündig:

- LBO
- ArbStättV
- DGUV Regel 113-009
- DGUV Regel 114-007
- StGB § 326
- BetrSichV
- ChemG
- DGUV Vorschrift 1
- DGUV Regel 101-018
- DGUV Regel 100-500
- TRGS 201
- VVB (Verordnung zur Verhütung von Bränden; Gültigkeit auf das Bundesland Bayern begrenzt – viele Inhalte machen aber hier und anderswo Sinn!)
- ASF (Allgemeine Sicherheitsvorschriften der Feuerversicherer, VdS 2038)

Dass Abfall brandgefährlich werden und sein kann, ist vielen erst nach einem erlebten Brandschaden bewusst. Auch hier gehen wir mehrgleisig vor, also wir trennen bestimmte Abfälle (aus Gründen des Umweltschutzes ebenso wie aus Gründen des Brandschutzes) und gehen damit sorgsam um. Ölgetränkte Lumpen werden in eigens dafür vorgesehenen Behältern aufbewahrt, die dafür zugelassen und bitte ständig wirksam verschlossen sind (auch tagsüber), wie auch Zigarettenreste. Für alte Batterien und Akkus gibt es mittlerweile von mehreren Unternehmen besondere Kunststoffbehälter, die im Brandfall ein selbsttätiges Löschen mit hoher Wahrscheinlichkeit bewirken. Und gerade aus Werkstätten werden die Abfallbehälter arbeitstäglich entsorgt – hier sind nämlich nicht selten in alten 200-l-Ölfässern die Abfälle von Tagen und Wochen enthalten, und zwar alte Elektrokleingeräte (ggf. mit Akkus) ebenso wie Stromleitungen, ölgetränkte Lumpen und Lappen, Zigarettenreste, Kunststoffe, Papier, Essensreste und vieles anderes mehr. Somit ist eine Brandentstehungsgefahr innerhalb der Abfalltonne im Bereich des Wahrscheinlichen und muss konstruktiv unterbunden werden. Ein nachts dicht schließender Deckel wäre zwar sicherlich (so er auch dicht und geschlossen ist) eine konstruktive Lösung, die aber immer noch nicht gesetzes- bzw. versicherungsvertragskonform ist.

Wenn Unternehmen z. B. beschädigte Leichtmetallfelgen instandsetzen, so ist damit zu rechnen, dass viele Kilogramm an feinen Spänen und Stäuben anfallen; dieser Abfall ist recycelbar und somit ein Wertstoff. Brennt er, entstehen schnell Temperaturen von ca. 2000 °C, und wer jetzt mit Wasser oder Schaum einen Löschversuch startet, wird dadurch eine Explosion des Löschmittels auslösen, was schnell tödlich enden kann. Das direkte Abblasen von ABC-Pulver kann ebenfalls tödlich enden, und das gilt auch für Löscher mit Kohlenstoffdioxid: Der nur leicht an den Kohlenstoff gebundene Sauerstoff wird nämlich aufgrund der großen Hitze gelöst und unterstützt das Feuer so stark, dass allein dieser chemische Vorgang eine Explosion bewirkten kann! Bei Bränden von Leichtmetallen wird also ausschließlich das Löschmittel D-Pulver bereitgestellt – das bei A-, B-, C- und F-Bränden übrigens nicht löschen kann, aber auch nicht schadet.

Fassen wir auch hier kurz zusammen: Abfälle kommen brandgefährlich sein; man muss sie erkennen, um damit besonders umsichtig und brandsicher umzugehen. Und man muss das jeweils richtige Löschmittel zur Verfügung stellen.

7.2 Brandstiftung

Da es nicht selten Brände durch Brandstiftung gibt, wird dieses Thema hier noch einmal besonders betrachtet. Juristisch wird Brandschutz an mehreren Stellen direkt oder auch indirekt interessant im Strafgesetzbuch abgehandelt, wie Tab. 7.1 zeigt:

Brandstiftung ist eines der letzten großen Tabuthemen unserer Gesellschaft. Vielleicht auch deshalb, weil sie so extrem häufig vorkommt. Dabei wissen viele Menschen überhaupt nicht, dass auch sie strafrechtlich den Brandstiftern zugerechnet werden können, selbst wenn sie nichts Böses im Sinn haben, denn seit dem Jahr 2000 gilt das fahrlässige Legen von Bränden als Bestandteil des Strafgesetzbuches und wird nicht mehr lediglich als Ordnungswidrigkeit geahndet.

Tab. 7.1 Relevante Stellen im BGB, primär aber im StGB, die direkt oder indirekt auf Brandstifter angewandt werden können

Gesetz	Inhalt
BGB 823	Wer Dritten einen Schaden zufügt, haftet
StGB 145	(1) Wer unberechtigt Notrufe absetzt, wird bestraft
StGB 145	(2) Wer sicherheitstechnische Einrichtungen entwendet oder unbrauchbar macht, bekommt Geld- oder Haftstrafe bis 2 Jahre
StGB 265	Versicherungsmissbrauch: Freiheitsstrafe bis 3 Jahre oder Geldstrafe
StGB 306	Brandstiftung fremder Sachen. Freiheitsstrafe 1–10 Jahre
StGB 306 b	Besonders schwere Brandstiftung: Freiheitsstrafe nicht unter 2 Jahre
StGB 306 c	Brandstiftung mit Todesfolge: Freiheitsstrafe $\geq$ 10 Jahre
StGB 306 d	Fahrlässige Brandstiftung: Freiheitsstrafe bis 3 Jahre oder Geldstrafe
StGB 306 f	Brandgefahr herbeiführen: Freiheitsstrafe bis 3 Jahre oder Geldstrafe
StGB 319–1	Lebensgefährlicher Verstoß gegen Regeln (Gebäude): bis zu 5 Jahren

Dabei steht eindeutig „fahrlässige Brandstiftung" und eben nicht „grob fahrlässige Brandstiftung" im Gesetz! Fahrlässige Brandstiftung unterteilt sich in „einfache" und grobe Fahrlässigkeit. Während die einfache Fahrlässigkeit meist durch Versicherungen abgedeckt ist (Achtung, es gibt deutliche Abweichungen!), ist es bei der groben Fahrlässigkeit anders geregelt: Wird sie nämlich von leitenden Mitarbeitern, Repräsentanten oder Inhabern eines Unternehmens ausgelöst, kann sie von der Versicherungspflicht ausgenommen werden. Anders verhält es sich, wenn „normale" Mitarbeiter oder Fremde/Dritte grob fahrlässig Brände verursachen. Diese Schäden sind wohl erstmal versichert, und der Versicherer versucht dann eventuell auf dem Klageweg, von den Verursachern sich die Schäden ersetzen zu lassen.

Fahrlässigkeit kann einerseits durch ein bestimmtes Verhalten entstehen, andererseits durch das Unterlassen von Handeln oder das Nichtanordnen von nötigen Handlungen (etwa wenn die Geschäftsleitung kein Explosionsschutzdokument hat).

Vorsätzliche Brandstiftung bedeutet, dass die das Feuer auslösende Person dadurch einen Schaden anrichten wollte. Das kann z. B. Eigenbrandstiftung sein – dabei zündet man versicherte Sachen (Waren, Gebäude, Anlagen) an und will diese sozusagen der Versicherung „verkaufen". Wenn man den Verkaufspreis oder auch lediglich den Wiederanschaffungspreis versichert hat, kommen da gewaltige Summen zusammen. Schnell sieht man an diesem Beispiel, dass das Versicherungsgewerbe viel mit Vertrauen in beide Richtungen zu tun hat. Denn Brandstiftung ist ja grundsätzlich versichert, egal ob fahrlässig oder vorsätzlich. Wenn nachgewiesen werden kann, dass der Versicherungsnehmer den Brand gelegt hat oder legen ließ, so ist der Versicherer leistungsfrei. Und deshalb gibt es den Begriff der Auftragsbrandstiftung: Hier weiß der Versicherungsnehmer nämlich, dass man ihm Brandstiftung zutraut, und deshalb sucht er sich

gute, glaubhafte Zeugen und bezahlt eine andere Person dafür, in dem Zeitraum, für den er ein gutes Alibi hat, einen Brand zu legen. Dass beide für lange
Jahre ins Gefängnis kommen, so man ihnen das nachweisen kann, sollte klar
sein. Doch Verbrecher gehen davon aus, nicht erkannt zu werden, sonst würden
sie die Taten ja nicht begehen, und leider ist das bei Brandstiftung auch in über
50 % der Fälle so. Je nach Unternehmensart ist Brandstiftung zu 10 bis über 50 %
die wahre Ursache für Brände. Warum man das in Statistiken nicht herauslesen
kann, hat mehrere Gründe: Man will das nicht publizieren, man hat die Statistik
gefälscht, oder man hat die Brandstiftungen den unbekannten bzw. unerkannten
Fällen zugerechnet. So hat eine große Versicherung eine bereits gedruckte
Broschüre über Brandstiftung vor deren Verteilung makulieren lassen, weil man
Shitstorms befürchtete. Man hatte also Angst vor Kritik, wenn man wahre Tatsachen publiziert – etwas, was man ja seit geraumer Zeit auch in den Medien bei
bestimmten Verbrechen erleben muss.

Brandstiftung ist ein Phänomen, das sich durch alle Kulturkreise, durch alle
Bildungsarten und Berufsgruppen hindurchzieht. Man kann kein Muster erkennen,
höchstens, dass es zu fast 100 % Männer und kaum Frauen sind, die Brände
legen. Aber Brände legen Vorstände ebenso wie nicht beförderte Sachbearbeiter,
frustrierte Mitarbeiter ebenso wie unzufriedene Kunden und erfolglose Einbrecher
ebenso wie Jugendliche, die eine Mutprobe bestehen wollen; aber auch entlassene
Personen empfinden diesen Schritt immer als ungerechtfertigt, und nicht wenige
wollen sich dann auf diese Art rächen.

Brandstiftung bedeutet die absichtliche Herbeiführung eines Schadenfeuers von
böswillig handelnden Menschen. Brandstiftung wird als gemeingefährliches Verbrechen geahndet, da Menschenleben (immer Feuerwehrleute) und beträchtliche
Sachwerte gefährdet werden. Bei vorsätzlicher Brandstiftung gibt es selten Strafen
auf Bewährung (Ausnahme: Jugendlicher zündet Abfallbehälter an), meist langjährige Haftstrafen.

Einige wenige Menschen haben eine zwanghafte Neigung zur Brandstiftung
und empfinden tatsächlich ein lustbetontes Betrachten von Bränden. Früher
wurden Pyromanen in der forensischen Psychiatrie grundlegend als geistes-
krank eingestuft, heute nicht mehr. So einfach ist die Situation auch nicht,
schließlich sind nicht alle Schwerverbrechertaten damit zu begründen, dass eine
den Kopf betreffende Krankheit vorliegt; daraus könnte man ja auch immer eine
bedingte Schuldfähigkeit folgern. Natürlich gibt es neurotische Probleme und
psychotische Zwänge, aber die Schuldfähigkeit wird in jedem einzelnen Fall
individuell festgestellt, und dann gibt es folgende Möglichkeiten und Abstufungen
der Bestrafung: soziale Tätigkeit, Bewährungsstrafe, Unterbringung in einer
psychiatrischen Anstalt, Gefängnisstrafe und nach der Gefängnisstrafe auch noch
eine Sicherheitsverwahrung. Vor allem wenn keine großen Sachwerte vernichtet
wurden oder wenn die Täter noch nach dem Jugendstrafrecht verurteilt werden,
dürften die beiden zuerst genannten Strafen ausgesprochen werden. Erwachsene
Menschen, die vorsätzlich ein Gebäude anzünden, müssen mit Haftstrafen von
deutlich über zwei Jahren rechnen. Allerdings ist auch der Trend bei einigen sich
als liberal einstufenden Richtern festzustellen, dass für hochkriminelle Täter, die

(bevorzugt in Hamburg und Berlin) exklusive Autos mit Feuer zerstören, eher wieder eine eigenartige Art von Verständnis empfunden wird – was sich dann in einem milden Urteil zeigt.

§ 265 StGB beschäftigt sich mit Versicherungsbetrug bzw. Versicherungsmissbrauch durch Brandstiftung: Wer eine versicherte Sache beschädigt oder zerstört, wird mit einer Freiheitsstrafe von bis zu drei Jahren oder mit Geldstrafe bestraft, wenn die Tat nicht in § 263 StGB bedroht ist. Der Versuch ist strafbar. Ob die Zerstörung durch Feuer, Wasser, physische Gewalt oder was auch immer eintritt, ist hier nicht von Bedeutung. § 263 StGB beschäftigt sich übrigens mit Betrug, und dazu ist zu sagen, dass „Betrug" niemals fahrlässig passieren kann (dann wäre es nämlich kein Betrug), sondern immer vorsätzlich; hier gibt es maximal fünf Jahre Haft, abhängig von der Höhe des Betrugs.

Doch unser Thema ist die Brandstiftung, und die wird in § 306 StGB abgehandelt. In § 306a geht es um die schwere Brandstiftung: Wer fremde Sachen in Brand und ganz oder teilweise zerstört, wird mit einer Freiheitsstrafe von ein bis zehn Jahren bestraft, in minder schweren Fällen von sechs Monaten bis fünf Jahren. Somit ist klar, dass das Anzünden eines Müllkorbs im Park nicht als „schwere Brandstiftung" zu werten ist. Wer jedoch ein Auto oder gar ein Gebäude vernichtet, der begeht schwere Brandstiftung. Doch es geht noch schlimmer, § 30 6b StGB behandelt die besonders schwere Brandstiftung: Wer durch eine Brandstiftung eine schwere Gesundheitsschädigung eines Menschen oder Gesundheitsschädigung mehrerer Menschen verursacht, wird mit Freiheitsstrafe nicht unter zwei Jahren bestraft, und wenn eine andere Person durch die Tat in die Gefahr des Todes gebracht wird, nicht unter fünf Jahren. § 306c StGB behandelt Brandstiftung mit Todesfolge: Verursacht der Täter durch eine Brandstiftung leichtfertig den Tod eines anderen Menschen, so ist die Freiheitsstrafe lebenslang oder nicht unter zehn Jahren.

So weit zu den boshaften Menschen, die man getrost als Schwerverbrecher einstufen darf. Doch nun zu den harmloseren Menschen, die aus Schusseligkeit einen Fehler verursachen, aus dem dann ein Feuer entsteht. War das bis 1999 noch eine Ordnungswidrigkeit, so ist es seit dem Jahr 2000 im Strafgesetzbuch verankert, nämlich in § 306d StGB, fahrlässige Brandstiftung: Wer fahrlässig handelt oder die Gefahr fahrlässig verursacht, wird mit einer Freiheitsstrafe von bis zu fünf Jahren oder mit Geldstrafe bestraft; wer fahrlässig handelt und die Gefahr fahrlässig verursacht, wird mit einer Freiheitsstrafe von bis zu drei Jahren oder mit Geldstrafe bestraft. Hier wird also nicht von grober Fahrlässigkeit gesprochen, was man gern auch als bedenklich einstufen darf, weil man nicht boshafte Menschen damit kriminalisieren kann. Doch es geht noch weiter in § 306f StGB, der schon Personen, die lediglich eine Brandgefahr herbeigeführt haben, verurteilt: Wer fremde Gegenstände oder die Natur durch Rauchen, durch offenes Feuer oder Licht, durch Wegwerfen brennender oder glimmender Gegenstände oder in sonstiger Weise in Brandgefahr bringt, wird mit einer Freiheitsstrafe von bis zu drei Jahren oder mit Geldstrafe bestraft. Wer dagegen ein Gebäude anzündet, um Menschen zu töten, bei dem wird wohl der § 211 (Mord) angewandt.

Aufgrund der negativen sozialen und gesellschaftlichen Veränderungen, ausgelöst durch die totale Verschuldung des Staates, nimmt man immer mehr

Aggressionen und Frustrationen in der Bevölkerung wahr. Das zeigt sich in harmloseren Fällen durch immer weniger Rücksichtnahme und juristische Klagen schon wegen Bedeutungslosigkeiten (geschlechtsunabhängig), führt über die Nichtbereitschaft, für seinen Nachwuchs emotional und finanziell aufzukommen (primär bei Männern), und geht über in eine extreme Zunahme von Brandstiftungen: innerhalb von 25 Jahren ungefähr um den Faktor 3 (!). Da viele Brandstifter dieses Verbrechen tarnen, werden im Übrigen auch bei Weitem nicht alle Fälle als Brandstiftung erkannt. Über 90 % der Unternehmen werden nachts angezündet, und das zeigt uns, dass wir für diese Zeiten eben besondere Vorsorgemaßnahmen treffen müssen. Wie eingangs schon gesagt, handelt es sich bei Brandstiftung um ein Tabuthema, weder die Presse, noch der Staat oder Versicherungen wollen darauf besonders aufmerksam machen (so wie die Politik ja auch lieber unbedeutende Nebensächlichkeiten thematisiert, anstatt über die realen Probleme offen und ehrlich zu sprechen). Es ist abhängig von der Unternehmensart, aber solide Zahlen bei Versicherungen (die übrigens nur mündlich zu erfahren sind!) sprechen von 25–50 % Brandstiftung. Dabei gibt es wenige solide Unternehmensarten, bei denen die 50 % wahrscheinlich noch übertroffen werden, und eben viele „anständige" und harmlose Unternehmensarten, bei denen Brandstiftung wohl weniger als 10 % ausmachen. Nun muss jedoch noch erwähnt werden, dass in diesen Zahlen die vorsätzliche Brandstiftung ebenso enthalten ist wie die fahrlässige; allein durch die Hinzunahme von §§ 306d und f (Anmerkung: 306e ist für uns bedeutungslos) hat sich die Zahl der Brandstiftungen natürlich schon angehoben. Viele universitäre Arbeiten beschäftigen sich mit Brandstiftung – mal aus psychologischem, mal aus kriminologischem Blickwinkel. Folgende Motive haben sich dabei herauskristallisiert:

- Kündigung
- Mobbing
- Eigennutz
- Komplexe
- Geltungsdrang
- Misanthropie
- Pyromanie
- Aggressionen
- Selbstmord
- Sexuelle Probleme
- Sexuelle Erregung
- Ärger mit dem Chef
- Schutzgelderpressung
- Psychische Störungen
- Wut über erfolglosen Einbruch
- Bereicherungsabsicht
- Innere Spannungen
- Persönliche Schwäche
- Geltungsdrang

- Frustrationen
- Unzufriedenheit
- Hass
- Langeweile
- Versicherungsbetrug
- Rache
- Neid
- Eifersucht
- Unerwiderte Liebe
- Krankhafte Freude
- Verdeckung einer Straftat
- Politische Gründe
- Rassistische Gründe
- Religiöse Gründe
- Entlassungswellen
- Hass gegen Produkte
- Ausbleibende Beförderung

Die Motive oder (besser artikuliert) die auslösenden Ursachen für fahrlässige Brandstiftung indes sind:

- Sorgloser Umgang mit Feuer
- Brennende Kerzengestecke
- Feuergefährliche Arbeiten
- Bitumenarbeit mit Flamme
- Folienschweißen
- Ausbleibende Wartungen
- Überlastung des Stromnetzes
- Zigarettenglut
- Obdachlose (Wärmeerzeugung)

Nun kann man ja keine Aussagen treffen über Brandstifter, die man nicht identifiziert hat, aber es gibt natürlich viele Informationen über gefasste Täter, und die lauten:

- Feuerwehrleute von der Berufsfeuerwehr: fast 0 %
- Junge Feuerwehrleute bei freiwilligen Feuerwehren: überdurchschnittlich stark vertreten[1]

---

[1]Es besteht kein öffentliches Interesse, diese grundlegend sozialen und anständigen Menschen unter Generalverdacht zu stellen, deshalb gibt es keine Zahlen hierzu, die schriftlich eingeholt werden können. Meistens jedoch sind es junge Männer, die über Jahre bei der Feuerwehr sind und „einfach mal ein richtiges Feuer" löschen wollen oder über sich als vermeintlicher Held in der Zeitung lesen wollen. Es werden dabei dann auch eher Scheunen als Wohngebäude angezündet (damit keine Menschen sterben).

- 64 % ohne Schulabschluss[2]
- 74 % ohne Berufsausbildung[2]
- 87 % bei der Tat angetrunken/betrunken[2]
- 68 % arbeitslos[2]
- Fast ausschließlich Männer

Beeindruckend ist für mich, dass zwar ein guter Teil der Brandstifter (s. oben) eher einfachen Gemüts und nicht mit besonderem Ehrgeiz versehen ist, dass es aber auch ganz andere Brandstifter gibt, z. B. einen leitenden Oberarzt, dem die Beförderung zum Chefarzt verwehrt geblieben ist, oder auch einen hochintelligenten und bürgerlich lebenden Rechenzentrumsleiter, der den Posten des EDV-Leiters nicht erhielt. Beide haben schwere Brandstiftung begangen, beiden konnte das Verbrechen nachgewiesen werden, und beide wurden langjährig weggesperrt!

Die Motive für verhaltensgestörte Täter geben uns auch gleich Ansatzpunkte, wie wir uns davor schützen können (dann suchen diese Personen andere Unternehmen …):

- Geringe Gefahr der Entdeckung: Einsame Gegend, Industriegebiet, günstige Fluchtmöglichkeiten
- Günstige Gelegenheit, einen Brand zu legen: Leichter Zugang, dunkel, nicht überwacht, brennbare Gegenstände leicht zugänglich
- Spektakuläre Wirkung mit größerer Beachtung der Medien

Man tut also gut daran, stabile und schwer zu überwindende Zaunanlagen anzuschaffen. Dazu gehören drei Dinge:

1. Die Zaunlage darf kaum mit einer konventionellen Zange zerstörbar sein.
2. Es gibt eine Übersteigsicherung, die diesen Namen auch verdient.
3. Man kann unten nicht durchkriechen.

Um den letzten Punkt zu verwirklichen, kann es einen Betonsockel geben, oder die Zaunanlage ist gut in den Boden eingearbeitet bzw. mit ihm verbunden. Weiter ist wichtig, dass die Toranlagen hochwertig gesichert sind. Nun muss vielleicht eine Schlosserei oder eine Bäckerei nicht unbedingt mit Brandstiftung rechnen, auch ein Automobilhersteller wird damit eher weniger Probleme haben, doch einzelne Händler schon. Pauschal kann man sagen, dass folgende Unternehmen immer wieder als besonders gefährdet auffallen:

- Rüstungsunternehmen
- Gaststätten
- Spielotheken

---

[2] Mehrfachnennungen, daher $\Sigma > 100\,\%$.

- Bordelle
- Diskotheken
- Internationale Konzerne
- EDV-Abteilungen und Rechenzentren
- Hightechunternehmen
- Pharmakonzerne
- Tierversuchsanstalten
- Bestimmte Behörden
- Unternehmen, die umweltunverträgliche Produkte herstellen oder damit handeln
- Unternehmen, die ein negatives Image in der Presse haben

Wer sich hier wiederfindet, sollte über ein ganzes Paket von Vorsorgemaßnahmen nachdenken, denn einige Zehntausend oder auch einige Hunderttausend Euro an Schutzmaßnahmen sind hier sinnvoll investiert. Wer jetzt meint, das wäre unverhältnismäßig, dem sei folgendes mit auf den Weg gegeben:

- Damit können Sie vielleicht 25 Mio. € beschützen oder mehr (wenn Sie jemand davon abhalten, ein wertvolles Gebäude anzuzünden).
- Zwei Dienstwagen Ihrer Außendienstler kosten bereits mehr als wirksame Schutzmaßnahmen.
- Die Kosten für diese Sicherungstechnik sind steuerlich absetzbar und somit relativ gering.
- Die Schutzwirkung kann so hoch sein, dass eben nicht dieses (sondern ein anderes) Unternehmen angezündet wird (das mag jetzt für das andere Unternehmen nicht befriedigend sein, aber immerhin für Ihr Unternehmen; auf Wohnungen spezialisierte Einbrecher suchen sich auch schnell eine andere Wohnung, wenn der physische Widerstand zu groß ist).

Sprechen wir jetzt über weitere Maßnahmen, die eine vorsätzliche Brandstiftung erheblich erschweren oder sie sogar gänzlich unterbinden können, bzw. über Maßnahmen, die wenigstens dafür sorgen, dass der Schaden geringer bleibt und nicht zum Totalverlust führt. Pauschal empfehle ich Ihnen, mehrere Maßnahmen gleichzeitig anzusetzen (individuell unterschiedlich) und nicht einzelne Aktionen als zielführend anzusehen:

- Guter abwehrender hausinterner Brandschutz
- Automatische Brandmeldeanlage
- Automatische Brandlöschanlage(n)
- Automatisch ansprechende Entrauchungsöffnungen in Hallen
- Automatisch herunterfahrende Rauchschürzen in großen und hohen Hallen
- Physisch stabile Sprinkleranlage (damit die Anlage vom Brandstifter nicht außer Funktion gesetzt werden kann), ggf. versehen mit einer Einbruchmeldeanlage
- Keine Freilagerung brennbarer Gegenstände (im Bereich von Gebäuden)

- Verwendung nichtbrennbarer Gebäudebestandteile
- Wegsperren von Brandbeschleunigern, kein offensichtliches Herumstehenlassen von Benzin, Spiritus etc.
- Werkschutz
- Mechanisch hochwertiger Gebäudeschutz
- Elektronischer Gebäudeschutz (Einbruchmeldeanlage) mit Außenhautabsicherung
- Geländeschutzüberwachungsanlagen
- Stabile Zaunanlage mit ausreichender Höhe (wie oben beschrieben)
- Gut gesichertes Eingangstor
- Videokameras auf dem Firmengelände mit ständiger Aufzeichnung und permanenter Datenübertragung
- Regelmäßige Zaunkontrollen
- Gitter an Fenstern, stabile und nicht hochschiebbare Rollläden
- Verschließen der einbruchhemmenden Gebäudeaußentüren
- Eventuell eine Vernebelungsanlage (diese kann Räume in Sekunden derartig vernebeln, dass man keine 10 cm weit blicken kann)
- Innenraumüberwachung
- Wächterrundgänge zu unregelmäßigen Zeiten
- Außentürkontrolle nach Arbeitsende
- Zylinderschlösser an Außentüren, ziehgeschützt
- Einbruchhemmende Verglasungen (denn bei einer Brandstiftung sind Gitter oft sinnlos)
- Mechanisch ausreichend stabile Wände und Türen
- Keine Zurverfügungstellen von Fahrzeugen (z. B. Staplern, LKWs), mit deren Hilfe Gebäudewände und Tore durchdrungen werden (Schlüssel in Tresor wegsperren)
- Luftschachtsicherungen als Einbruchschutz
- Freigeländekontrolle durch Personal oder Kameras
- Freilandbeleuchtung
- Möglichst übersichtliches Freigelände, damit man sich nicht gut verstecken kann
- Keine Einbruchhilfen (kann den Versicherungsschutz reduzieren)
- Minimierung und Wegsperren von Brandlasten
- Minimierung und/oder Wegräumen von brennbaren Flüssigkeiten und Gasen
- Gut geschützte und nicht einsehbare Lagerung von brennbaren Gasen im Freien, möglichst von Gebäuden abgewandt, falls es sich bei der Gebäudeaußenwand nicht um eine öffnungslose Stahlbetonwand handelt
- Minimierung oder – so machbar – gänzliches Unterbinden von Freilagerungen
- Geregelte Abfallentsorgung (ganz wichtig!)
- Einführung und Einhaltung des Rauchverbots
- Fremde nicht allein auf dem Gelände lassen
- Vorbereitete Neubaupläne (minimiert die Zeit der Betriebsunterbrechung)
- Reichzeitige Kontaktaufnahme zu Sanierungsfirmen
- Nur punktuelle Lagerung von Brandlasten

- Möglichst viele Brandschutztüren T30/90-RS im Unternehmen, nachts verschlossen
- Schaffung echter Redundanzen für Produktion und Lagerung an anderer Stelle (d. h., baugleiche Anlagen stehen nicht in derselben Halle, sondern anderswo; somit müssten es zwei Feuer oder zwei Brandstiftungen sein, um beide zu zerstören)

Das sind also zahlreiche völlig unterschiedlichen Maßnahmen, die Brandstiftungen erschweren und im Idealfall unmöglich machen oder zumindest das Schadenausmaß minimieren. Es sind mir nicht wenige Fälle vorgekommen, wo an verschiedenen Stellen brennbare Gegenstände entzündet wurden, doch weil die Energie nicht ausreichte, ist das Unternehmen eben nicht gänzlich abgefackelt. Es macht Sinn, das Thema auch der Belegschaft zugänglich zu machen, um sie zum kritischeren Betrachten des eigenen Verhaltens (fahrlässige Brandstiftung) zu veranlassen, aber auch um andere kritischer abzuscannen. Dazu muss man sensibilisiert werden. Nun muss man natürlich nicht jedem gleich unterstellen, potenzieller Brandstifter zu sein. Aber mal eine unbekannte Person auf dem Gelände freundlich anzusprechen, wer denn der Ansprechpartner sei, und ihn dann dort hin zu begleiten, das werden „anständige" Menschen (Handwerker, Kunden, Besucher) als höflich und hilfsbereit empfinden. Sie als Brandschutzbeauftragter können sich folgende Fragen einmal selbst beantworten:

- Sind die Mitarbeiter sensibilisiert?
- Fühlen sich die Mitarbeiter für das Unternehmen verantwortlich?
- Können die Mitarbeiter mit Löschern umgehen?
- Kennen die Mitarbeiter das Verhalten im Brandfall?
- Gibt es Alarmplan, Fluchtplan, Brandschutzordnung?
- Sind Gefahrenquellen erkannt, beseitigt, gekapselt?
- Sind Brandschutztüren vorhanden und geschlossen?
- Sind Mauerdurchbrüche korrekt geschlossen?
- Gibt es Tipps von Feuerwehr, Versicherung oder Polizei?
- Gibt es Zutrittskontrollen für das Gelände und die Gebäude?
- Sind effektive Löscheinrichtungen vorhanden?
- Wo kann man einen Brand leicht legen?
- Welche technischen, baulichen und organisatorischen Maßnahmen können dies erschweren?
- Wie kann man einen Brand begrenzen?
- Welche Brandmeldesysteme wären sinnvoll?
- Welche Brandlöschsysteme wären sinnvoll?
- Steht ausreichend Löschwasser zur Verfügung?

Weil § 26 (1) VVG (Versicherungsvertragsgesetz) von so großer Bedeutung ist für uns Brandschutzbeauftragte, möchte ich ihn noch einmal zitieren; er behandelt die Leistungsfreiheit des Versicherers gegenüber dem Versicherungsnehmer wegen Gefahrerhöhung:

Im Fall einer grob fahrlässigen Verletzung ist der Versicherer berechtigt, seine Leistung in einem der Schwere des Verschuldens des Versicherungsnehmers entsprechenden Verhältnis zu kürzen; die Beweislast für das Nichtvorliegen einer groben Fahrlässigkeit trägt der Versicherungsnehmer.

Versicherungsrechtlich ist Brandstiftung, auch vorsätzliche Brandstiftung, also grundsätzlich durch die Feuerversicherung versichert. Mangelhafte Schutz- und Vorsorgemaßnahmen können zur Reduzierung der Schadenzahlungen führen. Wird der Täter erwischt, zahlt die Versicherung den Schaden und versucht, beim Täter Regress zu nehmen. Aber nach § 28 VVG ist der Feuerversicherer leistungsfrei, wenn der Versicherungsnehmer und seine Repräsentanten (nicht jedoch „normale" Mitarbeiter) grob fahrlässig oder vorsätzlich Brandstiftung begehn oder begehen lassen – das bedeutet für uns Brandschutzbeauftragte, dass wir dieses Klientel besonders schulen müssen, denn auf ihren Schultern ruht eine besondere Last bzw. Verantwortung.

Organisatorischer Brandschutz

8

Der Organisation des Brandschutzes fällt der Hauptteil zu – bauliche oder anlagentechnische Maßnahmen können das nicht kompensieren, was die Organisation vernachlässigt hat. Unterweisungen, Kontrollen, Begehungen u. v. m., all das ist von entscheidender Bedeutung dafür, wie häufig und wie teuer es brennt. Insbesondere die brandschutzgerechten Unterweisungen aller (auch die von Fremdhandwerkern) ist von großer Bedeutung und sollte es doch mal zu einem Brand kommen auch die Übung der Räumung von Bereichen und genau auf diese Umstände geht das nachfolgende Kapitel ein.

8.1 Brandschutzschulungen

Um sich nicht und nie den Vorwurf der groben Fahrlässigkeit oder der fehlenden Unterweisungspflicht gegenüber der Belegschaft ausgesetzt zu sehen, empfehlen sich gute Schulungen, die man auch gerichtsfest belegen kann. Brandschutzbeauftragte sind damit ggf. „beauftragt", nicht aber „verantwortlich". Verantwortung tragen sie – wie jede Person – für das, was sie tun, und ggf. für das, was sie nicht tun (juristisch: Tun durch Unterlassen). Die Geschäftsleitung ist bei der Besetzung von Positionen für vier Punkte zuständig: Personen müssen für betriebliche Aufgaben erstens ausgewählt und zweitens schriftlich bestellt werden. Drittens gibt es eine Fürsorgepflicht und viertens eine Überwachungsverpflichtung. Gerade dieser vierte Punkt lässt also einiges an Verantwortung bei „denen da oben", denn die Geschäftsleitung muss sich vergewissern, welche Aufgaben die jeweiligen Personen haben und ob sie dem gerecht werden – hier also zu kontrollieren, ob der Brandschutz auch effektiv und effizient umgesetzt wird.

Wichtig ist für Brandschutzbeauftragte, dass sie ihre Arbeiten dokumentieren (vgl. Punkt 26 der Aufgaben für Brandschutzbeauftragte, nachzulesen in der DGUV Information 205-003) – um belegen zu können, was angegangen, erledigt

© Der/die Autor(en), exklusiv lizenziert durch Springer-Verlag GmbH, DE, ein Teil von Springer Nature 2022

W. J. Friedl, *Brandschutzbeauftragte: Das Weiterbildungsbuch*, https://doi.org/10.1007/978-3-662-64619-9_8

und abgearbeitet worden ist. Das benötigt man nicht nur der Geschäftsleitung gegenüber, sondern ggf. auch für eine Versicherung, für die Berufsgenossenschaft oder gar zur persönlichen Exkulpierung für die Staatsanwaltschaft. Die gute, konstruktive Zusammenarbeit mit der Fachkraft für Arbeitsschutz ist nicht nur bei der Gefährdungsbeurteilung wichtig und sinnvoll, sondern auch bei anderen Tätigkeiten und Aufgabenfeldern für Brandschutzbeauftragte, etwa die Schulungen: Jährlich muss die Belegschaft hinsichtlich „Sicherheit" lt. DGUV Vorschrift 1unterwiesen werden, und da ist der Brandschutz ein mehr oder weniger großer Teilbereich. Diese Schulungen sollten gemeinsam mit der Fachkraft für Arbeitsschutz erfolgen, und der Brandschutzbeauftragte arbeitet die präventiven und kurativen Brandschutzthematiken für die jeweiligen Arbeitsplätze mit ein. Wichtig ist, dass hier auf die realen Arbeitsplätze eingegangen wird, d. h., dass man für Küchenangestellte, Büroleute, Laganisten oder Menschen, die in der Produktion arbeiten, jeweils andere Schwerpunkte setzt. Es gibt fünf Punkte, die der Brandschutzbeauftragte bei Schulungen schriftlich festhalten soll: Wer hat wem, wann, was von wann bis wann gesagt:

- „Wer" ist klar, das ist der Brandschutzbeauftragte.
- „Wem" bedeutet, dass es eine Namensliste gibt, in der jeder neben seinem Namen unterschreibt, dass er teilgenommen hat, alles verstanden hat und sich einverstanden erklärt, diese Vorgaben auch bestmöglich einzuhalten.
- „Wann" bedeutet, dass man das Datum der Schulung festhält.
- „Was" bedeutet, dass man die Schulungsinhalte (üblicherweise eine Power-Point-Präsentation) an diese unterschriebene Namensliste anheftet; wenn man die Präsentation verkleinert auf Papier druckt, kann man mit wenigen Blatt Papier über Jahre in einem Ordner seine Schulungen bei Bedarf belegen – das hinterlässt einen guten Eindruck, und diese Unterlagen hat man sofort parat, auch wenn die EDV gerade heruntergefahren ist.
- „Von wann bis wann" bedeutet, dass man neben dem Datum auch aufschreibt, ob die Schulung 30 min oder wie viele Minuten auch immer gedauert hat.

Somit kann man belegen, dass bestimmte Handlungsanweisungen, Gefahrenhinweise und Vermeidungsmethoden vermittelt wurden; macht jetzt jemand doch einen brandgefährlichen Fehler, so liegt die Schuld wohl nicht beim Schulungspersonal.

Und man muss immer Folgendes wissen: Es gibt bei allen Aktivitäten eine unterschiedlich hohe Lebensgrundgefährdung, d. h., in bestimmten Grenzen ist jeder für sein Handeln selbst in der Verantwortung, da man ja die Möglichkeit hat, zuvor nachzudenken oder im Betrieb andere um Hilfe zu bitten. Wenn ein Schaden eingetreten ist, so trägt also nicht selten der Verursacher die Schuld (vgl. § 823 BGB). Nur wenn eine Gefahr nicht bewusst erkennbar gewesen ist oder die Person aufgrund der fehlenden Unterweisung, der fehlenden Lebenserfahrung, des fehlenden Intellekts oder der fehlenden Ausbildung nicht hätte wissen können, sind vorgesetzte Personen (ja, nicht der Brandschutzbeauftragte!) vermehrt in der Verantwortung.

Nach einem Brandschaden versuchen manchmal Versicherungen, dem Unternehmen Schuld zuzuweisen, um nicht oder nicht ganz zahlen zu müssen. Schnell wird also der Brandschutzbeauftragte im Visier der Fragen stehen, und jetzt ist es wichtig, Unterlagen vorlegen zu können. Sind diese qualitativ überzeugend und quantitativ nicht zu dürftig, wird es wohl – für das Unternehmen und den Brandschutzbeauftragten – „gut" ausgehen. Die Dokumentation der Unterweisungen sowie die Teilnahme an der (brandschutztechnischen) Gefährdungsbeurteilung sind also schon einmal die wesentlichen Unterlagen, die vorliegen.

Bei Unterweisungen muss noch auf ein übliches Problem hingewiesen werden: Manchmal kommen Personen wenige Minuten vor dem Ende einer Unterweisung, um sich „noch schnell" in die Liste eintragen zu können. Das darf nicht geschehen, denn diese Unterweisung ist ja faktisch nicht erfolgt. Auch passiert es, dass bei einer Unterweisung mehr Unterschriften auf der Namensliste stehen, als Personen anwesend waren. Auch diese, übrigens strafrechtlich und arbeitsrechtlich kritische Situation, darf man nicht durchgehen lassen.

Brandschutz kann interessant werden, wenn man ihn richtig vermittelt. Wichtig ist, dass bei Unterweisungen die Menschen ihre Arbeitsplätze wiedererkennen und dass sie Informationen bekommen, die für sie wichtig sind. Wenn man völlig unterschiedliche Mitarbeiter vor sich sitzen hat und eine Brandschutzschulung abhält, kann es sein, dass das meiste von dem Gesagten die Schulungsteilnehmer nicht persönlich betrifft, und nun besteht die Gefahr, dass sie das wenige Relevante überhören. Deshalb schult man möglichst bereichsweise; dies wird in den folgenden Abschnitten erläutert. Bitte bereiten Sie unterschiedliche Schulungen vor für beispielsweise folgende Bereiche:

- Produktion (Elektronik, Holz, Lebensmittel, Kunststoffe etc.)
- Montage
- Verwaltung
- Lackierbereiche
- Techniker
- Küche
- EDV-Belegschaft
- Lagerarbeiter (unterschiedliche Lager)
- Haustechniker
- Außendienstler
- Heimarbeitskräfte

Außendienstlern beispielsweise müssen Sie etwas über die Ladungssicherung mitgeben, aber auch über die Gefahr von Elektrogeräten wie Laptops und Smartphones unter direkter Sonneneinstrahlung (auch beim Fahren). Bei Heimarbeitsplätzen wird der Arbeitsschutz im Vordergrund und nicht der Brandschutz stehen.

Bei den verschiedenen Schulungen sind dann sicherlich 70 % identisch, denn die Inhalte der Brandschutzordnung (Teil B) weichen ja nicht bzw. nur marginal voneinander ab, aber die Belegschaft erkennt ihre Arbeitsplätze wieder, und ein großer Teil wird einem das auch anerkennen.

Ich empfehle Ihnen, die Schulung zu Ihrer Veranstaltung zu machen – kopieren Sie also nicht andere, sondern erstellen Sie Ihre eigene Gliederung, entwerfen Sie den von Ihnen gewünschten Ablauf. Jeder hat seine Art, sein Wesen, und das soll in Ihren Unterlagen enthalten sein und im Vortrag rüberkommen. Drücken Sie Ihren Schulungen Ihren Stempel auf. Sie sind viel authentischer, wenn Sie selbst Zeit, Fachwissen, Energie und auch Herzblut investiert haben, als wenn sie oberflächlich eine nahezu fertige Präsentation herunterleiern, die jemand anders für Sie erstellt hat – das wirkt nicht und ist blutleer. Man kann solche Schulungen kaufen oder auch im Internet herunterladen, aber ich rate davon ab. Also, holen Sie sich die nötigen Informationen hier aus dem Buch und erstellen Sie mit diesen, Ihrem Fachwissen, Ihren Ideen und Ihren Fotos aus dem Unternehmen eine Präsentation, die dann auch Ihren Namen als © verdient. Sie sind stolz auf Ihre erste selbst erstellte Präsentation, die zweite ist dann noch besser, und nach fünf und mehr Jahren werden Sie Ihre erste Präsentation wohl nicht mehr wiedererkennen und nicht mehr verwenden wollen! Richtig gut unterwiesen ist derjenige, der hinterher informiert, gewarnt überzeugt und motiviert ist – kurz, wer Brandschutz jetzt im Bewusstsein hat.

Als weniger geübter Redner sollten Sie sich den ersten Satz gut überlegen, gut vorbereiten und dann auch gut zelebrieren. Profis überlegen sich den ersten Satz nicht – der ist übrigens besonders wichtig! Profis bringen spontan einen einleitenden Satz, der originell und passend ist und bei dem das Auditorium merkt, dass dieser Satz nicht vorbereitet ist, sondern spontan vorgebracht wurde. Das gelingt aber nicht jedem, zumindest nicht immer, und es ist ja auch nicht immer nötig. Aber der erste und der letzte Satz sind besonders wichtig. Richtig gut unterweisen Sie, wenn folgendes zutrifft:

- Sie sind fachlich gut vorbereitet.
- Sie sind frühzeitig im Seminarraum.
- Der Beamer „versteht" sich mit dem Laptop.
- Die Lautsprecher (so Sie einen Film zeigen wollen) funktionieren; ganz wichtig ist, dass Sie das zuvor ausprobiert haben.
- Der Raum kann ausreichend hell bzw. auch ausreichend abgedunkelt werden.
- Es stehen ausreichend Stühle und ggf. auch Tische zur Verfügung.
- Sie sorgen, wie auch immer, für eine gute Stimmung.

Vielleicht brauchen Sie auch Stelltische für Schauobjekte oder für Brandversuche, die Sie vorführen? Dann sorgen Sie bitte für ausreichenden Abstand zum Auditorium, damit zum einen niemand gefährdet wird und zum anderen alle hinblicken können. Wenn das Unternehmen gestern mitgeteilt hat, dass die Niederlassung in sechs Monaten geschlossen wird oder dass 80 % der Belegschaft entlassen werden, dann wird auch der beste Referent keine Chance haben, eine gute Stimmung oder eine halbwegs gute Schulung hin zu bekommen. Hier können wir Ihnen keine Tipps geben, weil es keine Lösung gibt: Die Stimmung wird unterhalb des Gefrierpunkts sein – praktisch keiner hört Ihnen zu, sondern überlegt, wie es mit ihm beruflich weitergeht. Das Gleiche gilt, wenn man eben erfahren hat, dass einer aus der Belegschaft tödlich verunglückt ist. Es gibt immer Situationen, gegen deren Wirkungen man machtlos ist. In solchen Fällen sollte man die Entscheidung treffen, diese Schulung ausfallen zu lassen oder zu verschieben.

Besonders gut kommt an, wenn man zwar einerseits über einzuhaltende Vorgaben spricht, aber andererseits auch offen zugibt, dass man selber auch nur ein normaler Mensch mit all seinen Fehlern und Schwächen ist und dass die „Fünf auch mal gerade" sein darf. Ein seit Jahren im Unternehmen anerkannter Brandschutzbeauftragter hat hoffentlich seine soziale Kompetenz bereits mehrfach unter Beweis gestellt – auf seine Schulungen freut man sich, sie kommen an; er hat Anerkennung aufgrund seines Könnens, seines Einsatzes für die brandschutztechnische Verbesserung und seiner Zuverlässigkeit, und er ist tolerant. Tolerant bedeutet aber nicht, dass er Abweichungen grundsätzlich duldet: Wird durch einen Verstoß eine Brandgefahr herbeigeführt oder gar ein Mensch gefährdet, muss er deutlich und manchmal auch hart und sofort eingreifen. Selbst Betriebsräte werden dann bei entsprechenden Problemen nicht hinter der sich ggf. mehrfach falsch verhaltenden Person stehen, sondern eher zu den gefährdeten Personen halten.

Bei Schulungen zeigt sich auch, ob eine Person bereit und fähig ist, abweichende Meinungen zu akzeptieren. Gerade im Brandschutz ist es nämlich so, dass nicht unbedingt Lösung A richtig ist, sondern dass unter einem anderen Blickwinkel bzw. in einer anderen Abteilung auch B, C oder gar D richtig(er) sein kann. Entweder aufgrund des anderen Standortes, aus wirtschaftlichen oder auch persönlichen Gründen oder weil andere Randbedingungen gegeben sind (z. B. andere Personen), kann man eine Situation oder eine Lösung so oder so beurteilen. Nachfolgend finden Sie ein paar gute Tipps zur Erstellung von guten Schulungen/ Schulungsunterlagen:

- Sympathie und Verständnis auf eine wirklich ehrliche Art zeigen
- Verständnisfragen stellen
- Nach jedem Kapitel eine Zusammenfassung bringen
- Schulungsablauf skizzieren und aufzeigen, an welcher Stelle man ist
- Checklisten vorstellen oder übergeben
- Auditorium aktiv einbinden
- Zeitlich den passenden Rahmen finden (nicht nach der Arbeit, nicht zu lange)
- Lösungsansätze bringen
- Persönlichen Nutzen erläutern
- Juristische Grundkenntnisse vermitteln
- Lediglich sagen, was gefordert ist, aber nicht immer, in welchem Gesetz, in welcher Verordnung, Regel oder Norm das steht
- Positiven Grundtenor aufbauen und beibehalten
- Praxisbeispiele bringen
- Wörter wie „besonders", „primär" oder „relevant" an passenden Stellen einbauen
- Schulungsziel im Auge behalten

- Fachliches Niveau des Auditoriums beachten
- Auf angenehme Raumbedingungen achten (Größe, Stühle, Tische, Temperatur, Getränke, Technik, Helligkeit, Lärm von außerhalb etc.)

Fluchtwege, Handfeuerlöscher, Notrufnummern, Brandschutzordnung A und B usw.: Das alles ist zwar für viele trivial, aber es ist elementar wichtig. Vermitteln Sie das: Triviale Dinge sind von elementarer Bedeutung, die müssen sitzen, bekannt sein, eingehalten, befolgt und angewandt werden! Wer das in seiner ersten Schulung das erste Mal hört, für den ist es neu, wichtig und interessant. Wer es jedoch nach 15 Jahren Firmenzugehörigkeit das 15. Mal hört, für den ist es alt, bekannt und uninteressant. Also, bringen Sie jedes Mal auch wichtige, interessante und neue Dinge: Schadenschilderungen, neue Bestimmungen, neue Löschmöglichkeiten usw., und das allgemein Bekannte nur kurz. Alle müssen wissen: Das sind Lage, Art und Anzahl der Handfeuerlöscher, das ist das korrekte betriebliche Verhalten (präventiv und kurativ), und das sind die relevanten Inhalte der Brandschutzordnung A und B. Dieses Wissen verständlich, praxisbezogen auf die Arbeitsplätze bezogen rüberzubringen, das ist unsere Aufgabe und gilt als brandschutztechnisches Grundwissen. Dann vermitteln wir als gute Referenten, dass nicht nur (lt. ASR A2.2) 5 %, sondern 100 % der Belegschaft mit Handfeuerlöschern und ggf. auch mit Wandhydranten umgehen können müssen. Das heißt nicht, dass wir alle 100 % praktisch ausbilden müssen – aber gut wäre es schon. Nein, das heißt, 100 % müssen es dennoch können, wissen, sich zutrauen und im Not- bzw. Brandfall auch tun – und sich nicht auf die 5 % der Ausgebildeten im Brandfall verlassen.

Auch muss man vermitteln, wie Schaum und Pulver löschen und dass beide Löschmittel sich gegenseitig in ihrem Löscheffekt negativ beeinflussen, sprich zerstören. Pulver wird feucht und kann nicht mehr sintern, mit Pulver bespritzter Schaum fällt zusammen – somit kann keines der beiden Löschmittel funktionieren, wenn man sie „mischt". Das kann man schon dadurch vermeiden, dass eben lediglich Schaum oder Pulver vorhanden ist, möglichst nicht beides.

Primär natürlich ist zu vermitteln, wie man Brände konstruktiv verhindert, und zwar nicht wissenschaftlich-theoretisch, sondern anwenderbezogen-praktisch: Was darf, kann, muss man und was nicht? Doch weil das alles nicht zu einer absoluten Brandsicherheit führen wird, ist auch zu vermitteln, wie man sich im Brandfall verhält, und dazu gehört, die Gefahr von Rauch zu vermitteln – und ihn möglichst an der Ausbreitung behindern. Vermitteln Sie auch, was ein Flashover ist (vielleicht mit einem Kurzfilm, den Sie sich legal aus dem Internet heruntergeladen haben) und unter welchen unglücklichen Umständen dieser eintreten kann.

Egal, ob Sie selber Raucher sind oder nicht, Sie müssen über das korrekte (also brandsichere) Verhalten mit Zigaretten sprechen – objektiv, nicht als Weltverbesserer. Eine moralische Aufforderung wie „Vielleicht wäre das der richtige Moment, um mit dem Rauchen aufzuhören?" wird ihren Sinn verfehlen. Sie mögen ja recht haben, aber mit diesem moralischen Zeigefinger werden Sie keinen einzigen Raucher überzeugen, im Gegenteil: Er wird eine gewisse Aversion Ihren

Worten gegenüber verspüren und damit ggf. auch Ihnen und damit dem Brand-schutz gegenüber – es wäre also kontraproduktiv. Also vermitteln Sie, an welchen Stellen im Unternehmen geraucht werden darf, welche Randbedingungen hier-bei Gültigkeit haben und wie man sich anschließend verhält, damit die ggf. noch glühenden Kippen nicht zu einem Brand führen; das wäre versicherungsrecht-lich (vgl. § 306f, StGB) ggf. „problematisch". Ob Sie selber Raucher sind oder nicht, tut nichts zur Sache – vielleicht kommen Sie sogar als Raucher besser, über-zeugender an.

Hinweis: Einer der bekanntesten Brandschützer Deutschlands bekennt sich in seinen Schulungen – so passend und nötig – zum Rauchen, um gerade von den Rauchern mehr Verständnis für die von ihm vorgestellten Forderungen zu erhalten.

8.2 Gebäuderäumungen

Der Unternehmer ist für alles zuständig und damit verantwortlich, was in seinem Unternehmen getan oder auch nicht getan wird. Man kann ja Gefährdungen durch aktives Tun oder durch bewusstes Unterlassen bewirken. Beginnen wir mit der juristischen Notwendigkeit. In der Arbeitsstättenverordnung findet sich Folgendes:

> Der Arbeitgeber hat einen Flucht- und Rettungsplan aufzustellen, wenn Lage, Aus-dehnung und Art der Benutzung der Arbeitsstätte diese erfordern. Der Plan ist an geeigneten Stellen in der Arbeitsstätte auszulegen oder auszuhängen. In angemessenen Zeitabständen ist entsprechend dieses Plans zu üben.

Der letzte Satz (also „In angemessenen Zeitabständen ist entsprechend dieses Plans zu üben") ist zugleich auch der entscheidende Satz für die Forderung nach Gebäuderäumungsübungen. Weiter konkretisieren Technische Regeln die Anforderungen von Gesetzen und Verordnungen. Die Arbeitsstättenregel ASR A2.3 ist für Arbeitsstätten, Fluchtwege und Notausgänge, Flucht- und Rettungspläne zuständig und fordert z. B. folgendes:

> (6) Der Arbeitgeber hat die Beschäftigten über den Inhalt der Flucht- und Rettungs-pläne, sowie über das Verhalten im Gefahrenfall regelmäßig in verständlicher Form vor-zugsweise mindestens einmal jährlich im Rahmen einer Begehung der Fluchtwege zu informieren.
>
> (7) Auf der Grundlage der Flucht- und Rettungspläne sind Räumungsübungen durch-zuführen. Anhand der Übungen soll mindestens überprüft werden, ob
>
> • die Alarmierung zu jeder Zeit unverzüglich ausgelöst werden kann,
> • die Alarmierung alle Personen erreicht, die sich im Gebäude aufhalten,
> • sich alle Personen, die sich im Gebäude aufhalten, über die Bedeutung der jeweiligen Alarmierung im Klaren sind,
> • die Fluchtwege schnell und sicher benutzt werden können.
>
> Zur Festlegung der Häufigkeit der Räumungsübungen sind auch Anforderungen anderer Rechtsvorschriften (z. B. Bauordnungsrecht, Gefahrstoffrecht, Immissionsschutzrecht) zu berücksichtigen.

Der Gesetzgeber fordert also, dass Unternehmen in „angemessenen Zeitabständen" (lt. Arbeitsstättenregel ASR A2.3 also jährlich) Räumungsübungen
durchzuführen haben. Diese Durchführungen sind zuvor den Mitarbeitenden
theoretisch zu erläutern, und anschließend muss man das praktisch üben. Nun
haben viele Menschen wenig Verständnis dafür, etwas zu üben, das sie täglich tun,
z. B. das Betreten und Verlassen von Gebäuden. Bei sicherheitstechnischen Unterweisungen muss daher immer vermittelt werden, dass es im Brandfall zu tödlichen
Situationen kommen kann, weil alle gleichzeitig in dieselbe Richtung wollen und
weil die Menschen wahrscheinlich in Panik sind und sich damit rücksichtslos
anderen gegenüber verhalten.

In der aktuellen berufsgenossenschaftlichen Information mit den sechs Zahlen
205-003 geht es um die Ausbildung für Brandschutzbeauftragte. Dort steht
auf Seite 15 unter Punkt 12 Folgendes: „Brandschutzbeauftragte planen und
organisieren Evakuierungsübungen und führen diese auch durch." Es ist also
eine Aufgabe des Brandschutzbeauftragten; dieser soll jetzt mit der Fachkraft für
Arbeitsschutz und der Geschäftsleitung einen günstigen Termin besprechen und
die Organisation leiten, aber zunächst das Procedere festlegen.

Wer ein Gebäude betreibt, muss also dafür Sorge tragen, dass für den Fall einer
Bedrohung vorgesorgt wird. Bedrohung kann Verrauchung, Terroranschlag, Brand
oder Bombendrohung sein. Die Personen im Gebäude müssen jetzt schnell und
sicher über die hierfür vorgesehenen Fluchtwege aus den Gebäuden ins sichere
Freie gelangen. Und wenn der Gebäudeausgang nicht direkt am öffentlichen
Grund liegt, muss man von hier aus noch weiter eine sichere Fläche erreichen.
Man darf sich also nicht damit begnügen, die Menschen ins Freie zu bekommen,
sondern man muss sie sicher auf öffentlichen Grund bringen können. Dort können
allerdings andere Gefahren lauern; man denke nur an die Terroranschläge in Paris
auf das Redaktionsbüro des Satiremagazins *Charlie Hebdo* am 7. Januar 2015 mit
elf Toten. Das bedeutet für uns jetzt, wenn mit Terroranschlägen zu rechnen ist,
muss man ein besonders durchdachtes Konzept erstellen.

Nun ist das Verlassen eines Gebäudes eigentlich eine triviale Angelegenheit,
die jede Person normalerweise mehrfach und problemlos bewältigen kann. Aber
ein Brand oder eine Bombendrohung ist eben kein Normalfall. Da sind alle aufgeregt und wollen möglichst zügig ins sichere Freie. Da sich zeitgleich zu viele
und auch noch zu schnell in eine Richtung bewegen, kommt es zu einem Stau – im
Straßenverkehr wäre das lediglich ärgerlich, in diesem Fall aber unter Umständen
tödlich: Viele Brände weltweit in Diskotheken und anderswo belegen, wie sich
Menschen erdrücken und sterben, wenn sie sich bedroht fühlen. Also muss man
dafür sorgen, dass wirklich alle vorhandenen Wege, die ins Freie führen, genutzt
werden. Man kann davon ausgehen, dass über 90 % den gewohnten Weg gehen,
und dieser Tatsache muss man entgegenwirken – durch geschultes Personal,
durch Aushänge und, ganz wichtig, auch durch im Brandfall stattfindende Durch-
sagen. Jetzt ist nämlich der sicherste Weg zu wählen, und das kann ein ganz
anderer als der gewohnte sein. Doch das will geübt sein. Eine gute Übung wird
an einem Tag gewählt, der als „normal" einzustufen ist. Soll heißen, die Belegschaft ist anwesend, und es ist auch kein besonderer Feier- oder Trauertag für eine

bestimmte Personengruppe, denn an so einem Tag eine Sirene auszulösen, wäre pietätlos.

Die Belegschaft wird informiert, wer den Alarm auslösen darf, wie man sich umgehend zu verhalten hat und wie jede Person den Arbeitsplatz verlassen muss. Gegebenenfalls gibt es Fluchthelfer, Etagenbeauftragte, Sammelplatzhelfer und auch Fluchtbeobachter. Ziel ist es nicht, möglichst schnell ins Freie zu gelangen, sondern möglichst sicher und geordnet. Aufzüge werden nicht benutzt, und man geht zügig, aber nicht hastig. Es mag Sinn machen, die Telefonanlage zentral umzustellen, damit anrufenden Personen von der Übung Bescheid wissen.

Individuell unterschiedliche Übungshäufigkeiten mögen Sinn machen. Bei der Konzeptionierung ist es wichtig, dass man sich risikobasiert schützt. Das kann bedeuten, dass in Unternehmen A die Belegschaft häufiger und intensiver geschult werden soll als in Unternehmen B. Es ist also nicht mehr in erster Linie die Anzahl der Personen im Gebäude entscheidend für die Einstufung in eine Gefährdungsskala, sondern – neben anderen Kriterien – das Ansehen des Unternehmens und seiner Produkte oder sein Betriebssitz sowie die Art der anwesenden Personen. Daher kann es sein, dass bestimmte Unternehmen vermehrt mit Bombendrohungen und Brandstiftung durch Brandsätze rechnen müssen und sich deshalb zum einen besser absichern und zum anderen noch besser auf solche Situationen vorbereitet sind. Es gibt eine Fülle von Dingen, die man übersehen und falsch angehen kann und die somit zu Problemen führen. Wer sich vorher professionell mit der Thematik einer Räumung auseinandersetzt und die Mitarbeiter richtig informiert und auch motiviert, wird erstaunliche Erfolge verzeichnen können, und zwar bei der Durchführung und Nachbereitung.

Vor allem in besonderen Gebäuden wie Hochhäusern, verschachtelten Gebäuden, unterirdischen Bereichen, großen Versammlungsstätten, riesigen Industriebetrieben, in Kindergärten oder Krankenhäusern sind Räumungsübungen nötig. Menschen gehen im Normalfall ruhig, überlegt und ordnungsgemäß aus Gebäuden. Doch im Katastrophenfall ist vieles anders:

- Alle wollen gleichzeitig fliehen, d. h., die Fluchtwege sind übervoll.
- Viele bleiben direkt vor dem Gebäude stehen, etwa um sich eine Jacke anzuziehen, und sorgen dadurch für einen Rückstau.
- Die Menschen gehen zu schnell, evtl. sogar panisch.
- Dadurch entsteht ein psychischer Druck, unter dessen Einfluss manche irrational, rücksichtslos oder unsinnig handeln.
- Die Rücksichtnahme der Menschen nimmt drastisch ab.
- Man flieht aus dem Gebäude auf demselben Weg, auf dem man gekommen ist, und nicht über den nächstgelegenen Fluchtweg.

Vergessen wir Brandschutzbeauftragte bitte nie, dass Punkt 12 der DGUV Information 205-003 die Planung, Organisation und Durchführung von Räumungsübungen enthält!

Selbst im Freien können sich Menschen in Massen gegenseitig extrem gefährden. So gab es viele Hundert Tote bei verschiedenen Wallfahrten in Mekka

1990, 2004, 2006 und 2015; bei der Love Parade in Duisburg am 24. Juli 2010 gab es 21 Tote und deutlich mehr Verletzte – diese Events fanden im Freien statt, und es gab weder Feuer oder Rauch noch eine andere reale Bedrohung. Es entstand eben „nur" Panik, warum auch immer, und die Leute erdrückten sich gegenseitig. Panik verhindert immer, dass Menschen real, rational sind und somit richtige Entscheidungen treffen. Die folgenden elf Punkte sind besonders wichtig bei Räumungsübungen und deren Vorbereitung:

1. Abwägung von Sinn, Möglichkeiten und Grenzen bei unterschiedlichen Gebäudearten: Eine Übung beispielsweise, die in einem Kindergarten Sinn macht, lässt sich in einem Flughafen oder bei einem Fußballspiel nicht durchführen.
2. Konzeption und Vorbereitung der Gebäuderäumung: Nur wenn einige der vorgesetzten Personen Bescheid wissen, was zu tun ist und welche wichtige Funktion sie haben, wird die Übung auch eine erfolgreiche Übung.
3. Schulung der an der Räumung Beteiligten: Alle in der Belegschaft müssen wissen, dass es Pflicht ist, sich über das richtige Verhalten zu informieren und dieses dann auch anzuwenden.
4. Mögliche Probleme vorab erkennen und lösen: Das können versperrte Türen sein oder das Zustellen von Fluren mit Brandlasten oder Einengungen. Aber man muss auch an Bereiche denken, in denen der Fluchtalarm möglicherweise nicht gehört wird, etwa Toiletten, sog. gefangene Räume, Lagerbereiche oder Kellerräume.
5. Professionelle Vorbereitung der Räumung: Dazu braucht man Wochen und einen Stab, auf den man sich verlassen kann. Große Unternehmen können und sollen übrigens gebäudeweise vorgehen und nicht alle Gebäude gleichzeitig räumen.
6. Richtige Auswahl der Sammelplätze: Kälte soll und der Straßenverkehr darf für die fliehenden Menschen keine Gefahr bedeuten. Das bedeutet, man macht Gebäuderäumungen eben nicht bei Regen oder extremer Kälte.
7. Effektive Durchführen der Räumung: Es gibt Flurbeauftragte, die alle Räume abgehen und somit sicher sagen können, dass der Flur, die Etage und ggf. das ganze Gebäude menschenleer sind.
8. Situationsverbessernde Nachbereitung der Räumung: Nach einer Übung setzen sich einige Personen zusammen, um über Fehler, Mängel und Verbesserungsmöglichkeiten zu sprechen.
9. Einhaltung gesetzlicher Vorgaben an Flucht- und Rettungswege: Baurechtliche und arbeitsschutzrechtliche Vorgaben sind vorab abzuklären.
10. Schulung und Sensibilisierung der Menschen: Die Teilnahme an einer Räumungsübung ist nicht fakultativ, sondern obligatorisch.
11. Vermeidung von Panik, Diebstählen und Kundenärger: Wertgegenstände, insbesondere auch persönlichen Besitz, muss man mitnehmen oder weggesperrt wissen.

Wenn man derart gewappnet an eine Gebäuderäumübung geht und diese vielleicht im Zweijahresrhythmus wiederholt, sollte es keine Probleme geben.

Brandschutzordnungen

Eine Brandschutzordnung besteht aus drei Teilen: Teil A, B und C. Teil A ist sehr allgemein gehalten und in praktisch allen Unternehmen fast identisch – im Gegensatz zu den Teilen B und C! Bei Teil A handelt es sich um einen Aushang, Teil B behandelt brandverhütende Informationen für die Belegschaft, und Teil C enthält Anweisungen für Personen, die im Brandfall besondere Aufgaben und Weisungsbefugnisse haben.

Eine „Ordnung" ist wie ein Gesetz zu sehen; beispielsweise heißen die deutschlandweit gültigen Baugesetze Bauordnung(en), und das Straßenverkehrsgesetz nennt sich Straßenverkehrsordnung. Eine Ordnung bringt also Ordnung in ein System, damit es eben geordnet, geregelt, übersichtlich, sicher, fair und nicht chaotisch zugeht – rücksichtsvoll gegenüber dem Leben und der Gesundheit anderer.

Eine Ordnung sorgt demnach für Ordnung, und sie gibt vor, was erlaubt ist – und demzufolge im Umkehrschluss auch, welche Verhaltensweisen nicht erlaubt sein können, weil dadurch nicht akzeptable Gefahren für andere Menschen oder auch deren Sachwerte entstehen können. Es geht also einerseits um das richtige, weil sichere Verhalten und andererseits um Verbote. Verboten sind demnach Verhaltensweisen, die für eine gesellschaftlich nicht mehr akzeptable Gefahr sorgen. Hierzu zwei Beispiele:

1. Im Straßenverkehr beispielsweise betrunken oder zu schnell fahren
2. In Gebäuden falsche Baustoffe wie leichtentflammbare wählen oder zu niedrige Türen einbauen

In Unternehmen sind durch die Brandschutzordnungen bestimmte Dinge geregelt und verbindlich gefordert; demzufolge ist anderes Verhalten verboten. Jeder Teil hat seine eigene Bedeutung, und nur im Zusammenschluss ergeben sie auch einen Sinn, sind effektiv und werden dem Brandschutz gerecht. Solche Ordnungen

© Der/die Autor(en), exklusiv lizenziert durch Springer-Verlag GmbH, DE, ein Teil von Springer Nature 2022
W. J. Friedl, *Brandschutzbeauftragte: Das Weiterbildungsbuch*,
https://doi.org/10.1007/978-3-662-64619-9_9

gibt es für größere Wohngebäude, für öffentliche Gebäude und natürlich für alle
Arten von gewerblich oder industriell genutzten Gebäuden. Ist eine Brandschutzordnung Teil eines Arbeits- oder Mietvertrags, so sind ihre Inhalte absolut verbindlich einzuhalten. Man bekommt die Brandschutzordnung händisch ausgehändigt
und zugleich verbal vorgestellt. Da die Inhalte nicht intellektuell anspruchsvoll,
aber dennoch sehr wichtig sind, kann man sich nach einem Nichteinhalten auch
nicht „herausreden", man habe die Anforderungen nicht verstanden. Ein Verstoß
gegen Vorgaben einer Brandschutzordnung kann also nach einem Schaden
juristische Folgen nach sich ziehen.

Eine Brandschutzordnung wird nicht absolut gefordert, jedenfalls nicht überall.
Man kann jedoch direkt oder indirekt aus verschiedenen Bestimmungen herauslesen, dass der Brandschutz umgesetzt, „gelebt" sein muss, z. B.:

1. Arbeitsschutzgesetz
2. Arbeitsstättenverordnung
3. Berufsgenossenschaftliche Vorschrift Nr. 1
4. Privatrechtliche, aber deshalb nicht weniger verbindliche Forderungen der
   Feuerversicherungen

Auch einige Sonderbauordnungen fordern Brandschutzordnungen, etwa für
Hotels, Verkaufsräume oder Versammlungsstätten. Diese müssen dann in der
Theorie erstellt und in der Praxis umgesetzt werden. Anders als bei Fluchtwegeplänen gibt es zur Erstellung der Brandschutzordnung keine Arbeitsstättenregel.
Es gibt lediglich eine DIN, nämlich die DIN 14096. DIN-Regeln sind zunächst
juristisch unverbindlich. Doch wer eine gute Brandschutzordnung erstellen will,
muss sich diese DIN nicht unbedingt besorgen. sondern es reicht völlig aus, was
man sich an Hilfestellungen und Tipps aus dem Internet holen oder von Feuerversicherungen und Berufsgenossenschaften besorgen bzw. aus Büchern entnehmen
kann. Da diese DIN 14096 für die Erstellung von Brandschutzkonzepten unverbindlich ist, kann man sich daran halten, oder aber man weicht eben an manchen
Stellen ab. Ein Abweichen macht ggf. Sinn bei Teil B und C, nicht jedoch bei
Teil A. Dieser Teil ist nämlich lediglich ein Aushang in der Größe eines DIN-A4-
Blatts – bitte nicht kleiner (!), der stichpunktartig die wesentlichen Punkte des
organisatorischen Brandschutzes erfasst.

9.1   Teil A

Bei Teil A der Brandschutzordnung handelt es sich um einen DIN-A4-großen
Aushang, der rot umrandet ist; die Schrift wird schwarz gewählt und ist nicht
verschnörkelt, und das Papier ist weiß. Es mag Sinn machen, ein 120-g-Papier
zu wählen oder Teil A in Folie einzuschweißen, damit dieser Aushang stabiler
ist. Während es bei Teil B und C bestimmte Spielräume in der DIN 14096 gibt,

ist das bei Teil A anders. Hier ist praktisch alles vorgegeben: Symbole, Optik, Schrift, Form und die drei Spalten. So trivial dieser Aushang auf den ersten Blick auch erscheinen mag, so elementar wichtig und intelligent ist er!

Am wichtigsten in Teil A sind die ersten beide Wörter, die oben an erster Stelle in großen Buchstaben stehen: „Brände verhüten", und das ist die wichtigste Aufforderung hinsichtlich Brandvermeidung. Man wird also aufgefordert, sich selbst zu überlegen, wie man durch sein Tun oder ggf. auch durch seine Unterlassungen Brände nicht entstehen lässt. Die Brandverhütung steht *immer* im Vordergrund. Es ist immer deutlich sinnvoller, weniger gefährlich und natürlich auch preiswerter, Brände nicht entstehen zu lassen, als sie im Anschluss zu löschen. Unter diesen beiden Wörtern befindet sich ein Symbol, das offenes Feuer verbietet – ein rundes, weißes Schild mit rotem Rand und einem brennenden, rot durchgestrichenen Zündholz.

Brände lassen sich nie zu 100 % verhindern. Deshalb muss man neben dem präventiven Brandschutz auch den kurativen – sprich abwehrenden – Brandschutz beleuchten, und das folgt jetzt im Anschluss: „Verhalten im Brandfall". Damit ist gesagt, dass sich jede Person selbst Gedanken machen muss, wie sie bei ihren Tätigkeiten und an ihrem Arbeitsplatz die Forderung erfüllen und umsetzen kann – eben Brände verhüten.

Nach dem Hinweis, man möge doch bitte Brände verhüten (was ja offenbar nicht gelungen ist, sonst bräuchte man Teil A ja nicht), folgen vier besonders wichtige Punkte, wie man sich im Brandfall zu verhalten hat, aber im Brandfall – insbesondere wenn man durch das Feuer in Panik geraten ist – dürfte es schwerfallen, sich daran zu erinnern oder gar sich daran zu halten. Diese vier Punkte sind:

1. Ruhe bewahren
2. Brand melden
3. In Sicherheit bringen
4. Löschversuch unternehmen

Wie schon gesagt, diese vier Punkte sind aus der Souveränität der Ruhe, in der wir uns jetzt gerade befinden völlig trivial und demzufolge logisch. Aber es ist eine Tatsache, dass sich viele daran im Brandfall nicht erinnern können, nicht erinnern werden. Die Ruhe – also die Souveränität ist das A und O für das richtige und zielgerichtete Verhalten. Gerade in Notsituationen müssen wir Ruhe bewahren. Nur aus der Ruhe heraus lassen sich vernünftige Entscheidungen treffen – etwa, ob man Sachwerten oder dem eigenen Leben eine größere Bedeutung zumisst. Ob dann Punkt 2 (also den Brand melden) wirklich immer als Nächstes richtig ist, darf bezweifelt werden – oftmals ist Punkt 4, nämlich das kleine und sich gerade entwickelnde Feuer zu bekämpfen und es erfolgreich zu löschen, noch wichtiger. Warum ist das so? Das Melden eines Feuers benötigt Zeit, und in dieser Zeit könnte sich ein kleines, erst mal harmloses Feuer schon gut weiterentwickelt haben – in dieser Zeit aber hätte man mit einem Handfeuerlöscher das Feuerchen längst löschen können. Man stelle sich eine brennende Person vor, eine brennende

Kochpfanne oder einen brennenden Abfallkorb – in allen drei Fällen könnte man mit einem Handfeuerlöscher oder einer anderen Aktion das Feuer binnen Sekunden löschen, was deutlich sinnvoller als das Melden wäre! Allerdings ist der dritte Hinweis sehr wichtig und richtig: Man muss Punkt 4 (also das Löschen) dem Punkt 3 hintanstellen. Was bedeutet das? Nun, der Fluchtweg muss *hinter* der löschenden Person sein, also im Rücken und nicht hinter dem Feuer. Möglicherweise bekommt man mit dem vielleicht nur 30 s sprühenden Handfeuerlöscher (zur Bekämpfung eines Entstehungsfeuers sollten bereits 2 oder 3 Sekunden ausreichend sein!) das Feuer nicht in Griff, dann wäre der Fluchtweg durch Flammen, Hitze und den tödlichen Rauch abgeschnitten, und es bestünde Lebensgefahr!

Neben den vier aufgezählten Punkten, die übrigens in einer Spalte ganz rechts und in größeren Buchstaben stehen, stehen in etwa mittig ein paar Symbole und Piktogramme. Hier ist darauf zu achten, dass diese mit den sonst im Unternehmen verwendeten Symbolen identisch sind. Man muss bei einer Abänderung der Symbole nicht immer direkt nachrüsten, aber es wird gefordert, dass man in einem Unternehmen oder zumindest in einem Gebäude überall dieselben Symbole verwendet. In der dritten und rechten Spalte folgen kurze stichpunktartige, verbale Anweisungen, die auch sinnvoll, richtig und wichtig sind, etwa:

- Handfeuermelder drücken
- Gefährdete Personen warnen
- Hilflose Personen mitnehmen
- Türen schließen – damit Feuer und Rauch in der Ausbreitung gehindert werden
- Aufzüge nicht nutzen
- Wandhydrant und/oder Handfeuerlöscher nutzen

Teil A ist übrigens an alle Leute gerichtet, die sich in einem Gebäude aufhalten, egal wozu, wie lange oder wie häufig. So viel zum Teil A der Brandschutzordnung, über dessen wahre Bedeutung man in jährlichen Schulungen schon ein paar Worte fallen lassen sollte.

9.2   Teil B

Kommen wir zum zweiten Teil der Brandschutzordnung. Er ist etwas völlig anderes und ergänzt Teil A sinnvoll! Teil B ist eine schriftliche Ausarbeitung, die sich ausschließlich an diejenigen Personen wendet, die sich – wie es so schön heißt – „nicht nur vorübergehend" in einem Gebäude befinden. Damit deckt man Mieter in großen Wohnhäusern und die Belegschaft in Unternehmen ab.

Auf den ersten Blick gibt es scheinbar Grenzbereiche, etwa Handwerker, die für ein paar Tage in einem Gebäude arbeiten, oder auch Reinigungskräfte, die sich einmal die Woche und dann nur für wenige Stunden dort aufhalten. Doch das sind in Wahrheit keine Grenzbereiche, denn für diese Personen gilt Teil B der Brandschutzordnung auch, und zwar zu 100 %, denn dieser Teil macht Personen Vorgaben zum richtigen Verhalten bei ihren Tätigkeiten in einem Gebäude. Er bezieht sich auch auf Personen, die „nur mal eben" in einem Gebäude sind, etwa um einen Kinofilm anzusehen, eine Arztpraxis aufzusuchen oder in einem Geschäft einzukaufen. Diese Personen werden also nicht „aktiv", und von ihren Handlungen geht üblicherweise keine Gefahr aus – im Gegensatz zu Menschen, die in einem Gebäude handwerkliche Tätigkeiten ausführen oder das Gebäude reinigen. Dabei ist es egal, wie lang oder wie kurz diese Arbeiten dauern – von exakt diesen Arbeiten geht eine Brandgefahr aus. Deshalb ist der Unternehmer auch in der Verpflichtung, diesen Personen Teil B der Brandschutzordnung zu vermitteln: Handwerker können durch ihre Arbeiten fahrlässig Brände erzeugen, sie können Rauchmelder auslösen, und sie können Brand- und Rauchschutztüren verbotenerweise aufkeilen. Und da Teil A besagt, dass offenes Feuer verboten ist, benötigen Handwerker für feuergefährliche Arbeiten wie Flexen oder Schweißen eine Sondergenehmigung. In Teil B stehen also konkrete Handlungsanweisungen für alle in einem Gebäude aktiv werdenden Personen, und diese Forderungen decken wieder den vorbeugenden, aber auch den abwehrenden Brandschutz ab. Teil B darf in Papierform vorliegen, oder er befindet sich im Intranet. Man benötigt übrigens eine Unterschrift von jeder Person, der man diesen ausgehändigt hat – zum einen, um sich juristisch abzusichern, und zum anderen, um dem Teil B eine bestimmte, ja besondere Bedeutung zu geben. Mit der Unterschrift bestätigt man ja, dass man die Vorgaben von Teil B der Brandschutzordnung gelesen hat, sie akzeptiert und sie auch einhalten wird.

Bei Fremdfirmen kann man Teil B der Brandschutzverordnung mit einem schriftlichen Vertrag der den Auftrag entgegennehmenden Firma einmalig übermitteln. Es wird dann zur Auflage gemacht, dass die Fremdfirma die Inhalte allen Personen vermittelt. Besonders hervorzuheben sind hier die folgenden acht Punkte:

1. Bei feuergefährlichen Arbeiten muss es einen Erlaubnisschein mit konkreten Verhaltensanordnungen geben.
2. Selbst erzeugte Abfälle müssen eigenverantwortlich entsorgt werden.
3. Brand- und Rauchschutztüren dürfen nicht aufgekeilt werden.
4. Man muss wissen, wo sich die Fluchtmöglichkeiten befinden.
5. Man muss wissen, wie man sich im Brandfall zu verhalten hat.
6. Man muss über hausinterne Brandschutzvorgaben Bescheid wissen.
7. Man muss über die möglicherweise gefährlichen Abläufe im Unternehmen Bescheid wissen.
8. Man muss mit den verschiedenen Energiearten, die man verwendet, insbesondere Strom und Gas, besonders vorsichtig und umsichtig umgehen.

Bei Teil B der Brandschutzordnung sind Format, Symbole oder die Gestaltung nicht vorgegeben, hier hat man also deutlich mehr Spielraum als bei Teil A. Es gibt jedoch zwölf aufeinander abgestimmte Unterpunkte, die abgearbeitet werden müssen – möglichst kurz, verständlich und nachvollziehbar. Um das Ziel „kurz" umzusetzen, empfehlen sich stickpunktartige Informationen und keine lang artikulierten Sätze. Wenn jemand Deutsch nicht versteht, so muss man Teil B in seine Landessprache übersetzen. Die folgenden zwölf Unterpunkte in Teil B der Brandschutzordnung sind:

1. Einleitung
2. Teil A der Brandschutzordnung
3. Brandverhütende Maßnahmen
4. Brand- und Rauchausbreitung
5. Flucht- und Rettungswege
6. Melde- und Löscheinrichtungen
7. Verhalten im Brandfall
8. Brand melden
9. Alarmsignal; Anweisung beachten
10. In Sicherheit bringen
11. Löschversuche unternehmen
12. Besondere Verhaltensregeln

Im Folgenden möchte ich zu den zwölf Punkten ein paar Tipps geben. Ein Tipp
vorab ist, so wenig wie möglich und so viel wie nötig hinzuschreiben, also besser
stichpunktartig und optisch gut aufbereitet als mit zu kleiner Buchstabengröße und
in Prosatexten. „Optisch gut" bedeutet auch, dass man nicht zu viel Text auf eine
Seite setzt und vielleicht ein Symbol oder ein Foto einfügt – somit sieht das Ganze
freundlicher aus und verleitet eher zum Lesen.

Zu Punkt 1 („Einleitung"): Hier sollte man möglichst wenig hinschreiben,
etwa ab wann und für wen diese Brandschutzordnung gültig ist, dass sie von der
Geschäftsleitung abgesegnet wurde und deshalb für verbindlich erklärt wird – verbindlich für alle Personen, denen Teil B ausgehändigt oder zugänglich gemacht
wurde.

Zu Punkt 2 („Teil A der Brandschutzordnung"): Einfach Teil A, also das DIN-
A4-Blatt, hier abdrucken, und zwar kommentarlos.

Zu Punkt 3 („Brandverhütende Maßnahmen"): Hier muss man jetzt genau
das hinschreiben, was in den jeweiligen Abteilungen vorgegeben ist, um Brände
zu verhüten. Das wird im Büro anders als in der Kantinenküche, in der Logistik
anders als in der Produktion und im Rechenzentrum anders als in den Technikräumen ausfallen. Hier stehen übrigens konkrete Punkte, was zu tun ist oder was
verboten ist, aber *keine* Schutzziele! Noch mal: Es ist nicht nur möglich, sondern
sogar gefordert, dass man hier auf alle Arten von Arbeiten eingeht. Nun könnte
man natürlich die Anforderungen für EDV, Kantine, Logistik, Produktion und
Büro hier alle zusammenschreiben, was durchaus erlaubt ist, aber es macht eher
weniger Sinn, denn wer in der Küche arbeitet, wird nie in der EDV arbeiten, und
die Sekretärin wird niemals in der Logistik arbeiten. Somit würde man diesen
Teil unnötig aufblähen. Wenn hier also alles im Unternehmen Geforderte rein-
geschrieben wird, sich jeder aber nur in 20 % der Punkte wiederfindet, wird
es problematisch. Warum? Nun, jetzt hat man gute Chancen, dass dieser Teil zu
umfangreich wird und er demzufolge auch nicht gelesen wird. Wenn man aber zu
100 % die Punkte des täglichen Arbeitslebens wiederfindet, dann sind die Chancen
sehr groß, dass der Teil gelesen und das Gelesene umgesetzt wird. Dieser Punkt
der Brandschutzordnung ist von besonderer Relevanz, denn es geht um die Brandvermeidung.

Zu Punkt 4 („Brand- und Rauchausbreitung"): Punkt 3 hat nicht funktioniert, und es kam zu einem Brand. Nun steht das Kurative im Vordergrund. Wenn man sich jetzt falsch verhält oder gar nichts unternimmt, kann es zu einem Millionenschaden kommen. Um Entstehungsbrände an der Ausbreitung zu hindern, schließt man zügig die Türen zu diesen Bereichen und öffnet ebenso zügig die für hier angedachten Entrauchungsanlagen – was in vielen Fällen übrigens die Fenster sind. Also öffnet man Fenster in Räumen, in denen es gerade brennt, und in anderen schließt man sie, damit kein Rauch eindringen kann. Dass man das vor 30 und mehr Jahren noch anders, falsch, gelehrt hat, hindert uns nicht daran, es heute besser zu machen. Offene Fenster in brennenden Räumen sorgen dafür, dass Hitze, brennbare Pyrolysegase und der Brandrauch ins Freie gelangen. Somit bleibt das Feuer kleiner und wird weniger schnell gefährlich. Das hat zur Folge, dass der Schaden geringer wird und dass andere Bereiche von dem Feuer nichts abbekommen. Ach ja, die Fenster oberhalb eines brennenden Bereichs schließt man natürlich, damit keine Rauchgase eindringen können. Das ist bei der Flucht durchaus noch machbar, ohne sich zu gefährden.

Zu Punkt 5 („Flucht- und Rettungswege"): Der erste Fluchtweg ist immer der Weg, auf dem man in ein Gebäude kommt. Der zweite Fluchtweg ist hier besonders wichtig zu erwähnen, denn viele Personen wissen überhaupt nicht, dass dieser zweite Ausgang oder Treppenraum vorhanden ist, oder sie vergessen es in der Panik eines Feuers und verhalten sich eben so, wie sie es jeden Tag machen, und nehmen den ersten Fluchtweg. Das ist einer der Gründe, warum man Räumungsübungen in regelmäßigen Abständen durchzuführen hat.

Zu Punkt 6 („Melde- und Löscheinrichtungen"): Festnetztelefone, Handfeuermelder oder Smartphones sind Meldeeinrichtungen für Brände. Es macht Sinn, bei jedem Feuer die Feuerwehr zu rufen. Sie ist meist innerhalb weniger Minuten vor Ort, und der Einsatz ist erst einmal pauschal kostenfrei – das gilt auch dann, wenn man das kleine Feuer längst selber gelöscht hat. Die Feuerwehrleute werden das im Gegenteil positiv vermerken und darum bitten, sich zukünftig ebenfalls so zu verhalten.

Zu Punkt 7 („Verhalten im Brandfall"): Diese Punkte entnimmt man primär dem Teil A. Menschenleben stehen immer im Vordergrund, erst dann folgen die Sachwerte. Gegebenenfalls kann man ja bestimmte Dinge aus dem brennenden Raum noch entfernen oder verschließen. Es macht Sinn, ein schon größer gewordenes Feuer mit zwei Feuerlöschern gleichzeitig und nicht hintereinander zu löschen – natürlich von zwei Personen, während eine dritte Person bereits die Feuerwehr ruft und Person vier andere warnt und informiert. Und weil es so wichtig ist, wird es wiederholt: Der Fluchtweg muss hinter dem Rücken liegen und nicht hinter dem Feuer.

Zu Punkt 8 („Brand melden"): Das ist bereits unter Punkt 7 abgehandelt.

Zu Punkt 9 („Alarmsignal; Anweisung beachten"): Man muss Sirenen oder andere Brandalarmzeichen in großen Hallen richtig deuten können. Das geht nur, wenn man diese optischen oder akustischen Signale auch allen vorstellt, also bekannt macht.

Zu Punkt 10 („In Sicherheit bringen"): Vgl. hierzu Punkt 7 und Teil A – mehr ist hier nicht zu sagen.

Zu Punkt 11 („Löschversuche unternehmen"): Auch das ist in Teil A ausreichend behandelt worden.

Zu Punkt 12 („Besondere Verhaltensregeln"): In bestimmten Bereichen kann es sinnvoll sein, besondere Verhaltensmuster für Notfälle festzuschreiben, etwa in Verzinkereien, in der Automobilproduktion, bei Lackierstellen, in der EDV oder in Kantinenküchen – Sinn ist es, dass weder weitere Brände noch unnötige Schäden oder Risiken, also Gefahren, entstehen.

Wenn sich alle an Teil B ihrer Brandschutzordnung halten, entstehen um mindestens 90 % weniger Brände!

9.3   Teil C

Teil C der Brandschutzordnung überträgt festangestellten Personen im Unternehmen besondere Aufgaben und damit mehr Verantwortung. Es geht um das Verhalten in einem Gebäude, wenn das Feuer zu groß wird und das Haus zügig, geordnet und sicher verlassen werden muss. Dieser Teil muss in Papierform vorliegen, denn jetzt geht es darum, die richtigen Schritte zügig und in der richtigen Reihenfolge einzuleiten. Ob das dann in DIN A4, in DIN A5 oder sogar in DIN A6 vorliegt, ist egal; alle drei Formate sind nach der DIN 14096 möglich. Und wenn man Gebäudepläne im Anhang einfügen will, so dürfen diese auch im Format DIN A3 sein. Man stelle sich ein Feuer vor und die EDV fällt aus – in diesem Fall kann man nicht mehr auf Teil C der Brandschutzordnung zurückgreifen, und deshalb muss dieser Teil den betreffenden Personen händisch überreicht werden.

Auch hier ist eine Einweisung und ein mit Unterschrift bestätigter Empfang juristisch sehr wichtig. Diesen Teil überreicht man üblicherweise Personen, die auch im Normalfall Anweisungen geben: Menschen, die es gewohnt sind, Verantwortung zu übernehmen und sich Gedanken machen, welche Handlungsweisen richtig und zielführend sind. Das ist auch deshalb von entscheidender Bedeutung, weil die Belegschaft es gewohnt ist, den Anweisungen von Vorgesetzten – falls sie sinnvoll, nicht verboten oder gefährdend sind – zu folgen. Ganz anders wäre es, wenn jemand aus der unteren Ebene Anordnungen durchzusetzen versuchen würde: Zum einen werden diese Personen von ihnen sonst vorgesetzten Personen nicht als Vorgesetzte akzeptiert, und zum anderen können diese Personen aufgrund fehlenden Wissens oftmals die Komplexität und Bedeutung nicht allumfassend begreifen. Man stelle sich einen Produktionsbereich vor, der durch wegen der Unterbrechung pro Minute 30.000 € Kosten erzeugt – in einer halben Stunde wäre somit ein Schaden von 900.000 € entstanden. Und jetzt lässt jemand weiterarbeiten in der Hoffnung, das Feuer werde schon wieder ausgehen. Nein, es muss jetzt eine Person Anweisungen treffen, zu denen diese Person auch gegenüber der Geschäftsleitung stehen kann.

Es stellt sich nicht selten die Frage, ob man im Brandfall ein Gebäude komplett räumen muss oder ob eine Teilräumung ausreichend und ggf. auch sicherer ist, denn schließlich brennen bei uns in Deutschland Gebäude nicht fackelartig ab, wie in vielen anderen Ländern (z. B. auch Frankreich und Großbritannien). Nein, das ist abhängig von der Flächengröße und der Etagenanzahl, natürlich auch von der Brandausbreitung. Und man muss abwägen, ob eine teilweise Räumung oder eine gänzliche Räumung Sinn ergibt. So muss man beispielsweise in einem mit einer Brandlöschanlage versehenem Bürohochhaus bei einem Brand auf der Ebene 17 nicht unbedingt alle anderen Ebenen räumen, sondern vielleicht außer der Ebene 17 noch 18, 19 und vielleicht auch 16. Würde man das gesamte Hochhaus räumen, wäre die Gefährdung für die vielleicht 1750 Personen allein dadurch wahrscheinlich größer. Und es muss hinzugefügt werden, dass mit einer automatischen Brandlöschanlage versehene Bürohochhäuser nicht wie eine Fackel brennen können – wie man es von Actionfilmen oder auch von nicht gesprinklerten Wohnhochhäusern aus anderen Ländern her kennt.

Es geht in Teil C um die Koordinierung des Verhaltens, wenn sich ein Feuer so stark ausbreitet, dass man es nicht mehr selbst schafft, den Flammen Herr zu werden. Jetzt sind ein paar fundamental wichtige Punkte nötig, die man zum Teil auch parallel ablaufen lassen kann, um wertvolle Zeit zu sparen. Schließlich geht es um Menschenleben und um beträchtliche Sachwerte (Gebäude, ihre Inhalte und um die möglicherweise folgende Betriebsunterbrechung).

Die Personen, die Teil C der Brandschutzordnung ausgehändigt bekamen, haben im Brandfall eine besondere Aufgabe, besonders viel Verantwortung. Sie sind jetzt diejenigen, die entscheiden, wer was zu tun hat. Kurze, klare und ruhig ausgesprochene Anweisungen und Aufgabenverteilungen an Personen mit dem Ziel, für optimale Sicherheit zu sorgen. Bis die Feuerwehr vor Ort ist, haben diese Personen sozusagen das Polizeirecht im Gebäude. Die acht folgenden Punkte sind jetzt, wenn ein Feuer zu groß zum Löschen mit einem Handfeuerlöscher geworden ist, besonders wichtig:

1. Feuerwehr informieren über den Zustand des Feuers
2. Alle von dem Feuer möglicherweise betroffenen Personen über das Feuer und die zügige Flucht informieren
3. Anfahrtsbereiche für die Feuerwehr freihalten bzw. zügig freimachen
4. Befähigte Personen abstellen, die über den Brandort, die Angriffswege, die Verlegung von Strom- und Gasleitungen usw. Bescheid wissen (normalerweise ist das ein Hausmeister), und der Feuerwehr beratend zur Seite stellen
5. Einen befähigten Trupp zusammenstellen und umgehend einweisen, damit die Gebäuderäumung zügig umgesetzt wird
6. Über Personen verfügen, die dafür sorgen, dass die Türen zu den Brandbereichen geschlossen, aber nicht verschlossen werden
7. Möglichst noch einen Trupp von besonders fähigen Leuten haben und abstellen, um das Feuer mit dem Fluchtweg im Rücken oder mit mehreren Handfeuerlöschern, mit fahrbaren Löschern oder mit Wandhydranten klein zu halten oder gar zu löschen
8. Am Sammelplatz für Ruhe und Ordnung sorgen und auch dafür, dass diese Personen nicht durch den Verkehr oder die anrückende Feuerwehr gefährdet werden

Es wird schnell klar, dass diese acht Punkte nicht von einer Person allein umgesetzt werden können. Nein, da müssen schon viele oder im Idealfall alle und konstruktiv mithelfen. Das geht nur, wenn man vorab unterwiesen ist und Räumungen geübt hat. Und dann müssen alle zügig und konstruktiv zusammenarbeiten und ihren Job, ihre Aufgabe erfüllen. Teil C gibt leitenden Personen – Personen, die im Brandfall weisungsbefugt sind – besondere Informationen. Bei den jährlichen Schulungen ist der Rest der Belegschaft auch darüber zu informieren, dass es diese Personen gibt und dass diese Personen alle Aufgaben übertragen können und dürfen – und dass die Belegschaft diese Aufgaben, falls sinnvoll und zumutbar, auch umzusetzen hat. Auch hier ist übrigens in der DIN die grafische und optische Form nicht absolut, nicht verbindlich vorgegeben – so wie in Teil B ja auch nicht, in Teil A jedoch schon. Teil C besteht nach den Anforderungen der DIN aus acht Unterpunkten:

1. Einleitung
2. Brandverhütung
3. Meldung und Alarmierungsablauf
4. Sicherheitsmaßnahmen für Lebewesen und Sachwerte
5. Löschmaßnahmen
6. Vorbereitung für den Einsatz der Feuerwehr
7. Nachsorge
8. Anhang

Der Brandschutzbeauftragte sorgt dafür, dass auch der Teil C stets aktuell ist. Wir wollen die acht Unterpunkte nun in der Bedeutung und Wertigkeit näher betrachten:

Zu Punkt 1 („Einleitung"): Hier steht kurz und klar, dass die Personen, denen Teil C ausgehändigt wurde, eine besondere Verantwortung für den präventiven und auch für den kurativen Brandschutz haben. Diese Personen sind weisungsbefugt und müssen – gerade im Brandfall – verantwortliche und später nachvollziehbare Anweisungen geben und geben können.

Zu Punkt 2 („Brandverhütung"): Die Brandverhütung obliegt eigentlich Teil A und B; Teil C ist für den Fall vorgesehen, dass ein Feuer zu groß geworden und nicht mehr bekämpfbar ist. Insofern kann dieser Punkt vielleicht mit nur zwei Sätzen abgegolten werden: „Die Überprüfung der Einhaltung der Brandschutzvorgaben aus Teil B obliegt Ihnen. Es fällt in Ihren Aufgabenbereich, Brandschutzvorgaben nicht nur zu kennen, sondern für deren ständige Einhaltung zu sorgen, nötigenfalls mit disziplinarischen Mitteln."

Zu Punkt 3 („Meldung und Alarmierungsablauf"): Das wiederum ist eine besonders wichtige Sache, denn die sonstige Belegschaft hat ja nicht die Aufgabe, sich um dieses Thema zu kümmern. Man muss also hausintern und möglichst parallel auch extern den Brand melden, etwa in der Wachzentrale oder beim Pförtner – zeitgleich möglichst auch in anderen Abteilungen und Bereichen im selben Gebäude.

Zu Punkt 4 („Sicherheitsmaßnahmen für Lebewesen und Sachwerte"): Die Reihenfolge ist hier gegeben, Menschen und ggf. Tiere stehen an erster und zweiter Stelle. Aber auch um Sachwerte, die durch ein Feuer, dessen Hitze oder Rauch zerstört werden können, muss man sich kümmern. Wenn es möglich ist, hier eine Schadenminimierung zu bewirken, muss diese eingeleitet werden. Das fordern übrigens auch die Feuerversicherungen, und setzt man sinnvolle und schadenverringernde Punkte nicht um, können die Versicherungen die Schadenzahlungen reduzieren. Insbesondere wertvolle, kleine und somit leicht bewegliche oder auch besonders empfindliche Gegenstände kann man durch Entfernen, Abdecken oder Türenschließen vor Zerstörung retten.

Zu Punkt 5 („Löschmaßnahmen"): Im Brandfall ist es wichtig, dass man schnell und richtig vorgeht. Ein Feuer entwickelt sich nicht linear, sondern exponentiell, und deshalb ist ein sofortiger, beherzter Löscheinsatz von entscheidender Bedeutung. Zwei Feuerlöscher bei einem schon etwas größeren Brand gleichzeitig einzusetzen, ist mehr als viermal so erfolgreich, als sie nacheinander abzublasen. Dabei geht man so vor, dass zwei Personen je einen Handfeuerlöscher einsetzen (mit dem Fluchtweg im Rücken), eine dritte Person darauf achtet, dass der Fluchtweg auch noch sicher und somit begehbar ist, und eine vierte und fünfte Person dafür sorgen, dass weitere Handfeuerlöscher geholt werden.

Zu Punkt 6 („Vorbereitung für den Einsatz der Feuerwehr"): Die Zufahrten sind frei zu halten, spätestens jetzt. Der Lieferwagen muss weggefahren werden, und eine Person – möglichst mit einer Warnweste bekleidet – steht auf der Straße, um der Feuerwehr den korrekten Zufahrtsweg zu zeigen. Dort steht dann auch ein Haustechniker, der dem Einsatzleiter die nötigen Informationen zügig und präzise, jedoch knapp und nur auf Nachfrage vermittelt. Hierzu ein Tipp: Ein Hausmeister wird der Feuerwehr deutlich mehr Hilfestellungen geben können als der Vorstandsvorsitzende des Konzerns, weil dieser das Gebäude, die Bereiche und die eingesetzten Mittel deutlich besser kennt.

Zu Punkt 7 („Nachsorge"): Nachdem ein Brand gelöscht worden ist, spricht man mit der Einsatzleitung und glaubt bzw. befolgt ihren Anweisungen. Bei Großbränden wird das ein Staatsanwalt übernehmen.

Zu Punkt 8 („Anhang"): Im Anhang sind Gebäudepläne und möglicherweise weitere Informationen enthalten, die beim Löschen für die Feuerwehr sinnvoll und nötig sein könnten.

Man sieht jetzt wohl recht klar, dass nur das Zusammenspiel der drei Teile A, B und C für einen optimalen Brandschutz in Unternehmen sorgen. Erstellung, Umsetzung, Vermittlung und Übung – diese vier Punkte machen Unternehmen erst wirklich brandsicher.

Technische Regeln zur Gefahrstoffverordnung und Betriebssicherheitsverordnung

10

Die Bezeichnung „Regel" ist sehr gut gewählt, denn „in der Regel" muss man sich daran halten. Man darf aber, anders als bei den Vorgaben von Gesetzen oder Verordnungen, davon abweichen, wenn dadurch zum einen keine Gefahr und zum anderen keine Gefahrenerhöhung entsteht. Es gibt sehr viele Regeln, übrigens auch von den Berufsgenossenschaften, die man kennen muss oder sollte und die man – so oder alternativ – einhalten und umsetzen muss. Auch diese vielen Regeln füllen einige 1000 Seiten, und deshalb kann hier lediglich eine kleine Auswahl von einigen wenigen brandschutzrelevanten Regeln erfolgen.

10.1 TRGS 400

„Gefährdungsbeurteilung für Tätigkeiten mit Gefahrstoffen", so lautet die Bezeichnung der TRGS 400. Nach der Beurteilung entwickelt man also Maßnahmen, damit diese Gefahren erst maximal reduziert und dann maximal unwahrscheinlich werden. Die Gesamtverantwortung für die Gefährdungsbeurteilung liegt beim Arbeitgeber und weder beim Arbeitsschützer noch beim Brandschutzbeauftragten; der Arbeitgeber kann diese Aufgaben verständlicherweise an solch fachkundige Personen delegieren, aber er muss sich vergewissern, dass diese die Arbeiten auch gewissenhaft erfüllen. Es muss möglich sein, an die dafür nötigen Unterlagen und Informationen intern und extern zu kommen (das ist oft leichter gesagt als dann umgesetzt). Der meiner Meinung nach zentraler Satz dieser TRGS 400 findet sich unter Punkt 3.1 (9):

> Werden für die Durchführung von Arbeiten in einem Unternehmen Fremdfirmen beauftragt und besteht die Möglichkeit einer gegenseitigen Gefährdung, haben alle Arbeitgeber, Auftraggeber und Auftragnehmer bei der Durchführung der Gefährdungsbeurteilung zusammenzuwirken und sich abzustimmen.

© Der/die Autor(en), exklusiv lizenziert durch Springer-Verlag GmbH, DE, ein Teil von Springer Nature 2022
W. J. Friedl, *Brandschutzbeauftragte: Das Weiterbildungsbuch*, https://doi.org/10.1007/978-3-662-64619-9_10

Ein vereinfachtes Verfahren zur Gefährdungsbeurteilung ist erlaubt, wenn

- eine mitgelieferte (pauschale) Gefährdungsbeurteilung vorliegt,
- verfahrens- und stoffbezogene Kriterien nach TRGS 420 beschrieben sind,
- stoff- oder tätigkeitsbezogene TRGS aufgestellt wurden und
- branchen- oder tätigkeitsspezifische Hilfestellungen vorliegen, deren Qualität einer mitgelieferten Gefährdungsbeurteilung entspricht.

Eine Gefährdungsbeurteilung soll einmal im Jahr kritisch hinterfragt werden; dabei ist abzugleichen, ob es Veränderungen geben soll. Es wird jedoch immer dann eine erneute Gefährdungsbeurteilung nötig, wenn es neue Gefahrstoffe oder Änderungen in den Tätigkeiten, Arbeitsverfahren, eingesetzten Energien oder eine Veränderung der getroffenen Schutzmaßnahmen gibt, aber auch wenn neue Erkenntnisse (vgl. z. B. die TRGS 905, TRGS 906, TRGS 907) vorliegen oder wenn eine kritische Überprüfung der Ergebnisse der Wirksamkeitsprüfung Veränderungen notwendig werden lassen. Auch AGW-Änderungen (AGW = Arbeitsplatzgrenzwert; vgl. hierzu die TRGS 900) oder bestimmte Erkenntnisse aus der arbeitsmedizinischen Vorsorge können eine Überarbeitung und somit eine Verbesserung notwendig werden lassen. Grundsätzlich muss es für alle Arten von Tätigkeiten eine Gefährdungsbeurteilung geben; gleichartige Arbeitsplätze dürfen zusammengefasst sein, und gefährliche Tätigkeiten sollen nicht pauschal, sondern immer individuell beurteilt werden, d. h., dass persönliche und räumliche Einstufungen berücksichtigt werden. Man muss sich Informationen beschaffen über sämtliche eingesetzte chemische Arbeitsstoffe und Ahnung haben von allen ablaufenden Tätigkeiten. Auch ist die Möglichkeit der Substitution von eingesetzten Stoffen (weniger/nicht brandgefährlich) zu prüfen. Weiter benötigt man möglichst umfangreiches Wissen über die möglichen sowie vorhandenen brandschutztechnischen Schutzmaßnahmen und auch deren Akzeptanz bzw. deren Effektivität. Für die Arbeitsschützer unter den Brandschutzbeauftragten können außerdem Informationen aus durchgeführten arbeitsmedizinischen Vorsorgeuntersuchungen wichtig werden.

Wir Brandschutzbeauftragte begnügen uns oftmals damit, die aktuellen Sicherheitsdatenblätter zu lesen, zu prüfen und die darin enthaltenen Brandschutzmaßnahmen umzusetzen; Kollegen mit weitergehenden, angrenzenden Fachwissen werden diese ggf. noch ergänzen. Dabei sind die Gefahren von erstickenden, narkotisierenden oder tödlichen Gasen (z. B. dem Löschmittel CO_2) zu berücksichtigen und besondere Vorsorgemaßnahmen zu treffen, wenn in engen Räumen oder Behältern gearbeitet wird. Alle dazu erstellten Unterlagen (Anweisungen, Gefährdungsbeurteilungen müssen mindestens zehn Jahre lang aufbewahrt werden, und ich empfehle (da es weder Geld noch Raum kostet), diesen Zeitraum zu verlängern. Es sind festzuhalten:

- Zeitpunkt der Erstellung
- Beteiligte Personen
- Arbeitsbereiche und Tätigkeiten
- Alle am Arbeitsplatz auftretenden Gefährdungen

Tab. 10.1   Hilfreiche Fragen aus der TRGS 400 zum Aufdecken möglicher Brandrisiken

Fragen (ja bedeutet „harmlos")	Bemerkungen, falls „nein"
Tätigkeiten entsprechend den Hersteller-angaben?	Eigene Gefährdungsbeurteilung nötig
Gibt es Angaben über die Gefahren?	R-/S-Sätze (H-/P-Sätze)
Angaben über AGW* und BGW** vorhanden?	TRGS 900, TRGS 903
Gibt es sicherheitstechnische Informationen des Herstellers?	Sicherheitsdatenblatt einsehen
Ausmaß, Art und Dauer der Exposition bekannt?	Beschreibung der Exposition(en)
Physikalisch-chemische Wirkungen bekannt?	Zum Beispiel Flammpunkt, EX-Grenzen
Arbeitsbedingungen, Verfahren, Arbeitsmittel und Gefahrstoffe bekannt?	Konkrete Angaben, z. B. Mengen
Möglichkeiten einer Substitution?	Substituieren oder begründen, warum unmöglich
Wirksamkeit der getroffenen Schutzmaßnahmen?	Zum Beispiel Prüf- und Messergebnisse
Gibt es Angaben zu sinnvollen/nötigen arbeits-medizinischen Vorsorgeuntersuchungen?	Muss meistens selber geprüft und definiert werden

*Arbeitsplatzgrenzwert
**biologischer Grenzwert

- Häufigkeit der Tätigkeiten
- Dauer der Exposition
- Zusätzlich relevante Tätigkeiten
- Schutzmaßnahmen (technische, organisatorische, personenbezogene)
- Effektivität der Schutzmaßnahmen
- Durchgeführte Unterweisungen
- Substitutionsprüfung
- Umsetzungsfristen
- Überprüfungsfristen (bei Technik: ≤ 3 Jahre)

Anlage 2 dieser Regel enthält folgende Fragen, die so geformt sind, dass ein Ja als Antwort positiv bzw. harmlos zu werten ist und ein Nein ggf. weitere Überlegungen nach sich zieht. Die Fragen führen uns zwangsweise zu weiteren Themen, Gefährdungen oder Vorsorgemaßnahmen (Tab. 10.1).

10.2   TRGS 510

Diese wichtige TRGS behandelt die Lagerung von Gefahrstoffen in ortsbeweglichen Behältern und trifft somit in fast allen Unternehmen zu; neben dem normalen Lagern fallen auch das Ein- und Auslagern, das Transportieren innerhalb des Lagers und das Beseitigen freigesetzter Gefahrstoffe in diese TRGS. Die Mengenschwelle in Tab. 10.2 gibt an, oberhalb welcher Gesamtmenge laut dieser TRGS Maßnahmen zu ergreifen sind.

Jeder von uns weiß, dass bereits deutlich geringere Mengen extrem gefährlich, ja tödlich werden können – insofern halten wir uns nicht nur stur an solche Mengenbegrenzungen, sondern treffen schon wesentlich früher bestimmte Maßnahmen, um Schadeneintrittswahrscheinlichkeit und Schadenhöhe zu minimieren. Man muss aber auch wissen, dass sich Gefährdungen durch die Lagerung von Gefahrstoffen insbesondere ergeben können durch

1. Eigenschaften bzw. Aggregatszustand der gelagerten Gefahrstoffe,
2. Menge der gelagerten Gefahrstoffe,
3. Art der Lagerung,
4. „Tätigkeit bei der Lagerung,"
5. „Zusammenlagerung von unterschiedlichen Gefahrstoffen,"
6. Arbeits- und Umgebungsbedingungen, insbesondere Bauweise des Lagers, Raumgröße, klimatische Verhältnisse, äußere Einwirkungen und Lagerdauer,
7. aktive oder passive Lagerung (wird dort auch umgefüllt oder lediglich ein- und ausgelagert).

Tab. 10.2 Ab diesen Mengen fordert die TRGS 510 erhöhte Brandschutzmaßnahmen - sinnvoll indes sind individuelle Zusatzmaßnahmen schon deutlich früher!

Stoffart	Weitere Maßnahmen nötig ab
Alle Gefahrstoffe	>1000 kg
Akut toxische Gefahrstoffe	>200 kg
Karzinogene und Keimzellmutagene Gefahrstoffe	>200 kg
Gefahrstoffe mit speziellen toxischen Eigenschaften	>200 kg
Extrem und leicht entzündbare Flüssigkeiten	>200 kg
Entzündbare Flüssigkeiten	>1000 kg
Entzündbare Feststoffe	>200 kg
Pyrophore Stoffe und Gemische	>200 kg
Selbsterhitzungsfähige Stoffe und Gemische	>200 kg
Selbstzersetzliche Stoffe und Gemische	>200 kg
Oxidierende Flüssigkeiten und Feststoffe (H272, H272)	>5 kg
Oxidierende Flüssigkeiten und Feststoffe (H272, sofern nicht in der Anlage 6 genannt)	>200 kg
Gase in Druckgasbehältern	>2,5 l kg
Aerosolpackungen, Druckgaskartuschen	>20
Gefahrstoffe, die erfahrungsgemäß brennbar sind	>200
Brennbare Flüssigkeiten	>1000

Somit hat der findige Brandschutzbeauftragte schon jede Menge Vorsorge- und Abhilfemaßnahmen im Kopf parat, um für optimalen Brandschutz zu sorgen. Vergessen Sie nie § 4 ArbSchG: Alle Arbeiten sind immer derartig zu gestalten, dass (Brand-)Gefährdungen möglichst vermieden und verbleibende Gefährdung möglichst gering gehalten werden. Und auch der nachfolgende § 5 ist für uns von Bedeutung: Der Arbeitgeber hat durch eine Beurteilung der für die Beschäftigten mit ihrer Arbeit verbundenen Gefährdung zu ermitteln, welche (Brand-)Schutzmaßnahmen nötig sind. Hier gibt es eine Prioritätenliste:

1. Arbeit möglichst harmlos gestalten
2. Gefährdungen vermeiden
3. Verbleibende Gefährdung minimieren
4. Gefahren an der Quelle beseitigen, nicht da, wo sie sich auswirken
5. Aktuelles Wissen anwenden
6. Maßnahmen sinnvoll, sachgerecht verknüpfen
7. Individuelle Schutzmaßnahmen: nachrangig
8. Besonders schutzbedürftigen Personen berücksichtigen
9. Individuell geeignete Arbeitsanweisungen erstellen
10. Geschlechtsspezifische Regelungen sachlich begründen

Die Mengen bereitgestellter Gefahrstoffe an den Arbeitsplätzen sind auf den Schichtbedarf zu begrenzen; wenn regelmäßig kleine Mengen verwendet werden, so können auch die kleinsten, handelsüblichen Gebindegrößen bereitgestellt werden. Gefahrstoffe dürfen nur in geschlossenen Verpackungen oder Behältern gelagert werden und dies möglichst in den Originalbehältern. Wer Gefahrstoffe lagert, muss ein Gefahrstoffverzeichnis führen:

1. Bezeichnung der gelagerten Gefahrstoffe (aus der Bezeichnung müssen Feuerwehrleute Schlüsse ziehen können, d. h., neben dem hausinternen Produktnamen muss ggf. die allgemein bekannte Bezeichnung angegeben werden – alle Gefahrstoffe müssen also identifizierbar sein)
2. Einstufung des Gefahrstoffs oder Angaben zu den gefährlichen Eigenschaften
3. Angabe der Lagermenge
4. Angabe des Lagerbereichs

Entzündbare Flüssigkeiten dürfen außerhalb von Lagern in zerbrechlichen Behältern bis 2,5 l und in nicht zerbrechlichen Behältern bis 10 l Fassungsvermögen je Behälter gelagert sein. Gefahrstoffe sind in Lagern zu lagern, wenn die im Folgenden aufgeführten Mengen pro Brandabschnitt überschritten wird:

1. Gase in Druckgasbehältern mit einem Nennvolumen ab 2,5 l
2. Brennbare Flüssigkeiten (20 kg extrem und leicht entzündbare Flüssigkeiten, davon nicht mehr als 10 kg extrem entzündbar; 100 kg entzündbare Flüssigkeiten; 1000 kg brennbare Flüssigkeiten)

3. 20 kg Gase in Druckgaskartuschen
4. 20 kg Aerosolpackungen (Nettomasse)
5. 50 kg für akut toxische oder karzinogene Gefahrstoffe
6. 1 kg oxidierende Gefahrstoffe Kategorie 1
7. 50 kg oxidierende Gefahrstoffe Kategorie 2 oder 3
8. 200 kg pyrophore Gefahrstoffe (H250)
9. 200 kg Gefahrstoffe, die mit Wasser entzündbare Gase freisetzen (H260, H261)
10. 1000 kg Nettolagermasse für Gefahrstoffe, die keine der vorgenannten Eigenschaften besitzen

Allgemeingültige, konkrete Anforderungen an Lagerräume laut dieser TRGS sind (mindestens diese sollten Sie umsetzen – wenn Sie noch mehr draufpacken, umso besser, denn somit wird die Schadeneintrittswahrscheinlichkeit und nach Schäden sicherlich auch die Schuld geringer):

- In Lagerräumen muss eine ausreichende Beleuchtung vorhanden sein, durch die es nicht zu einer gefährlichen Reaktion kommen kann (Wärmeabstrahlung).
- Es muss eine ausreichende Belüftung geben (ggf. ASR A3.6 beachten).
- Es muss eine Betriebsanweisung laut TRGS 555 geben.
- Unbeabsichtigt freigesetzte Stoffe müssen erkannt werden.
- Im Lager herrscht Rauchverbot.
- Man darf im Lager weder essen noch trinken
- Kann bei unbeabsichtigter Stofffreisetzung eine gefährliche Menge entstehen, muss es dafür passende PSA geben (z. B. Filterfluchtgeräte).
- Gegebenenfalls ist Schutzkleidung zu stellen.
- Ausgelaufene oder verschüttete Gefahrstoffe dürfen nicht mit brennbaren Materialien (z. B. Sägemehl, Wellpappe) aufgenommen werden.
- In Räumen unter Erdgleiche dürfen maximal 50 gefüllte Druckgasbehälter gelagert werden, wenn ein zweifacher Luftwechsel oder eine Gaswarneinrichtung vorhanden ist.

Werden die angegebenen Lagermengen jedoch überschritten (und da gibt es nicht wenige Unternehmen, in denen man deutlich darüberliegen muss), sind weitere sicherheitstechnische Maßnahmen nötig, z. B.:

- Undurchlässiger Auffangraum
- Nichtbrennbare Baustoffe
- Zutritt nur für Befugte ausschildern
- Feuerbeständige Bauweise
- Maximalflächen bis 1600 m^2
- Einbruchhemmende Türen
- Ggf. eine Einbruchmeldeanlage
- Grundstück mit Sicherheitszaun ($\geq$ 2,5 m Höhe)

- Erstellung eines Alarmplanes für Notsituationen wie Feuer, Unfall, Verletzung, Vergiftung, Betriebsstörungen, Leckage
- Ggf. aktuell gehaltene Feuerwehrpläne
- Gefahrstoffverzeichnis mit Bezeichnung der gelagerten Gefahrstoffe, Name und Anschrift des Lieferanten, Hinweise auf besondere Gefährdungen, Schutzmaßnahmen, Maßnahmen bei beschädigten Packungen, Maßnahmen bei Körperkontakt, Maßnahmen im Brandfall, Umweltschutzmaßnahmen
- Zwei möglichst entgegengesetzt liegende Ausgänge in jedem Lagerraum mit mehr als 200 m^2
- Automatische Löschanlage bei > 7,5 m Lagerhöhe mit einem für das Lagergut geeigneten Löschmittel
- Ggf. Vorgaben der Löschwasserrückhalterichtlinie einhalten
- Blitzschutz für das Gebäude
- Bei akut toxischen oder entzündbaren Gasen sind Schutzbereiche um Druckgasbehälter einzurichten, die von der Gasdichte abhängig sind; diese Bereiche sind in der Gefährdungsbeurteilung besonders zu berücksichtigen (ggf. sind Explosionsschutzmaßnahmen nötig)
- Die Abmessungen der Schutzbereiche betragen für ortsbewegliche Druckgasbehälter 2 m in jede Richtung. Bei Gasen schwerer als Luft kann der Schutzbereich nach oben auf 1 m verkürzt werden; im Freien können die Abmessungen der Schutzbereiche halbiert werden. Bei Lagerräumen mit mehr als 20 m^2 Raumfläche ist der gesamte Raum als Schutzbereich vorzusehen.

Für die Lagerung von Aerosolpackungen und Druckgaskartuschen wird laut TRGS 510 gefordert:

- 100 t Lagergut je Raum nicht überschreiten
- Lagerräume nicht in bewohnten Gebäuden
- Feuerbeständige Bauweise
- Fußböden nichtbrennbar
- Lüftung, die den Anforderungen an den Explosionsschutz genügen
- Flächen über 500 m^2 nur zulässig, wenn ein mit der zuständigen Behörde abgestimmtes Brandschutzkonzept vorhanden ist
- Lagerräume ab 1600 m^2 durch Brandwände trennen
- Angebrochene Druckgaskartuschen nur in Sicherheitsschränken lagern

Sicherheitsschränke sind eigentlich wie eigene Räume zu betrachten, denn sie sind meist feuerbeständig abgetrennt und können somit ein Feuer, das von außen kommt, nicht aktiv unterstützen. Während es früher auch solche Schränke mit deutlich geringerer Feuerwiderstandsdauer gab, sind heute primär die feuerbeständigen (F 90) Schränke erhältlich, aber auch feuerhemmende Schränke (F 30) sind noch zu erhalten und unter bestimmten Bedingungen zugelassen, maximal ein Schrank je 100 m^2 Fläche, und zugleich muss entweder eine automatische Löschanlage vorhanden sein oder eine automatische Brandmeldeanlage in Verbindung mit einer nach Landesrecht anerkannten Werkfeuerwehr, die innerhalb von maximal 5 min vor Ort ist. Entzündliche Flüssigkeiten dürfen in Sicherheitsschränken nicht mit Gefahrstoffen zusammen gelagert werden, wenn dies zu einem Brand führen kann, z. B. bei selbstzersetzlichen oder pyrophoren Stoffen (das sind Stoffe, die fein verteilt schon bei Raumtemperatur mit dem Luftsauerstoff so heftig reagieren, dass viel Hitze erzeugt wird, bis zu Glut- oder Flammenbildung). Gefahrstoffe mit Zündtemperaturen von unter 200 °C (z. B. Schwefelkohlenstoff) sowie Gefahrstoffe der Klassen R12 oder H224 dürfen nur in belüfteten Sicherheitsschränken mit einer Feuerwiderstandsfähigkeit von mindestens 90 min gelagert werden, und dabei müssen noch eine automatische Branderkennung und zügige Brandbekämpfung sichergestellt werden. Sicherheitsschränke ohne technische Be- und Entlüftung sind über einen Potenzialausgleich zu erden.

Für Lagerräume für entzündbare Flüssigkeiten in Behältern mit einem Rauminhalt bis 1000 l gibt es die in Tab. 10.3 genannten Anforderungen. Auch die Lagerung im Freien ist nicht explizit verboten. Ortsbewegliche Behälter müssen abhängig von der Lagermenge die in Tab. 10.4 genannten Abstände zu Gebäuden einhalten.

Diese Abstände können ersatzlos entfallen, wenn die Außenwand der Gebäude bis 10 m oberhalb der Oberkante der Behälter und bis 5 m beiderseits der Kante einschließlich aller Öffnungen feuerbeständig hergestellt ist. Für die Bemessung der Breite des Schutzstreifens wird die Gesamtmenge zugrunde gelegt, die in einem Auffangraum vorhanden sein darf: Bei 10 m^3 gelagerter Menge beträgt die Breite des Schutzstreifens 10 m und bei 100 m^3 gelagerter Menge 30 m; Zwischenwerte dürfen linear interpoliert werden.

Die Lagerung entzündbarer Flüssigkeiten ist in Verkaufs- und Vorratsräumen des Einzelhandels bis zu den in Tab. 10.5 aufgeführten Mengen je Fläche zulässig.

In Kellern von Wohnhäusern (Gesamtkellern) ist die Lagerung von hoch-, leicht- und extrementzündbaren Flüssigkeiten nur bis zu 10 l erlaubt und von

Tab. 10.3 Benötigte Abluftquantität in Relation zum Raumvolumen und der Zoneneinteilung

Rauminhalt (m^3)	Luftwechselzahl/h	Zone
<100	0,4	2
>100	0,4	Bis 1,5 m Höhe: 2[*)]
>100	2,0	–

*) Keine Zone, wenn eine Gaswarnanlage vorhanden ist, die im Bedarfsfall die Lüftungsanlage automatisch auf den zweifachen Luftwechsel hochfährt.

Tab. 10.4 Benötigter Mindestabstand von weiteren Gebäuden zum Lagergebäude

Lagermenge(kg)	Abstand zu Gebäuden(m)
< 200	3
200 – 1000	5
> 1000	10

Tab. 10.5 Übersicht, in welchen Behältern welche Maximalmengen gelagert werden dürfen, abhängig von der Lagerfläche und der Einstufung der Entzündlichkeit

Lagerfäche	Behälterart	Einstufung der Flüssigkeiten	
		Extrem-, leicht-, hochentzündlich	entzündlich
≤ 200 m²	Zerbrechlich	10	20
≤ 200 m²	Nicht zerbrechlich	60	120
200 – 500 m	Zerbrechlich	20	40
200 – 500 m²	Nicht zerbrechlich	200	400
> 500 m²	Zerbrechlich	30	60
> 500 m²	Nicht zerbrechlich	300	600

entzündbaren Flüssigkeiten bis zu 20 l. Die Lagerung von entzündbaren Flüssigkeiten ist nicht zulässig in Wohnungen oder in Räumen, die mit Wohnungen in unmittelbarer, nicht feuerbeständig abschließbarer Verbindung stehen, sowie in zerbrechlichen Behältern in Kellern von Wohnhäusern. Bestimmte Stoffe dürfen zusammen, andere müssen getrennt gelagert werden. Getrenntlagerung liegt vor, wenn verschiedene Lagergüter in verschiedenen Lagerbereichen desselben Lagerabschnitts durch ausreichende Abstände oder durch Barrieren (z. B. Wände, nichtbrennbare Schränke) oder durch Lagerung in baulich getrennten Auffangräumen voneinander getrennt werden. Tab. 10.6 zeigt übersichtlich, was mit was gemeinsam gelagert werden darf bzw. was verboten oder nur mit zusätzlichen Auflagen wie etwa der Vorgabe von Maximalmengen erlaubt ist.

Unterscheiden Sie bitte zwischen Getrenntlagerung (z. B. Gipskartonplatte vertikal zwischen den unterschiedlichen Produkten oder räumliche Trennung) und Separatlagerung (eigener, feuerbeständig abgetrennter Brandabschnitt) – so Sie mit solchen Stoffen zu tun haben. Bitte besorgen Sie sich die TRGS 510 in der aktuellen Fassung und machen Sie sie zu „Ihrem" Gesetz – aber nur dann, wenn Sie mit derartigen Lagerungen auch zu tun haben, denn das reine Handling damit in der Produktion wird von dieser TRGS nicht erfasst!

10.3 TRGS 800

Diese TRGS heißt „Brandschutzmaßnahmen – Erkennen und Vermeiden von Brandgefährdungen bei Tätigkeiten mit brennbaren Gefahrstoffen", und jeder gute Brandschutzbeauftragte muss sie und die vielen empfohlenen und verschiedenartigen Vorsorge-, Gegen- und Schutzmaßnahmen kennen. Seine Aufgabe ist es nun festzustellen, welche Maßnahmen davon Sinn machen, zueinanderpassen und ein wirksames Schutzkonzept zu ergeben. Das Ziel dieser TRGS ist – und das ist jetzt wichtig – jedoch der Schutz von Menschen und der Schutz der Umwelt, d. h., dass es für den Sachwerteschutz (Gebäude und Inhalte) sowie die Verminderung von Betriebsunterbrechungen ggf. weitere und andersartige Maßnahmen geben soll.

Tab. 10.6 Welche Stoffe können mit welchen zusammen gelagert werden, oder räumlich getrennt, oder mit bestimmten Auflagen

LGK	10-13	13	12	11	10	8B	8A	7	6.2	6.1D	6.1C	6.1B	6.1A	5.2	5.1C	5.1B	5.1A	4.3	4.2	4.1B
1	S	S	S	S	S	S	S	S	S	S	S	S	S	S	S	S	S	S	S	S
2A	2	E	E	2	S	E	2	S	S	S	S	S	S	S	1	S	S	S	S	S
2B	E	E	E	E	E	E	S	S	E	E	E	E	S	1	S	S	S	S	S	S
3	5	E	E	5	E	E	E	S	S	6	E	S	E	S	S	4	S	S	S	S
4.1A	1	1	1	1	1	1	1	1	S	S	S	S	S	S	1	S	S	S	S	1
4.1B	E	E	E	E	E	E	E	S	S	6	E	S	4	1	S	4	S	6	6	E
4.2	6	E	E	6	6	6	6	6	S	S	6	6	S	6	S	S	S	6	E	
4.3	6		6	6	6	6	6	S	S	6	6	S	S	S	S	S	S	E		
5.1A	S	E	E	S	S	S	S	S	S	S	S	S	S	S	S	E	E			
5.1B	7	E	E	/	/	E	7	3	3	6	G	4	4	S	1	E				
5.1C	1	1	1	1	1	1	1	1	S	S	S	S	S	S	1					
5.2	1	E	E	1	1	S	S	S	S	S	S	S	S	E						
6.1A	5	E	E	5	E	E	E	S	S	E	E	E	E							
6.1B	5	E	E	5	E	E	E	S	S	E	E	E								
6.1C	E	E	E	E	E	E	E	S	S	E	E									
6.1D	E	E	E	E	E	E	E	S	S	E										
6.2	S	S	S	S	S	S	S	S	E											
7	S	S	S	S	S	S	S	1												
8A	E	E	E	E	E	E	E													
8B	E	E	E	E	E	E														
10	E	E	E	E	E															
11	E	E	E	E																
12	E	E	E																	
13	E	E																		
10-13	E																			

S = Separatlagerung ist erforderlich

E = Zusammenlagerung ist erlaubt

Ziffern 1 – 7: Zusammenlagerung ist eingeschränkt erlaubt, wenn die unter diesen Ziffern aufgeführten

Punkte der TRGS 510 beachtet werden

LGK 1: Explosive Gefahrstoffe

LGK 2A: Gase (ohne Aerosolpackungen und ohne Feuerzeuge)

LGK 2B: Aerosolpackungen und Feuerzeuge

LGK 3: Entzündbare Flüssigkeiten

LGK 4.1A: Sonstige explosionsgefährliche Gefahrstoffe

LGK 4.1B: Entzündbare feste Gefahrstoffe

LGK 4.2: Pyrophore oder selbsterhitzungsfähige Gefahrstoffe

LGK 4.3: Gefahrstoffe, die in Berührung mit Wasser entzündbare Gase entwickeln

LGK 5.1A: Stark oxidierende Gefahrstoffe

LGK 5.1B: Oxidierende Gefahrstoffe

LGK 5.1C: Ammoniumnitrat und ammoniumnitrathaltige Zubereitungen

LGK 5.2: Organische Peroxide und selbstzersetzliche Gefahrstoffe

LGK 6.1A: Brennbare, akut toxische Kategorie 1 und 2; sehr giftige Gefahrstoffe

LGK 6.1B: Nichtbrennbare, akut toxische Kategorie 1 und 2; sehr giftige Gefahrstoffe

LGK 6.1D: Brennbare, akut toxische Kategorie 3; giftige oder chronisch wirkende Gefahrstoffe

LGK 6.1D: Nichtbrennbare, akut toxische Kategorie 3; giftige oder chronisch wirkende Gefahrstoffe

LGK 6.2: Ansteckungsgefährliche Stoffe

LGK 7: Radioaktive Stoffe

LGK 8A: Brennbare und ätzende Gefahrstoffe

LGK 8B: Nichtbrennbare und ätzende Gefahrstoffe

LGK 10: Brennbare Flüssigkeiten, die keiner der vorgenannten LGK zugeordnet sind

LGK 11: Brennbare Feststoffe, die keiner der der vorgenannten LGK zugeordnet sind

LGK 12: Nichtbrennbare Flüssigkeiten, die keiner der vorgenannten LGK zugeordnet sind

LGK 13: Nichtbrennbare Feststoffe, die keiner der vorgenannten LGK zugeordnet sind

Diese TRGS sagt, dass Maßnahmen zur Vermeidung von Gefahrstoffen zu bevorzugen sind; man muss also in die TRGS 600 blicken, um die eingesetzten Gefahrstoffe analytisch anzugehen und durch gleichartige, aber harmlosere zu ersetzen, oder aber man kommt auf alternative Arbeitsverfahren. Die TRGS 800 gilt für entzündliche Flüssigkeiten, für brennbare Gase, explosive Stäube, oxidierende Gefahrstoffe und auch für brandfördernde Gefahrstoffe. Die Durchführung der Analyse und der Möglichkeit einer Substitution müssen fachkundige Personen mit entsprechenden Sachkenntnissen angehen, also benötigen manche Brandschutzbeauftragte hier Unterstützung von Chemikern, Biologen, Verfahrenstechnikern oder auch Verfahrensingenieuren. Das ist übrigens kein Manko, sondern gängige Praxis, denn beispielsweise benötigen ja Ärzte auch die Einstufung von Kollegen mit anderen Fachrichtungen; das Gleiche gilt für Steuerberater und Juristen.

Die TRGS 800 fordert eine ganzheitliche Gefährdungsbeurteilung von Stoffen und Situationen, was übrigens keiner Betriebsanweisung entspricht – es kann nötig sein, dass man dennoch eine solche erstellen muss, und wenn dem so ist, zieht man zum einen die TRGS 555 und zum anderen die DGUV Information 211-010 zurate. Grundsätzlich sind die Gefährlichkeiten von Stoffen und Situationen zu analysieren, aber auch die Gefährlichkeit, die aus der reinen Quantität entstehen kann – somit findet man schon einen oft sehr guten Ansatz, wenn ein Unglück passiert ist, um dieses zu minimieren, nämlich die Reduktion der ungeschützten bzw. vorhandenen Mengen. Man beantwortet sich also die folgenden zwei Fragen: Wo sind welche Mengen an Brandlasten? Dann dieselbe Frage, nur wird das Wort „Brandlasten" durch „potenzielle Zündquellen" ersetzt. Um keine der vorhandenen, also möglichen Zündquellen zu übersehen, wird auf vier Möglichkeiten verwiesen: Wärme, Mechanik (potenzielle oder kinetische Energie), Strom und chemische Reaktionen (Details hierzu finden sich in den TRBS 2152, 2153).

Übrigens, wenn eine Technische Regel zurückgezogen und nicht ersetzt ist, darf man sie trotzdem noch als sog. Erkenntnisgrundlage heranziehen, vorausgesetzt, die Inhalte sind nicht überholt, falsch oder gar veraltet. Das heißt, wenn man die Sicherheit damit erhöhen kann, spricht nichts gegen das Einholen von Informationen von „früher". So gab es vor der TRGS 510 die TRbF (Technische Regel brennbarer Flüssigkeiten) und wieder davor die VbF (Verordnung brennbarer Flüssigkeiten). Beide sind längst Geschichte, doch in beiden finden sich Punkte (absolute Forderungen), die heute nach wie vor Sinn machen können, sich anderswo ähnlich artikuliert wiederfinden oder, ganz einfach ausgedrückt, so konkret sind, dass man sich diese Absolutheit und Konkretisierung heute öfter mal in den aktuellen Vorgaben wünschen würde!

Im Normalfall brennt es ja nicht, und es gibt auch keinen Maschinenbruch oder Arbeitsunfall. Normal ist, dass morgens die Maschinen und Anlagen hochgefahren werden und über einen Zeitraum von vielleicht 8 h gearbeitet wird, abends die Anlagen wieder heruntergefahren werden, der Müll ins Freie gebracht wird – und am nächsten Arbeitstag beginnt alles wieder von vorn. Doch man darf bei seinen

Gefährdungsbeurteilungen nicht lediglich vom Normalfall ausgehen, nein, man muss mit vorhersehbaren Störfällen und auch mit selten vorkommenden Störfällen rechnen, um auch sie zu berücksichtigen. Im Juli 2021 war es für einige Orte in Nordrhein-Westfalen nicht vorhersehbar, dass Wasser ganze Landstriche vernichten wird, weshalb verständlicherweise keine Vorsorgemaßnahmen getroffen wurden. Doch wir lernen auch aus derartigen Havarien, was bedeutet, dass wir nicht nur Fahrlässigkeit und Maschinenbruch, Stromausfall und Boshaftigkeit, sondern auch Naturereignisse berücksichtigen müssen. Das will die DGUV Information 205-003 in Punkt 25 auch von Brandschutzbeauftragten abgehandelt sehen! Die TRGS 800 gibt außerdem die folgenden Zustände vor, die man analytisch angehen muss:

- Normaler Betrieb
- Ruhe
- Umrüstung
- Inbetriebnahme
- Außerbetriebnahme
- Längerer Stillstand
- Reinigung
- Störfälle

Die Brandgefährdung ist neben den absolut vorhandenen Mengen und ihren Zuständen bzw. Verarbeitungsschritten abhängig von den Stoffeigenschaften dieser Materialien; das sind Zündtemperatur, Menge, Flammpunkt, Entzündbarkeit und ggf. noch weitere physikalische oder brandschutztechnische Merkmale – und natürlich auch die Zustände in Kesseln oder Reaktoren, denn dort kann aufgrund von anderen Drücken und Temperaturen sich ein sonst eher harmlos verhaltender Stoff gänzlich anders verhalten, positiv wie negativ. Negativ soll heißen, dass bei deutlich höheren Temperaturen und ggf. zugleich deutlich höheren Drücken Stoffe explosionsartig abbrennen können. Wenn dann noch die Wärmestrahlung und die Sauerstoffkonzentration erhöht werden, wäre das ganz fatal. Und positiv soll heißen, dass bei Druckreduzierung und Sauerstoffabsenkung ein Stoff wohl kaum noch brennen kann und wenn doch, dann deutlich langsamer als unter Normalbedingungen. Die TRGS 800 stuft Stoffe und Arbeitsplätze in normal gefährlich und erhöht gefährlich ein, und es gibt auch hohe Brandgefährdungen; zu den beiden letzten Gruppen zählen die nachfolgenden Unternehmensarten oder -bereiche:

- Petrochemie
- Chemische Synthese
- Gefahrstoffe (Selbstentzündung)
- Galvanik
- Leichtmetalle
- Furnierwerke
- Textilbetriebe

- Mühlen
- Asphaltherstellung
- Lackiererei
- Druckerei
- Gummi, Reifen
- Spanplatten
- Sägewerke
- Reinigung (brennbare Lösemittel)
- Wärmeträgerölanlagen
- Große Fritteusen (ab ca. 50 l; Anmerkung: auch deutlich kleinere können bzw. sollen identisch kritisch eingestuft werden)
- Große Lager mit brennbaren Gefahrstoffen
- Große Lager mit oxidierbaren Gefahrstoffen
- Gefährliche Feuerarbeiten

Ich empfehle, hier keine besondere Trennung vorzunehmen – vergleichbar: Sie passen auf der Autobahn (auf der Sie deutlich schneller als 130 km/h fahren) noch mehr auf als auf der Landstraße, auf der man ja „nur" 100 km/h maximal fährt, so man sich an die Regeln hält. Nein, gerade bei erhöhten Brandgefährdungen arbeiten üblicherweise Personen, die noch nicht das sicherheitstechnische Niveau haben wie diejenigen, die an sehr hochgefährdeten Arbeitsplätzen arbeiten, und das kompensiert dann den Vorsprung – soll heißen, dort ist es ggf. deutlich brand-gefährlicher! Wenn Sie sich die 20 oben aufgeführten Punkte bitte noch mal in Ruhe durchlesen und Stück für Stück überlegen, wo in Ihrem Unternehmen solche Arbeits-vorgänge vorkommen können und welche nicht, dann bleiben nur noch wenige übrig. Und dort überlegen Sie sich dann individuell richtige, also gut greifende Maßnahmen. Das sind bauliche, anlagentechnische und schließlich organisatorische Veränderungen, und zwar in einer sinnvollen, sich unterstützenden und keine Lücken hinterlassenden Kombination. Anschließend bleibt noch abzuwägen, ob personenbezogene Schutzmaßnahmen sinnvoll und zumutbar sind. Wenn die Brand-gefährdung als gering oder normal eingestuft wird, sind weitere Maßnahmen oftmals nicht nötig. Ergibt Ihre Analyse, dass die Brandgefährdung als erhöht eingestuft werden muss, empfiehlt die TRGS 800, folgende Punkte zu diskutieren:

- Stabile Verpackung
- Räumliche Trennung
- Aufsicht (zu zweit)
- Keine offenen Flammen
- Geeignete Branderkennung
- Abschaltmöglichkeiten
- Gebäudeblitzschutz
- Überspannungsschutz
- Organisatorische Brandlöschmaßnahmen
- Effektive Entrauchung
- Passende Feuerlöschmöglichkeiten

- Kontrollen (Personen, Technik)
- Kürzere oder zusätzliche Fluchtwege
- Erhöhte Standfestigkeit
- Zündquellenminimierung
- Arbeitsfreigabeverfahren
- Rauchverbot
- Substituieren
- Minimieren -
- Kapselung
- PSA
- IP-Schutz
- Warnzeichen
- MSR-Anlagen

Je nach Bereich sind ein paar Punkte wirklich völlig unnötig und nicht sicherheitserhöhend – aber dafür sind Sie Brandschutzbeauftragter, um das abwägen zu
können. Noch eine Stufe kritischer sind Bereiche mit hoher Brandgefährdung einzustufen, und laut der TRGS 800 sollte man sich noch folgendes überlegen:

- F 90-Bereiche
- Ggf. Notstromversorgung
- F 90-Lagerung (Schränke)
- Doppelwandige Leitungen
- Leckagedetektion
- Rückhaltesysteme
- Inertisierung
- Sauerstoffreduktion
- Funkenerkennungsanlagen
- Eigene Löschtruppe
- Gegebenenfalls Fluchthauben stellen
- Gegebenenfalls Flucht-/Rettungscontainer schaffen
- Besondere Löschgeräte bereitstellen
- Atemschutz bereitstellen
- Erhöhte Standfestigkeit der Anlagen
- Erhöhte Standfestigkeit der Gebäude
- Brandmeldeanlage
- Berieselungsanlage
- Automatische Brandfallsteuerungen
- Brandlöschanlage, Alarmierung vor Ort
- Automatisches Rufen der Feuerwehr

Es müssen also schon die richtigen und unterschiedliche Personen zusammenkommen, um Gefährdungen zu beurteilen und um vor allem die
Vorsorgemaßnahmen abzuwägen, nicht nur wegen der Effektivität, sondern auch
aus wirtschaftlichen und verfahrenstechnischen Gründen. Nach der TRGS 800

muss man über folgende notwendige Kenntnisse zur fachkundigen Durchführung der Gefährdungsbeurteilung verfügen:

- Chemisch-physikalische Verbrennungsvorgänge
- Relevante Tätigkeiten mit Gefahrstoffen in der Branche
- Einschlägige Rechtsvorschriften
- Substitution von Gefahrstoffen
- Schutzmaßnahmen
- Rettungsmöglichkeiten
- Überprüfung der Wirksamkeit

Und auf über 20 wesentliche Vorgaben weist diese TRGS in zwölf zusammen-fassenden Punkten hin; mit „wesentlich" ist gemeint, dass man ungleich mehr kennen und gelesen haben sollte, diese zwölf Punkte aber besonders relevant sind:

1. ArbSchG, GefStoffV, BetrSichV, ArbStättV, Bauordnungen
2. Einstufung gefährlicher Stoffe (TRGS 200, TRGS 201)
3. Gefahrstoffkennzeichnung
4. Aufbau und Inhalte von Sicherheitsdatenblättern
5. Vorgehen bei der Informationsermittlung
6. Beurteilungen laut TRGS 400, TRGS 720, TRGS 721, TRGS 722
7. Schutzmaßnahmen (TRGS 500)
8. Prüfung von Substitutionsmöglichkeiten (TRGS 600)
9. Technische Regeln für die Betriebssicherheit, insbesondere TRBS 1111
10. Technische Regeln für Arbeitsstätten (ASR A2.2, A2.3)
11. Prüfung der Wirksamkeit von Schutzmaßnahmen
12. Dokumentation

10.4   TRBS 1111

Neben der TRGS 800 ist die TRBS 1111 relevant für den Brandschutzbeauf-tragten; wir erinnern uns, dass das „GS" für Gefahrstoffverordnung steht und das „BS" für Betriebssicherheitsverordnung. Es handelt sich bei der TRBS 1111 also um eine Technische Regel, die der Betriebssicherheitsverordnung nachgeschaltet ist und Vorgaben aus dieser Verordnung konkretisiert. Es geht in der TRBS 1111 ebenfalls um die Gefährdungsbeurteilung sowie um die jetzt folgende Ableitung geeigneter Schutzmaßnahmen. Dabei stehen die Bereitstellung und Benutzung von Arbeitsmitteln im Mittelpunkt: Arbeitsmittel, nicht – wie bei der TRGS 800 – die Arbeitsstoffe. Somit erkennt man schnell, warum die eine der Gefahrstoff-verordnung und die andere der Betriebssicherheitsverordnung nachgeschaltet ist. Geräte, Absauganlagen und sämtliche sonstigen Produktionsanlagen sind laut TRBS 1111 nach dem aktuellen Stand der gerade angesehenen Technik zu montieren, ggf. zu installieren und zu betreiben; insbesondere das Betreiben macht also eine gelegentliche Nachbesserung oder auch Nachrüstung erforderlich. Wenn eine Situation gefährlich werden kann, fordert diese Technische Regel unverzügliche Instandsetzungs- und Wartungsarbeiten, und bei gefährdenden Mängeln ist die Arbeit umgehend einstellen. Das ist nun oftmals vorher nicht so einfach zu erkennen, und da das Einstellen der Arbeit mit oft nicht unerheblichen Kosten verbunden ist, wird es nach dem Motto „Es wird auch diesmal gutgehen" oftmals nicht gemacht – und geht oftmals ja auch gut aus, vergleichbar Russisch Roulette.

Flexibler ist man heute mit den Prüffristen, die ja oft nicht mehr absolut in Qualität und Quantität gefordert sind; hier ist gemäß BetrSichV (Betriebssicherheitsverordnung) eigenverantwortlich und für Fachleute nachvollziehbar festlegen, wer das macht, wie tief und wie häufig. Die Dokumentation hat auch hier eine große Bedeutung und muss gewissenhaft und natürlich ehrlich durchgeführt werden. Die Verantwortung für die Durchführung von Gefährdungsbeurteilungen liegt beim Arbeitgeber und die Verantwortung für die Durchführung der sicherheitstechnischen Bewertung beim jeweiligen Betreiber. Das muss jetzt etwas näher beleuchtet werden, denn wer Arbeitgeber ist, ist nicht immer eindeutig: Vorstand, Geschäftsführer, Bereichsleiter, Hallenverantwortlicher …? Ein Organigramm wird in Unternehmen A zu einer anderen verantwortlichen Person oder Funktion führen als in Unternehmen B. Was aber unzweideutig klar ist: Einer „von denen da oben" muss sich darum kümmern, dass es eine Gefährdungsbeurteilung gibt, und diese wird dann von anderen (hierfür befähigten) Personen durchgeführt. Doch jede Person, die ein Gerät benutzt, muss es auf sog. offensichtliche Mängel hin prüfen, und zwar vor jedem Einsatz. Das bedeutet, dass jede Auto fahrende Person für offensichtliche Mängel (Bremslichter, Verbandskasten, Reifenprofil etc.) persönlich verantwortlich ist – diese Überprüfung kann man nämlich auch vornehmen, wenn man kein KFZ-Meister ist, denn um offensichtliche Situationen zu erkennen, benötigt man kein individuelles, kein vertieftes Sachwissen.

Die TRBS 1111 besagt, dass Brandschutz insbesondere auch bei Montage-, Wartungs-, Reparatur- und Installationsarbeiten zu berücksichtigen ist, und hier sind wir mal wieder bei den Abweichungen vom Normalfall. Gerade bei solchen Arbeiten passieren unverhältnismäßig viele Unfälle und Brände, und dem müssen wir als Brandschutzbeauftragte entgegenwirken.

Nun wurde also eine Gefährdungsbeurteilung im Jahr X erstellt und dann auch publiziert, ausgehängt, bekannt gegeben und umgesetzt. Ich empfehle, diese mindestens einmal im Jahr kritisch durchzulesen und mit neuen Erkenntnissen abzugleichen. Das können Veränderungen in Gesetzen, Verordnungen oder – wahrscheinlicher – Regeln sein. Es kann aber auch sein, dass es einen Brand gab (hier oder anderswo, gelesen in der Fachpresse) und dass es dadurch eben neue Erkenntnisse gibt; diese soll man jetzt einarbeiten, und zwar bevor und nicht nachdem diese Art von Schaden (Brand, Arbeitsunfall, Maschinenbeschädigung, Umweltschaden) eintritt. So bekommt das sicherheitstechnische Niveau langsam einen immer höheren Stand. Allerdings ist nach Änderungen der Arbeitsstoffe, der Energiearten oder -mengen oder der eingesetzten Stoffe auch immer kritisch zu prüfen, ob es andere Sicherheitsmaßnahmen geben muss. Das Ziel ist immer, dass man eine Auswahl geeigneter, sicherer und harmloser Arbeitsmittel trifft und dabei auch mögliche Wechselwirkungen von physikalischen und chemischen Stoffen oder Reaktionen berücksichtigt.

Übrigens, eine Gefährdung kann nach der TRBS 1111 auch von Lärm ausgehen und, um wieder zum Brandschutz zurückzukehren, von Funkenflug. Je nachdem, welche Funken und wie hoch diese Funken vom Fußboden entfernt entstehen (etwa auf einer Bühne in einer 15 m hohen Industriehalle), ist der Radius ggf. sogar größer als 10 m. Somit kann man von über 300 m² Fläche ausgehen ($10 \text{ m} \times 10 \text{ m} \times \prod > 314 \text{ m}^2$), wenn an einer höheren Stelle im Raum geschweißt oder geflext wird. Eine gute, also qualifizierte Brandwache wird hier – abhängig von den Vorgaben der jeweiligen Versicherung und vom Ort – für mindestens 2 h nötig. Finden solche Arbeiten in einem wertvollen Lager statt, etwa um ein Regal durch Anschweißen von Profilen zu verstärken, fordern amerikanische Versicherungen sogar eine Brandwache für 24 h!

Vorhersehbare Betriebsstörungen sind zu berücksichtigen. Um sich einen Überblick zu verschaffen, mit was man denn an Anlage A oder B zu rechnen hat, soll man die dort viele Jahre arbeitenden Mitarbeiter befragen. Andere Technischen Regeln fordern sogar, „selten vorkommende" Betriebsstörungen zu berücksichtigen, will man sich nicht dem Vorwurf der groben Fahrlässigkeit aussetzen. Demnach ist es deutlich besser, eine Situation X zu berücksichtigen und falsch zu beurteilen, als sie überhaupt nicht als Gefahr eingestuft zu haben. Und worauf die TRBS 1111 noch besonders hinweist ist, dass man die haptischen, sprachlichen, fachlichen, intellektuellen und menschlichen Fähigkeiten jeder einzelnen Person berücksichtigen muss. Somit werden bei einem Arbeitsplatz mit Deutsch sprechenden Gesellen und Meistern andere (niedrigere) und weniger Schutzmaßnahmen nötig sein als an einem Arbeitsplatz mit kaum/nicht Deutsch sprechenden Personen ohne Berufsausbildung oder mit Personen, die aus Ländern kommen, in denen man der Gesundheit und der Achtung gegenüber anderen eine andere Bedeutung zuerkennt als in Mitteleuropa. Einige Personen haben vor Sachwerten keinerlei Respekt, und die Vorstellung von den hohen Kosten einer Betriebsunterbrechung liegt jenseits ihres geistigen Horizonts. Man muss sich also schon gut überlegen und auswählen, welche Personen man sich ins Unternehmen holt – bitte immer solche, die interessiert, sensibilisierbar, sozialisiert und annahmefähig sind. Um sich vertieft Informationen für die Vorbereitung einer Gefährdungsbeurteilung zu holen, empfiehlt die TRBS 1111, folgende Punkte nicht unberücksichtigt zu lassen:

- Informationen zur individuell vorgefundenen Arbeitsumgebung
- Im Unternehmen oder anderswo vorhandene Gefährdungsbeurteilungen
- Hersteller- und Lieferanteninformationen (Hinweis von mir: Dies sind oft die besten und ausführlichsten Informationen! Hintergrund ist, dass natürlich diese Firmen juristische Klagen vermeiden und zufriedene Kunden gewinnen wollen.)
- Fähigkeiten/Eignung der Belegschaft (s. oben)
- Hier gültige Gesetze, Verordnungen und Regeln

- Erfahrungen der Belegschaft (Hinweis von mir: Nutzen Sie diese Chance – weitgehend unabhängig vom Niveau dieser Personen können sie möglicherweise Tipps geben, die für deutlich mehr Sicherheit oder auch Wirtschaftlichkeit sorgen. Grund ist, dass diese Personen hier seit Jahren täglich 8 h arbeiten und sich natürlich Gedanken ergeben, auf die Theoretiker, die gerade mal 10 min vor Ort sind, nicht kommen werden/können.)
- Brand- und Unfallgeschehen
- Informationen zu den eingesetzten Arbeitsstoffen

Die möglichen Gefahrenquellen wiederholen sich zu einem hohen Prozentsatz in den verschiedenen Technischen Regeln, hier werden uns als Gefährdungen die nachfolgenden Punkte an die Hand gegeben:

- Mechanisch
- Potenzielle und kinetische Energie
- Elektrisch
- Dampf
- Druck Brand
- Explosion
- Temperatur
- Lärm
- Erschütterung

Als weitere Bezugsquellen werden auch hier sowohl Betriebserfahrungen als auch eigene Einschätzungen angegeben; diesen vorgesetzt sind die vorhandenen Betriebsanleitungen sowie die Vorschriften und Regelwerke der Berufsgenossenschaft(en). Aber auch Expertenmeinungen sollen ggf. eingeholt werden und – je nach Arbeitsbereich und Situation – können entsprechende Messungen durchgeführt werden. Diese sind dann die Grundlage für beispielsweise anlagentechnische Schritte, die automatisch und/oder manuell ablaufen sollen, etwa das Erhöhen der Absaugung. Wie auch im Arbeitsschutzgesetz, so finden sich hier vorgegebene Reihenfolgen der einzelnen Maßnahmen:

1. Arbeit möglichst harmlos gestalten
2. Gefährdungen vermeiden
3. Verbleibende Gefährdung minimieren
4. Gefahren an ihrer Quelle beseitigen, nicht da, wo sie sich auswirken
5. Aktuelles Wissen anwenden
6. Maßnahmen sinnvoll, sachgerecht verknüpfen
7. Individuelle Schutzmaßnahmen: nachrangig
8. Besonders schutzbedürftigen Personen berücksichtigen
9. Individuell geeignete Arbeitsanweisungen erstellen
10. Geschlechtsspezifische Regelungen sachlich begründen

Ein mögliches Ergebnis einer kritischen Gefährdungsbeurteilung kann sein, dass mindestens eine Person vor Ort eine bestimmte Mindestqualifikation benötigt und darüber hinaus menschlich (gemeint ist Zuverlässigkeit) geeignet ist. Gefahren und verbleibende Restgefahren bewertet man unter folgenden Aspekten:

- Betriebserfahrungen
- Eigene Einschätzung
- Wissen der Berufsgenossenschaft(en)
- Betriebsanleitungen
- Expertenmeinung
- Ergebnisse aus Prüfungen

Der Arbeitgeber muss dann die empfohlenen Maßnahmen umsetzen lassen, und man muss auch vor Ort die Anwendung und die Korrektheit der Maßnahmen prüfen: Sind sie eingehalten, werden sie als ausreichend eingestuft, und gibt es keine neuen Gefährdungen durch die Veränderungen oder die Schutzmaßnahmen? Besonders wichtig (auch für die Beurteilung von Behörden) ist der sichere Betrieb von sog. überwachungsbedürftigen Anlagen; hierzu werden den beurteilenden Personen folgende Punkte mit auf den Weg gegeben:

- Sicherheit durch Betreiben innerhalb festgelegter Parameter
- Festlegung von Prüfungen (Art, Umfang, Prüfer, Termine)
- Instandsetzungs- und Wartungsarbeiten
- Informationen (Betriebsanweisungen, Ge-/Verbotsschilder etc.)

Wichtige und interessante VdS-Vorgaben

11

Alle VdS-Vorgaben haben zwei besondere Vorteile: Sie stammen aus der Praxis (aus der Erfahrung), und sie enthalten meist konkrete Punkte, die den Brandschutz wirklich fördern. Es macht also Sinn, sich viele davon einzuverleiben, und zwar unabhängig davon, ob diese konkret im Versicherungsvertrag gefordert werden oder nicht. Schließlich will man sein Unternehmen ja vor Bränden bewahren. Alle VdS-Brandschutzvorgaben füllen wohl einige Tausend Seiten, weshalb hier nur eine kleine Auswahl und dies lediglich auszugsweise gebracht werden kann. Es ist übrigens nicht damit getan, dieses Kapitel zu lesen – Sie müssen sich schon die Originalvorgaben holen und komplett lesen, wenn Sie umfassendes Fachwissen und nicht gefährliches Halbwissen im Brandschutz haben wollen.

11.1 VdS 2000

Der informative und umfangreiche „Leitfaden für den Brandschutz im Betrieb" VdS 2000 mag inhaltlich für viele trivial klingen. Das ist er auch – aber er ist elementar wichtig und inhaltlich richtig, somit sehr wertvoll. Hier findet man alles, was „normale" Angestellte über Brandschutz wissen müssen. Holen Sie sich wesentliche, wichtige und wissenswerte Dinge aus diesem Leitfaden und vermitteln Sie jeweils das, was die betreffenden Personen an den jeweiligen Arbeitsplätzen wissen müssen. Dass Brandschutz – so ungern es der eine oder die andere auch hören mag – keine Wissenschaft ist, für die man logarithmisch rechnen oder komplexe Integrale erstellen und lösen können muss, ist nun mal eine Tatsache. Wer im Brandschutz gut sein will, benötigt vier Dinge:

1. einen kritischen Sachverstand mit einem nicht unterdurchschnittlichen IQ,
2. Fachwissen (Grundwissen zur Brandentstehung und Brandvermeidung),

© Der/die Autor(en), exklusiv lizenziert durch Springer-Verlag GmbH, DE, ein Teil von Springer Nature 2022
W. J. Friedl, *Brandschutzbeauftragte: Das Weiterbildungsbuch*,
https://doi.org/10.1007/978-3-662-64619-9_11

3. Berufserfahrung sowie
4. Persönlichkeit/Durchsetzungskraft.

Die VdS 2000 ist relativ umfangreich und wie eingangs gesagt auch relativ trivial. Das ist auch der Grund, warum ich Ihnen ans Herz lege, diese gut bebilderte Ausarbeitung zu besorgen und zu lesen. Und für Schulungen und Unterweisungen können Sie sicherlich viel herausholen.

11.2   VdS 2007

Die Vds 2007 („Informationstechnologie (IT-Anlagen) – Gefahren und Schutzmaßnahmen") ist eine sinnvolle Ergänzung zu Abschn. 6.6 („Brandschutz in der EDV"), denn wenn die Klausel VdS 2007 im Versicherungsvertrag als verbindlich festgehalten wurde, dann ist es (vgl. Obliegenheitsverletzungen) nach einem Schaden von besonderer Bedeutung, dass die hier festgehaltenen Sicherheitsmaßnahmen umgesetzt wurden. Die VdS 2007 richtet sich an alle, die EDV-Bereiche absichern wollen. Man möge sich aber bitte nicht primär auf Brandschäden begrenzen, sondern auch Wassereintritt, Naturgefahren, Stromausfall und – ganz wichtig – Schäden und Ausfälle durch Vorsatz und Fahrlässigkeit berücksichtigen. Wichtig ist zu wissen, dass ca. 80 % aller Brände, die Rechenzentren zerstören, außerhalb entstehen und sich von dort schädigend nach innen oder schädigend auf die Peripherie der EDV-Anlagen auswirken. So kann es z. B. sein, dass Strom- oder Datenleitungen in Garagen an der Decke offen verlegt sind und somit ein brennendes Elektroauto die EDV zum Stillstand bringen kann. Nachdem wir jetzt wissen, dass 80 % der Brände außerhalb entstehen, müssen also im Umkehrschluss ca. 20 % der Brände, die sich negativ auf die EDV auswirken, innerhalb entstehen. Und diese 20 % teilen wir auf nötige Geräte und unnötige Geräte auf. Die unnötigen Geräte (Wasserkocher, Kaffeemaschinen, Wärmestrahler, Kühlschränke usw.) werden umgehend eliminiert. Sie werden ggf. zum einen vom Unternehmen gestellt und zum anderen innerhalb eigener Räume (feuerbeständige Wände, T 30-RS-Zugangstüren) verlegt. Somit bleiben nur noch die nötigen Geräte übrig: Sie werden korrekt aufgestellt und nach DGUV Vorschrift 3 und VdS 3602 gewartet.

Überlegen wir uns jetzt einmal, wie sinnvoll eine reine Rauchmelderüberwachung ausschließlich im Rechenzentrum (RZ) ist: Damit entdecken wir ca. 20 % RZ-Brände und nicht die 80 %, die außerhalb entstehen und sich hier umgehend schädigend auswirken. Schlägt der Rauchmelder *im* RZ Alarm, ist es meist schon zu spät für effektive Gegenmaßnahmen. Somit wird klar, dass die richtige Positionierung der EDV-Anlage in Gebäuden Sinn macht und sowohl das Gebäude als auch der Standort und die Außensicherung für diese Art der Nutzung konzipiert sein sollen. Aus den folgenden drei Auflistungen (baulich, technisch, organisatorisch) kann man entnehmen, welche sinnvollen Sicherheitsmaßnahmen in der VdS 2007 für EDV-Anlagen empfohlen oder ggf. sogar vorgegeben werden.

Baulich sinnvolle bzw. geforderte Maßnahmen:

- Individuell die richtigen Schutzmaßnahmen vor Wassereinbruch treffen (Wasser kann über undichte Flachdächer, aus geplatzten Rohren usw. kommen – somit ist in Gebäude A ein anderes Schutzkonzept sinnvoll als in Gebäude B oder in Gegend C)
- Mechanische, technische und ggf. personelle Schutzmaßnahmen gegen Vandalismus und Einbruch treffen
- Wesentliche Schutzmaßnahmen vor Feuereintritt von außen (also aus anderen Bereichen) treffen
- Schutzmaßnahmen vor Raucheintritt von außerhalb (z. B. Zuluft) treffen
- Alle Wandöffnungen rauchdicht und feuerbeständig schotten
- Nichtbrennbare Materialien bei der Gebäudeerstellung auswählen
- Stahlstützen anstatt Alustützen wählen (sind im Brandfall im Doppelboden länger stabil)
- Zwei baulich gegebene Flucht- und Rettungswege schaffen
- Klimatechnik brandschutztechnisch trennen – nicht nur von der EDV, sondern auch untereinander (ggf. die Klimatechnik auf zwei Räume à 100 % Kapazität oder auf drei Räume mit jeweils 50 % Leistungskapazität verteilen – somit wäre beim Ausfall eines Raumes ein weiterhin ungestörter, voller EDV-Betrieb möglich)
- Stromversorgung trennen und möglichst aus zwei verschiedenen Richtungen von zwei Transformatoren Strom zuführen
- Flachdächer direkt oberhalb von EDV-Räumen meiden (denn eine Undichtigkeit fällt erst dann auf, wenn Wasser eintritt und dann sind Schutzmaßnahmen oft nicht mehr möglich)
- Holzdachstuhl mit brandschützendem Lack imprägnieren, damit ein Brand dort praktisch unmöglich wird
- Bedrohungen aus der angrenzenden Verfahrenstechnik (oder aber die EDV) verlegen (das können Gefahrstofflager sein, aber auch bestimmte Produktionsanlagen)
- Redundanzen (also zügig einsatzfähige Ausweichbereiche) schaffen für die Gerätschaften (Recheneinheiten, Speichereinheiten, Stromversorgung, Klimatechnik)
- Halogenfreie Kunststoffe flurhaltigen Kunststoffen vorziehen (denn deren Rauchgase sind deutlich weniger schädigend für die Elektronik)

Anlagentechnisch sinnvolle bzw. geforderte Maßnahmen:

- Brandmeldeanlage für die gesamten Bereiche und alle angrenzenden Bereiche wählen (aber keine Wärmemelder, sondern Rauchmelder, RAS-Systeme oder sensible Lichtschranken)
- Brandlöschanlage (Wassernebel, Gas) für die EDV-Räume
- Gegebenenfalls auch eine Brandlöschanlage nicht für den Raum (so brandlastfrei), sondern für die Geräte wählen (preiswerter, weniger gefährlich und ggf. auch effektiver)
- Einbruchmeldeanlage installieren

- Für zügige Entrauchung (automatisch und manuell) sorgen, so Rauch entsteht
- Für manche Bereiche (Lager) ggf. Wandhydranten anschaffen
- Die richtigen Handfeuerlöscher (CO_2) wählen, ggf. fahrbare Löscher hierfür anschaffen und auch Löschmitteleinlassöffnungen in den Doppelbodenplatten schaffen
- Blitzschutz für die empfindlichen Gerätschaften anschaffen (das bedeutet, dass das Ableitungsnetz deutlich engmaschiger gelegt wird als bei Bürogebäuden oder Lager- und Produktionshallen)
- Überspannungsschutz (Grob-, Mittel- und Feinschutz genannt, heute Staffel-schutz I, II und III) anschaffen, um alle elektrischen und elektronischen Anlagen und Geräte vor Brand und Zerstörung zu schützen
- USV (unterbrechungsfreie Stromversorgungsanlage) anschaffen (das sind meist Akkumulatoren; aktive Systeme sind passiven vorzuziehen)
- NEA (Netzersatzanlage) anschaffen (sie besteht meist aus einem Diesel-generator, der über Stunden oder gar Tage die EDV und vor allem die Klima-technik mit Strom versorgen kann; das mag in ländlichen Gegenden mit Überlandleitungen deutlich wichtiger sein als in Großstädten, doch aufgrund von Veränderungen in der Politik und dem Rückbau von eigentlich funktions-fähigen und nötigen Kraftwerken wird sie zunehmend auch in Großstädten empfohlen)
- Wassermelder anschaffen für die EDV-Bereiche, aber auch für die Räume darüber und daneben (somit hätte man ggf. noch etwas Interventionszeit, bevor das Wasser auch ins RZ eindringt)
- Zutrittskontrollsysteme anschaffen, damit ausschließlich berechtigte Personen diese Räumlichkeiten betreten können (hier ist eine Dokumentation – wer war wann wo? – wichtig)
- Gegebenenfalls eine Videoüberwachung an Stellen anbringen, die keine ständigen Arbeitsplätze sind (also in Ein-/Ausgangsbereichen)
- Notausschalter an den passenden, richtigen Stellen installieren, um einen Bereich tatsächlich komplett stromlos zu schalten

Organisatorisch sinnvolle bzw. geforderte Maßnahmen:

- Intelligenten, gut greifenden Notfallabschaltplan erstellen
- Rechtzeitig überlegen, was als realistischer Höchstschaden eintreten kann und darauf aufbauend einen funktionierenden Wiederanlaufplan erstellen
- Brandschutzordnung (insbesondere B und C) erstellen, die genau auf diese Bereiche und Belange eingeht
- Feuerwehrplan erstellen und der Feuerwehr bekannt geben, damit im Brand-fall mit den richtigen Löschmitteln (ohne Personengefährdung) effektiv und effizient gelöscht wird
- Korrekten Rettungswegeplan erstellen und aushängen und die beiden Wege immer ausschildern
- Unnötige Brandlasten in der EDV meiden (z. B. Abfälle möglichst nach dem Entstehen entsorgen und dort nicht lagern)

- Rauchverbot in allen Bereichen, auch in den Technikbereichen (gilt auch für Wartungstechniker)
- Ess- und Trinkverbot in den Rechner- und Technikräumen (insbesondere das koffeinhaltige Getränk Cola kann bei Elektronik einen besonderes großen Schaden anrichten)
- Verbot von feuergefährlichen Arbeiten (doch das geht nicht immer; in diesen Fällen sind Vorsorgemaßnahmen (vgl. Erlaubnisschein für feuergefährliche Arbeiten) nötig, insbesondere benötigt man gute, fähige Brandwachen während und nach den Arbeiten)
- Gegebenenfalls Werkschutz (24/7) aufstellen
- Besucherregelung erstellen (betrifft primär Techniker von außerhalb)
- Auswahl und regelmäßige Schulung der Belegschaft (soll dazu führen, dass sensible und informierte Personen möglichst wenige fahrlässige Schäden herbeiführen – man vergesse nicht, dass Fahrlässigkeit in allen Bereichen eines Unternehmens den größten Schaden anrichtet!)
- Durchführung der Übungen mit Handfeuerlöschern mit möglichst allen Personen in der EDV-Abteilung (dabei CO_2 verwenden)

In Tab. 11.1 sieht man, in welchen Bereichen welche Brandlasten (nötig, unnötig) vorhanden und somit gefährlich sind und welche Ursachen zur Entzündung führen können. Durch entsprechende Vorsorgemaßnahmen (Entfernen, Substituieren, Kapseln, Überwachen, Kontrollieren usw.) lassen sich diese Gefahren vermeiden oder zumindest minimieren.

Nach außen hin (seitlich, oben, unten) ist die EDV ohnehin von anderen Bereichen zu trennen, und zwar unabhängig davon, ob dort Verwaltung, Lagerung oder Produktion liegt. Doch auch untereinander – also innerhalb der EDV – macht es Sinn, feuerbeständig und rauchdicht einzelne Räume von anderen abzutrennen, und hier empfiehlt die VdS 2007:

- Unbedienter EDV-Raum (Speicher, Rechner, Roboter)
- Bedienter EDV-Raum
- USV-Anlage

Tab. 11.1 Auflistung potentieller Brandlasten in den unterschiedlichen horizontalen Ebenen eines Rechenzentrums

Bereich	Brandlasten	Zündquellen/Ursachen
Doppelboden	Kabel (nötige, alte, halogenhaltige Kunststoffe), Staub	Fehlerhafte Kontakte, Kleintiere, technische Fehler, Wassereinbruch, Zigaretten
Raum	Elektrogeräte (nötige/nicht nötige), Materialien, Kleidung	Strom, Fahrlässigkeit, Vorsatz
Abgehängte Decke	Daten- und Stromkabel, Staub	Beleuchtungsanlage
Technische Geräte	Kunststoffe in den Geräten	Strom, fehlende Wartung, Überlast, Wärmestau

- Netzersatzanlage
- Zwei Stromeinspeisungen
- Klimatechnik, verteilt auf mindestens zwei oder drei Räume (also $2 \times 100\,\%$ oder $3 \times 50\,\%$ Kapazität)
- In zwei unterschiedlichen Gebäuden (also in zwei getrennt liegenden Gefahrenbereichen – ein Schadenereignis darf nicht beide zerstören, z. B. Überschwemmung): Datenlagerung/Speicherung, Datenauslagerung
- Druckerbereich
- Papier- und Ersatzteillager
- Technikerraum mit Geräte- und Aktenlagerung
- Pausenraum mit Abfallbehältern
- Keine gefährdenden Bereiche darüber, daneben, darunter

Empfehlenswert sind Redundanzen auch innerhalb gleichartiger Bereiche ab bestimmten Größenordnungen zur Minimierung von den Kosten einer Betriebsunterbrechung – diese Kosten sind in der EDV nämlich wesentlich schnell größer als die eigentlichen Sachschäden!

11.3 VdS 2038

Diese bereits mehrfach zitierte Vorgabe („Allgemeine Sicherheitsvorschriften der Feuerversicherer für Fabriken und gewerbliche Anlagen") ist von besonderer Bedeutung, da sie eigentlich von allen Versicherungen und für praktisch alle Arten von Unternehmen gültig ist und da hier besonders viele Tipps enthalten sind, wie man Brände pauschal verhindern oder Brandschäden minimieren kann. Darin steht, dass neben den gesetzlichen (Arbeits- und Brandschutzgesetze) und behördlichen (Vorgaben der Berufsgenossenschaften) Sicherheitsvorschriften das Nachfolgende (also weitere Vorgaben von den Feuerversicherungen) als verbindlich vereinbart gilt.

Es beginnt pauschal damit, dass Sicherheitsvorschriften einzuhalten sind; welche das sind, wird nicht weiter erläutert, also eigentlich alle, die zur Vermeidung von Bränden führen können. Die wesentlichen Vorgaben sind den Aufsichtsführenden bekannt zu geben, und ein Auszug aus der VdS 2038 ist auszuhängen; dieser heißt VdS 2039 und enthält stichpunktartig eine wesentliche Zusammenfassung. Doch das Aushängen alleine reicht nicht aus, sondern die für die jeweiligen Arbeitsbereiche gültigen, wichtigen Vorgaben sind allen bekannt zu geben, ggf. in der jeweils nötigen Landessprache, denn es ist eine Pflicht, sich so zu artikulieren, dass die Belegschaft das versteht, und wer kein Deutsch kann, dem muss man es in seiner Landessprache vermitteln.

Laut VdS 2038 ist der Versicherungsschutz bei Verstößen „beeinträchtigt" (sprich: gefährdet). Dies greift häufig dann, wenn man grob fahrlässig gegen sicherheitstechnische Vorgaben verstoßen hat und sich daraus auch tatsächlich direkt (und nicht indirekt) ein Schaden entwickelt. Das ist auch durch das Versicherungsvertragsgesetz abgesichert, und somit wäre eine prozentuale Begleichung eines

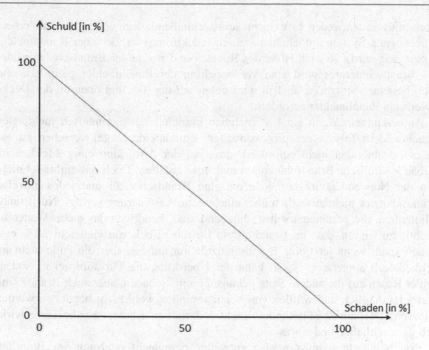

Abb. 11.1   Prozentuale Schadenbegleichung bei relativem Schuldanteil

Schadens möglich, wie es Abb. 11.1 zeigt. Doch die Schuldzuweisung in Prozent ist ja keine physikalisch exakt nachzurechnende Größe, sondern liegt im Auge des Betrachters. Während der Versicherer gern 50 % und mehr ansetzt (um eben weniger als 50 % zahlen zu müssen), sieht der Versicherungsnehmer seine Schuld oftmals bei unter 25 % – und in diesen Fällen müssen Richter oder auch von ihnen bestellte Gutachter zum einen entscheiden, ob es wirklich grob fahrlässig oder lediglich fahrlässig war, und zum anderen festlegen, wie viel Prozent Schuld anzusetzen sind, wenn grobe Fahrlässigkeit vorliegt. Von der Zahl 100 wird dieser Prozentsatz der Schuld abgezogen, und diesen Prozentsatz in Euro bekommt man dann ausgezahlt. Sprich, wer 75 % Schuld zugesprochen bekommt, erhält 25 % des Schadens, wer 60 % Schuld hat, erhält 40 %, usw. Doch wesentlich ist, dass die Schuld eben als „grob fahrlässig" eingestuft ist, sonst würde diese Relativierung der Schadenzahlung nicht greifen. Doch solche Prozesse können sich über Jahre hinziehen, und manchmal haben die Versicherungsnehmer nicht die Zeit, so lange auf die Begleichung eines Schadens zu warten.

Weiter fordert die VdS 2038, dass Brandschutztüren gewartet werden müssen (mindestens jährlich, und monatlich sind sie von einer befähigten Person zu inspizieren) und nicht verbotenerweise aufgehalten (aufgekeilt, aufgebunden) werden dürfen. Dass man das in praktisch allen Unternehmen und auch Behörden so vorfindet, bedeutet nicht, dass es akzeptabel ist – es wäre sogar ein Verstoß gegen § 145 (2) StGB und mit bis zu zwei Jahren Haft zu bestrafen! Brandschutztüren müssen entweder permanent selbstschließend sein oder aber mit einem zugelassenen System aufgehalten werden (Elektromagnet, der über Rauchmelder angesteuert wird). Je nach Höhe des Raumes und Breite der Brandschutztür oder des Brandschutztores wird eine Verdoppelung der Rauchmelder gefordert, und auch bei einer Sturzhöhe ab 1 m wird unten bei der Tür und oben an der Decke jeweils ein Rauchmelder gefordert.

Anmerkungen: Wenn ein Unternehmen komplett mit automatisch meldenden Rauchmeldern (also einer professionellen Brandmeldeanlage) versehen ist, so ist es erlaubt (aber nicht gefordert), dass bei der Auslösung eines Melders im Gebäude sämtliche Brandschutztüren und -tore zufallen. Doch das entbindet nicht von der Notwendigkeit, dass jede einzelne Brandschutztür und jedes einzelne Brandschutztor nicht zusätzlich über eine eigene Ansteuerung verfügt. Nur Brandschutztüren, die permanent selbstschließend sind, benötigen das nicht. Weiter ist wichtig zu wissen, dass im Brandfall ein Luftüberdruck von vielleicht 25 % entstehen kann; wenn jetzt eine Brandschutztür nur anliegt, aber die Falle nicht im Schließblech eingerastet ist, so kann der Überdruck die Tür aufdrücken, sodass heißer Rauch auf die andere Seite gelangen kann. Schäden, aber auch Brände sind dort jetzt möglich und würden von Versicherungen wohl nicht beglichen werden (müssen). Deshalb ist es besonders wichtig, darauf zu achten, dass die Türen wirklich ganz schließen und einrasten.

Brandschutztüren müssen also entweder permanent oder nur im Brandfall selbstschließend sein; das fordern der Türhersteller, das Deutsche Institut für Bautechnik und auch der Feuerversicherer. Sie fordern auch, dass Brandschutztüren (also nur die, die mit Elektromagneten aufgehalten sind – die anderen sind ja ohnehin ständig geschlossen, theoretisch jedenfalls) nach Arbeitsende geschlossen werden müssen. Anschließend muss dies von einer anderen Person laut VdS 2038 auch noch kontrolliert werden.

Weiter wird gefordert, dass sämtliche Elektroanlagen laut den aktuellen VDE-Bestimmungen ausgelegt wurden und auch so instandgehalten werden. Das sollte nun eigentlich nichts Besonderes sein, nach welchen Vorgaben denn sonst soll sich eine Elektroinstallationsfirma richten?

Rauchen und achtlos weggeworfene, noch glimmende Zigarettenreste waren vor 20 und mehr Jahren eine der großen Brandursachen an und in Unternehmen. Heute spielt das kaum mehr eine Rolle, ggf. noch im Freien und in „ruhigen" Ecken von Lagergebäuden – wie auch immer, damals wie heute fordert die VdS 2038, dass es ein Rauchverbot an Stellen gibt, an denen eine Zigarettenglut ein Feuer auslösen kann. Da es in Unternehmen mit vielen Beschäftigten auch Raucher gibt, ist logisch und üblich. Also muss es nicht nur sichere Raucherbereiche geben, sondern auch eine gesicherte Entsorgung der Zigarettenreste, und das bedeutet, dass die Kippen über Nacht in einem eigenen Behälter sein müssen: nichtbrennbar, dicht schließend, keinen anderen Abfall enthaltend.

Feuergefährliche Arbeiten sind nach wie vor eine der Hauptbrandursachen in Unternehmen. Dabei ist die Brandgefahr immer dann besonders groß, wenn diese Arbeiten eher selten anstehen – weil man die jetzt anstehende Gefahr unterschätzt und nicht so souverän damit umgehen kann und wird. Die Brandwache während und vor allem auch lange genug nach der Arbeit zu stellen, wird nicht selten als unnötig und teuer (sowie unproduktiv) eingestuft und demzufolge weggelassen – und es geht oftmals ja auch gut aus! Die VdS 2038 fordert, dass ausschließlich befähigte Handwerker solche Arbeiten ausführen und dass ebenfalls fähige, zuverlässige und unterwiesene Personen die Brandwache durchführen müssen. Finden solche Arbeiten in dafür zuständigen Räumlichkeiten statt, sind keine besonderen Maßnahmen und auch keine Brandwache nötig. Doch wenn diese Arbeiten 1) außerhalb solcher Arbeitsplätze ausgeführt werden und wenn dort 2) eine Brandgefahr besteht, dann muss es 3) einen dafür erstellten Erlaubnisschein geben, der 4) von der Bereichsleitung, der diese Arbeiten durchführenden Person und der Brandwache unterschrieben wird und in dem 5) die Aufgaben stehen, die vor, während und nach den Arbeiten durchzuführen sind. Nachfolgend findet sich eine unverbindliche, mögliche Vorgabe zum Erstellen eines eigenen Erlaubnisscheins für feuergefährliche Arbeiten:

Erlaubnisschein für feuergefährliche Arbeiten
(Schweißen, Löten, Trennschleifen, Unkraut abbrennen, ggf. Bohren etc.)

0. Vorab
Wenn keine Brand- oder Explosionsgefahren durch die Arbeiten bestehen, ist dieser Schein unnötig

1. Maßnahmen vor den Arbeiten (vom Bereichsleiter/Vertretung zu veranlassen)

- Arbeit vom Bereichsleiter/Vertretung freigeben lassen
- Den Bereich im Radius von … m freiräumen von mobilen Brandlasten
- Immobile Brandlasten mit geeigneten Decken abdecken
- Bei Arbeiten an Rohren: Isolation entfernen und/oder wärmebindende Paste anbringen
- Abdichten von Fugen, Bodenöffnungen, Wandritzen usw.
- Auswahl mindestens einer befähigten Brandwache für die Zeit während der Arbeiten und anschließend Information dieser Person(en)
- Bereitstellen von geeigneten und ausreichend vielen Löschgerätschaften (möglichst Wasser oder Schaum, ggf. auch ein angeschlossener Wasserschlauch – möglichst kein Pulverlöscher)
- Information der hauseigenen Feuerwehr (so vorhanden)
- Explosionsgefahren (Stäube, Dämpfe) ggf. messen und vor Beginn der Arbeiten beseitigen, ggf. auf Rohre achten
- Gegebenenfalls Abdichten von Behältern, Lüftungskanälen, Rohrleitungen und Anlagen
- Betroffene im Bereich und in angrenzenden Bereichen über die Art der Tätigkeiten informieren

2. Maßnahmen während der Arbeiten

- Arbeiten bestimmungsgemäß ausführen
- Brandwache muss die gesamte Zeitdauer anwesend sein und die Arbeiten ständig beobachten
- Feuerlöschgeräte sind einsatzbereit bei der Brandwache
- Brandwache kann Feuerwehr verzögerungsfrei rufen
- Brandwache kann Sicherheitsleitzentrale/Pförtner unter der Tel.-Nr. … informieren

3. Maßnahmen nach den Arbeiten

- Schweißgeräte umgehend aus Gefahrenbereich entfernen
- Urzustand erst nach 2 h wiederherstellen
- Brandwache „nachher" informieren und holen

4. Unterschriften

Funktion	Bereichsleiter	Ausführender Handwerker	Brandwache währenddessen	Brandwache nachher *)
Datum/Uhrzeit				ab/bis
Namen/Firma in Druckschrift				
Unterschrift				

Großflächig herumliegende Stäube können im aufgewirbelten Zustand schnell explosionsfähige Atmosphären erzeugen. Hierbei ist es ohne Bedeutung, ob es sich um Lebensmittelstäube, Hausstäube, Holzstäube oder Abriebprodukte von Kunststoffen handelt – besonders feine Stäube mit einer Korngröße < 0,5 mm können im aufgewirbeltem Zustand bei/ab ca. 30 g/m^3 bereits explosionsfähige Gemische bilden. Werden sie gezündet, kann es durch die Verpuffung zur Aufwirbelung weiterer Staubmengen und somit zu weiteren und ggf. größeren Explosionen kommen.

Als Nächstes regelt die VdS 2038 den Umgang mit privaten Elektrogeräten; das sind meist zu Hause aussortierte Geräte, die im Unternehmen eigennützlich weiterbetrieben werden. Diese Geräte sind nicht selten 20 und mehr Jahre alt, noch nie geprüft worden und oftmals nicht mehr auf der Höhe der Zeit und der aktuellen VDE- und VdS-Vorgaben. Für solche Geräte gelten folgende Vorgaben:

- Vor der Erstinbetriebnahme müssen sie elektrotechnisch überprüft werden.
- Sie müssen buchhalterisch erfasst werden.
- Der Aufstellort ist vorzugeben.
- Die genauen Betriebsbedingungen müssen vorgegeben werden.
- Es muss geregelt werden, dass die Geräte nach Beendigung der Arbeit auch brandsicher sind (also ausgesteckt oder ausgeschaltet).

Dann gibt es natürlich Gerätschaften, die nicht erlaubt sind, und besondere (empfindliche, sehr wertvolle) Bereiche, in die diese Geräte nicht gestellt werden dürfen. Ideal wäre es, wenn die Unternehmen alle elektrischen Geräte selber stellen. Wiederholung: Was nicht und nie passieren darf: ein Gerät mit der Aufschrift „household use only" wird in Unternehmen betrieben und derartigen Gerätschaften darf ein Elektriker auch kein Prüfsiegel aufkleben, so er sich nicht selbst strafbar machen will.

Die VdS 2038 fordert weiter, dass brennbare Flüssigkeiten und ebensolche Gase zu meiden sind, wenn sie vermeidbar sind. Wenn also z. B. Fensterreinigungsspiritus einen Brandschaden vergrößert und man belegen kann, dass das nichtbrennbare Fensterreinigungsmittel von der Firma X einen deutlich geringeren Schaden angerichtet hätte (oder eben keinen!), dann könnte der Versicherer ggf. seine Zahlungsbereitschaft um ein paar Prozentpunkte minimieren.

Nun kommen noch zwei Punkte, die man sich genau durchlesen muss. Falls man dagegen verstößt, sollte man entweder die Punkte abstellen oder aber ein ehrliches und konstruktives Gespräch mit dem Versicherer führen – bevor es zu einem Brandschaden gekommen ist. Vorher hat man natürlich noch die Chancen, eine individuelle Lösung zu verhandeln; diesen Spielraum gibt es nach einem Brandschaden nicht mehr. Hintergrund ist folgender: Die Feuerversicherungen fordern, dass bei Unternehmen, die Produkte herstellen und verpacken, das Packmaterial in eigenen Räumen gelagert wird. „Eigene Räume" bedeutet, dass sie nicht anderweitig genutzt werden und dass die Wände feuerbeständig und die Türen nach innen mindestens feuerhemmend und möglichst auch rauchdicht (RS, also zusätzlich über eine Rauchschutzfunktion verfügen) sind. Nun können aber nicht alle Unternehmen eigene Räumlichkeiten für die Verpackungsmaterialien zur Verfügung stellen; in diesem Fall muss man dringend vor einem Brand eine Einigung mit dem Versicherer bewirken. Gerade wer beengte Verhältnisse hat oder in gemieteten Räumlichkeiten sein Unternehmen betreibt – in denen bauliche Veränderungen ggf. unmöglich oder verboten sind –, muss hier vorsorgen. So kann der Versicherer z. B. wie folgt reagieren:

- Kündigung (wenig wahrscheinlich, aber möglich)
- Prämienerhöhung (ggf. einige wenige Prozent)
- Erhöhung der sicherheitstechnischen Auflagen (Verbot privater Geräte, Installation einer Brandmeldeanlage, Stellung weiterer Handfeuerlöscher etc.)

Man muss zum einen das Ziel der Versicherer und zum anderen eben wirklich verstehen, dass viele Kubikmeter an leichtentflammbaren Verpackungsmaterialien eine immense Brandlast darstellen. Oft reicht nur das kurze Berühren mit einer Flamme oder eine achtlos weggeworfene Zigarette, um einen Groß- und Totalschaden auszulösen. An Verpackungsmaterialien gibt es nämlich keine brandschutztechnischen Anforderungen, etwa wie an Baustoffe – diese dürfen also leichtentflammbar sein. Nun haben wir gehört, dass Packmaterial ausschließlich in eigenen Räumen gelagert sein darf. Doch wie sieht es im Bereich der Verpackung aus? Diese Kommissionierungsräume enthalten höchstens die für diesen Tag benötigten

Packmaterialien (der Rest ist in einem eigenen Lager), und dort sind nun Personen, die verpacken – Menschen, die ggf. am Arbeitsplatz (da stundenlang allein) rauchen, Radio hören, einen Kühlschrank oder eine Heizplatte betreiben und über einen Wasserkocher und eine Kaffeemaschine verfügen, also alles Zündquellen in der Nähe von leichtentflammbaren Packmaterialen. Deshalb fordert der Feuerversicherer, dass im Bereich der Abpackung das Packmaterial in nichtbrennbaren Behältern bereitgestellt wird. Es ist im Lager also erlaubt, Kunststoffchips in brennbaren Plastik-Bigbags zu lagern, doch sobald sie in den Kommissionierbereich gelangen, müssen sie in nichtbrennbare Behälter (ideal: eine Einhausung aus Blech) umgefüllt werden. Auch hiergegen verstoßen Firmen häufig, und in einigen Fällen sorgt dann ein privat besorgtes Elektrogerät für die Entflammung. Der Einsatz eines Handfeuerlöschers bewirkt aufgrund der zu großen Annäherung und des hohen Drucks auf dem Löschmittel, dass das brennende Gut herumgeblasen wird und sich der Brandschaden somit schnell vergrößert – etwas, was nicht eintritt, wenn man eine Blechummantelung hat. Dieses Beispiel zeigt wieder sehr deutlich, wie elementar wichtig trivial klingende Brandschutzmaßnahmen sind und wie wirkungsvoll sie aber sein können: Wie eingangs erwähnt, um guten Brandschutz zu betreiben, muss man weder studiert haben noch ein Integral lösen können. Nein, man muss ein paar Dinge wissen (diese auch glauben), sie verstehen und ernsthaft, also gewissenhaft, umsetzen – und schon brennt es nicht oder nicht besonders groß!

Versicherungen möchten, dass Abfälle arbeitstäglich, und zwar zeitnah nach Arbeitsende, beseitigt werden. Sie sind an einem sicheren Ort aufzubewahren, und „sicher" bedeutet in diesem Zusammenhang brandsicher. Die Bauordnungen regeln, welche Lagerorte für Abfälle als sicher gelten – in Gebäuden oder auf Grundstücken. Damit ist jedoch primär solcher Abfall gemeint, der einen Brand erheblich vergrößern oder ggf. sogar verursachen kann – andere Abfälle sind hier weniger von Bedeutung. Ölgetränkte Lumpen, Zigarettenreste, alte Batterien/Akkumulatoren, Elektrogeräte mit Akkus, bestimmte Chemikalien, Putzstahlwolle usw., all das kann brandgefährlich werden und muss (ggf. separiert) entfernt, gelagert und entsorgt werden. Also, mit einem Satz zusammengefasst: Möglichst alle Abfälle sind arbeitstäglich zu entfernen und brandsicher zu lagern.

Für ölgetränkte Lumpen fordert die Berufsgenossenschaft die Lagerung in besonderen, dicht schließenden Behältern; auch für Akkus und Batterien gibt es mittlerweile besonders brandsichere Abfallbehälter, die deutlich brandsicherer sind als konventionelle. Wer sich diesbezüglich schlau machen will, soll einfach nur „Batteriesammelbehälter" oder einen vergleichbaren Begriff ins Internet eingeben – und schon findet man ein paar Firmen, die solche Produkte anbieten. Wer in solchen Behältern bestimmte Abfälle (hier: alte Batterien, Akkus und Knopfzellen) sammelt, dem wird man nach einem Brand kaum Fahrlässigkeit und schon gar keine grobe Fahrlässigkeit vorwerfen können. Und wer vor dem Einwurf beide Pole mit einer Klebefolie abklebt, der wird wohl auch nie einen Brand dieser immer noch Energie enthaltenden Elektrospeicher erleben.

Nun fordert der Feuerversicherer in der VdS 2038, dass es eine Brandschutzordnung geben muss (Teil A, B und C) und dass man geeignete Handfeuerlöscher bereitstellt; „geeignet" bedeutet konkret zwei Dinge: Erstens muss das

Löschmittel in diesen Handfeuerlöschern dafür geeignet sein, die im Radius von
10 – 20 m vorhandenen Produkte im Brandfall zu löschen. Und zweitens darf das
Löschmittel keinen großen, unverhältnismäßigen Brandschaden anrichten können.
Die Berufsgenossenschaften legen noch Wert darauf, dass das Löschmittel für die
Personen, die es anwenden, keine Gefahr bedeutet. Das bedeutet konkret für den
Brandschutzbeauftragten:

- Für Gerätebrände Löscher mit Kohlendioxid zur Verfügung stellen (das fordert
  auch die VdS 2046)
- Für Küchenbrände (Pfannen, Fritteusen) Löscher mit dem Löschmittel F bereitstellen (meistens sind das heute sog. ABF-Löscher)
- Wenn es keine brennbaren Gase gibt, keine ABC-Handfeuerlöscher zur Verfügung stellen
- Ansonsten sämtliche zutreffende bzw. sinnvollen Vorgaben der ASR A2.2
  umsetzen

Nun kommt nur noch ein Punkt, doch der hat es in sich. Es wird nämlich erwartet,
dass eine verantwortliche, zuverlässige Person das Unternehmen nach Arbeitsschluss abgeht. Doch das ist aus mehreren Gründen oft nicht so einfach umsetzbar,
z. B.:

- Es arbeitet nur noch eine Person, und die kann sich ja nicht selbst kontrollieren.
- Die Arbeitszeiten sind nicht starr geregelt.
- Es gibt viele Abteilungen, und niemand weiß konkret, wenn er das Unter-
  nehmen verlässt, ob anderswo noch Personen arbeiten.
- Das Unternehmen ist so groß und unübersichtlich, dass man es einer Person
  nicht zumuten kann, alle Bereiche abzugehen.

Wie man jetzt diese Aufgabenstellung löst, ist eine Einzelfallentscheidung, die
ggf. mit dem Feuerversicherer abzuklären ist. Übrigens, als „zuverlässig" gelten
langjährige, solide arbeitende Personen, aber auch Werkschutz und manchmal
auch das Reinigungspersonal. Als eher noch nicht zuverlässig gelten neue
Angestellte, Aushilfspersonal, Auszubildende sowie Schüler und Studenten im
Unternehmen. Werkstattleiter, Bereichsverantwortliche und ihre Stellvertreter
jedoch gelten als zuverlässig. Diese Personen müssen kontrollieren, ob es noch
gefährliche Situationen gibt und, falls dem so ist, sie. „Kontrolle" bedeutet, einen
Ist-Stand mit einem Soll-Stand abzugleichen und ggf. herzustellen. Die nachfolgenden Fragen können helfen, solche Situationen zu identifizieren:

- Gibt es irgendwelche gefahrdrohenden Umstände im Unternehmen, aus denen
  sich reale Brandgefahren konstruieren lassen?
- Sind alle mit Elektromagnet aufgehaltenen Brandschutztüren bereits
  geschlossen worden (Person A muss sie schließen, und Person B muss das
  kontrollieren!)?
- Sind nicht benötigte elektrische Geräte ausgeschaltet (es gibt aber Geräte,
  die auch nachts benötigt werden, und die dürfen dann durchlaufen – ggf.

muss der Versicherer davon jedoch erfahren, denn beispielsweise gelten sog. Geisterschichten als Gefahrenerhöhung, die dem Versicherer anzuzeigen sind; „Geisterschicht" bedeutet, dass Produktionsanlagen durchlaufen, auch wenn kein Personal anwesend ist, etwa Kunststoffspritzanlagen)?

- Gibt es Feuergefahr nach Reparaturen (insbesondere nach Schweiß- und Flexarbeiten)?
- Ist die Abfallentsorgung korrekt erfolgt (also nicht einfach nur die Abfälle in den Treppenraum legen, von dem aus der Hausmeister sie am nächsten Morgen in die Müllbereiche bringt)?

Gegebenenfalls gibt es bei verschiedenen Unternehmensarten noch weitere Punkte, die hier aufzuführen sind.

11.4   VdS 2046

Diese VdS beschäftigt sich mit Sicherheitsvorschriften für elektrische Anlagen bis 1000 V, und mit solchen Anlagen und Geräten darf grundsätzlich jede (unterwiesene, befähigte) Person im Unternehmen umgehen. Nun wollen wir weder, dass sich Menschen beim Umgang mit solchen Geräten gefährden, noch, dass es bei deren Benutzung Brände gibt – also hat der Feuerversicherer diese für uns Brandschutzbeauftragte wichtige Vorschrift zusammengestellt. Darin steht z. B., dass an Stromanlagen ausschließlich Fachleute arbeiten dürfen und dass die einschlägigen VDE-Bestimmungen einzuhalten sind. Gut, das wird nicht nur jede Person einsehen, sondern auch umsetzen können. Doch jetzt wird es konkret, und es folgen Punkte, die nicht jedes Unternehmen weiß und demzufolge auch nicht einhält: Die gesamte elektrische Anlage ist mindestens einmal jährlich durch einen VdS-anerkannten Sachverständigen zu prüfen (das kann übrigens auch in der Klausel VdS 3602 gefordert werden), und die hierzu berechtigten Sachverständigen sollen oder müssen in Köln einen Kurs absolvieren und als Sachverständige in der Liste laut VdS 2507 eingetragen sein.

Elektrogeräte sollen übrigens den Strom möglichst direkt aus fest montierten Steckdosen entnehmen können; maximal ist ein Verlängerungskabel erlaubt, und dies unabhängig davon, ob man einen oder mehrere Stecker am anderen Ende einstecken kann. Mit anderen Worten: Stromkabel und Verlängerungskabel dürfen nie hintereinandergesteckt werden; die Veränderung des elektrischen Widerstands wäre bei jeder Steckverbindung so groß, dass man ggf. zu viel Strom entnehmen könnte oder dass eine Sicherung demzufolge auch zu spät (zu träge) auslöst – beides kann lebens- und brandgefährlich werden. Diese Vorgabe findet sich übrigens auch in der DIN VDE 0620-1 sowie in Abs. 3.1.5 der VdS 2046.

In explosionsgefährdeten Betriebsstätten dürfen keine Hausanschlusskabel verlegt sein, sondern lediglich solche, die den höheren Anforderungen gerecht werden. Die elektrischen Anlagen in feuer- und explosionsgefährdeten Betriebsstätten (Achtung: ggf. den Versicherer fragen, wie er das Unternehmen oder einzelne Bereiche davon einstuft) müssen im Ganzen durch *einen* Schalter von der elektrischen Energie getrennt werden können. Was wirklich wichtig ist, aber oftmals nicht vorhanden: Elektrische Anlagen benötigen aktuelle Schaltpläne! Wenn es also Veränderungen gibt, so muss man sie ohne zeitliche Verzögerung einzeichnen bzw. schriftlich markieren.

Als Steckvorrichtungen sind lediglich genormte Module zulässig. Es sind darüber hinaus netzspannungsunabhängige Einrichtungen zum Fehlerstromschutz (inkl. Differenzstromerfassung) einzusetzen: FI-Schalter (früher auch RCD-Schalter genannt) mit 30 mA Auslösestrom und in Nassbereichen heutzutage sogar nur 10 mA. Wer noch alte Schalter mit 500 mA hat, soll diese bitte aus Gründen des Personenschutzes baldmöglichst nachrüsten. Manchmal ist es in alten und sehr alten Gebäuden mit Technik und Stromleitungen von vor 80 und mehr Jahren noch so, dass nach dem Einbau von FI-Schutz die Sicherungen regelmäßig und aus nicht erkennbarem Grund auslösen. Das ist wenig beruhigend, weil es nichts anderes bedeutet, als dass an mindestens einer nicht „sauberen" Stelle Strom aus dem Netz seinen Weg anderswohin findet: Über undichte Stellen fliest etwas Strom in eine Richtung ab, und das löst dann den FI-Schalter aus. Wenn das mehrfach passiert, wird man früher oder später (Tipp: möglichst früh!) die gesamte Stromanlage austauschen, modernisieren, aktualisieren oder eben professionell auf die Fehlersuche gehen – bitte, bevor ein Mensch verletzt oder getötet wird und bevor es zu einem Brand kommt. Zu diesem analytischen Vorgehen zwingt einen übrigens auch diese VdS-Bestimmung: „Lösen Schutzeinrichtungen wiederholt aus (FI-Schalter oder auch Sicherungen), so muss der Fehler unverzüglich von einer Elektrofachkraft beseitigt werden." Mängelbeseitigungen dürfen übrigens nur von Elektrofachkräften und nicht von elektrotechnisch unterwiesenen Personen vorgenommen werden.

Weiter wird sinnvollerweise, aber auch sehr pauschal gefordert, dass Elektrowärmegeräte so zu betreiben sind, dass sie keinen Brand verursachen können. Das heißt, wenn diese Gerätschaften einen Defekt haben, dürfen sie andere Gegenstände außerhalb nicht entzünden – und andere Gegenstände dürfen (z. B. durch Annäherung an Lüftungsöffnungen) auch keine Entzündung begünstigen. Somit ist auf horizontale Abstände zu achten, aber insbesondere auf vertikale – was befindet sich darüber und was darunter? Wenn das Plastikgehäuse eines Elektrogeräts flüssig wird, brennt und nach unten tropft, wo ein voller Papierkorb steht, so würde dieser den Brand ermöglichen. Das Gleiche gilt für brennbare Gegenstände direkt daneben oder auch im Regal darüber. Also bitte achten Sie besonders auf die Freihaltung dieser Geräte und fragen Sie im Zweifelsfall den Versicherer, ob das Gerät X oder Y zu den sog. Elektrowärmegeräten zählt und, wenn ja, ob die von Ihnen getroffenen Vorsorgemaßnahmen als ausreichend einzustufen sind.

Unabhängig davon ist immer auf die jeweiligen Betriebsanweisungen zu achten; deshalb ist es problematisch, wenn jemand ein gebrauchtes Gerät ohne Verpackung und ohne „Beipackzettel" mit ins Unternehmen bringt.

Werden Elektrogeräte über eine längere Zeit nicht betrieben, müssen sie physikalisch vom Netz getrennt werden. Was „länger" bedeutet, soll auch wieder beim Versicherer angefragt werden (ggf. noch vor der Sommerpause?). Weil bzw. wenn es nicht allzu viel Zeit kostet, Geräte auszustecken, sollte ggf. aus Gründen der Sicherheit grundsätzlich ein Stecker gezogen werden – in diesem Zustand sind diese Geräte absolut eigenbrandsicher. Hintergrund ist folgender: Manche Geräte werden im ausgeschalteten Zustand nur einpolig und nicht allpolig vom Netz getrennt. Je nachdem, ob der Stecker so oder andersherum eingesteckt ist, fliest der Strom also nicht ins Gerät – oder er fliest durch das Gerät und wird beim Austreten durch die einpolige Trennung unterbrochen. Schon allein dadurch kann es in Geräten zu Erwärmungen und ggf. zu Bränden kommen.

Will man nun ein ausgestecktes und über längere Zeit nicht betriebenes Gerät wieder in Betrieb nehmen, muss es vor der Wiedereinbetriebnahme überprüft werden; ob das nun ein Elektriker macht, eine elektrotechnisch unterwiesene Person oder der jeweilige Betreiber, ist nicht geregelt. Besonders brandgefährlich sind Heizgeräte, die über die Frühlings- und Sommermonate nicht betrieben werden und einstauben; werden sie im Herbst oder Winter wieder eingeschaltet, fliest Strom (oder auch Gas) durch diese Geräte, und der Staub kann durch die Erhitzung entzündet werden. Bitte nehmen Sie diesen Punkt sehr ernst, insbesondere bei Gasstrahlern (egal ob Hell- oder Dunkelstrahler). Auch wenn dieser Punkt nicht unbedingt in die VdS 2046 gehört, halte ich es für sinnvoll, ihn hier zu erwähnen. Schnell nämlich kann der Versicherer hier eine grobe Fahrlässigkeit unterstellen!

Elektroanlagen und -geräte sollen laut VdS 2046 mit Kohlendioxid (CO_2) gelöscht werden. Nun muss man wissen, was Juristen unter „sollen" verstehen: „Soll heißt muss, wenn man kann" ist eine oberflächlich betrachtet lustige, aber wirklich gute Definition. Man kann sich ja einen Handfeuerlöscher mit dem Löschgas Kohlendioxid anschaffen, und somit wird das zur Muss-Bestimmung. Wer also auf Elektroanlagen (insbesondere teure wie EDV-Geräte) mit Wasser oder Schaum geht, um einen Brand im Gerät zu löschen, der wird zum einen keinen Löscherfolg haben und zum anderen den Schaden vergrößern – der Versicherer kann also berechtigterweise Probleme machen. Und wer auf die wirklich unintelligente Idee kommt, in dieser Situation einen ABC-Löscher abzublasen, könnte für den eigentlichen Feuerschaden Kosten von vielleicht 7 % verursachen; der Löschmittelschaden an den vom Feuer nicht betroffenen Einrichtungen und Geräten würde demzufolge bei 93 % liegen – ein Versicherer müsste hier wohl lediglich die 7 % begleichen!

Die VdS 2046 besagt: „Ortsveränderliche Geräte sind nach Gebrauch von der elektrischen Energiequelle, z. B. dem Netz, zu trennen, indem beispielsweise der Stecker gezogen wird." Das Wort „beispielsweise" ist also nicht absolut zu sehen – es zeigt aber, was der VdS respektive Ihr Versicherer für intelligent, richtig hält. Aber ein simples Ausschalten (ideal: allpolige Trennung vom Netz) würde auch akzeptiert werden; doch bei einer Überspannung oder einem Blitzeinschlag würde dieses Gerät ggf. umgehend zu brennen beginnen – ein ausgestecktes natürlich nicht. Damit ist aber auch gesagt, dass ein Stand-by-Betrieb (so wie es viele Personen mit dem PC, aber auch mit dem heimischen TV-Gerät machen) nicht akzeptabel ist. Würde es in so einem Gerät zu einem Brand kommen und wäre belegt, dass es im Stand-by-Betrieb und nicht ausgeschaltet war, wären vorhersehbare und damit vermeidbare Probleme zu erwarten.

Laut VdS 2046 ist mit elektrischen Betriebsmitteln sorgfältig umzugehen; das muss jeder Vorgesetzte seiner Belegschaft vermitteln und gilt besonders beim Umgang mit Elektrogeräten und Verlängerungskabeln auf Baustellen. Leider ist immer wieder festzustellen, dass hiergegen gröblich verstoßen wird und dass aus Beschädigungen Brände entstehen. Das beginnt bei gequetschten Kabeln, führt über in Pfützen liegende Steckverbindungen und reicht bis zu offensichtlich beschädigten Gehäusen und offenen Leitungen. Solche Betriebsmittel dürfen nicht mehr eingesetzt werden – werden sie aber, und dadurch entstehen Personengefährdungen und Brände. Wird das im Nachhinein belegt, so ist verständlich, dass die Versicherungen leistungsfrei sind. Wer jedoch versucht, solche Situationen hinterher zu vertuschen und zu beseitigen, der kann – falls es belegt werden kann – zusätzlich eine Anzeige wegen Betrugs bekommen. Deutlich besser ist also, sich vorab korrekt, sicherheitskonform zu verhalten!

Manche grobmotorische und wenig sozialisierte Personen in der Belegschaft gehen mit Gegenständen, die ihnen nicht persönlich gehören (Elektrogeräten, Dienstwägen, Kopierern, Brandschutztüren, Staplern usw.), sehr grob um: Natürlich „darf" mal ein Unfall passieren – aber es soll eben nicht passieren und wenn, dann maximal einmal. Hinzu kommt, dass jede Person, die ein Gerät (Bohrmaschine, Kraftfahrzeug etc.) bedient, persönlich in der Verantwortung ist, dass dieses Gerät keine offensichtlichen Mängel und Beschädigungen hat; um das festzustellen, muss man weder Elektriker noch elektrotechnisch unterwiesene Person sein. Ortsveränderliche Elektrogeräte sind laut VdS 2046 vor jeder Inbetriebnahme vom Anwender persönlich in Augenschein zu nehmen – wenn man also nach einer Pause wiederkommt, muss man das Gerät bis hin zur Steckverbindung überprüfen (ansehen).

Stromleitungen haben oft nur 1,5 mm^2 Querschnitt, was sehr wenig ist. Wenn diese kleine Fläche dann weiter negativ verändert wird, fliesen an diesen Engstellen die Elektronen mit mehr Reibung, und damit entsteht deutlich mehr Wärme – diese kann zur Brandgefahr werden. Deshalb ist nicht nur auf Quetschungen zu achten (z. B. bei der Durchführung durch Türen von Verlängerungsleitungen), sondern es muss auch übermäßiger Zug an beweglichen Leitungen vermieden werden.

Diese Geräte und Leitungen werden ja nach DGUV Vorschrift 3 und VdS 3602 regelmäßig geprüft; dabei wird nach DIN VDE 0105 auch der Isolationswiderstand regelmäßig gemessen. Einmal jährlich ist zudem der Strom im N-Leiter zu messen; wenn erforderlich, sind anschließend bestimmte Maßnahmen zum Schutz bei Oberschwingungen zu treffen.

Schließlich fordert die VdS 2046 noch, dass nicht benötigte Kabel zur Reduzierung der Brandlast und ggf. auch aus Gründen der elektromagnetischen Verträglichkeit (EMV) entfernt werden. Das mag jetzt völlig trivial klingen, aber gerade unter Schreibtischen und in Doppelböden werden alte Leitungen oftmals liegen gelassen. Daraus resultieren die beiden in dieser VdS erwähnten genannten Gefahren, aber es kann bei Gasflutungen in Doppelböden auch zu ernsthaften Problemen der homogenen Löschgasverteilung kommen. Also bitte achten Sie darauf, dass bei einer Neuverlegung von Strom- und auch von Datenleitungen alle alten, nicht mehr benötigten Leitungen entfernt und entsorgt werden –

und achten Sie weiter darauf, dass die Öffnungen in Wänden, Böden und Decken wieder korrekt verschlossen werden (rauchdicht, feuerbeständig; und auf mindestens einer Seite muss auch vermerkt sein, welches Material von welcher Person an welchem Tag angebracht wurde).

11.5   VdS 2095

In der VdS 2095 („Sichere Planung und den Einbau von Brandmeldeanlagen") geht es um professionelle Brandmeldeanlagen und nicht um Heimrauchmelder. Es ist eine echte Wissenschaft für sich, welche Melder wo platziert werden, wie viele Quadratmeter ein Melder oder ein System abdecken kann und welche Arten von Nutzungen welche Melder und welche Melderdichte erforderlich machen. Ich empfehle Ihnen, sich diesbezüglich eine solide Beratungsfirma zu suchen, die nachvollziehbare Abrechnungen erstellt und die bei Besuchen kritisch eine Ist-Aufnahme vornimmt. Schön, wenn Sie grundsätzlich dieselben Ansprechpartner haben und nicht ständig wechselnde. Teilen Sie diesen Unternehmen bzw. Personen auch Veränderungen rechtzeitig mit, und zwar auch solche, die Ihnen nicht von Bedeutung erscheinen:

- Veränderung von Raumflächen (Herausnehmen oder Hinzugabe von Trennwänden)
- Veränderungen von Nutzungsarten
- Veränderungen von Produktionsarten
- Verlegung oder Austausch von Nutzungsarten

Je nachdem kann es sein, dass mehr oder andere Melder nötig werden, um das gleiche Sicherheitsniveau zu halten.

Anmerkung: Es wird bei Rauchmeldern heute empfohlen, nach acht Jahren einen Austausch vorzunehmen. Dabei drängt sich der üble Verdacht auf, dass diese Forderung primär wirtschaftliche und nicht sicherheitstechnische Beweggründe hat. Wenn also Ihre Melder chemisch oder witterungsbedingt nicht besonders belastet oder verschmutzt sind, so sollten Sie darüber nachdenken, diesen Austausch nicht vorzunehmen. Einen sicherheitstechnischen Grund jedenfalls können ich und viele von mir befragte Kollegen nicht erkennen. Klären Sie das bitte auch mit Ihrer Versicherung vorab, etwa so: „Wir vertreten die Meinung, dass die Sicherheit durch den nicht erfolgten Austausch nicht außerhalb der Toleranzgrenze liegt. Übrigens sieht Ihr Mitbewerber, Versicherung X, das auch so ..." Auch Handfeuerlöscher, Sprinklerköpfe, Dienstwägen oder Büromöbel tauscht man ja nicht nach acht Jahren aus – warum also „plötzlich" diese Veränderung? Ich bin der Meinung, dass sich die diese Kosten tragende „schweigende" Mehrheit der Industrie hier gegen einige wenige durchaus zur Wehr setzen sollte.

Doch jetzt zurück zur VdS 2095, die ja eine sinnvolle und von fähigen Leuten erstellte Empfehlung darstellt. Stellen Sie sich vor, Sie haben in einem Büroraum von 80 m^2 einen Rauchmelder – dieser würde (bei nicht allzu hoher Deckenhöhe) gerade so ausreichen für diesen Raum. Nun wird hier aber auch gelötet oder ggf. auch geraucht, und die Wahrscheinlichkeit eines Fehlalarms ist realistisch; also entscheidet man sich (was grundsätzlich legal und auch konform mit dieser VdS 2095 ist) für die Installation eines Wärmemelders. Da sich die Wärme im Brandfall nach oben gemessen deutlich mehr verflüchtigt als der Rauch, muss man jetzt aber mehr Rauchmelder installieren, nämlich einen je 30 m^2, d. h., bei 80 m^2 können nur drei Wärmemelder einen Rauchmelder ersetzen. Bei anderen Raumhöhen und auch Raumnutzungen liegen übrigens wieder andere Zahlen vor, und ggf. wären ausschließlich die einen oder die anderen Melder erlaubt. Es macht also Sinn, hier eine sog. befähigte Person zu befragen und sich nicht mit gefährlichen Halbwissen selbst einbringen. Übrigens, den Versuch mit der Wärme und dem Rauch kann man leicht selbst machen: Halten Sie die Hand über ein Feuerzeug, und Sie spüren vielleicht in 40 cm vertikalem Versatz überhaupt keine Hitze mehr; bei 12 cm jedoch wird es unangenehm heiß. Ganz anders sieht es aus, wenn man bei Windstille eine Zigarette anzündet und den Rauch beim Aufsteigen beobachtet: Er wird nach oben tatsächlich breiter, und man meint, er vermehrt sich.

Doch gehen wir noch mal in den Raum mit 80 m^2, in dem wir einen Rauchmelder durch drei Wärmemelder ersetzt haben. Angenommen, wir richten hier jetzt einen EDV-Raum ein, so sind laut der VdS 2095 Wärmemelder nicht mehr zugelassen. Aber auch ein Rauchmelder wäre nicht konform, denn aufgrund der EDV-Nutzung werden für je 25 m^2 ein Rauchmelder unterhalb der Decke gefordert. Bei 80 m^2 sind somit, wenn man ganz konform mit der VdS 2095 gehen will, vier Rauchmelder nötig!

Manche EDV-Räume haben aber nicht lediglich einen Raum, sondern eine abgehängte Decke und einen Doppelboden. Während früher Strom- und Datenleitungen sowie Klimazuluft von unten zugeführt werden, ist dies heute oftmals von oben der Fall, und zwar aus Gründen der elektromagnetischen Verträglichkeit räumlich getrennt (Strom und Daten), und die klimatisierte Luft wird korrekt temperiert und befeuchtet über den ansonsten brandlastfreien und auch leeren Doppelboden zugeführt (ggf. über sog. Kalt- und Warmgänge). Doch jetzt geht es laut VdS 2095 darum, dass man in der abgehängten Decke sowie auch im Doppelboden (unabhängig, ob es dort Brandlasten gibt oder nicht) je 40 m^2 einen Rauchmelder benötigt. Somit werden je zwei Rauchmelder im Doppelboden und in der abgehängten Decke nötig und vier für den Raum – insgesamt also in dem 80-m^2-Raum acht Rauchmelder.

Brandmeldeanlagen dieser Art nennt man Brandfrüherkennung. Zusätzlich kann man noch Rauchgasansaugsysteme zur Brandfrühesterkennung an den Gerätschaften und in den Doppelböden anbringen, meist aber additiv und nicht alternativ. Doch es gibt auch Möglichkeiten, sie alternativ anzubringen, und das kann wiederum die Kosten der Anschaffung und des Unterhalts reduzieren, denn es werden deutlich weniger Melder nötig.

Anmerkung: Während es früher zwei Arten von Rauchmeldern gab, nämlich O-Melder und I-Melder, sind heute lediglich die O-Melder gebräuchlich. Ob die Melder dann vorwärtsstrahlend oder rückwärtsstrahlend wirken oder ob es sich um sog. Durchlichtrauchmelder handelt, ist weniger von sicherheitstechnischer

Bedeutung. O-Melder (diese Bezeichnung steht für optische Rauchmelder oder auch Streulichtmelder) sind wie eine PC-Maus als „harmlos" einzustufen, auch bzw. gerade im Brandfall. Die früher verwendeten I-Melder (Ionisationsmelder) funktionieren lediglich mit einem radioaktiven Präparat im Inneren. Bei einer thermischen oder physischen Zerstörung könnten also (geringe) Mengen an Radioaktivität freigesetzt werden, und das ist auch der Grund, warum man solche Melder heute nicht mehr haben soll(te).

Rauchmelder können problematisch werden, wenn zu viele Stäube, Dämpfe oder auch Aerosole auftreten oder Rauch aus anderen (harmlosen) Gründen wie Rauchen oder Dieselstaplerauspuffgase. Natürlich ist es heute durch eine entsprechende Programmierung, durch logische Abfragungen mehrerer Melder in einem Raum, durch eine zeitliche Anstiegsmessung, durch die Einspeisung von Referenzgrößen etc. möglich, die Ursachen für unerwünschte Alarme auf ein Minimum zu reduzieren, aber eine gänzliche Reduzierung wird es wohl nie geben können. Man kann auch durch eine sog. Zweimelderabhängigkeit dafür sorgen, dass es sich lediglich nach der Auslösung eines zweiten Melders um einen auf die Feuerwehr weitergegebenen Alarm handelt; diese zweite Meldung muss innerhalb eines geringen Zeitfensters im selben Bereich von einem anderen Melder erfolgen. Dazu sind die Erhöhung der Melderdichte um mindestens 30 % und natürlich eine entsprechende Programmierung der Anlage nötig. In der Realität ist oftmals nahezu eine Verdoppelung nötig, denn wenn je Raum nur ein Melder nötig ist, so kann man diese Anzahl ja nicht um 30 % erhöhen, sondern man muss die Melder verdoppeln.

Doch man darf sich fragen, was eine Brandmeldeanlage bringt, wenn vor dem Eintreffen der Feuerwehr bereits ein großer Schaden oder gar ein Totalschaden eingetreten ist. Deshalb ist nach der VdS 2095 bei hohen Brandlasten der Ausrüstung mit einer Brandlöschanlage ggf. der Vorzug zu geben. Ob es sich dann um eine Gaslöschanlage oder einen Sprinklerschutz handelt, muss ergebnisoffen diskutiert werden.

VdS-gerechte Brandmeldeanlagen benötigen eine Notstromversorgung sowie eine Abnahmeprüfung und daraus resultierend auch ein aktuelles, fehlerfreies Installationsattest; bei dieser Dokumentation sowie den nachfolgend nötigen Dokumentationen (Wartung, Veränderung, Inspektion, Erweiterung, Austausch, Reparatur etc.) sind leider manche Handwerker etwas „großzügig" – sprich, diese Eintragungen erfolgen nicht. Man muss vom ersten Tag an darauf bestehen, dass dies noch am selben Tag komplett erfolgt. Nur so kann auch eine andere Firma jederzeit die Anlage beurteilen, Verteiler auffinden und Veränderungen vornehmen. Dafür gibt es ein sog. Betriebsbuch, das der Form VdS 2182 entsprechen sollte.

Normale Brandmelder funktionieren im Temperaturbereich von $-20\,°C$ bis $+50\,°C$; liegt man darüber oder darunter, muss man spezielle Melder anschaffen. Es funktionieren auch alle Systeme bis 95 % relative Feuchte, und damit sollte eigentlich alles abgedeckt sein, denn direkt in ein Dampfbad wird wohl keiner einen Rauchmelder platzieren.

Die Anlagen benötigen ausreichenden Blitz- und vor allem auch Überspannungsschutz, wenn man sie als mängelfrei auf die Feuerwehr aufschalten will/muss.

Sprinkleranlagen werden durch das Platzen der Sprinklergefäße ausgelöst, die beim Überschreiten von bestimmten Temperaturen (meist sind das $68\,°C$, zumindest bei den roten Sprinklerköpfen) sich so ausdehnen, dass das sie umgebende Glas platzt und somit der Wasserfluss freigegeben wird. Deshalb tritt lediglich an den Stellen Wasser aus, an denen es zu warm wird. Bei Gaslöschanlagen ist das gänzlich anders: Sie werden über Rauchmelder ausgelöst, und dann wird ein gesamter Raum mit dem entsprechenden Löschgas geflutet. Wenn dem so ist, d. h., wenn man eine Gaslöschanlage hat, dann benötigt man eine VdS-konforme Brandmeldeanlage und muss die Anzahl der Rauchmelder (Wärmemelder sind nicht zugelassen) um mindestens 50 % erhöhen, denn auch jetzt darf das Löschgas (nach einer Verzögerungszeit) erst austreten, wenn in einem Löschbereich nach dem ersten Rauchmelder auch zeitnah ein zweiter die Auslösung der Anlage empfiehlt.

11.6   VdS 2199

Diese wirklich wichtige VdS-Vorgabe beschäftigt sich mit verschiedenen Brandschutzmaßnahmen, die man für Lagerbereiche treffen soll oder ggf. auch muss. Dabei geht es um Informationen, um baulichen, anlagentechnischen und auch organisatorischen Brandschutz. Läger enthalten meist extrem hohe und viele Brandlasten, aber meist vertretbar wenige Zündquellen. Damit ist Brandschutz im Lager eigentlich nicht besonders schwer umzusetzen und dennoch effektiv zu bewerkstelligen. Allein die intelligente Platzierung der Beleuchtungsanlagen sorgt für mehr Brandschutz; mit „intelligent" ist gemeint, dass man diese Lampen und Zuleitungen nicht fahrlässig beschädigen kann. Außerdem kann man durch die richtige Auswahl der Lampen für deutlich mehr Sicherheit sorgen: Indem man die moderne LED-Technik einsetzt, wird die Brandgefahr zwar nicht auf 0 % reduziert, doch es geht in diese Richtung; schließlich benötigen diese Lampen ca. 85 % weniger Strom und sind damit deutlich weniger brandgefährlich. Übrigens weiß der VdS aufgrund der gemeldeten Schäden, dass über 30 % aller Industriebrände in Lagern entstehen. Die gute Schulung der dort arbeitenden Belegschaft wird vorgegeben und auch, dass man sich hiezur Tipps aus der VdS 2000 holen soll.

Bei Bränden in Lagern soll man aber nicht lediglich die Sachschäden als schädigend ansetzen, sondern auch die Probleme und die Kosten durch die dadurch erfolgenden Betriebsunterbrechungen; diese Kosten können die Sachschäden nämlich schnell erreichen und sogar übersteigen.

Beim Brandschutz im Lager geht es auch darum, Brandstiftung durch Fremde zu verhindern; die vorsätzliche Brandstiftung durch die eigene Belegschaft ist kaum zu unterbinden (und auch kaum zu erwarten!), aber die fahrlässige Brandstiftung der Belegschaft kann durch Schulungen, Auswahl und Kontrollen minimiert werden. Um Fremden die Brandstiftung zu erschweren, wird empfohlen, im Freibereich keine Brandlasten (Paletten, Abfall, brennbare Produkte) unmittelbar an den Hallenaußenwänden abzustellen. Zudem soll es einen stabilen Zaun mit Übersteigschutz geben, und Fremde (also auch lagerfremde Mitarbeiter aus anderen Abteilungen) haben keinen Zutritt zu den Lagern.

Eine Videoüberwachung mit guter, sicherer Aufzeichnung an anderer Stelle macht immer dann Sinn, wenn damit keine ständigen Arbeitsplätze gefilmt werden und wenn die Belegschaft und der Betriebsrat zustimmen. Leicht erreichbare Fenster sollen gesichert sein, und zwar nicht nur gegen Einbruch, sondern auch gegen den Einwurf von Brandsätzen. Die Freigelände sollen freigehalten sein – auch von Pflanzen, hinter denen man sich verstecken kann – und nachts möglichst ausgeleuchtet und kameraüberwacht sein. Je nach dem Wert der Gegenstände im Lager kann man auch eine passende Einbruchmeldeanlage installieren; zu der Einbruchmeldetechnik ist übrigens noch mehr zu sagen als zur Brandmeldetechnik; auch das ist eine Wissenschaft für sich, und man sollte sich auch diesbezüglich gut und professionell beraten lassen.

Nun muss man sich noch überlegen, welchen Sinn eine Einbruchmeldeanlage haben soll: vor Ort Alarm geben (um die Einbrecher zu vertreiben oder zu verunsichern) oder einen stillen Alarm (also Alarm anderswo) absetzen in der Hoffnung, dass die gerufenen Interventionskräfte die Einbrecher stellen? Um Einbrechern eine Brandstiftung zu erschweren, fordert die VdS 2199, dass man keine Brandbeschleuniger bereithält, denn nicht wenige Brandstifter bringen diese nicht mit, sondern suchen bzw. finden sie vor Ort. Unter „Brandbeschleunigern" versteht man brennbare Flüssigkeiten wie z. B. Benzin oder Spiritus; so etwas wird also gut versperrt oder substituiert. Es passiert tatsächlich nicht selten, dass Brandstifter ein Unternehmen (somit auch ein Lager) an zwei und mehr Stellen anzünden, um danach möglichst schnell zu verschwinden. Doch die gelegten Feuer gehen manchmal alle aus, richten keine großen Schäden an und sind ein eindeutiger Beweis für eine versuchte – aber nicht erfolgreiche – Brandstiftung. Doch wenn man lediglich 0,5 l Spiritus oder Benzin zur Verfügung hat, so ist es unwahrscheinlich einfach, damit einen Totalschaden anzurichten. Also nehmen Sie das bitte ernst und beseitigen oder versperren Sie diese flüssigen Brandbeschleuniger.

Jetzt kommt der vielleicht wichtigste Hinweis aus dieser VdS-Vorgabe, nämlich im Lager keine Geräte zu betreiben, die dort nicht benötigt werden. Häufig sind Getränkeausgabeautomaten (gekühlte Getränke oder auch Heißgetränke) in den Lagergebäuden abgestellt; wenn diese jetzt einen Brand verursachen und wenn die VdS 2199 verbindlicher Bestandteil des Versicherungsvertrags ist, dann wäre das ggf. eine wirtschaftliche Katastrophe für das betreffende Unternehmen. Also, bitte nehmen Sie das ernst und beseitigen Sie diese erhöhte und leider nicht versicherte Brandgefahr möglichst, bevor es zu einem Brand im Lager kommt – das erwartet Ihre Geschäftsführung von Ihnen; das sind übrigens dieselben Personen, die sich erst mal gegen Sie wenden, wenn Sie den Getränkeautomaten aus dem Lager verbannen wollen. Sie werden also diplomatisch vorgehen und nicht einfach die Entfernung des Geräts fordern, sondern Sie schlagen gleich mindestens eine umsetzbare und zumutbare Lösung vor, im Idealfall auch zwei oder mehr. Nur eines wird nicht passieren: Sie knicken nicht ein, und es bleibt nicht alles, wie es war, nur weil der Chef und die Lagerarbeiter gegen diese Veränderung sind. Diese Forderung kommt ja nicht von Ihnen, sondern vom Feuerversicherer über den Vertrag, den der Chef unterzeichnet hat!

Nun kommt einfaches Rechnen (also noch keine höhere Mathematik – die ein Brandschutzbeauftragter auch kaum im täglichen Leben benötigt!), um zu zeigen, wie man Brände zwar nicht in der Wahrscheinlichkeit reduzieren kann, aber in der Gesamtschadenhöhe. Man stelle sich ein Lager vor mit einem Wert von 900 Mio. € (das liegt übrigens durchaus im Bereich des Möglichen, es gibt Lager mit deutlich höheren Werten). Dieses Lager ist nicht unterteilt und wird durch ein Feuer sowie die nachfolgenden Rauchschäden und das Löschwasser zerstört. Nun stelle man sich vor, dass dieses Lager durch mehrere feuerbeständige Wände (Anmerkung: Es muss sich nicht um Brandwände oder gar um Komplextrennwände handeln) unterteilt wird; Tab. 11.2 soll das Prinzip zeigen. Natürlich ist Ihnen und mir zum einen klar, dass man ein solches Lager nicht „so einfach" wie eine Pizza aufteilen kann, und zum anderen, dass ein gut brandschutztechnisch unterteiltes Lager durch andere Vorkommnisse dennoch komplett zerstört werden kann. Trotzdem macht es bei bestimmten Werten Sinn, über eine Unterteilung nachzudenken.

Es ist also durch eine Parzellierung der Werte einerseits die Brandentstehungswahrscheinlichkeit größer, denn in zehn Lagern brennt es statistisch gesehen häufiger als in einem Lager; andererseits jedoch wird die Brandschadenhöhe deutlich reduziert. Auch muss man berücksichtigen, dass ja auch boshafte Menschen über genügend Intelligenz verfügen können und zwei oder mehr Brandbereiche hintereinander anzünden. Allerdings kommt das eher sehr selten vor, und glücklicherweise sind Brandstifter meist Amateure, die unter entsprechendem Druck stehen und dabei Fehler machen. Für uns jedoch bedeutet allein die Aufteilung von einem auf zwei Brandbereiche bereits eine Schadenhalbierung, egal ob von 900 auf 450 Mio. € oder von 20 auf 10 Mio. €, das ist bereits mehr Geld als Sie und ich in unserem Leben jemals erwirtschaften können! Außerdem bedeutet diese Schadenhalbierung, dass die Belieferung von Kunden und der Weiterbetrieb der Produktionsanlagen eben nicht unterbrochen werden müssen, was zu einer weiteren Einsparung führen wird.

Lager ab bestimmten Größenordnungen und Werten sowie Flächen und Höhen (meist bei einer Flächenüberschreitung von 1600 m^2 und einer Höhenüber-

	Brandbereiche	Werte/Brandbereich
Tab. 11.2 Simple Mathematik: auf je mehr Brandbereiche die vorhandenen Werte aufgeteilt sind, umso geringer der Höchstschaden nach einem Brand	1	900 Mio. €
	2	450 Mio. €
	3	300 Mio. €
	4	225 Mio. €
	6	150 Mio. €
	9	100 Mio. €
	10	90 Mio. €
	20	45 Mio. €

schreitung von 7,5 m) müssen aus versicherungsrechtlichen, aber auch aus baurechtlichen und löschtechnischen Gründen gesprinklert werden. Sprinkleranlagen
haben eine nachgewiesene Sicherheit von 98 %, und das bedeutet nichts anderes, als
dass in zwei von 100 Bränden Sprinkleranlagen ein Feuer eben nicht in den Griff
bekommen – eine wie ich meine beängstigend hohe Anzahl. Doch auch diese 2 %
sind beherrschbar, denn fast alle Ursachen sind hausgemacht: Fehlende Wartung,
Veränderungen an den Regalsystemen und Regalböden sowie ein Nachobensetzen
der vorhandenen Brandlasten machen Sprinkleranlagen unbrauchbar. Dem kann
man mit einer kritischen Inspizierung durch fähige Personen rechtzeitig vor-
beugen. Sobald es Veränderungen an den Verpackungen, der Lagerart, der Lager-
dichte usw. gibt, wird die Sprinklerfirma um Rat gefragt. Übrigens, auch hier gibt
es – wie in allen Berufen – eher fähige und total unfähige Personen und Nieder-
lassungen. Ich möchte nicht, dass Sie sich von einem großen Namen oder einem
besonderen persönlichen Titel beeindrucken lassen, bitte bleiben Sie kritisch. Und
wenn Sie das Gefühl haben, dass die Wartungsfirma – sorry – nichts taugt, suchen
Sie sich eine andere, und zwar bevor Ihr Unternehmen abfackelt.

Je nach Art des Schutzes mag eine Löschanlage sinnvoll sein und somit ggf.
eine Brandmeldeanlage unnötig machen; doch bei manchen Lagern macht es Sinn,
über die Löschanlage hinaus auch noch eine Rauchmeldeanlage (natürlich keine
Wärmemelder, denn sie sind ja Sprinklerköpfen gleichzusetzen!) zu installieren.
Ob man da Lichtschrankensysteme, Rauchgasansaugsysteme oder tatsächlich
noch die punktförmigen Rauchmelder nimmt, bleibt Ihnen und der Sie beratenden
Firma überlassen. Berücksichtigen Sie aber bitte nicht nur die Anschaffungs-
kosten, sondern auch die Kosten für die jährliche Wartung und ggf. den acht-
jährigen Austausch von Rauchmeldern (was gerade in Lagern noch unnötiger
wird, weil die Melder dort ja nicht besonders altern; ein physikalisches Reinigen
reicht oftmals aus).

Man muss sich gut überlegen, welche Personen man einstellt und wer in einem
Lager arbeiten darf. Grobe, boshafte Personen oder solche mit „entsprechenden"
Vorstrafen würde ich nicht einstellen. Ich habe diese Anführungszeichen eben
gesetzt, weil es durchaus Bestrafungen gibt, die nicht moralisch zu werten sind,
und solchen Personen sollte man schon die Chance geben, bei einem anständigen
Unternehmen das eigene Geld zu verdienen. Doch wer wegen Betrugs, gar Brandstiftung oder eines anderen Gewaltverbrechens verurteilt wurde, den würde ich
lieber in anderen Unternehmen als bei Ihnen angestellt sehen. Somit erübrigt sich
auch eine Entlassung von solchen Personen – die dann, boshaft und kriminell, wie
sie offensichtlich sind, bei Ihnen nachts einbrechen, um einen Brandschaden aus
Rache auszulösen. Selbst wenn diese Personen überführt und verurteilt werden,
bringt Ihnen das nichts, weil sie den Millionenschaden ja ohnehin nicht begleichen
können und nach wenigen Jahren bei unserem liberalen Strafrecht wieder auf
freien Fuß gesetzt werden.

Als Nächstes müssen wir über Raucher und ihr Verhalten sprechen. Ich bin der
Meinung, dass man während der Arbeitszeit über einen Zeitraum von acht Stunden
sowohl auf Alkohol als auch auf Nikotin verzichten kann – schließlich sollten wir
unsere Triebe beherrschen und nicht von diesen beherrscht werden. Es wäre keine

unmoralische Entscheidung, bevorzugt Nichtraucher oder Wenigraucher einzustellen. Ein Kriterium, das man ja mal ansetzen kann. Aber Menschen verändern ja auch ihre Gewohnheiten, also gibt es absolute Vorgaben: Es gilt ein Rauchverbot in den Gebäuden und vor allem im Lager, und das gilt auch für fremde LKW-Fahrer, selbst wenn sie in den Fahrzeugen sitzen. Wer dagegen verstößt, bekommt eine mündliche oder direkt eine schriftliche Abmahnung. Hierüber wird mit den betroffenen Personen nicht weiter diskutiert, etwa dass man die Kippe ja ins Klo geworfen hätte oder dass dort ja keine Brandlasten wären. Es gibt Bereiche, in denen Zigarettenglut Brände auslösen kann, ggf. auch im Freien – dort muss das Rauchverbot ausgeschildert und eingehalten werden. Übrigens, für die Einhaltung ist die Bereichsleitung zuständig, nicht der Brandschutzbeauftragte. Und dann gibt es die qualitativ und quantitativ ausreichenden Raucherbereiche mit sicheren Abfallbehältern für die Glut und die Kippen; „sicher" bedeutet, dass die Einwurföffnungen so klein sind, dass man leere Zigarettenschachteln usw. nicht einwerfen und Wind die Glut nicht herausblasen kann und auch bei einem Umfallen keine Gefahr entsteht.

Diese Vorgabe besteht – eigentlich ebenso wie die VdS 2038 – darauf, dass das Lager vom Verpackungsbereich feuerbeständig abgetrennt ist und alle Verbindungsöffnungen mindestens feuerhemmend und selbstschließend ausgebildet werden. Brennbares Packmaterial muss im Lager selbst minimiert werden, und die Abfälle sind aus dem Lager zu entfernen.

Weiter wird das Abstellen von Fahrzeugen geregelt, egal ob PKW oder LKW. Wenn es behördliche Auflagen gibt, so gelten diese. Wenn die Außenwände nicht feuerbeständig und öffnungslos sind, so fordert übrigens die VdS-Richtlinie 2092 (Sprinklerschutz), dass keine Fahrzeuge an diesen Wänden abgestellt werden, denn sonst könnte ein zu großer Brand von außen eindringen und die Anlage unterlaufen; Sprinkleranlagen können jedoch nur Entstehungsbrände löschen. Gibt es Abstellbereiche und Abstellverbote für Fahrzeuge, so sind beide Bereiche eindeutig zu markieren. Da LKWs – egal ob beladen oder leer – hohe Brandlasten enthalten, fordert diese VdS-Vorgabe, dass man nicht direkt am Gebäude abstellt, sondern in „ausreichendem" Sicherheitsabstand. Was als ausreichend angesehen wird, findet sich hier leider nicht. Man kann aber davon ausgehen, dass 10 m mit Sicherheit als ausreichend eingestuft werden und unter bestimmten Voraussetzungen auch 5 m noch akzeptabel sind; darunter würde ich das Risiko als zu hoch einstufen.

Durch eine einfache und intelligente Fahrzeugführung (ggf. Einbahnstraßenregelung) soll es unnötig werden, zu wenden oder zu rangieren. Falls möglich sollen die Abstände zwischen LKWs so groß sein, dass es keinen Brandüberschlag gibt, und sollten diese Fahrzeuge zum Be- und Entladen in die Hallen fahren müssen, so ist auf die Ableitung der Auspuffgase zu achten.

Folienwickeln ist eine heute übliche und gängige Methode, um verschieden große und verschiedenartige Produkte stabil auf einer Palette für den sicheren Transport zu fixieren; Folienschrumpfen ist hierfür eine weitere, heute weniger übliche Methode. Das Schrumpfen hat den Vorteil, dass man weniger Folien benötigt und dass die Palette etwas stabiler eingepackt wird. Doch der Nachteil überwiegt diese Vorteile, denn dieses Verfahren kann als Gefahrenerhöhung angesehen werden (mit entsprechend höheren Auflagen oder einer Prämienerhöhung verbunden) und wäre somit meldepflichtig. Geschrumpfte Folien haben bereits derartig viele Brände ausgelöst, dass viele Versicherungen dieses Risiko nicht mehr oder nur mit hohen Auflagen abdecken. Es wird dringend geraten, dieses Verfahren entweder überhaupt nicht einzuführen oder aber baldmöglichst gegen das Wickelverfahren auszutauschen. Will man es beibehalten, warum auch immer, so ist es lediglich unter den folgenden VdS-Vorgaben erlaubt:

- Es wird hierfür ein eigener Raum angeschafft (feuerbeständig abgetrennt).
- Alternativ dazu: Dieser Bereich wird mindestens im Radius von 5 m absolut brandlastfrei gehalten (das sind knapp 80 m^2!).
- Es wird ein Verfahren ohne offene Flamme gewählt, etwa Strom.
- Die Wärmeabgabe ist nicht manuell, sondern automatisch geregelt.
- Die Anlage verfügt über eine automatische Abschaltung.
- Die Anlage wird sehr sauber gehalten.
- Die hier arbeitende Belegschaft wird besonders qualifiziert und sensibilisiert.
- Es gibt eine Nachkontrolle nach Arbeitsende.
- Frisch geschrumpfte Paletten werden in einem eigenen Lager zwischengelagert, sie kommen also nicht direkt ins Hauptlager.
- Explosionsgefährliche Dinge wie Sprühdosen werden nicht geschrumpft.
- Die brandschutztechnischen Vorgaben der Betriebsanleitung der Schrumpfanlage wird beachtet, ausgehängt und allen bekannt gegeben.
- Die Geräte werden regelmäßig gewartet.
- Die Geräte werden vor der Inbetriebnahme geprüft.
- Die Anlagen sind immobil, es kommen – so möglich – keine mobilen Schrumpfanlagen zum Einsatz.

Doch auch von den Flurförderzeugen gehen Gefahren aus. So wird gefordert, dass lediglich geprüfte Gabelstaplerfahrer im Unternehmen fahren dürfen, die entsprechend gut sensibilisiert sind (keine Rambomentalität). Die Fahrzeuge müssen nach strengen Listen gewartet werden, und bei dieselbetriebenen Staplern muss es Funkenfänger an den Auspuffrohren geben. Das Betanken mit flüssigem Treibstoff darf lediglich im Freien geschehen. Da die wirksame Bekämpfung von Bränden eine Frage von Sekunden ist, muss es an den Flurförderzeugen direkt passende Handfeuerlöscher geben.

Bei den Elektrogeräten ist der Akkumulator die eigentliche Gefahr, denn er kann durch zu hohe oder zu niedrige Temperatur, bei mechanischer Belastung und im Ladezustand Probleme bereiten. Das Laden eines Akkus ist immer eine besondere Stresssituation für den Energiespeicher; dabei kann es zu Bränden kommen, aber auch zur Bildung von Wasserstoff (Knallgas). Deshalb sind eigene Laderäume für die Elektrostapler gefordert und – abhängig von der Größe und dem Volumen des Laderaumes sowie der Anzahl der dort geladenen Geräten – auch eine Entlüftungsöffnung bzw. Entrauchungsöffnung: diese Abluftöffnung soll weit oben platziert werden, weil die Knallgase deutlich leichter als Luft sind und demzufolge nach oben steigen.

Unabhängig ob diesel- oder strombetrieben, diese Geräte sollen laut VdS 2199 niemals im Lager abgestellt werden. Für die nötige Wartung oder ggf. Reparaturen muss es eigene Bereiche geben; sollte es dort brennen, darf sich das Feuer nicht auf das Lager ausbreiten und umgekehrt. Nachfolgend noch weitere Forderungen dieser VdS, in Kurzform:

- Für explosionsgefährliche Bereiche muss es auch explosionsgeschützte Stapler geben.
- Bei den automatisch einladenden Systemen sind die Schleppkabel manchmal die Ursache für einen Brand, wenn diese mechanisch beschädigt und dennoch weiterbetrieben werden; daher muss man regelmäßig und kritisch die Schlepp-kabel kontrollieren.
- Es ist empfehlenswert oder sogar gefordert, dass es flächendeckend Wand-hydranten im Lager gibt; diese müssen freigehalten werden.
- Rollenlager sind regelmäßig (besser: durch eine Überwachungsanlage) auf heiß gelaufene Lager zu überprüfen, denn es besteht Brandgefahr.
- Führen Bänder durch Wände, so ist die Öffnung effektiv zu schotten: entweder mit einem automatischen System, das die Öffnung feuerbeständig verschließt, oder mit einer darauf ausgelegten Brandlöschanlage (dann gibt es auf beiden Seiten der Öffnung – die übrigens eher weiter unten platziert wird – jeweils mehrere Sprinklerköpfe auf kleiner Fläche).
- Es kommen brandhemmende Gurtförderbänder zum Einsatz.
- Es gibt besondere, wirksame Erdungsmaßnahmen gegen statische Aufladungen.
- Sämtliche Stromleitungen und Datenkabel werden sicher verlegt, und das bedeutet, dass sie nicht fahrlässig beschädigt werden können.
- SOS: Sauberkeit und Ordnung erzeugen Sicherheit – es ist also auf Übersicht-lichkeit und Sauberkeit besonders zu achten.
- Eventuell gelten in dem Unternehmen noch besondere brandverhütende Unfall-verhütungsvorschriften, die im Lager einzuhalten sind.
- Bei pneumatischen Fördersystemen muss (insbesondere in den Sommer-monaten) auf ausreichende Luftfeuchte geachtet werden (evtl. Luftbefeuchter nötig).

Hinsichtlich von Rampen fordert die VdS 2199:

- Ist das Lager gesprinklert, so ist die Rampe mit in die Sprinklerung einzu-beziehen (evtl. eine Trockenanlage oder eine Nassanlage mit Frostschutz-mittel).
- Tagsüber sollte hier möglichst nichts gelagert bzw. organisatorisch sicher-gestellt werden, dass diese Produkte umgehend weiterbefördert werden.
- Es gilt ein absolutes Rauchverbot im Bereich der Rampe.
- Tore sind möglichst geschlossen zu halten, damit Fremde/Dritte keinen ungehinderten Zugang haben.

- Abends wird alles von den Rampen weggeräumt, insbesondere Abfälle und brennbare Sachen (volle oder leere Paletten).
- Der Abfall ist mindestens 5 m entfernt von den Rampen zu lagern.
- Unter den Rampen darf man nichts abstellen, weder brennbare Gegenstände wie Paletten noch Abfälle.

Der Organisation fällt auch in Lagern eine besondere brandschutztechnische Bedeutung zu. Dabei steht die Prävention natürlich immer im Vordergrund, und in diesem Zusammenhang ist es wichtig, nachvollziehbare, handhabbare Tipps zu erhalten, aber auch, das kurative Verhalten zu schulen, denn selbst mit der besten Prävention lassen sich 100 % Sicherheit nicht garantieren. Das Verhalten im Brandfall (Alarmierung intern/extern, Fliehen, Löschen, Schließen von Türen etc.) ist exakt vorzugeben, und Übungen mit Handfeuerlöschern soll es regelmäßig und für alle geben. Der Lagerleiter ist gleichzeitig die Person, die für den Brandschutz verantwortlich ist. Es gibt natürlich einen Alarmplan und eine passende Brandschutzordnung mit Teil B und C. Wenn man mit einem Handfeuerlöscher voraussichtlich keinen Erfolg im Brandfall haben wird, so empfehlen sich fahrbare Löscher und auch das Aufstellen von internen Löschtrupps sowie Übungen mit den zuständigen Feuerwehren. Wer eine Brandlöschanlage installieren will, reduziert damit evtl. seine Versicherungsprämien um über 50 %; dazu ist es wichtig, vorab mit dem Versicherer zu sprechen und ggf. auch kein Löschmittel zu wählen, das Personen gefährdet (insbesondere CO_2 ist hier erwähnenswert). Und weil heutzutage in Unternehmen nichts so stabil ist wie die Veränderung wird empfohlen, die Löschanlage eher über- als unterzudimensionieren: Eine Nachrüstung (also wenn man doch mal mehr Brandlasten je Quadratmeter oder größere Blocklagerungen in Kubikmetern vornimmt) wäre deutlich teurer oder sogar unmöglich.

Die Entrauchung des Lagers soll automatisch funktionieren, und zur Dimensionierung soll man sich – neben den Bauordnungen – auch an die VdS 2098 halten; es ist grundlegend besser, die Entrauchungsöffnungen eher größer als zu knapp auszubilden, und zudem ist auf ausreichend große Zuluftöffnungen zu achten. Besonders große und hohe Lager können im Brandfall durch den Einbau von Rauchschürzen die Werte ggf. sehr gut schützen.

Baulich wird empfohlen, lediglich nichtbrennbare Baustoffe und Bauteile zu wählen und das Dachtragwerk mindestens feuerhemmend auszubilden. Wenn das Dach aus Bitumen besteht, sollte es von unten mindestens feuerhemmend ausgebildet und von oben mit mindestens 5 cm Kiesschüttung versehen sein. Nicht zum Lager direkt gehörende Bereiche sind feuerbeständig abzutrennen; das gilt auch für Heizungen (unabhängig von der Wattleistung), Produktionsbereiche, Ladebereiche und Sozialräume.

Feuerversicherungen

12

Wenn die VdS-Empfehlungen des vorangegangenen Kapitels Bestandteil der Feuerversicherungsverträge sind, so sind sie verbindlich. Das heißt, wenn ein Verstoß gegen relevante Inhalte direkt kausal zu einem Brandschaden führt, dann kommt es drauf an, wie stark/streng der Verstoß bewertet wird – entsprechend kann die Schadenzahlung reduziert oder gar verweigert werden. Insofern ist es für uns Brandschutzbeauftragte von großer Bedeutung, die vertraglich festgelegten Vorgaben zu kennen und umzusetzen. Da die Feuerversicherungen Schäden unter definierten Bedingungen begleichen müssen, ist es wichtig zu wissen, dass die brandschutztechnischen Anforderungen an den baulichen Brandschutz deutlich höher sein können als die des Gesetzgebers.

12.1 Baugesetzgebung vs. Versicherungsvertrag

Die Baugesetzgebung muss eingehalten werden, doch das hin zu bekommen, ist nicht mal so aufwendig und eigentlich eine Selbstverständlichkeit. Fluchtweglängen und -breiten und anderes mehr werden bei der Planung und nach der Errichtung geprüft, und somit sollte eigentlich baurechtlich alles o. k. sein; besonders hervorzuheben ist die Brandschutztechnik in einem Gebäude (Brandschutztüren, Entrauchungsanlagen, Notstrom, Blitzschutz, Brandmeldeanlage, Brandlöschanlage u. a. m.), denn sie muss gewartet werden, wenn sie ständig funktionsfähig sein soll (was sie ja muss). Dagegen ist es deutlich aufwendiger, die vielen Vorgaben der Feuerversicherungen zu kennen und umzusetzen; sie betreffen nicht nur technische, sondern auch organisatorische und über die Forderungen der Bauordnung noch hinausgehende, weiter bauliche Belange.

Die Baugesetzgebung hat ein großes Ziel, nämlich Menschen in Gebäuden nicht zu gefährden. Deshalb gibt es unterschiedliche Baugesetze, die auf die verschiedenen Arten von Aktivitäten in einem Gebäude eingehen:

© Der/die Autor(en), exklusiv lizenziert durch Springer-Verlag GmbH, DE, ein Teil von Springer Nature 2022
W. J. Friedl, *Brandschutzbeauftragte: Das Weiterbildungsbuch,*
https://doi.org/10.1007/978-3-662-64619-9_12

Besteht die Gefahr in dem einen Gebäude in der besonders hohen Anzahl von anwesenden Personen, besteht sie in einem anderen in der Höhe des Gebäudes, den gelagerten Stoffen oder der dort ablaufenden Verfahrenstechnik. Verordnungen und Regeln konkretisieren dann, was in Fall A oder B individuell zu tun ist. Nun ist es aber so, dass Versicherungen nicht meist, sondern eigentlich immer deutlich mehr fordern als Baugesetze, denn der Gesetzgeber will lediglich den Personenschutz geregelt wissen, und hier stehen korrekte Fluchtmöglichkeiten im Vordergrund und die Ausbildung von Fluren, Treppenräumen und Ausgängen aus Gebäuden. Baurechtlich wird außerdem noch gefordert, dass es für Bereiche mit Aufenthaltsmöglichkeit einen zweiten Fluchtweg gibt, und bei harmloseren Unternehmensarten wie Büros oder Wohnungen darf der zweite Fluchtweg aus Leitern der Feuerwehr bestehen; nur bei komplexen, kritischen Gebäuden muss der zweite Fluchtweg ebenfalls baulich gegeben sein und möglichst entgegengesetzt vom ersten Fluchtweg liegen.

Doch deutschlandweit gibt es jährlich lediglich ca. 300 Brandtote, also alle 29 h im Schnitt eine Person. Angesichts ca. 500 ertrunkener Personen, ca. 3000 Verkehrstoten und ca. 10.000 Suizidopfern im selben Zeitraum erkennt man schnell, dass Brandschutz aus humanitärer Sicht nicht an erster Stelle rangiert. Noch zwei weitere (gerundete) Zahlen sollen Sie überzeugen, wie wichtig und erfolgreich die arbeitsschutzrechtliche Gesetzgebung in Deutschland ist: Verunglücken deutschlandweit bei allen Arten von beruflicher Tätigkeit (LKW-Fahrer, Außendienstler, Gärtner, Arbeiter etc.) lediglich ca. 500 Personen durch Unfälle tödlich, so sterben durch Unfälle im häuslichen bzw. privaten Bereich (also Sturz von der Leiter, stolpern, unprofessionelle Stromarbeiten etc.) 20-mal so viele Personen, d. h. ca. 10.000! Zu Hause gelten nämlich die BG-Vorgaben und die der arbeitsschutzrechtlichen Gesetzgebung nicht, und es finden keine Kontrollen statt.

Schadenversicherungen sehen Brände nun wieder komplett anders als der Staat, was auch nachvollziehbar ist. Die Versicherungen kommen nicht für Brandtote auf, die zwar menschlich tragisch sind, den Feuerversicherungen aber kein Geld kosten. Sachschäden jedoch schon, und deshalb sind die versicherungsrechtlichen Forderungen in Richtung „Brandschutz" eben ausschließlich auf den Sachwertschutz und die Minimierung von Schadenhöhen und Schadenlängen ausgelegt. Versicherungsforderungen müssen nicht eingehalten werden, aber wenn man sie nicht einhält und sich deshalb direkt kausal ein Schaden ereignet, ist der Versicherer unter günstigen bzw. ungünstigen Voraussetzungen (je nachdem, von welcher Seite aus man das sieht) leistungsfrei. Somit lohnt es sich also, die im Versicherungsvertrag festgehaltenen Bedingungen zu kennen und umzusetzen.

Worin liegt nun der Widerspruch in der Gesetzgebung für Gebäude und in den Forderungen der Feuerversicherer? Ganz einfach: Die Feuerversicherer können deutlich mehr fordern, strengere Forderungen stellen, zusätzliche Dinge fordern. Oder aber sie akzeptieren das niedrigere Niveau eines Gebäudes und „bestrafen" den Betreiber dann damit, dass er eine deutlich höhere Versicherungsprämie zahlen muss. Dazu ein paar Beispiele und Empfehlungen:

- Die Baugesetzgebung fordert häufig zum Abschluss eines Gebäudes eine öffnungslose Brandwand; die Feuerversicherungen hätten anstelle einer Brandwand aber lieber eine sog. Komplextrennwand. Diesen Begriff gibt es nicht in der Gesetzgebung. Auch eine Komplextrennwand darf laut Versicherungsrecht einige wenige Öffnungen haben, aber diese Wand ist höher, stabiler und hält länger einen Brand zurück als eine Brandwand. Nun muss und will man aber beiden Seiten (Baugesetzgebung und Versicherung) „gefallen" – also empfiehlt es sich, das Baurecht und darüber hinaus auch die höheren Anforderungen der Feuerversicherer umzusetzen.
- Baugesetze fordern häufig weder Brandmeldeanlagen noch Brandlöschanlagen, Versicherungen hingegen können beides fordern. Nun hat man die Möglichkeit, entweder eine für den gleichen Versicherungsschutz deutlich höhere Prämie zu zahlen oder sich eine Versicherung mit niedrigeren Anforderungen zu suchen (ob das konstruktiv und langfristig Sinn ergibt, soll bitte emotionslos erörtert werden).
- Baugesetze fordern für Industriegebäude oft Entrauchungsanlagen, die manuell auszulösen sind; der Feuerversicherer jedoch möchte aus Gründen der Brandschadenminderung jedoch lieber, dass diese Anlagen (gerade nachts, wenn keine Person vor Ort ist) auch automatisch aufgefahren werden – somit minimieren sich die Sachschadenwerte.
- Die Bauordnung erlaubt bis zur Hochhausgrenze schwerentflammbare Gebäudedämmungen. Dass diese oftmals am eigentlichen Sinn des Umweltschutzes vorbeigehen, hat das kritische Wochenblatt *Der Spiegel* bereits in der ersten Dezemberausgabe im Jahr 2014 als Titelgeschichte mit der provokanten Überschrift „Die Volksverdämmung" hervorgehoben. Schwerentflammbare Dämmstoffe sind also erlaubt. Nun muss man wissen, dass auch nichtentflammbare Dämmstoffe erlaubt und deutlich intelligenter, haltbarer, harmloser und somit sicherer sind und dass die Prämien der Feuerversicherungen für die drei Versicherungsarten Feuer/Gebäude, Feuer/Inhalt und Feuer/Betriebsunterbrechung nicht erhöht werden!
- Die Bauordnung für Industriebauten erlaubt dort das Produzieren und Lagern von Gegenständen; ob man zu 100 % lagert, zu 100 % produziert, zu je 50 % oder wie auch immer aufgeteilt beides macht, ist für den Gesetzgeber grundlegend nicht von Bedeutung. Natürlich ist zu berücksichtigen, dass man nicht zu viele und unterschiedliche Stoffe (vgl. TRGS 510) zusammen lagern darf, doch darum geht es hier jetzt nicht. Es geht darum, dass die Versicherungen diesbezüglich deutlich strenger sind: Sie wollen nicht nur im Detail wissen, was und wie *produziert* wird, sondern auch was *gelagert* wird und wie die Verpackung beschaffen ist – und sie können Auflagen machen, dass die beiden Bereiche Produktion und Lagerung untereinander bautechnisch getrennt werden.

Es gäbe noch mehr Beispiele, aber die sind jetzt nicht nötig – es kam hoffentlich rüber, was es zu vermitteln galt. Versicherungen unterscheiden stark, was produziert wird, etwa ob geschäumte oder ungeschäumte Kunststoffe be- und ver-

arbeitet werden oder ob man Hohlgläser (Trinkgläser, Senfgläser) oder Flachgläser
(Fensterscheiben) herstellt. Es gibt über 150 unterschiedliche Unternehmensarten
bei den Feuerversicherungen mit jeweils anderen Auflagen und anderen Prämien.
Der Brandschutzbeauftragte soll sich darum kümmern, dass wirklich alle unter-
nehmerischen Arten im Vertag abgedeckt und somit auch versichert sind.

Wollen wir zusammenfassen: Die Baugesetzgebung steht, juristisch betrachtet,
an erster Stelle. Doch die privatrechtlichen Forderungen der Feuerversicherungen
sind deshalb von besonderer Bedeutung, weil wir im Schadenfall bei Verstößen
dagegen weniger oder im Extremfall keine Schadenzahlung zu erwarten haben.
Wir müssen uns also in beiden Richtungen korrekt verhalten und beide Arten von
Vorgaben kennen und einhalten.

12.2   Feuerversicherungen – Vorgaben, Obliegenheiten, Klauseln und Anforderungen kennen und umsetzen

Versicherungen werden und müssen auf Brände reagieren, und je häufiger
oder je teurer es brennt, umso wahrscheinlicher ist eine (für den Versicherungsnehmer negative) Reaktion. Nach Großbränden oder auch nach mehreren Bränden
sind folgende Reaktionen vorstellbar:

- Keine (unwahrscheinlich)
- Kündigung (möglich)
- Prämienerhöhung (sehr wahrscheinlich)
- Erhöhung der Brandschutzmaßnahmen (anzunehmen)
- Eine Kombination aus Prämienerhöhung und Erhöhung der Brandschutz-
  maßnahmen (auch durchaus möglich, üblich)

In Tab. 12.1 sieht man, wie die Wahrscheinlichkeiten von Prämenerhöhungen
und Erhöhung der Brandschutzauflagen korrelieren (Siehe Tab. 12.1)

Konstruktiv ist jedoch eine Prämienerhöhung nicht, denn die Schadeneintrittswahrscheinlichkeit wird ebenso wenig verändert wie die zu erwartende Schadenhöhe. Und ob man für einen Millionenschaden 18.000 € oder 23.000 € Prämie

Tab. 12.1   soll zeigen, wie wahrscheinlich die Optionen jeweils sind

und/oder…	Brandschutzmaßnahmen [*]		
	werden erhöht	bleiben gleich	
Prämie wird erhöht [*]	67,5 %	22,5 %	90 % [**]
Prämie bleibt gleich [*]	7,5 %	2,5 %	10 % [**]
	75 % [**]	25 % [**]	100 %

[*] Eine Reduzierung ist zu 100 % auszuschließen.
[**] Angenommene Wahrscheinlichkeiten; die Realität kann auch 70/30 oder 95/5 oder jede
andere Konstellation sein.

gezahlt hat, ist völlig ohne Bedeutung. Die Sicherheitsmaßnahmen jedoch machen Sinn und sind deshalb als konstruktiv einzustufen; diese Maßnahmen teilen sich in vier Bereiche (Tab. 12.2).

Die Zahlen in Tab. 12.3 sollen vermitteln, wie eine Versicherung kalkuliert. Auch wenn man täglich von Bränden liest, passieren sie – relativ gesehen – doch selten. Je nach Unternehmensart wird ein Brand in vielleicht nur 1000 Jahren einmal erwartet, und entsprechend wird die Versicherungsprämie kalkuliert. Das findet sich in der Spalte mit 100 %. Da die Versicherungen selbst Geld kosten (ca. 20 % eines Vertrag), findet sich eine weitere Spalte mit 120 %. Wenn man also diese dort angegebene Jahreszahl erreicht, so liegt man bei +/–0.

Man sieht sehr schnell, dass auch nach 20 oder 70 Jahren ohne Großschaden kein Unternehmen auf der sicheren Seite ist und sozusagen einen Schaden mal aus Kulanzgründen beglichen bekommen wird. Versicherung ist das Geschäft der großen Zahlen, und wenn sich viele Zehntausend Unternehmen versichern und davon nur wenige brennen, mag sich das Geschäft für den Versicherer (der übrigens mehr von den Immobilien als von den Prämien lebt) lohnen.

Man sieht aber auch, wie viele Unternehmensarten es gibt (es ist ja nur ein kleiner Ausschnitt in Tab. 12.3) und wie unterschiedlich die Prämien sein können. Deshalb ist es sehr wichtig, dass man tatsächlich alle brandrisikobehafteten Unternehmensarten der Versicherung meldet.

Der Brandschutzbeauftragte muss die Verträge der drei Versicherungsarten Feuer/Gebäude, Feuer/Inhalt und Feuer/Betriebsunterbrechung und ggf. auch die Verträge der Elektronikversicherung kennen: Die darin enthaltenen Auflagen und Klauseln müssen eingehalten werden. Diese Auflagen sind meist deutlich höher als die der Berufsgenossenschaften, des Gesetzgebers oder der Bauordnung. Dies ist deshalb verständlich, weil der Versicherer ja für die Sach- und ggf. auch die Vermögensschäden aufkommen muss, und damit diese weniger wahrscheinlich werden,

Tab. 12.2 Brandschutzmaßnahmen, die man vor oder nach Bränden als Versicherer fordern kann

Bauliches	Anlagentechnisches	Organisatorisches	Abwehrendes
Brandwände	Brandmeldeanlage	Brandschutzbeauf-	Einzäunung
F90-Wände	Brandlöschanlage	tragte	Andere Löscher
Brandschutztüren	RWA automatisch	Mehr Brandschutz-	Mehr Löscher
Rauchschutztüren	Brandsicherere Ver-	helfer	Löschtruppe
Gleichartige und	fahrenstechniken	Vertragsänderung *	Löschteich
unterschiedliche	Substitutionen	Mehr Schulungen	FW-Ausrüstung
Bereiche aufteilen	Objektlöschanlage	Vieraugenprinzip	Löschspraydosen
Redundanzen	O_2-Reduzierung	Mehr Begehungen	Werkfeuerwehr
A-Dämmstoffe	Kameras	Rauchverbotszonen	Eigene Wehr
		Tiefere Wartung	
		Keine Geisterschicht	

* Das kann eine ganze Menge sein: Neue Klauseln (negativ für den Kunden); Ausschlüsse von definierten Risiken; Pflicht, sich andere/mehr Zulieferer zu suchen; hohe Selbstbehalte/ Schaden; Jahresobergrenze: absolut – € und Schadenanzahl – $\sum$

Tab. 12.3 Versicherungstechnische Amortisationsrechnungen unterschiedlicher Unternehmensarten

Unternehmensart	Prämie/Jahr*	100 %**	120 %***
Büro	0,3 ‰	3300	4000
Kaufhaus	3,4 ‰	200	350
Lager	1–4 ‰	1000–250	1200–300
Sonderlager	9 ‰	110	130
Hohlglas	3,2 ‰	310	370
Flachglas	1,1 ‰	900	1100
Metall	1,2–2,1 ‰	830–480	1000–570
Elektronik	1,3–2,4 ‰	320–420	920–500
Kunststoffe	3,1–4,6 ‰	320–220	390–260
Altpapier	10 ‰	100	120
Druckerei	1,2 ‰	830	1000
KFZ Reparieren	1–2 ‰	1000–500	1200–600
KFZ Lackieren	3 ‰	330	400
Papier	2,9–3,3 ‰	340–300	410–360
Holz	6–15 ‰	170–70	200–80
Holz-/Polstermöbel	4/6 ‰	250/170	300/200
RZ/EDV	0,7 ‰	1400	1700
Recycling	10 ‰	100	120
Gummi	0,6 ‰	1700	2000

* Die jährlich zu zahlende Prämie wird in ‰ angegeben; das bedeutet also bei 1 ‰, dass man in 1000 Jahren den Wert des Unternehmens bzw. der versicherten Sache genau einmal bezahlt hat.
** In dieser Spalte steht die Jahreszahl, nach wie vielen Jahren ein Unternehmen dem Versicherer den Wert des Unternehmens einmal überwiesen hat.
*** Da die Versicherung ja Gehälter und Mieten zahlt und Gewinne erwirtschaften muss, gibt diese Zahl die Jahreszahl an, ab der ein Unternehmen einmal abgebrannt sein darf und somit der Versicherung weder Gewinn noch Verlust gebracht hat.

gibt es diese Auflagen. Es ist übrigens eine Holschuld vom Versicherungsnehmer, sich alle Vorgaben zu besorgen, die für das Unternehmen Gültigkeit haben. Darüber hinaus können Versicherungen oder auch die Makler meist gerichtsfest belegen, dass die versicherungstechnischen Brandschutzauflagen übermittelt worden sind (analog oder digital).

Versicherungen müssen Feuerschäden lediglich dann ersetzen, wenn sich die Brände auf einem versicherten Grundstück an einem versicherten Gegenstand ereignet haben. Dabei können Gebäude, deren Inhalte oder Vermögensverluste (Betriebsunterbrechungen, entgangener Gewinn) versichert werden. Diese Verträge enthalten Vorgaben, Auflagen, Klauseln, und man muss sich auch mit dem Begriff „Obliegenheiten" auskennen, wenn ein Schaden problemlos ersetzt werden soll.

Übrigens, anders als bei Krankenversicherungskassen muss Feuerversicherungsschutz nicht immer gegeben werden, d. h., man kann als Versicherer Auflagen machen und sie mit Klauseln verbinden; diese sind meist weitergehender als Gesetze und können allgemeingültig, branchenbezogen oder sogar firmenbezogen sein.

Der Begriff „Obliegenheiten" ist vielen nicht klar, deshalb hier nochmals folgende Informationen dazu: Obliegenheitsverletzungen können Versicherungen von der Zahlungsverpflichtung befreien. Obliegenheiten sind Pflichten, die nicht einklagbar sind, bei deren Verletzung man nicht schadenersatzpflichtig wird, aber die dabei ggf. entstehenden Nachteile selbst tragen muss. Beispiele sind z. B. Einbruchschäden durch gekippte Fenster, nicht abgesperrte Haustüren usw., aber auch Brandschäden durch nicht gelöschte Kerzen oder Brandvergrößerungsschäden durch aufgekeilte Brandschutztüren. Man tut also gut daran, seinen Pflichten (Obliegenheiten) gerecht zu werden. Und bei grober Fahrlässigkeit ist der Versicherer laut § 26 VVG berechtigt, sein Zahlungsverhalten entsprechend dem Verschulden zu relativieren – auch das kann schnell existenzbedrohend werden!

Grob fahrlässig wären beispielsweise Feuerarbeiten außerhalb dafür vorgesehener Arbeitsplätze, wenn folgende Punkte (einzeln oder gemeinsam) eintreten – je mehr davon zutreffen, umso kritischer wird es und könnte sogar als billigende Inkaufnahme (das ist Vorsatz fast gleichgestellt) interpretiert werden:

- Es gibt keinen Erlaubnisschein für feuergefährliche Arbeiten.
- Eine zweite Person fehlt bei den Arbeiten (Brandwache).
- Die Brandwache wird nicht aufgestellt.
- Es werden keine Handfeuerlöscher bereitgestellt.
- Die Arbeiten werden von einer dafür nicht befähigten Person durchgeführt.
- Bei der feuergefährlichen Arbeit handelt es sich nicht um eine versicherte Unternehmensart.
- Die Arbeiten wurden an Stellen durchgeführt, die nicht als Arbeitsbereich definiert und an denen diese Arbeiten auch nicht direkt nötig waren.
- Es wurden brennbare Gegenstände im Gefahrenbereich nicht entfernt.
- Die Arbeit wird als Gefahrenerhöhung eingestuft, aber vorab dem Versicherer nicht gemeldet.

Versicherungen stufen Unternehmen nämlich nach den Nutzungen in Gebäuden ein und fügen Gebäude zu Komplexen zusammen, um die Prämie zu kalkulieren. Die im Versicherungsvertrag festgehaltenen Unternehmensarten dürfen durchgeführt werden, alle anderen Arten im Umkehrschluss also nicht. Auch die Gebäude werden aufgrund der Brennbarkeit der Bauteile sowie der ggf. vorhandenen brandschutztechnischen Unterteilung weiter eingeteilt. Wenn von der direkten Nachbarschaft oder von Unternehmen ober- oder unterhalb Gefahren ausgehen, wirkt sich das auf die Höhe der zu zahlenden Beiträge aus, weil diese als risikovergrößernd einzustufen sind. Analog der KFZ-Versicherungen wirken sich Vorschäden negativ und ausbleibende Schäden – wie übrigens auch realisierte Brandschutztechnik – positiv auf die Höhe der jährlich zu zahlenden Summe aus. Mit einem Selbstbehalt je Schaden sollte jeder Versicherungsvertrag versehen

Tab. 12.4 Brandschutzmaßnahmen, die das Brandrisiko und ggf. auch die zu zahlende Prämie reduzieren

Technische Maßnahmen	Bauliche Maßnahmen	Organisatorische Maßnahmen
Brandmeldeanlage	Brandabschnitte $\leq 1600\ m^2$	Werkschutz
Brandlöschanlage	Lagerhöhen $\leq 7,5\ m$	Eigene Feuerwehr
Funkenlöschanlage	Brandwände	Eigene Löschtruppe
RWA-Anlage	Ggf. Komplextrennwände	Brandschutzorganisation
Objektschutzanlage	Brandschutztüren	Zertifizierung
Einbruchmeldeanlage	Nichtbrennbare Dämmungen	Katastrophenplan
USV/Notstrom	Bedachung nichtbrennbar	Rufbereitschaft
Überspannungsschutz	Brandschutzklappen	Brandschutzordnung
Geländebeleuchtung	Wartung der Gebäudetechnik	Brandschutzunterweisung
Redundante Stromeinspeisung	Wandhydranten	Fremdfirmeneinweisungen
Geeignete Feuerlöscher	Vergitterung, EH-Elemente	Schweißerlaubnisschein
Zutrittskontrolle	F90-Abtrennungen	Explosionszoneneinteilung
	Stabile Zaunanlagen	Keine Freilagerung

werden; diese Summe ist so festzusetzen, dass sie dem Unternehmen nicht wirklich schadet und dem Versicherer keine unnötige Arbeit für die Bearbeitung von sog. Kleinschäden bereitet.

Risikomindernd wirken sich technische, bauliche, organisatorische und auch manche abwehrende Brandschutzmaßnahmen aus (Tab. 12.4).

Zu den abwehrenden Brandschutzmaßnahmen, die sich prämienreduzierend und somit auch sicherheitserhöhend auswirken können, zählen betriebseigene Feuerwehren (nach Landesrecht anerkannte Werkfeuerwehr, eine sonstige Werkfeuerwehr oder auch eine Betriebsfeuerwehr mit ständiger/ohne ständige Einsatzbereitschaft. Aber auch die Qualität der öffentlichen Feuerwehren kann sich positiv auswirken, denn eine Berufsfeuerwehr im Ruhrgebiet kann natürlich schneller und professioneller eingreifen als eine Freiwillige Wehr auf dem Land von Westfalen.

§ 7 AFB (Allgemeine Bedingungen für die Feuerversicherung) besagt: "Der Versicherungsnehmer hat alle gesetzlichen, behördlichen oder im Versicherungsvertrag vereinbarten Sicherheitsvorschriften zu beachten. „Das ist eine ganze Menge und wird schlicht vorausgesetzt und ggf. nach Bränden auch geprüft. In den „Sicherheitsvorschriften für Starkstromanlagen bis 1000 V" steht unter Punkt 2.7.3: Elektrowärmegeräte sind so anzubringen bzw. aufzustellen, dass sie keinen Brand verursachen können." Tritt solch eine Situation ein, sind Probleme vorprogrammiert.

Das Themengebiet „Feuerversicherungen" ist sehr komplex. Es empfiehlt sich, dass der Brandschutzbeauftragte nicht nur die Klauseln und Obliegenheiten der Versicherungsverträge kennt, sondern dass er mit Kaufleuten oder Juristen auch darüber spricht – um wirklich nichts falsch zu interpretieren. Auch ein Kontakt zur Versicherung oder zum Makler kann Sinn machen und dieser Kontakt kann einerseits zu Kaufleuten, andererseits auch zu Technikern und Ingenieuren bestehen. Es macht grundsätzlich Sinn, sich gegenseitig zu kennen und als Partner anzusehen und im Zweifelsfall lieber den Versicherer einmal zu oft fragen als einmal zu wenig.

Aufgaben von Brandschutzbeauftragten

13

Eine mit dem Brandschutz beauftragte Person hat bis zu 26 Aufgaben, die man in der DGUV Information 205-003 und in diesem Kapitel nachlesen kann. Doch nur das, was vertraglich vereinbart wurde, obliegt dem Brandschutzbeauftragten, denn es kann sein, dass sich andere Personen (intern oder extern) oder Abteilungen darum kümmern. Aufgabe Nr. 25 wird in diesem Kapitel besonders beleuchtet, was aber nicht bedeutet, dass die anderen weniger relevant wären!

13.1 Der Brandschutzbeauftragte arbeitet selbstständig

Wenn Köche, Müllarbeiter oder Handwerker nicht arbeiten oder nicht korrekt arbeiten, so fällt das früher oder später auf. Bei bestimmten Berufsgruppen jedoch fallen ausbleibende Handlungen verspätet oder ggf. überhaupt nicht auf. Und darunter fallen auch Brandschutzbeauftragte. Nun ist es so, dass es auch unter unseren Kollegen solche gibt, die echt fähig, aktiv und fleißig sind – und leider auch solche, die einen (freundlich ausgedrückten) Optimierungsbedarf aufweisen: fachlichen und ggf. auch menschlichen. Viele Brandschutzbeauftragte werden nicht kontrolliert, und je weniger sie fordern, umso beliebter machen sie sich in der Belegschaft und bei der Geschäftsleitung. Wer also die Belegschaft nicht mit Schulungen und Ausbildung zum Brandschutzhelfer blockiert, der macht sich ggf. beliebt, weil die Leute eben arbeiten können und nicht an scheinbar unnötige Vorschriften gebunden sind. Als Brandschutzbeauftragter muss man also auch über eine Portion Selbstbewusstsein verfügen, um sich seinen Platz, seinen Stellenwert zu erarbeiten und ggf. auch zu erkämpfen. Das geht mit Konsequenz, mit Argumenten und mit Willenskraft. Drohungen oder Emotionen jedoch sind meist fehl am Platz und führen nicht zum gewünschten Ziel. Die DGUV Information 205-003 „Ausbildung für Brandschutzbeauftragte" listet 26 Aufgabenfelder auf und optional (also firmenindividuell) können das noch mehr werden, die im Unternehmen abgedeckt sein müssen (Tab. 13.1); ob das dann alles vom Brandschutzbeauftragten gemacht wird oder nicht, ist erst einmal nicht wichtig.

© Der/die Autor(en), exklusiv lizenziert durch Springer-Verlag GmbH, DE, ein Teil von Springer Nature 2022
W. J. Friedl, *Brandschutzbeauftragte: Das Weiterbildungsbuch*,
https://doi.org/10.1007/978-3-662-64619-9_13

Tab. 13.1 Die brandschutztechnischen Aufgaben, die in Unternehmen angegangen werden müssen (z. B. vom Brandschutzbeauftragten)

Nr	Inhalt	Anmerkungen
1	Erstellen und Fortschreiben der Brandschutzordnungen, insbesondere B und C	Dies ist sicherlich eine der wichtigen Aufgaben des Brandschutzbeauftragten, bei der es nicht nur um das korrekte und arbeitsplatzbezogene Erstellen geht, sondern auch um das nachweisliche Vermitteln der relevanten Inhalte.
2	Mitwirken bei Beurteilungen der Brandgefährdung an Arbeitsplätzen	Nach Arbeitsschutzgesetz und Gefahrstoffverordnung benötigen Unternehmen Gefährdungsbeurteilungen, und die Thematik „Brandschutz" muss der Brandschutzbeauftragte abdecken.
3	Beraten bei feuergefährlichen Arbeitsverfahren und bei dem Einsatz brennbarer Arbeitsstoffe	„Beraten" bedeutet, Tipps zur Brandvermeidung zu geben, und zwar in personeller und technischer, aber auch organisatorischer Hinsicht – ggf. ist auch die BG und/oder der Feuerversicherer mit einzubeziehen.
4	Mitwirken bei der Ermittlung von Brand- und Explosionsgefahren	„Mitwirken" bedeutet, dass auch andere Personen (etwa Bereichsverantwortliche) in der Verantwortung sind. Diese Gefahren sind zunächst zu ermitteln, um sie dann zu bewerten und konkrete Vorsorgemaßnahmen zu treffen. Sollte es zu Bränden oder Explosionen kommen, ist nachzubessern.
5	Mitwirken bei der Ausarbeitung von Betriebsanweisungen, soweit sie den Brandschutz betreffen	Für manche Bereiche oder Tätigkeiten muss es Betriebsanweisungen geben, und darin ist der Brandschutz (präventiver und kurativer) neben dem Arbeits-, Personen- und Umweltschutz – ein wesentlicher Bestandteil.
6	Mitwirken bei baulichen, technischen und organisatorischen Maßnahmen, soweit sie den Brandschutz betreffen	Auch hier gilt es, keinen maximalen, sondern einen sinnvollen optimalen Brandschutzmix hinzubekommen. Zu berücksichtigen sind mögliche Fehlverhalten; auch diese dürfen nicht zu größeren Bränden führen oder müssen frühzeitig detektiert und effektiv bekämpft werden können.
7	Mitwirken bei der Umsetzung behördlicher Anforderungen und bei Anforderungen des Feuerversicherers, soweit sie den Brandschutz betreffen	Grundvoraussetzung ist, die Vorgaben von Versicherungen und Behörden gut zu kennen, d. h., man muss Versicherungsverträge lesen und verstehen, aber auch Genehmigungsunterlagen einsetzen und deren Vorgaben umsetzen.
8	Mitwirken bei der Einhaltung von Brandschutzbestimmungen bei Neu-, Um- und Erweiterungsbauten, Nutzungsänderungen, Anmietungen und Beschaffungen	Mit zunehmendem Baufortschritt wird der Brandschutz immer wichtiger, bei An- und Umbauarbeiten noch mehr als bei Neubauten. Aber auch, wenn Unternehmen sich in bestehende Immobilien einmieten, ist der Brandschutz relevant, denn der jeweilige Unternehmer ist in der Verantwortung, dass der Brandschutz steht, nicht der Vermieter.

(Fortsetzung)

Tab. 13.1 (Fortsetzung)

Nr	Inhalt	Anmerkungen
9	Beraten bei der Ausstattung der Arbeitsstätten mit Feuerlöscheinrichtungen und bei Auswahl der Löschmittel	Das ist eine der herausragenden, elementar wichtigen Aufgaben von Brandschutzbeauftragten. Die Anzahl (also die Quantität), aber insbesondere auch die Löschmittelauswahl (also die Qualität) ist entscheidend nach einem Brand dafür, ob es mit dem Versicherer Probleme bei der Schadenregulierung gibt oder nicht.
10	Mitwirken bei der Umsetzung des Brandschutzkonzepts (Anmerkung des Autors: falls eines vorhanden ist!)	Im Brandschutzkonzept werden die relevanten baulichen und anlagentechnischen und teilweise auch organisatorischen Brandschutzpunkte aufgelistet, die bei einem Gebäude umgesetzt und gelebt sein müssen. Man muss sich also ggf. beim Bauamt oder Landratsamt darüber informieren (wenn man hausintern nicht fündig wurde), ob es so ein Konzept gibt und, wenn ja, welche Forderungen darin enthalten sind; diese sind dann anzugehen.
11	Kontrollieren, dass Flucht- und Rettungspläne, Feuerwehrpläne, Alarmpläne usw. aktuell sind, ggf. Aktualisierung veranlassen und dabei mitwirken	Solange es keine baulichen Veränderungen gibt, wird sich an den Flucht- und Rettungswegplänen nichts verändern. Auch die Alarmpläne müssen wohl nicht allzu häufig überarbeitet werden (ggf. ändern sich mal Namen oder Telefonnummern). Aber die Einsatzpläne für die Feuerwehr müssen immer richtig und aktuell sein, sonst kann es nach einem Brandschaden mit entsprechend negativen Folgen zu ernsthaften Problemen kommen; hier darf es auch keine zeitliche Verzögerung zwischen Änderung des Ist-Standes und Änderung der Pläne geben.
12	Planen, Organisieren und Durchführen von Räumungsübungen	Gebäuderäumungen sind nach der ArbStättV in regelmäßigen Abständen durchzuführen; was „regelmäßig" heißt, wird nicht weiter definiert. Bei einem klar definierten Gebäude mit maximal 38 Personen wird man nicht viel üben müssen, doch in großen, komplexen und verwinkelten Gebäuden schon; hierfür zuständig ist der Brandschutzbeauftragte.
13	Teilnehmen an behördlichen Brandschauen und Durchführen von internen Brandschutzbegehungen	Wenn sich Behördenvertreter ankündigen, ein Unternehmen begehen zu wollen, dann soll (nein, eigentlich: muss) der Brandschutzbeauftragte die primäre Ansprechperson sein. Wenn man zu dem angekündigten Zeitpunkt nicht vor Ort ist, so bittet man um eine Verlegung zu einem für beide Seiten passenden Termin – das ist unabdingbar.
14	Melden von Mängeln und Maßnahmen zu deren Beseitigung vorschlagen und die Mängelbeseitigung überwachen	Wenn sich Mängel nicht umgehend vor Ort beseitigen lassen oder die Beseitigung viel Zeit oder Geld kostet, dann ist es Aufgabe des Brandschutzbeauftragten, Lösungsansätze auszuarbeiten, diese der Geschäftsleitung vorzustellen und ggf. auch Alternativlösungen vorzuschlagen. Effektivität und Effizienz* sind hierbei von besonderer Bedeutung.

(Fortsetzung)

Tab. 13.1 (Fortsetzung)

Nr	Inhalt	Anmerkungen
15	Unterstützen der Führungskräfte bei den regelmäßigen Unterweisungen der Beschäftigten im Brandschutz	Brandschutzbeauftragte sollten alle Vorgesetzten darüber informieren, dass es ihre Aufgabe ist, die Belegschaft ausreichend über die unterschiedlichen Brandschutzvorgaben präventiver und kurativer Art zu unterrichten. Die Vorgesetzten können diese Unterrichtung selbst übernehmen oder sie – sinnvollerweise – den Brandschutzbeauftragten übertragen. Die jeweils individuell richtige Schulung der Belegschaft ist also eine der wesentlichen, wichtigen Aufgaben im Brandschutz.
16	Aus- und Fortbilden von Beschäftigten mit besonderen Aufgaben in einem Brandfall, z. B. in der Handhabung von Feuerlöscheinrichtungen (Brandschutzhelfer gemäß ASR A2.2)	Brandschutzbeauftragte dürfen hausintern die nötigen Brandschutzhelfer ausbilden. Hierbei stehen drei Dinge im Vordergrund: 1) Vermittlung von relevanten Vorgaben, 2) Abgleich dieser Vorgaben mit den jeweiligen Arbeitsplätzen und 3) Umgang mit Handfeuerlöschern und Nachweis in einer praktischen Übung. Es wird keine schriftliche Abschlussprüfung gefordert, aber wenn man eine solche einführt, wird die Konzentration bei der Schulung deutlich ansteigen.
17	Prüfen der Lagerung und/oder der Einrichtungen zur Lagerung von brennbaren Flüssigkeiten und Gasen usw.	Das ist ein Abgleich mit der TRGS 510, bei dem keine Fehler unterlaufen dürfen, denn die Gefahr eines Brandes oder gar einer Explosion sind ggf. sehr groß. Hier ist nicht nur die Arbeitszeit, sondern auch die arbeitsfreie Zeit und die jetzt gegebenen Umstände zu berücksichtigen.
18	Kontrollieren der Sicherheitskennzeichnungen für Brandschutzeinrichtungen und für die Flucht- und Rettungswege	Es gibt sechs verschiedene Arten der Beschilderung von Gefahren oder der Gefahrenminderung: 1) Verbotszeichen (rund, weißrot mit schwarzen Symbolen), 2) Gebotszeichen (rund, blau mit weißen Symbolen), 3) Rettungswegezeichen (rechteckig, grün, mit weißen Symbolen), 4) Brandschutzzeichen (quadratisch, rot, mit weißen Symbolen), 5) Warnzeichen (dreieckig, gelb mit schwarzen Symbolen), 6) firmeninterne Hinweise optischer oder schriftlicher Art (ohne Vorgaben der Form oder Farben). Alle diese Beschilderungen müssen intakt, lesbar, bekannt und vorhanden sein; wenn sie entfernt oder verhängt wurden, muss der Brandschutzbeauftragte aktiv werden.
19	Überwachen der Benutzbarkeit von Flucht- und Rettungswegen	Sämtliche vorhandene Flucht- und Rettungswege müssen immer dann ohne fremde Hilfsmittel wie z. B. Schlüssel benutzt werden können, wenn sich Personen in einem Gebäude befinden. Notwendige Flure und Treppenräume sind freizuhalten von Stolperstellen, Einengungen oder auch Brandlasten und Zündquellen.

(Fortsetzung)

Tab. 13.1 (Fortsetzung)

Nr	Inhalt	Anmerkungen
20	Organisation der Prüfung und Wartung von brandschutztechnischen Einrichtungen	Die dafür nötige Befähigung kann ein Brandschutzbeauftragter haben, in der Regel jedoch wird das nicht der Fall sein. Er ist verpflichtet, die Prüfung und Wartung (z. B. von Handfeuerlöschern, Brandmeldeeinrichtungen, Brandlöschanlagen, Brandschutzklappen, Entrauchungsanlagen) entweder selbst durchzuführen oder aber – wahrscheinlicher – von einer dafür befähigten Person oder Institution durchführen zu lassen.
21	Kontrollieren, dass festgelegte Brandschutzmaßnahmen insbesondere bei feuergefährlichen Arbeiten eingehalten werden	Dafür ist eigentlich die direkte vorgesetzte Person in der Verantwortung, juristisch jedenfalls. Ein Brandschutzbeauftragter kann schließlich nicht ständig alle in der Belegschaft beobachten und kontrollieren, aber er kann allen, insbesondere den Vorgesetzten, die Mittel an die Hand geben, was wann zu tun ist oder wie bestimmte Arbeiten durchzuführen sind. Hier sind insbesondere die Vorsorge- und Schutzmaßnahmen vor, bei und nach feuergefährlichen Arbeiten wichtig.
22	Mitwirken bei der Festlegung von Ersatzmaßnahmen bei Ausfall und Außerbetriebsetzung von brandschutztechnischen Einrichtungen	Wenn die Brandmeldeanlage gewartet oder die Sprinkleranlage instand gesetzt wird, ist diese Anlagentechnik vorübergehend außer Funktion. Nun muss man sich Kompensationsmaßnahmen überlegen, damit es im jetzt eintretenden Brandfall nicht zu einem exorbitant großen Schaden kommt; diese Maßnahmen sind ggf. mit Behörden und/oder auch Versicherungen abzuklären.
23	Unterstützen des Unternehmers bei Gesprächen mit den Brandschutzbehörden und Feuerwehren, den Feuerversicherern, den gesetzlichen Unfallversicherungsträgern, den staatlichen Arbeitsschutzbehörden usw.	Das Fachwissen dieser Personen soll man als betrieblicher Brandschutzbeauftragter nutzen, um den Brandschutz im Unternehmen zu optimieren. Nur selten kommen überzogene oder auch falsche Forderungen – dann muss man argumentativ dagegenhalten und den Behördenvertretern erläutern, dass sie nicht in der Verantwortung stehen, sondern das Unternehmen, und dass man eben nicht die geforderte Maßnahme A umsetzen will und wird, sondern B und ggf. auch C, und zwar aus folgenden Gründen …
24	Stellungnahmen zu Investitionsentscheidungen, die Belange des Brandschutzes betreffen	Gerade Anschaffungen im fünfstelligen Euro-Bereich werden von der Geschäftsleitung nicht mal eben so nebenbei abgezeichnet, sondern sie müssen erörtert, überlegt, ausgewogen und sinnvoll sein. Wenn also „plötzlich" eine Brandmeldeanlage oder gar eine Brandlöschanlage geplant ist, so erfordert das eine unter Umständen große schriftliche Vorbereitung und Begründung vom Brandschutzbeauftragten und auch eine nachvollziehbare Stellungnahme, warum Firma A und nicht das Produkt von Unternehmen B angeschafft werden soll.

(Fortsetzung)

Tab. 13.1 (Fortsetzung)

Nr	Inhalt	Anmerkungen
25	Mitwirken bei der Implementierung von präventiven und reaktiven (Schutz-)Maßnahmen im Notfallmanagement z. B. für kritische Infrastrukturen (Stromausfall), für lokale Wetterereignisse mit Schadenspotenzial (extreme Hitze-/Kältewelle, Starkregen, Sturm, Hagel, Schneelast etc.)	Man denke an die tragischen Überschwemmungen (nicht nur) in Nordrhein-Westfalen im Juli 2021; für viele Unternehmen bedeuteten die Zerstörungen das Aus. Bestimmte Maßnahmen baulicher Art (Mauern, Wälle, aber auch Abdeckungen für Fenster und Türen; vgl. viele Gebäude in Hamburg!) können dazu führen, dass eigentlich nicht (mehr) versicherbare Unternehmen wieder Versicherungsschutz erhalten werden, und zwar zu bezahlbaren Prämien. Schäden können aber auch anderswo entstehen und sich von dort auf das Unternehmen auswirken, etwa auf Funkmasten, Stromversorger, Trafos oder Fernwärmeerzeuger (Abschn. 13.2).
26	Dokumentieren der Tätigkeiten im Brandschutz	Das ist deshalb wichtig, um sich bei möglicherweise kommenden Vorwürfen exkulpieren zu können. Man muss belegen können, dass man seine bis jetzt 25 Aufgabenfelder abgedeckt hat. Am besten geschieht das mit einem sog. Brandschutztagebuch, in dem man Ort, Zeit, Tätigkeit, ggf. auch Personen, Kommentare und Stellungnahmen einträgt. Dies macht auch deshalb Sinn, weil man ja über viele Jahre nicht im Kopf halten kann, was wann und von wem gesagt, besprochen und vereinbart wurde.
27	Ggf. weitere im Arbeitsvertrag festgehaltene Tätigkeiten	Natürlich kann es sein, dass es noch weitere Aufgaben und Tätigkeitsfelder gibt, die der Brandschutzbeauftragte abdecken muss; das ist völlig frei verhandelbar. So kann ggf. ein Mitglied einer Feuerwehr zu weiteren Tätigkeiten bestimmt und ein Rettungssanitäter ebenso wie ein Handwerker mit bestimmten Fähigkeiten und Berechtigungen zu wieder anderen Aufgabenfeldern ausgesucht werden.

* Effektivität bedeutet die Wirksamkeit, die Wirkung, die Leistung einer Maßnahme. Mit Effektivität ist gemeint, dass eine Maßnahme zielgerichtet ist, ein gewünschtes Ziel in einer bestimmten Art und Weise zu erreichen. Effizient bedeutet, die Dinge richtig zu tun, und Effektivität bedeutet, die richtigen Dinge zu tun. Beides ist also im beruflichen und privaten Leben von großer Bedeutung, wenn man bestimmte Ziele erreichen will. Effektivität ist ein Maß für die Wirksamkeit, welches das Verhältnis vom erreichten Ziel zum gewünschten Ziel beschreibt. Effizienz beschreibt, ob sich mit der jeweils gewählten Maßnahme das Ziel auch erreichen lässt. Dabei ist Effizienz wohl sehr häufig eines der möglichen Unterziele der Effektivität.

Wer eher ein passiver Mensch ist, der sollte – und das ist jetzt weder auf-, noch abwertend gemeint – z. B. Museumswächter werden, und wer wenig über Veränderungen am Arbeitsplatz nachdenkt, sich aber gern bewegt, wäre als Postbote befähigt. Wer hingegen ein aktiver Mensch ist, sich die anstehenden Arbeiten selbst überlegt, zurechtlegt und auch auf Wiedervorlage legt, wer gern Bestimmungen liest und mit der Realität abgleicht, wer gern überzeugt und redet, der ist als Brandschutzbeauftragter in der richtigen Position. Damit soll nicht gesagt werden, dass der eine Beruf wichtiger/unwichtiger oder mehr/weniger Wert besitzt als der andere, sondern dass die jeweils richtigen Personen auf die jeweils richtigen Positionen gesetzt werden müssen. Ein olympischer Leichtathlet wäre als Schwerathlet unbrauchbar und umgekehrt. Wenn man also „richtig" eingesetzt ist (sportlich oder beruflich), haben alle Spaß an der Tätigkeit und können Erfolge in ihrem Aufgabenfeld erzielen. Eine Überforderung ist ebenso belastend wie eine Unterforderung. So erzählen beispielsweise auch höhere Beamte im Kultusministerium, dass dorthin beförderte Lehrer oft in den neuen Jobs als Verwaltungsbeamte versagen – Personen, die im Lehrberuf bei den Schülern ankamen und beliebt waren. Und der schlecht bei Schülern ankommende Lehrer wäre in der oberen Verwaltung ggf. besser, kommt aber nie dort hin! „Befördern bis zur eigenen Inkompetenz" nannte das ein hier nicht genannt werden wollender Ministerialdirigent aus der Bayerischen Regierung. Das A und O ist es immer zu erkennen, für welche Tätigkeiten Menschen befähigt sind, was für Personalchefs aber nicht so leicht herauszufinden ist; und einige Menschen wissen erst spät im Erwachsenenalter, welchen Weg sie eigentlich gehen wollen und welchen sie nicht gehen wollen. Meine Cousine Barbara hat mit 38 Jahren den dritten Beruf gelernt und sagte glaubhaft: „Jetzt erst habe ich meine Erfüllung gefunden!" Ein österreichischer Liedermacher sang einmal: „Man weiß selten, was man will – oft aber, was man nicht will!" Ich hoffe, Sie wollen Brandschutzbeauftragter sein. Sicher, sonst hätten Sie das Buch nämlich nur gekauft und nicht gelesen!?!

13.2   Eine von mindestens 26 Aufgaben, die Nr. 25!

„Mitwirken bei der Implementierung von präventiven und reaktiven (Schutz-) Maßnahmen im Notfallmanagement z. B. für kritische Infrastrukturen (Stromausfall), für lokale Wetterereignisse mit Schadenspotenzial (extreme Hitze-/Kältewelle, Starkregen, Sturm, Hagel, Schneelast etc.)" – so lautet unsere 25. Aufgabe. Wir Brandschutzbeauftragte sehen unsere Unternehmen unter dem Blickwinkel „Feuer". Also versuchen wir, Brandlasten zu minimieren, Zündquellen zu kapseln und die Belegschaft zu sensibilisieren. Und da ein Blitzeinschlag zu einem Brand führen könnte, werden ggf. noch ein Blitzableiter, der Potenzialausgleich sowie diverse Überspannungsschutzmaßnahmen umgesetzt. Doch Unternehmen können noch aus deutlich mehr Gründen angeschlagen, ja vernichtet werden! Man denke an Schadsoftware, Disruption, Missmanagement, feindliche Übernahmen oder zerstörende Naturereignisse. Auf diesen letzten Punkt wollen wir uns im Folgenden beschränken und die Grundlagen dafür schaffen, dass über diese Ursachen in einem Unternehmen professionell und emotionslos gesprochen werden kann. Das Wort „reaktiv" kommt übrigens aus der Medizin; es geht um die körperliche Reaktion auf einen zugeführten Reiz. Und Chemiker sprechen von „reaktionsfreudig". Hier jedoch ist es fehl am Platz – gemeint ist die Prävention vor möglichen Naturgefahren.

Das Jahr 2021 zeigte uns in Westdeutschland, dass wir alle noch weit entfernt sind von professionellen Schutzkonzepten. Mit „alle" meine ich den Staat, die Gemeinden, die Politik, Versicherungen, Berufsgenossenschaften, private Gebäudebesitzer und Unternehmen. Ganz wesentlich bei allen Überlegungen zu diversen Schutzmaßnahmen sind zwei Dinge:

1. Wie real/realistisch ist die Situation? Es nutzt uns relativ wenig, wenn wir uns gegen ein sog. Jahrhunderthochwasser geschützt haben, dann aber ein Jahrtausendhochwasser alles vernichtet und die Schutzmaßnahmen nicht nur wenig, sondern – außer hohen Kosten – nichts gebracht haben. Was bringt es uns, wenn innerhalb von 15 Jahren drei sog. Jahrhunderthochwasser kommen?
2. Wie weit wollen und können wir uns schützen? Kann, soll oder muss man sich gar gegen schädigende Ereignisse schützen, die wirklich nur alle 500 oder 1000 Jahre vorkommen? Gibt es nicht andere Gefahren, die deutlich häufiger eintreten und uns auch zerstören können? Und ist es überhaupt möglich, mit solch unsere Vorstellungskraft übersteigende Zahlen zu arbeiten? Sind da nicht andere schädigende Ereignisse deutlich näherliegend? Wenn wir uns gegen acht konkrete und unterschiedliche Gefahren geschützt haben, so müssen die Schutzmaßnahmen ja in etwa auf dem gleichen Niveau sein, wenn sie greifen sollen. Aber es gibt eben noch die Gefahren neun und zehn, und sicherlich geht diese Gefahrenliste noch bis 35 nach oben – und was ist mit 36? Außerdem muss man als Unternehmen wettbewerbsfähig bleiben und darf sein Geld nicht primär in Schutzmaßnahmen, sondern sollte es ja in Innovationen stecken. Was nutzt uns das bestgesicherte Unternehmen in der Region, wenn die Produkte keine Käufer mehr finden?

Wir sehen schnell, dass man an die Grenzen des Machbaren stößt. Und weil diese Maßnahmen zum einen nicht zu 100 % Schutz und Sicherheit garantieren und zum anderen gesetzlich und behördlich nicht gefordert sind, machen viele nichts. In dieser globalisierten Welt kann man aber auch noch ganz andere Wege gehen, wie das Beispiel eines deutschen Automobilbauers zeigt: Es gibt weltweit 14 Produktionsstätten, in denen die Fahrzeuge gebaut werden, und einige Hundert Zulieferer. Bei angenommener weitgehend gleicher Werteverteilung könnte ein Naturschadenereignis demzufolge lediglich einen Gesamtschaden von unter 10 % bewirken.

Nun darf man aber sein Unternehmen nicht separiert betrachten, sondern muss weiterdenken. Schließlich ist z. B. der Autobauer von einigen Hundert Zulieferfirmen abhängig, die nicht beliebig ersetzbar bzw. redundant sind, und wir alle sind von einigen wenigen Chipfabriken Asiens abhängig. Was, wenn einer dieser wichtigen Zulieferer (wie wir es ja 2021 erlebt haben und immer noch erleben, auch bei Holz und anderen für Gebäude wichtige Teile) nicht mehr, zu deutlich höherem Preis oder nur verzögert liefern kann? Bei Lieferproblemen oder auch bei Bränden der Zulieferer entsteht eine Betriebsunterbrechung, für die der eigene Feuerversicherer (auch nicht Betriebsunterbrechungs-Versicherer) nicht aufkommen muss. Wenn beispielsweise eine Stromverteilerstation oder ein wichtiges Transformatorhäuschen auf öffentlichem oder fremden Grund abbrennt, so zahlt die firmeneigene Feuer-Betriebsunterbrechungsversicherung diesen Schaden nicht, weil es kein Brandschaden an einem versicherten oder versicherbaren Gegenstand war und er sich zudem nicht auf einem versicherten Grundstück ereignete.

Sehen wir uns einige der Überschwemmungsgebiete, primär in Nordrhein-Westfalen an, in denen 07/21 die schlimmen, verheerenden Wasserfluten viele private und berufliche Existenzen vernichteten, stellt sich doch die Frage: Was hätte eine ausreichend hohe Mauer, die jemand um sein Grundstück gebaut hat (so möglich und erlaubt), gebracht? Die Stromversorgung wurde ebenso zerstört wie alle zu- und abführenden Straßen. Aber ggf. hätten die Gebäude und deren Inhalt vor der totalen Zerstörung bewahrt werden können. Immerhin! Wir müssen uns also klarmachen, dass bestimmte Dinge nicht abwendbar sind, auch nicht mit den aufwendigsten Maßnahmen (die dann unwirtschaftlich werden). Und wenn man ohnehin keine 100 % Sicherheit erhalten kann, dann lässt man eben alles. Falsch. Wir Erwachsenen lassen uns gegen Tetanus impfen, viele vernünftigerweise auch gegen Corona, und Kinder werden von verantwortungsvollen Eltern durch Impfungen gegen viele weitere Krankheiten geschützt. Doch 100 % Sicherheit gibt es nicht, denn bei einigen Millionen Impfungen gibt es immer wieder auch Tote durch die Impfung. Als die Staudammerhöhung am oberbayerischen Sylvensteinspeicher um drei vertikale Meter von 1994 bis 2001 errichtet wurde, starb ein Arbeiter – dieser schreckliche Tod ist aber kein Argument gegen die Maßnahme, die schon einige Überschwemmungen verhinderte! Wir können Risiken reduzieren (dabei ergeben sich neue) und einige auch vermeiden – etwa durch die Standortwahl des Geländes für die neue Fabrik: Führt ein Bahngleis direkt daran vorbei? Welche Gefahr geht von der Nachbarschaft aus (Lagerung gefährlicher Stoffe in großen Mengen, ICE-Strecke, Chemiekonzern)?

Kommen wir zum Notfallmanagement zurück. Wir sollen also Notfälle vorhersehen können, um uns präventiv davor zu schützen. Ich will Ihnen mit einem realen Beispiel zeigen, welche praktisch unlösbare Aufgabe auf die Schultern von uns Sicherheitstechnikern geladen wird. Eine große Versicherung hat die Schäden an EDV-Anlagen analysiert, und das ist für uns deshalb von Interesse, weil die EDV-Versicherung (Elektronikversicherung) eine Sachversicherung und keine Schadenversicherung ist. Das heißt, es wird eine Sache (der Computer selbst)versichert und nicht ein bestimmtes Risiko, also eine bestimmte Gefahr wie etwa Feuer oder Hochwasser. Wenn also der Computer beschädigt wird und nicht mehr funktioniert, so ist die Ursache nicht relevant, weil der Versicherer ja zahlen muss/wird. Ist der Computer gegen Feuer versichert und wird durch Löschwasser, Regenwasser, Sprinklerwasser, Brauchwasser oder Hochwasser zerstört, wäre dieser Schaden nicht versichert. Und dann gibt es auch noch „Notfälle", auf die kann man sich weder vorbereiten, noch sie versichern: ich meine Krieg; wenn man sieht, wie nahe solche Ereignisse an Deutschland heran rücken ist das nicht nur beängstigend, sondern man fühlt sich auch völlig hilflos.

Nun haben Versicherer ca. 7000 zerstörte EDV-Anlagen weltweit dahingehend analysiert, welche Ursachen die Zerstörungen hatten, und daraus eine Statistik erstellt (Tab. 13.2). Damit können wir nun großartig arbeiten: Wollen wir unser Unternehmen gut absichern, so gehen wir primär gegen die 36 % fahrlässiges Verhalten der Belegschaft vor. Wir schulen, wählen aus, kontrollieren und prüfen – und erreichen dadurch eine Reduzierung von 36 auf vielleicht 24 %! Die 27 % Schäden durch Netzschwankungen, Überspannungen und Blitzeinschläge (direkt, indirekt) können wir mit technischen Maßnahmen auf nahezu 0 % bringen. Doch das wird mindestens einen größeren sechsstelligen Betrag kosten – wenn es uns das wert ist. Die Alternative wäre ein Ausweichrechenzentrum anderswo. Doch auch dazu will ich Ihnen ein Gegenbeispiel bringen: 1991 haben spanische Separatisten auf die Botschaft Spaniens in der Münchner Oberföhringer Straße ein Bombenattentat verübt (da ich in der Nähe wohne, hörte ich zu den 20-Uhr-Nachrichten den extrem lauten Knall!). Das Gebäude wurde stark beschädigt. Zeitgleich haben zu dieser Terrorgruppe gehörende Personen auch die Botschaft in Düsseldorf mit einem Bombenanschlag attackiert. Ich will damit zeigen, dass Boshaftigkeit auch über Strecken von ca. 600 km real werden kann. Doch jetzt zurück zu der Statistik. Die Vandalismusschäden können wir von 13 % auf vielleicht 2 % drücken, indem wir Fremdhandwerker begleiten, die eigene Belegschaft gut auswählen und ausreichend viele und aufzeichnende Kameras installieren. Übrigens, diese Statistik ist weltweit erstellt worden – in Deutschland ist Vandalismus in EDV-Anlagen deutlich weniger stark vertreten. Aber eben auch Saboteure von außen wissen, dass das Rechenzentrum die Achillessehnen der Unternehmen sind, und greifen dort an – oder beim Trafohäuschen oder Gefahrstofflager und nicht im Büroartikellager. Die Gefahren durch Wasser sind mit 5 % gering, aber immer noch fünfmal größer als Feuer! Und Naturgefahren liegen wie Brände bei 1 von 100! Doch wie sehen die modernen EDV-Anlagen aus? Es werden Millionen in den Brandschutz investiert, aber kaum Investitionen getätigt in die Prävention der wirklichen Schadenursachen, die 99 %: welch eine sinnlose Vergeudung, ja

Tab. 13.2 Hauptursachen für die Zerstörung oder Beschädigung von EDV-Anlagen und Rechenzentren	Schadenursache	Anteil %
	Fahrlässiges Verhalten	36
	Überspannungen	27
	Vandalismus	13
	Wasser	5
	Naturgefahren	1
	Feuer, Rauch	1
	Sonstige Ursachen	17

Vernichtung von erwirtschaftetem Geld! Diese Wahrheit wird Ihnen keine Firma sagen, die durch Sie für die dort bestellte Gaslöschanlage einen Umsatz von 400.000 € generieren kann!

Doch nichts zu machen, ist auch keine Lösung. Nun ist also Notfallmanagement eher unüblich, nicht gefordert und doch nicht absolut sicher. Hinzu kommt, dass wir ja alle durchaus „hemdsärmelig" an diese komplexe Thematik herangehen und eine ehrliche Wertung der Risiken qualitativ und quantitativ nicht vornehmen können. So hat beispielsweise vor wenigen Jahren ein deutscher Chemiekonzern mit einem Raketenangriff von einem ca. 3 km entfernten Hügel gerechnet und sich dagegen abgesichert. Ein deutscher Elektronikkonzern rüstete zeitgleich für ca. 300.000 € die Verglasung des Vorstandbesprechungsraumes gegen von außen angebrachte Sprengstoffanschläge bis 12 kg TNT-Sprengraft aus. Bis heute gab es weder den befürchteten Raketenangriff noch den Sprengstoffangriff – aber viele andere Gefahren und Ursachen haben Unternehmen zerstört!

Es geht, wie in der Überschrift festgehalten, um präventive Maßnahmen. Nun kann man sich gegen Naturgefahren versichern (aber auch nicht in allen Gegenden!), aber das wäre ja kurativ und nicht präventiv. Wir müssen also versuchen, den Versicherungsfall nicht real werden zu lassen. Also überlegen wir zunächst, wo wir anfangen und wo aufhören wollen. Wenn Flugzeuge, wie am 11. September 2001 in Gebäude gelenkt werden, dann ist die Grenze des Machbaren deutlich überschritten. Sprich, dann dürfen Totalschäden entstehen – solchen Ereignissen stehen wir machtlos gegenüber.

Zurück zur Naturgefahr Wasser, schließlich wollen wir ja nicht nur die EDV, sondern das gesamte Unternehmen davor schützen. Da helfen nun Maßnahmen, die vom Staat getroffen werden müssen, also Ausweisen von Überschwemmungsgebieten, Errichtung von höheren Dämmen und Staumauern oder Installation besserer, d. h. funktionsfähiger Frühwarnsysteme. Aber auch Unternehmen können sich schützen, man denke nur an die Springflut am 16./17. Februar 1962 in Hamburg mit deutlich über 300 Toten und extremen Gebäudeschäden. Viele Hamburger haben anschließend (und nicht zuvor!) die Türen, die Tiefgaragenzufahrten und auch Fenster im Erdgeschoss derartig nachgerüstet, dass innerhalb von Minuten die stabilen Blechverkleidungen die Gebäude für Tage vor Hochwasser absichern. Bei den Überschwemmungen 07/21 standen allerdings einige Gebäude bis zum 1. OG unter Wasser … Nun wäre zwar bei einer Überschwemmung kein Betrieb mehr möglich, weil die Stromzufuhr unterbrochen ist oder die Belegschaft nicht zur Arbeit kommen kann, doch nach wenigen Tagen – also wenn der Wasserpegel sich normalisiert – wäre wieder alles so wie zuvor und nicht auf Monate bis Jahre vernichtet.

Ich will Ihnen noch einen Begriff mit auf den beruflichen Weg geben: Ersetzen Sie „sicher" durch „hemmend". Es gibt kein einbruchsicheres Haus, es gibt kein feuersicheres Unternehmen. Wir überlegen uns zuvor, mit welchen Angriffen wir rechnen und können Fenster eben „einbruchhemmend", „durchwurfhemmend", „durchbruchhemmend", „schusshemmend" oder gar „sprenghemmend" auslegen. Und Mauern können definierte Feuerangriffe von ca. 1000 °C für 30, 60 oder 90 min abhalten. Doch wenn ein Angriff physisch oder thermisch zu stark ist oder wenn das Hochwasser 3 m weiter steigt als berechnet, dann dürfen Schutz-konzepte versagen. Und wer mit einer Panzerfaust auf ein Gebäude schießt, der wird auch die Betonfassade und die sprenghemmende Verglasung „beseitigen". Oder wenn ölgetränkte Aluminiumspäne mit ca. 2000 °C brennen, dann wäre die feuerbeständige Wand nach vielleicht 18 min überwunden. Das ist zwar einerseits beunruhigend für uns, andererseits auch nicht: Schließlich können wir uns nicht gegen alles absichern. Aber wir lernen aus Schäden, und so sind aus Gründen des Umweltschutzes in hochwassergefährdeten Gebieten sinnvollerweise keine Ölheizungen in den Kellerbereichen erlaubt.

Als am 2. Juni 2013 eine Überschwemmung bei Erding (Oberbayern) ganze Landstriche unter Wasser setzte (eine Gegend, die als überschwemmungssicher galt!), wurde auch Deutschlands größtes Rechenzentrum überflutet. Durch vorher umgesetzte, kluge und teure Maßnahmen jedoch war ein Weiterbetrieb der EDV möglich – das Wasser stand 43 cm hoch in den Untergeschossen. Wenige Zenti-meter mehr und die Katastrophe wäre eingetreten. Man überlegte sich deshalb nach Beseitigung der Wasserschäden, welche zusätzliche Schutzmaßnahmen Sinn ergeben, und kam auf die Idee, eine Mauer um das Unternehmen zu errichten. Doch das scheiterte an der Nachbarschaft, die beim Landrat anführten, dass dann bei ihnen das Wasser bei der nächsten Überflutung noch höher stehen würde. Sie sehen, manche Probleme lassen sich nicht singulär, sondern nur gemeinschaftlich angehen, und da sind wir als Brandschützer natürlich schnell überfordert.

Kommen wir vom Wasser zur extremen Kälte – die ja bei uns aufgrund der klimatischen Bedingungen immer unwahrscheinlicher (aber dennoch nicht unmöglich) wird. Ein Autobauer im Süden Deutschlands hat seine Sprinklerköpfe im Freien bei den Laderampen auf −20 °C ausgelegt und in den letzten 40 Jahren nur einmal einen (überschaubar geringen) Schaden erlebt, als in Süddeutschland diese Temperatur noch unterschritten wurde und geplatzte Sprinklerköpfe ein paar auf Paletten gelagerte Produkte zerstörten. Gegenmaßnahmen wurden aufgrund der geringen Schäden und der eher nicht zu erwartenden Wiederholung nicht getroffen, und das erwies sich als richtig bis heute. Deutlich wahrscheinlicher jedoch wird extreme Hitze: Das Land trocknet aus, Wasser wird knapp, und die Klimatechnik sorgt für einen weiteren Temperaturanstieg. Extreme Stürme, aber auch Brände, wie wir sie ja europa- und weltweit (nicht nur) 2021 erlebten, sind wahrscheinlich. Dass wohl über 80 % dieser Brände vorsätzlich gelegt wurden, tut nichts zur Sache, wenn es brennt. Die beste Gegenmaßnahme für Ihr Unter-nehmen wäre, dass sich keine Nadelbäume im Gefahrenbereich von Gebäuden befinden, denn diese brennen nach Trockenperioden deutlich schneller, heißer und aggressiver als Laubbäume. Halten Sie das Grundstück weitgehend frei von hochgefährlich brennbaren Pflanzen, Produkten und Paletten, und eine Feuer-walze wird an/in den Gebäuden keine Schäden anrichten können. Nichtbrennbare Gebäudebestandteile und absicherbare Fenster sind natürlich ein Muss, ebenso das Beseitigen von brennbaren Produkten und Palettenlagern im Freien!

Hagel und Sturm sind ebenfalls Wetterphänomene, die zunehmen und real sind. Stürme können schwere Gegenstände herumwirbeln und somit zu Gebäude-schäden führen, oder zu leicht montierte Blechdächer werden abgehoben. Nun können wir uns natürlich nicht gegen von Nachbarn kommende Gegenstände schützen, aber für unsere eigenen Container können wir gute Standorte finden, und eine Freilagerung ist definitiv nicht so sicher wie auch im Dachbereich solide gebaute Hallen. Also errichtet man eine Halle, bei der das Blechdach nicht durch einen starken Wind aufgebogen wird; sie kostet sicherlich ein paar Zehntausend Euro mehr, schützt dafür aber ein paar Millionen Euro (Sachwerte an Gebäuden und Inhalten sowie eine Verkürzung der Betriebsunterbrechung)!

Fassen wir zusammen: Hochwasser ist wohl die größte Gefahr für einen ganzen Landstrich – von Krieg oder Atomunglücken einmal abgesehen. Große Feuerschäden sind extrem spektakulär, aber meist begrenzt auf ein Grundstück bzw. einen Gebäudekomplex und durch Brandwände weiter begrenzbar. Wollen wir uns gegen Hochwasser schützen, so ist die Standortwahl entscheidend für die Höhe der Aufwendungen – doch wie 2021 gezeigt hat, können eben auch Gegenden betroffen werden, die in den letzten 1000 Jahren keine Probleme mit Hochwasser hatten. Schutz vor Hochwasser ist möglich – dass der Betrieb so lange stillsteht, ist akzeptabel, schließlich wird er nicht zerstört. Gegen Blitzeinschlag (direkt, indirekt), Stromausfall und Stromschwankungen können wir uns mit technischen Maßnahmen gut absichern und damit nahezu 100 % Sicherheit erreichen. Bei Anschlägen von kriminellen Organisationen müssen wir uns überlegen, mit welchem körperlichem, finanziellem und intellektuellem Aufwand der angreifenden Seite denn zu rechnen ist. Vergessen wir nie: Am 26. Februar 1993 wurden sechs Menschen getötet, als eine Bombe im Parkuntergeschoss vom World Trade Center gezündet wurde. Das Gebäude blieb stehen, die Terroristen hatten ihr Ziel nicht erreicht – ein Turm vom World Trade Center sollte vernichtet werden. Also ließen sie ihre jüngeren Mitstreiter (körperlich und intellektuell hoch leistungsfähige Menschen!) zu Piloten ausbilden, um acht Jahre später beide Türme und knapp 3000 (davon über 10 % Feuerwehrleute!) Menschenleben zu vernichten. Willkommen in der heutigen Realität!

13.3 Ausbildung, Sinn und Unsinn von Brandschutzhelfern

Im Februar 2014 wurde eine neue Informationsschrift von den Berufsgenossenschaften eingeführt; sie heißt heute DGUV Information 205-023 und trägt den Titel „Brandschutzhelfer – Ausbildung und Befähigung". Folgende Inhalte müssen den betrieblichen Brandschutzhelfern vermittelt werden:

1. **Grundzüge des Brandschutzes**
   1.1 Grundlagen der Verbrennung
   1.2 Vorgänge beim Löschen
   1.3 Häufige Brandursachen
   1.4 Feuergefährliche Arbeiten
   1.5 Betriebsspezifische Brandgefahren
   1.6 Zündquellen

2. **Betriebliche Brandschutzorganisation**
   2.1 Brandschutzordnung nach DIN 14096
   2.2 Alarmierungswege und Alarmierungsmittel
   2.3 Betriebsspezifische Brandschutzeinrichtungen
   2.4 Sicherstellung des eigenen Fluchtwegs
   2.5 Sicherheitskennzeichnung nach ASR A1.3
3. **Funktion/Wirkung von Feuerlöscheinrichtungen**
   3.1 Brandklassen A, B, C, D und F
   3.2 Wirkungsweise und Eignung von Löschmitteln
   3.3 Geeignete Feuerlöscheinrichtungen
   3.4 Aufbau und Funktion von Feuerlöscheinrichtungen
   3.5 Einsatzbereiche und Einsatzregeln von Feuerlöscheinrichtungen
4. **Gefahren durch Brände**
   4.1 Gefahr durch Brandrauch
   4.2 Gefahr durch Brandhitze
   4.3 Mechanische Gefahren
   4.4 Zusätzliche betriebliche Gefahren bei Bränden
5. **Verhalten im Brandfall**
   5.1 Alarmierung
   5.2 Bedienung der Feuerlöscheinrichtungen ohne Eigengefährdung
   5.3 Sicherstellung der selbstständigen Flucht der Beschäftigten
   5.4 Besondere Aufgaben nach BSO (Teil C)
   5.5 Löschen brennender Personen
6. **Praxis**
   6.1 Handhabung und Funktion, Auslösemechanismen von Feuerlöschein-richtungen
   6.2 Löschtaktik und eigene Grenzen der Brandbekämpfung
   6.3 Realitätsnahe Übung mit Feuerlöscheinrichtungen am Simulator
   6.4 Wirkungsweise und Leistungsfähigkeit der Feuerlöscheinrichtungen erfahren
   6.5 Einweisen in den betrieblichen Zuständigkeitsbereich

100 % der Belegschaft müssen Brandschutzvorgaben kennen und einhalten, aber nur 5 % müssen zu Brandschutzhelfern ausgebildet werden. Brandschutzhelfer sind der verlängerte Arm des Brandschutzbeauftragten vor Ort. Primär versuchen diese durch umsichtiges und intelligentes Verhalten, Brände zu vermeiden, und sollte es doch einmal brennen, wissen sie, welche Schritte nun zügig zu gehen sind. Was Brandschutzhelfer jedoch noch deutlich mehr interessiert, ist, wie man Brände konkret verhindern kann. Die räumliche Trennung von Brandlasten und Zündquellen ist wohl die wichtigste Empfehlung. Hierzu gehört beispielsweise:

- Kleidung nicht an die Ladestation des Flurförderzeugs hängen
- Kaffeemaschine nicht auf brennbaren Untergrund und nicht an Gardine stellen
- Steckdosenverlängerungen nicht abdecken und staubfrei halten
- Lüftungsöffnungen von Geräten freihalten – dies regelmäßig überprüfen

- Keine Kerzen aufstellen oder, wenn doch, keine Sekunde unbeobachtet lassen
- Zu Hause bei Kerzenlicht auf Haustiere wie Katzen (die auf den Tisch springen können) oder gekippte Fenster (Wind kann den Vorhanan die Flamme wehen) achten
- Para>Laderampen freihalten von brennbaren Gegenständen und Rauchverbot beachten
- Den PKW nicht auf einer trockenen, hohen Wiese parken
- Den Müllbehälter nicht direkt unter der Stromverteilung aufstellen
- Den Heizungsraum freihalten
- Auf dem 19-Zoll-Rack keine Kartons abstellen
- Die Zigarettenglut nicht zu früh zum Restmüll zugeben

Eine der wesentlichen Aufgaben von Brandschutzhelfern ist, die übrige Belegschaft – die im Hinblick auf Brandschutz ja meist eine durch keinerlei Fachwissen geprägte Meinung hat – zu sensibilisieren. Dazu wäre es gut, wenn diese eine pädagogische bzw. psychologische Ausbildung hätten, denn bei der Weitergabe von Informationen kommt es meist mehr auf das Wie und weniger auf das Was an. Man darf nicht besserwisserisch, oberlehrerhaft, altklug, von oben herab oder gar arrogant brandschutztechnisches Wissen weitergeben. Und Menschen, die dieses Wissen noch nicht haben, sind allein deswegen ja nicht unintelligent. Man wendet am besten seinen gesunden Menschenverstand an, denn bei Person A kommt Methode 1 gut an und bei Person B eine andere – jeder kennt ja die unterschiedlichen Kollegen, und man hat es im Gefühl, wann man wem und wie etwas vermitteln kann.

Dabei darf man nicht vergessen, dass es immer brandschutztechnische Gesetze und meist eine betriebliche Brandschutzordnung gibt, die jeder einhalten muss – für die Kontrolle ist übrigens der jeweilige Vorgesetzte zuständig. Brandschutzhelfer und auch die Brandschutzbeauftragen können höchstens auf bestimmte Situationen aufmerksam machen – angenehm ist, dass wir nicht mehr oder weniger als vorher verantwortlich zu machen sind. Tab. 13.3 zeigt, welche Löschmittel mit welchen physikalischen Methoden ein Feuer ideal bekämpfen können.

Es gibt grundsätzlich vier Arten, Brände zu löschen: Kühlen, Trennen (Luft vom gerade brennenden Gegenstand), Sauerstoffreduzierung (von ca. 21 % auf unter 15 %) und der sog. antikatalytische Effekt. Kühlen funktioniert mit Wasser, Trennen mit Schaum und Pulver und die Sauerstoffreduzierung mit Kohlendioxid. Antikatalytisch ist der Einsatz von Halonen und zum Teil auch Pulver, d. h., es finden chemische Reaktionen statt.

Angenommen, bei einem Brand stehen die Löschmittel Pulver und Schaum zur Verfügung. Man löscht entweder mit Pulver oder mit Schaum und nicht mit beiden gleichzeitig. Das Pulver versintert und löscht; der Schaum würde diesen Vorgang blockieren, da er abdeckt (wie der Schaum auf einem Bier), aber das Pulver würde den Schaum zum Zusammenfallen bringen. Somit wären beide Löschmittel kontraproduktiv. Zwei Schaumlöscher oder zwei Pulverlöscher hingegen könnten gleichzeitig durchaus sinnvoll sein! Es gibt eine ganze Reihe von Brandursachen, und manche sind eher selten und kaum vermeidbar, andere

Tab. 13.3 Unterschiedliche Löschmittel haben unterschiedliche Löschmethoden – die müssen bekannt sein, um die richtigen Löscher für die jeweiligen Brände auszuwählen

Löschgrund	Löschmittel
Abkühlen des brennbaren Stoffes	Wasser Schaum
Sauerstoffentzug (< 15 %)	Kohlendioxid (CO_2)
Trennung vom Sauerstoff zum brennenden Gegenstand	ABC-Pulver AB-Pulver D-Pulver F-Löschmittel Schaum
Antikatalytische Reaktion	Halone [*]

[*] Halone sind, besonders für Menschen, nicht gefährlich. Es sind äußerst effektive Löschgase, die in Flugzeugen und militärischen Bereichen erlaubt, aus Gründen des Umweltschutzes jedoch für den „normalen" Verbraucher seit 1. August 1991 verboten sind.

passieren häufiger und wären oft sehr einfach vermeidbar. Sie sehen daran schon, wo man ansetzen muss. Die Häufigkeit von Brandursachen ist nicht absolut, sondern relativ, und das bedeutet, dass es im Lager, in der Küche, im Büro, in den Technikbereichen und an Produktionsstelle A, B, C und D jeweils unterschiedliche Hauptbrandursachen gibt. Es gibt beispielsweise die folgenden Brandursachen (Reihenfolge ohne Wertung):

- Strom, elektrische Anlagen, Beleuchtungsanlagen
- Brandstiftung (vorsätzlich, fahrlässig)
- Falscher Umgang mit Abfall
- Feuergefährliche Arbeiten
- Kerzen, offenes Licht
- Falsches Raucherverhalten
- Gefahren durch feuergefährliche Arbeiten bei Bauarbeiten
- Verstellte Abluftöffnungen
- Blitz, Überspannungen
- Explosionen aufgrund der Verfahrenstechnik
- Menschliches Fehlverhalten
- Grobe Fahrlässigkeit
- Ladevorgänge von akkubetriebenen Gerätschaften

Feuergefährliche Arbeiten sind insbesondere Löten, Flexen, Schweißen und Abbrennen von Unkraut – manchmal auch Bohren (Hartholz, Metalle). Diese Arbeiten haben einen „guten" Anteil an betrieblichen Brandursachen, und da es Vorgaben gibt, wie man sie verhindern muss (diese oft aber nicht eingehalten werden), können die Versicherungen die Schadenzahlungen – juristisch korrekt – verweigern. Bitte erkundigen Sie sich in Ihrem Betrieb, welche Brandschutzmaßnahmen vor, während und nach feuergefährlichen Arbeiten gefordert sind, und sorgen Sie dafür, dass diese auch eingehalten werden. Insbesondere die Feuerversicherungen, aber auch die Berufsgenossenschaften geben Vorgaben heraus, wie man sich bei brandgefährlichen Arbeiten zu verhalten hat. Die Beobachtung der Arbeit durch eine qualifizierte Person (die sofort löschen kann) ist von großer Bedeutung, wird aber aus Kostengründen (denn diese Person hat ja sonst nichts zu tun und kostet Geld) oft eingespart; Gleiches gilt für die Brandwache, die man unterschiedlichen Vorgaben entnehmend über mindestens 2 h, 4 h oder sogar 24 h (!)stellen muss. Vermittelt werden müssen den Brandschutzhelfern die betriebsspezifischen Gefahren (Tab. 13.4).

Zu einem Brand kommt es, wenn Brandlasten mit dafür ausreichenden Zündquellen zusammenkommen; diese Zündquellen können sein:

- Strom
- Kerze
- Zigarettenglut

Tab. 13.4   Je Unternehmensart die drei Haupt-Brandgefahren aufgelistet

Ort	Hauptbrandgefahren
Büro	Kaffeemaschine mit Heizplatte Ladevorgang vom Handy (privates?) PC- oder Kopiererbrand
Lager	Ladevorgang vom Flurförderzeug Lagerung an Beleuchtungsanlage Gasbeheizung in der Halle
EDV	Brand in der Klimatechnik Kabelschmorbrand in Steckverbindung EDV-Gerät brennt wegen Klimaanlagenausfall
PKW (Außendienst)	Explosion der Laptop-Batterie aufgrund direkter Sonneneinstrahlung Explosion des Smartphone-Akkus aufgrund direkter Sonneneinstrahlung Explosion des Feuerzeugs, das am Armaturenbrett der direkten Sonnenbestrahlung ausgesetzt ist
Produktion	Brand aufgrund der individuellen Verfahrenstechnik Selbstentzündung von Stoffen Brand durch unvorsichtiges Raucherverhalten
Außenbereich	Brandstiftung an Paletten Direkter Blitzeinschlag Eigenentzündung des Abfalls
Küche	Fettbrand mit nachfolgender Explosion Pfannenbrand mit falschem Löscheinsatz (Wasser) Abzugsbrand aufgrund flambiertem Essen
Müllbereiche	Selbstentzündung Brandstiftung Brand durch Beleuchtungsanlage
Technikraum	Kompressorbrand Gerätebrand Schaltschrankbrand

- Brandstiftung
- Schweißperle
- Katalysator
- Motor/Auspuff
- Funkenflug
- Wärmestrahlung
- Chemische Reaktion
- PKW-Brand vor Gebäude
- Brand in Nachbarschaft
- Elektrogeräte
- Reibungswärme
- Druckerhöhung

Als Brandschutzhelfer ist man prädestiniert, sich auch für Teil C der Brandschutzordnung zu interessieren, denn Brandschutzhelfer sollen ja nicht nur Brände verhindern, sondern auch für das richtige Handeln im Brandfall sorgen, z. B.:

- Entscheidung treffen: Andere warnen, Brand löschen, Brand melden oder
  fliehen
- Wohin soll man fliehen, wenn es brennt (möglichst zwei unterschiedliche
  Richtungen je Bereich kennen)?
- Wo ist der nächste Handfeuerlöscher?
- Welches Löschmittel wäre für den Brand ideal, welches eher nicht?
- Welche sonstigen Maßnahmen müssen ggf. laufen?
- Wer informiert die Feuerwehr, wer ggf. gefährdete Personen?
- Befinden sich Personen im Gefahrenbereich, die evtl. noch nichts von dem
  Brand mitbekommen haben? Wenn ja, wo und wer informiert sie?

Die Baugesetzgebung beschäftigt sich zu einem großen Teil mit baulichem Brandschutz, ein wenig mit dem anlagentechnischen Brandschutz und teilweise sogar
mit dem organisatorischen und natürlich abwehrenden Brandschutz. Darin ist
u. a. gefordert, dass es für Bereiche, in denen sich Personen nicht nur kurz aufhalten, immer zwei voneinander unabhängige Fluchtwege geben muss. Somit ist
es erlaubt, eine Toilette, einen Umkleideraum, einen Technikraum und ein Lager
(in das man nur gelegentlich und kurz geht) im Dachstuhl oder im Keller unter-
zubringen – wo es eben nur einen Fluchtweg gibt, aber keinen zweiten. Sobald
sich aber Menschen länger und regelmäßig in einem Bereich aufhalten, sieht das
anders aus, dann muss es einen weiteren Fluchtweg geben. Der zweite Fluchtweg
kann ein für die Feuerwehr anleiterbares Fenster sein, eine außen am Gebäude
montierte Leiter oder auch ein zweiter Treppenraum – im Idealfall ein direkter
Ausgang (ggf. alarmüberwacht) aus dem Raum.

Man muss wissen, wo es brennen kann und was dort brennen kann (Tab. 13.5),
um im Brandfall das richtige Löschmittel zu verwenden (Tab. 13.6). Das muss
man den Brandschutzhelfern vermitteln.

Tab. 13.5 Welcher Buchstabe steht für welches Brandgut (mit Beispielen)

Brandklasse	Stoffart	Beispiele
A	Feste Stoffe	Holz Kleidung Papier
B	Flüssige und flüssig werdende Stoffe	Benzin Spiritus Thermoplastische Kunststoffe
C	Gasförmige Stoffe	Methan Acetylen Propan/Butan
D	Metalle	Lithium (Batterie) Magnesium Aluminium
E *	Strom, Elektroanlagen	Elektrisches Gerät Elektronisches Gerät Stromleitungen
F	Küchenöle, Speisefette	Frittierfett Salatöl Pfannenfette und –öle

* Die Brandklasse „E" wurde vor vielen Jahren abgeschafft; zum einen, weil Strom ja nicht brennen kann (Strom kann höchstens die Brandursache sein) und zum anderen, weil alle Löschmittel in Handfeuerlöschern bis 1000 Volt (Anmerkung: Das ist sehr viel!) bei korrektem Verhalten nicht gefährdend für den Anwender sein darf. Das wird übrigens mit 20.000 Volt getestet, d. h. mit jedem Handfeuerlöscher kann man auf 230 Volt, auf 400 Volt und sogar auch auf 1000 Volt „losgehen", ohne sich – korrektes Verhalten vorausgesetzt – in Gefahr zu bringen. Das muss man auch wissen, um problemlos auf einen Schaltschrank mit einem Wasserlöscher loszugehen, auch wenn es funkt, zischt und die Sicherungen ausgelöst werden.

Tab. 13.6 Welches Löschmittel ist für welche Brandklasse gut geeignet, ungeeignet oder gar lebensgefährlich?

Löschmittel	Besonders gut geeignet	Uneffektiv	Lebensgefährlich
Wasser	A	C	D, F
ABC-Pulver	C	E	D
Schaum	B	C	D
CO_2	Elektrogeräte	A, F	D
D-Pulver	D	A, B, C, F	–
Glaskügelchen, Pyrobubbles	Li-Batterien	B, C	–
F-Löschmittel	F	C	D

Tipp: Tab. 13.6 bitte nicht stur auswendig lernen, sondern verinnerlichen, nachvollziehen, verstehen – und dann anwenden können.

Deutlich mehr muss man über Löschmittel nicht wissen. Viele Menschen meinen, dass Wasser immer und überall effektiv löschen kann; andere meinen, dass Pulver dies vermag – und erleben dann häufig, welchen unverhältnismäßig großen Schaden dieses korrosive Pulver anrichten kann (Versicherungen können sich aufgrund der fehlenden Verhältnismäßigkeit der Mittel dann erfolgreich weigern, die Schäden zu zahlen).

So wie es unterschiedliche Brände und Löschmittel in Handfeuerlöschern gibt, so gibt es auch – je nach Brandart und Fortschreiten der Brandentwicklung – unterschiedliche Löscheinrichtungen. Tab. 13.7 zeigt, welche Methode wann als „gut" und wann „als begrenzt" gut einzustufen ist.

Brandrauchgase töten, das ist eine Tatsache – einige wenige erst später (Tabak, Rauschgifte), alle anderen aber binnen Sekunden. Über Brandgase müssen Sie folgendes wissen (aus Gründen der Übersichtlichkeit und der schnelleren Aufnahme ist es stichpunktartig aufgeführt): Egal was brennt, Brandgase:

- sind immer tödlich (egal, ob es sich um Rauch, die Wärmestrahlung oder die Hitze handelt);
- sind extrem schnell tödlich (zwei Atemzüge können genügen);
- nehmen extrem schnell die Sicht, sodass die Fluchtmöglichkeiten nicht mehr gesehen werden können;
- machen ohnmächtig, aber nicht bewusstlos, d. h., man bekommt zwar noch für einige Sekunden mit, was um einen herum passiert, aber die Befehle vom

Tab. 13.7 Unterschiedlicheste Arten, Brände zu löschen mit Einsatzmöglichkeiten und -grenzen; ggf. können die Löschmethoden (rechte Spalte) auch tödlich sein

Art	Einsatzmöglichkeit	Einsatzgrenze	Ggf. tödlich
Handfeuerlöscher	Kleiner Entstehungs-brand	Große Hitze, viel Rauch	Falsche Wahl des Löschmittels
Fahrbarer Löscher	Größer gewordener Brand	Großbrand	Falsche Wahl des Löschmittels
Wandhydrant	Gefährlicher, großer Brand	Starke Verrauchung	Bei D- und F-Bränden
Sprinkleranlage	100 % Schutz jederzeit	Zu viele Brandlasten	Bei D- und F-Bränden
Gaslöschanlage	100 % Schutz jederzeit	Personengefährdung	Wer den Bereich nicht rechtzeitig verlässt
Löschdecke *	Papierkorbbrand	Personengefährdung	Beim Einsatz bei Personenbränden **
O$_2$-Reduzierung	Menschenleerer EDV-Raum	Undichte Räume	Wer den Raum nicht rechtzeitig verlässt
Löschspraydose	A, B, F	Größerer Brand	Metallbrand

* Löschdecken in Küchen für Fettbrände und für Personenbrände sind seit dem Jahr 2000 als veraltet eingestuft (nicht mehr Stand der Technik – das darf heute nicht mehr sein!), es gibt bessere, sichere Löschmethoden (Handfeuerlöscher)
** Brennende Personen löscht man mit einem Handfeuerlöscher

Hirn an die Muskeln – z. B. den Raum zu verlassen, ein Bein vor das andere zu setzen – können aufgrund einer chemischen Blockade im Nervensystem nicht mehr geleitet werden;

- führen zu bleibenden Behinderungen (geistigen und/oder körperlichen);
- sind auch geruchlos tödlich, für junge wie für alte Menschen, für kräftige wie schmächtige und für Raucher wie für Nichtraucher;
- enthalten tödlich ätzende Stoffe, welche die Verbindungsleitung zwischen Mund/Nase und Lunge verätzen können, sodass die Luft nicht mehr in die Lunge gelangt; zunächst spürt man (vergleichbar einer kommenden Erkältung) ein Kratzen im Hals, einige Minuten später ist man tot – auch wenn man in einer Klinik ist, können einen die Ärzte nicht mehr retten (!),
- sind CO (Kohlenstoffmonoxid), CO_2 (Kohlendioxid), HCN (Zyanide), HCl (Salzsäure), NO_x (Stickoxide) und viele weitere tödlichen Gase – doch diese fünf Gase (allen voran das CO) sind am schnellsten tödlich; Chemiker können einige Hundert weitere Giftstoffe auflisten (z. B. tödliche Bromlegierungen, die auf Platinen aufgesprüht wurden), die uns töten – doch wir bilden keine wissenschaftlichen Chemiker aus, sondern praxisorientierte Brandschutzhelfer.

Da allein das CO (Kohlenstoffmonoxid) im Brandrauch tödlich ist, und zwar binnen Sekunden, interessieren die „nachfolgend" genannten Gase kaum noch. CO entsteht immer, wenn zu wenig Sauerstoff vorhanden ist, also bei Schmorbränden oder Elektrobränden. Da man kaum Temperatur spürt, fühlen sich viele Amateure noch sicher und bewegen sich scheinbar sicher im Raum – und gefährden ihre Gesundheit, ja sogar ihr Leben. Allerdings kann es sein, dass bei einem Brand von Anfang an kaum CO entsteht, sondern gleich extreme Hitze (z. B. bei einem reinen Spiritusbrand) und kaum Rauch. Wenn man Benzin anzündet, entstehen jedoch – im Gegensatz zu Spiritus – auch große Mengen an Rauchgasen und CO. Wir lernen also, dass Brandrauch immer tödlich ist, denn ob wir am CO, am CO_2, an den Cyaniden oder schlicht an der Hitze sterben, ist letztlich egal. Und ein Feuer bleibt ein Feuer, und das ist lebensgefährlich, ggf. rufen wir also doch besser die Feuerwehr und verlassen den Bereich. Aber bitte die Tür zu dem Brandraum zumachen, damit der Rauch, die Hitze und die Flammen erst mal drin bleiben.

Brennende Menschen sind besonders tragisch, denn man muss schnell und beherzt und auch wirksam eingreifen – ohne sich selbst zu gefährden. Bei uns Menschen brennen die Kleidung, die Haare und – lange nachdem wir gestorben sind – auch der gesamte Körper. Grausam! Nun fangen Menschen ja nicht einfach so zu brennen an, am wenigsten im Büro oder im Lager. Die Bereiche, in denen Menschen eher brennen, sind in Tab. 13.8 genannt.

Die wohl extremste Situation, die uns hinsichtlich „Brand" passieren kann, ist, dass ein noch lebender Mensch brennt: Kleidung, Haare. Jetzt sind einige Dinge gleichzeitig primär wichtig:

- Sie müssen sofort reagieren.
- Sie müssen richtig reagieren.

Tab. 13.8 Brandgefahren je Unternehmensart und Gegenmaßnahmen

Bereich	Gefahr	Gegenmaßnahme(n)
Produktion *	Person nähert sich hohen Temperaturen an und trägt die falsche Kleidung	Abstand Schulung Profikleidung
Küche	Pfannen-/Fritteusenbrand wird fälschlicherweise mit Wasser gelöscht	F-Löscher stellen Regelmäßig Schulen Explosion vorführen in einer Übung
Annäherung an eine Kerzenflamme	Passiert häufig zu Hause	Umgehend mit Hand das Feuer ausschlagen oder mit Flüssigkeit (Getränk) löschen
Löschversuch	Annäherung an Flamme, Kleidung brennt	Zweiten Löscher parat haben und Person löschen Person abhalten, so nahe ans Feuer zu gehen
Umfüllen von Benzin	Benzin wird verschüttet, verdunstet schnell und entzündet sich (z. B. am heißen Motor)	Im Freien umfüllen Benzin nachfüllen, wenn der Motor kalt ist Mittels Trichter (nichts verschütten)
Labor	Gasflamme entzündet	Installation einer Dusche zur Selbstrettung (Löschen) Viele und richtige Löscher stellen

* Je nach Bereich ist die Gefahr größer (bestimmte Lebensmittel-Herstellungsbereiche, Metallguss, Hohlglasherstellung, …) oder praktisch bei Null (Gerätebau, Kunststoff-Spritzen, …)

- Sie müssen auch etwas riskieren.
- Sie müssen für diese Person denken, denn sie kann nicht mehr rational denken.
- Sie müssen diese Person möglichst schnell und „schonend" löschen.
- Sie müssen, nachdem diese Person dank Ihrer Hilfe überlebt, für sofortige ärztliche Versorgung sorgen.
- Sie müssen diese Person kühlen, beruhigen, betreuen.

Wenn Sie sich nähere Informationen zur Ausbildung von Brandschutzhelfern besorgen wollen, so empfehlen wir Ihnen das Buch *Fachwissen für Brandschutzhelfer* aus demselben Verlag (ISBN 978-3-662-63136-2) – diese Schrift gibt es auch als E-Book (ISBN 978-3-662-63137-9).

Brandschutztechnische Lebensweisheiten

14

Natürlich sind wir wir Brandschutzbeauftragte Techniker oder Ingenieure und keine Philosophen; dennoch ist die übrigens oft auf Mathematik aufgebaute Philosophie durchweg in der Lage, praktisch allen Menschen in vielen Berufen Hilfestellung zur Lösung von Problemen zu geben. Fachwissen und Praxiserfahrungen können an theoretisch schulenden Universitäten nicht vermittelt werden, und das soll in diesem Kapitel nachgeholt werden.

14.1 Philosophien, die uns weiterhelfen

Es gibt ein paar richtig gute, intelligente Sätze, die ich Ihnen zusammen mit meiner Interpretation oder Beispielen hierzu nennen will – in der Hoffnung, Ihnen das berufliche und ggf. auch das private Leben verständlicher und leichter zu machen. Vielleicht legen Sie all diese Punkte anderen mal vor, damit sie sich überdenken und verbessern; das kann im Unternehmen, aber auch im privaten oder gesellschaftlichen Bereich stattfinden. Nur wenn wir uns verändern und verbessern, wird die Welt besser. Wer mit dem Zeigefinger auf andere deutet, auf den deuten immer drei Finger der Hand zurück. Also, fangen wir bei uns an, die Welt sicherer und umweltfreundlicher zu gestalten.

Es sind oft triviale Dinge, die aber elementar wichtig sind

Das gilt für den Einbruchschutz, im Straßenverkehr, bei der Kindererziehung und auch für den Brandschutz. Es gelingt nicht jedem, über viele Jahre den Kindern ein Vorbild und anwesend zu sein, sein Haus mit einbruchhemmenden Tür- und Fensterelementen auszustatten und die Haustür jedes Mal beim Verlassen dann auch abzusperren oder aber ständig mit 0,0 ‰ und defensiv im Straßenverkehr unterwegs zu sein. Auch im Brandschutz gelingen triviale Dinge nicht immer. Dazu ein Beispiel: Im August 2021 hat eine Feuerwehr in einer Universität

© Der/die Autor(en), exklusiv lizenziert durch Springer-Verlag GmbH, DE, ein Teil von Springer Nature 2022
W. J. Friedl, *Brandschutzbeauftragte: Das Weiterbildungsbuch*,
https://doi.org/10.1007/978-3-662-64619-9_14

bemängelt, dass in einer Nische im Flur ein Kopierer steht. Die Rektorin wandte sich an mich und meinte, die Forderung sei lächerlich, darauf komme es doch wohl nicht an. Exakt das Gegenteil ist jedoch richtig; das aber der habilitierten Dame zu erläutern, ist eine echte Kunst. Genau solche Situationen sind die Ursache für Tote, Leid und Sachschäden – mit einer Trivialität wäre hier ein Damoklesschwert zu vermeiden, einfach indem man den Kopierer in einen Raum stellt. Bitte glauben Sie es mir, es sind wirklich nur ein paar triviale, aber wesentliche Punkte, die im Brandschutz besonders wichtig sind, etwa:

- Die „richtigen" Mitarbeiter auswählen (sensibilisierbar, sozialisiert, verantwortungsbewusst, eigenverantwortlich, mit Zugehörigkeitsgefühl für das Unternehmen)
- Belegschaft kontrollieren (nicht ständig, aber gelegentlich)
- Belegschaft konstruktiv verbessern, kritisieren (ggf. unter vier Augen, nicht vor anderen)
- Belegschaft gut unterweisen – und das muss man auch belegen können
- Belegschaft instruieren, dass jeder jederzeit seinen Arbeitsplatz brandsicher halten muss (mit konkreten Punkten und Anweisungen für die jeweiligen Arbeitsplätze), insbesondere vor Pausen und nach Arbeitsende
- Belegschaft möglichst komplett zu Brandschutzhelfern ausbilden und reale Übungen mit Handfeuerlöschern durchführen. (Das meine ich ernst: Bilden Sie nicht nur 5 % zu Brandschutzhelfern aus, sondern zielen Sie auf 100 % ab – zuvor überzeugen Sie die Geschäftsführung von dem Sinn dieser Aktion und beginnen beim oberen Führungskreis. Und schon ist Brandschutz in den Köpfen aller!)
- Unternehmen nach Arbeitsende auf gefahrdrohende Umstände von besonders zuverlässigen Personen abgehen lassen

Dass der Satz „Es sind oft triviale Dinge, die aber elementar wichtig sind" seine Berechtigung hat, soll ein Auszug aus den aushängepflichtigen Brandverhütungsvorschriften für Fabriken und gewerbliche Anlagen von den Feuerversicherungen belegen; darin stehen nämlich viele trivial klingende Punkte, die gefordert sind und in Summe für deutlich über 90 % aller Brände oder aber für Brandschadenvergrößerungen verantwortlich sind (VdS 2039), z. B.:

- Brandschutztüren dürfen nicht aufgekeilt werden.
- Stromanlagen dürfen nur Elektrohandwerker instandsetzen.
- Bestimmte Gerätschaften dürfen nur sog. befähigte Personen betreiben.
- In feuergefährlichen Bereichen sowie explosionsgefährlichen Räumen sind Rauchen und der Umgang mit offenem Feuer verboten.
- In explosionsgefährdeten Bereichen sind nur funkenarme Werkzeuge zu verwenden.
- Feuergefährliche Arbeiten außerhalb hierfür vorgesehener Arbeitsplätze sind nur dann erlaubt, wenn ein Erlaubnisschein ausgefüllt wurde und seine Inhalte umgesetzt wurden.

- Feuerstätten und Heizeinrichtungen müssen im Radius von 2 m brandlastfrei gehalten werden.
- Brennbare Flüssigkeiten und Gase dürfen nur bis zum Tagesbedarf (lt. DGUV Vorschrift 1: Schichtbedarf – bei drei Schichten ist der Tagesbedarf also die dreifache Menge!) vor Ort bereitgestellt werden.
- Brennbare Flüssigkeiten müssen in sicheren (also unzerbrechlichen) Behältern aufbewahrt werden.
- In Packräumen darf leichtentflammbares Pack- und Füllmaterial nur maximal für einen Tag vorgehalten werden.
- Leichtentflammbares Pack- und Füllmaterial muss in nichtbrennbaren Behältern mit dicht schließendem Deckel aufbewahrt werden.
- Packräume und Lagerräume für Verpackungsmaterial dürfen nur indirekt (Wärmetauscher) beheizt werden.
- Abfälle sind mindestens arbeitstäglich und sicher aus den Arbeitsräumen zu entfernen.
- Für bestimmte Abfälle (Batterien, ölgetränkte Lumpen, Zigarettenreste usw.) muss es eigene Abfallaufbewahrungsbehälter geben.
- Handfeuerlöscher müssen leicht erkennbar und leicht erreichbar vorgehalten werden.
- Nach Arbeitsende muss das Unternehmen von einer zuverlässigen Person auf gefahrdrohende Zustände abgegangen werden.

Jedes Plus an neu kreierter Sicherheitstechnik wird durch nachlässigeres Verhalten der Belegschaft schnell überkompensiert – mit dem Resultat, dass man hinterher unsicherer dasteht als vorher

Oder so gesagt: Je sicherer wir uns fühlen, umso unvorsichtiger werden wir, legen uns eine Art Vollkaskomentalität zu! Wenn also eine Sprinkleranlage eingebaut, eine Brandwand errichtet, eine Objektlöschanlage oder Brandmeldeanlage angeschafft wird, dann bedeutet das für keine Person, sich jetzt nachlässiger verhalten zu dürfen. Man erlebt auch schlimme Unfälle in sog. Spielstraßen oder 30-km/h-Zonen: Zum einen halten sich manche nicht an dieses Tempolimit, und zum anderen gehen mancheFußgänger davon aus, dass es die Autofahrer machen und passen deshalb weniger auf. Übertragen auf den Brandschutz im Unternehmen: Lassen Sie beides (Verstöße und Sorglosigkeit) nicht zu, denn Sicherheit (Arbeitsschutz, Brandschutz) ist nicht verhandelbar.

Kontakte schaden nur den Menschen, die keine haben

Damit ist nicht gemeint, dass Sie krumme Geschäfte machen oder sich von der Errichterfirma der Sprinkleranlage das 5-Sterne-Hotel Ihres Jahresurlaubs in Garmisch-Partenkirchen bezahlen lassen sollen (kommt vor und endet mit einer staatsanwaltlichen Anklage, fristloser Entlassung und weiteren gesellschaftlichen und finanziellen Problemen). Nein, damit ist gemeint, dass Sie viele gute, sinnvolle, richtige Kontakte benötigen: zur Berufsgenossenschaft, zur Feuerwehr, zu Explosionsschutzspezialisten, zu Kollegen aus anderen und auch aus gleichartigen Unternehmen, zu den Feuerversicherern (hier ggf. auf kaufmännischer und technischer Ebene) sowie zu guten Mitarbeitern beiderlei Geschlechts von Unternehmen, die verschiedene Brandschutzprodukte herstellen oder vertreiben.

Manche Menschen glauben, dass negative Dinge immer nur anderen passieren und ohnehin nicht bzw. nicht zu 100 % verhinderbar sind; deshalb treffen sie keine Vorsorgemaßnahmen, auch nicht die einfachsten
Das ist sowohl dumm als auch falsch und kann – nach entsprechend einfach zu vermeiden gewesenen Schäden – zur Einstufung „grob fahrlässig" führen. Auch wenn wir wissen, dass Krankheiten sich nicht zu 100 % verhindern lassen, so lassen wir uns dennoch impfen, nehmen Medikamente oder halten uns an die Ratschläge der Mediziner, denn die Minimierung von Wahrscheinlichkeiten ist ein wesentlicher, richtiger Ansatz in der Sicherheitstechnik.

Was (realistisch) passieren kann, passiert auch (früher oder später)
Dies gilt nach einem von Murphys Gesetzen. Nun ist nicht alles, was real geworden ist, auch als realistisch anzusehen; GAU-Überlegungen sind auch nur in den seltensten Fällen 100-%-Schäden. Aber was eben noch nie passiert ist (aber realistisch erscheint), kann dennoch eines Tages eintreten; gibt es für diesen Fall nirgendwo geforderte Maßnahmen, führt das zu Problemen. Lesen Sie ggf. hierzu das Buch *155 – Kriminalfall Kaprun* über den Kapruner Brand mit 155 Toten; der Betreiber der Gletscherbahn sagte dazu in den österreichischen Nachrichten um 18.30 Uhr am 11. November 2000: „Mit einem Brand [...] haben wir nicht gerechnet." Ich bitte Sie: Rechnen Sie mit einem Brand, und treffen Sie auch Maßnahmen dagegen!

Sicherheitstechniker kreieren Dinge, die Geld kosten, sich aber nicht amortisieren werden und die Unternehmen kaufen müssen und gleichzeitig hoffen, sie niemals zu benötigen
In diesem Dilemma stecken auch Brandschutzbeauftragte. Das heißt, es herrscht natürlich keine große Freude, wenn Dinge verändert und verteuert werden, ohne dass man im Normalfall einen konkreten wirtschaftlichen Nutzen hat. Hinzu kommt, dass die Brandschutztechnik keine 100 % Sicherheit liefert, sondern nur die Wahrscheinlichkeiten von Schäden reduziert. Kein Autoneukäufer freut sich, wenn er hört, dass 2700 € vom Kaufpreis für Gurt, Gurtstraffer, Airbags, Kopfstütze und Seitenaufprallschutz ausgegeben werden müssen. Nach einem Unfall ist er darüber dann doch glücklich, und hat er keinen Unfall, ist das ja noch besser!

Brände waren im Lauf der letzten 4000 Jahre immer wieder die Ursache für schlimme Verluste an Menschen, Gebäuden und Fachwissen
So zündete z. B. vor ca. 2400 Jahren Herostratos den Tempel der Artemis in Ephesos an (eines der sieben Weltwunder der Antike) – er wollte sich damit unsterblich machen und wurde zum Tod verurteilt. Sein Argument: „Die Nachwelt wird meinen Namen noch kennen – den der Richter und Henker aber nicht." Die Tatsache, dass die Weitergabe seines Namens damals ebenfalls mit der Todesstrafe

belegt wurde, ist Beleg dafür, dass er recht hatte. In dem Tempel waren zwischen 400.000 und 700.000 Papyrusrollen (der Vorläufer des Buches), allesamt Unikate. Dieser Brand gilt als größter geistiger Verlust in der Geschichte der Menschheit. Herostratos war übrigens dort Putzmann und nicht des Lesens und Schreibens mächtig – ihn beeindruckte es, dass Menschen Wissen haben und es auch festhalten konnten. Heute sind wir Brandstiftern und Bränden nicht mehr so schutzlos ausgeliefert, und das Wort „steinreich" kommt übrigens daher, dass sich diese als „steinreich" bezeichneten Menschen eben nichtbrennbare Steinhäuser und nicht – wie üblich – brennbare Holzgebäude leisten können. Schiller hat im *Lied von der Glocke* bereits über Brände und deren Folgen berichtet; diese Weisheit des hochintelligenten Menschen ist schon sehr berührend:

> *Wohltätig ist des Feuers Macht,*
> *Wenn sie der Mensch bezähmt, bewacht,*
> *Und was er bildet, was er schafft,*
> *Das dankt er dieser Himmelskraft*
> *Doch furchtbar wird die Himmelskraft,*
> *Wenn sie der Fessel sich entrafft,*
> *Einhertritt auf der eig'nen Spur,*
> *Die freie Tochter der Natur*
> *Wehe, wenn sie losgelassen,*
> *Wachsend ohne Widerstand,*
> *Durch die vollbelebten Gassen*
> *Wälzt den ungeheu'ren Brand*

Wir lernen daraus u. a., wie wichtig die Prävention ist, das Begrenzen und Kleinhalten eines Feuers, also nichtbrennbare Gebäudebestandteile, feuerbeständige Wände, feuerhemmende Türen (die auch geschlossen sind), in Brandschutz gut unterwiesene Mitarbeiter und vieles mehr. Und wir lernen aus vorsätzlicher Brandstiftung, dass viele das nicht aus Bereicherungsabsicht machen, sondern aus welchen auch immer gearteten Gründen, die im Persönlichkeitsbild der Brandstifter zu finden sind.

Wir müssen das Leben vorwärts leben, aber wir können es nur rückwärts beurteilen

Das gilt für uns alle, und zwar beruflich ebenso wie privat. Die Lehre daraus ist, dass wir uns auf die Beurteilung und Einstufung von Personen mit deutlich mehr Berufserfahrung, als wir sie haben, einerseits verlassen, andererseits mit unserem jüngeren, frischeren Fachwissen kritisch aufgreifen und verbessern!

Man muss auch in weniger brandgefährlichen Unternehmen den Brandschutz ernst nehmen, umsetzen und leben und darf sich nicht primär auf die eigene (natürlich geringe) Brandschadenerfahrung berufen. Darüber hinaus muss man sich ständig überlegen, wo und wodurch Brände im Unternehmen entstehen können, z. B. durch die Arbeitsabläufe oder Fehlverhalten. Hieraus lassen sich zwei Dinge ableiten: präventive Handlungen, die Brände verhindern sollen, und kurative Handlungen, also Maßnahmen, um Brände zu löschen, Personen zu warnen und Hilfe zu rufen. Nur wenn wir beides umsetzen, kann der Brandschutz optimal sein.

No risk – no fun!
An dem Spruch ist schon was dran, diese Lebens „weisheit" passt gut zu jungen Menschen, die damit zu einem nicht geringen Prozentsatz ihr Leben unfreiwillig und bleibend oder absolut verändern. Primär junge Männer mit überdurchschnittlichem Testosteronspiegel meinen, sich so einen Kick zu holen oder auch beim weiblichen Geschlecht punkten zu können. Und dennoch ist an dieser Einstellung auch was dran, denn bestimmte Risiken einzugehen, kann auch Freude bringen oder sich zum Lebensinhalt entwickeln. Doch „wer die Gefahr sucht, kommt in ihr um" ist der passende Gegenspruch. Neben Kurzschlusstaten (Suizid wegen unerwiderter Liebe) und einigen wenigen Krankheiten sind solche übermütigen (Un-)Taten die Haupttodesursache für junge Menschen – tragisch. Nun muss man als Lehrlingsmeister vom ersten Tag an, von der ersten Minute an vermitteln, dass Regeln uns alle schützen und in Unternehmen auch verbindlich einzuhalten sind, dass Fluchtwege bekannt und freigehalten werden müssen und dass es eben schnell disziplinarische Konsequenzen mit sich bringt, dagegen zu verstoßen. Profis halten sich an Vorgaben, Dilettanten nicht. Sicher ist cool, Leben riskieren ist doof – das muss man jungen Menschen vermitteln.

Einige Menschen haben das Problem, Einstellung A mit Grundeinstellung B gleichzusetzen; hinzu kommt, dass oft nur noch eine Meinung Gültigkeit besitzt und demzufolge alle andere Meinungen falsch, böse oder gar undemokratisch sind. Das ist im Brandschutz jedoch nicht so – oftmals gibt es mehr als zwei Lösungswege. Daher mein Tipp: Bleiben oder werden Sie ein konstruktivkritischer Mensch, kein destruktiver. Wägen Sie ab und überlegen Sie sich, welche wirtschaftlichen Interessen hinter bestimmten Ideen stehen.

Gott, gebe mir bitte drei Fähigkeiten: 1) Die Fähigkeit, die Dinge, die ich nicht ändern kann, zu akzeptieren. 2) Die Fähigkeit, die Dinge, die ich ändern kann, auch wirklich (positiv) zu ändern. 3) Die Fähigkeit zu unterscheiden, was ich ändern kann und was nicht
Diese besondere, gute Weisheit sollten Sie beruflich und auch privat verinnerlichen und umsetzen. Vielleicht verstehen Sie sie erst dann so wirklich, wenn Sie ausreichend Lebenserfahrung, Weisheit und Intelligenz angehäuft haben. So ist es auch im Brandschutz – manches können Sie ändern, manches müssen Sie ändern, und mit manchen Dingen müssen Sie sich abfinden, denn sie sind nun mal, dogmaartig, nicht zu ändern.

14.2   Berufliche Erfahrungen eines Brandschutzingenieurs

Meine Brandschadenerfahrungen füllen Bücher und Seminare und finden sich in vielen Kapiteln dieses Buches. Ich bin der qualifizierten Meinung, dass nahezu 100 % aller Brandschäden vorhersehbar und somit verhinderbar gewesen wären. Problematisch ist, dass wir manches nicht glauben (wollen), dass durch Pensionierung von Personen viel Fachwissen verloren geht und dass durch immens viele Neuerungen so viel andersartiges und notwendiges Wissen hinzukommt und dass Brandschutz mehr und mehr an Bedeutung verliert. War es vor 30 Jahren noch beeindruckend, in Seminaren auf ca. 7 Mrd. € oder DM Brandschäden hinzuweisen, so ist es das heute nicht mehr: Griechenland kostete über 300 Mrd. € (!), Zypern ca. 15 Mrd. €, und die Hochwasserschäden 2021 in Westdeutschland kosteten sicherlich um die 50 Mrd. €.

Und dann gibt es neben Brandschäden ja auch Hochwasser- und Kriegsschäden, andere Naturschäden und Sabotageakte wie in New York am 11. September 2001. Betrug kann ebenso zur Insolvenz führen wie die Implantierung von Trojanern, Vandalismus und vieles andere mehr; die Firmenverantwortlichen sollen und müssen sich um diesen Schutz kümmern, und bei den betrieblichen Bedrohungen ist Brandschutz eben nur ein (wichtiger) Bestandteil – das darf man als Brandschutzbeauftragter niemals vergessen.

Wir erleben also eine Inflation von Katastrophen, und wir leben immer noch. Offenbar ist doch nicht alles so schlimm, oder die Kosten können sozialisiert werden – was zur Privatisierung der Gewinne führt: Während der Hoch-Zeit der Flüchtlingskrise im Jahr 2015 haben sich die Preise für Wohncontainer um den Faktor 15 (das stelle man sich mal vor!) erhöht. Man sieht also, wo die Not am größten ist, sind für andere die Profite besonders groß.

Hinzu kommt, dass die Vernichtung von Unternehmen durch Brände eher selten eintritt und andere Ursachen deutlich häufiger zu Konkursen und Übernahmen führen. Doch das täuscht, denn die Medien berichten über das, was die Kundschaft hören will, und das sind andere Nachrichten als Brandverhütungsmaßnahmen – ggf. wird mal ein spektakulärer Brand gezeigt, aber es folgen keine Informationen, wie man diesen hätte verhindern können.

Viele meinen, dass es im Brandschutz genügt, wenn die gesetzlich und berufsgenossenschaftlich geforderten Mindestmaßnahmen umgesetzt sind; bei den Vorgaben aus den Feuerversicherungsverträgen sind die Menschen dann schon etwas „großzügiger" – und wundern sich dann nach Schäden aus vorhersehbaren und somit vermeidbaren Gründen, wenn die Versicherungen die Zahlungen reduzieren oder gänzlich verweigern. Oftmals wäre ein konstruktives Gespräch mit Vertretern von Behörden oder Versicherungen, aber auch der Feuerwehr und der Berufsgenossenschaft bereits extrem sinnvoll und würde den betrieblichen Brandschutz helfen zu verbessern.

Mir sind große Konzerne bekannt, deren Leiter hochanständige Menschen sind mit ehrlichem Interesse an Arbeits- und Brandschutz. Solche Menschen finden sich auch in der Belegschaft, und zwar unabhängig vom Rang, von der Bildung oder Ausbildung. Es gibt aber auch die anderen – die, denen Menschen, Werte, Moral und Unternehmen egal sind. Auch solche Menschen findet man auf allen Ebenen, unabhängig vom Titel, von der Position oder der Größe des Unternehmens. Es macht uns Brandschützern deutlich mehr Spaß in solchen Unternehmen zu arbeiten, in denen man etwas bewegen kann, in denen miteinander und nicht übereinander gesprochen wird und in denen Brandschutz eben eine Bedeutung hat.

Sind Sie mit Neuerungen erst einmal vorsichtig, springen Sie nicht auf jeden vorbeifahrenden Zug bedenkenlos auf. Fragen Sie andere, warten Sie ab und investieren Sie langfristig richtig, sinnvoll und wirtschaftlich. Dazu ein Beispiel: Für die Installation einer Sauerstoffreduzierungsanlage gibt es keine gesetzliche Anforderung – sprich, man schafft sich solche Anlagen ggf. freiwillig an. Auch Versicherungen fordern sie nicht und geben demzufolge keine Rabatte. Doch nicht nur die Anschaffung, sondern auch der Unterhalt ist sehr teuer, und das führt dazu, diese Technik infrage zu stellen. So auch bei einer nicht unbekannten Bank in Frankfurt: Der neue Vorstand beschloss, diese bereits vor Jahren installierte Anlage zu inaktivieren. Werden Produkte, Anlagen oder Verhaltensweisen den Regeln der Technik zugesprochen, haben sie sich bewährt und müssen auch umgesetzt, angewendet werden. Doch der Stand der Technik, das ist etwas täglich Neues, Aktuelles und hat sich ggf. noch nicht bewährt – hier sind die „Kinderkrankheiten" ggf. noch unbekannt. Also halten Sie sich an die Regeln der Technik und haben Sie dennoch ein Auge darauf, was momentan Stand der Technik ist; bewährt es sich über die Zeit, kann man ja nachrüsten. Manche Produkte haben bei der ersten Serie auch noch bestimmte Mängel, die bei der technischen Überarbeitung beseitigt sind; also warten Sie ggf. die erste Generation ab, um dann etwas später die Sicherheit wirklich zu erhöhen.

Wir Brandschützer müssen selbstsicher, dürfen aber nie zu sicher sein. Denn 0 % Brandschadeneintrittswahrscheinlichkeit ist zwar anzustreben, aber utopisch. Es dürfen demzufolge Brände eintreten, ohne dass man gleich von Schuld sprechen muss oder Schuldzuweisungen vornehmen kann. Wenn jedoch ein Brandschaden zu groß wird, dann passiert genau das – und das müssen wir zu verhindern wissen. Schulungen, Kontrollen, Begehungen, Unterweisungen, technische Überprüfungen und vieles mehr sind wichtig. Die Teilnahme an Begehungen verschiedener Institutionen hilft uns zum einen, nicht erkannte Schwachstellen vor Ort besprechen zu können; zum anderen sichert uns so eine Begehung auch gut ab, denn bei fahrlässigem Verhalten wird uns wohl kein Vorwurf zu machen sein. Das sieht anders aus, wenn eine Situation als grob fahrlässig eingestuft wird.

Ich erlebte die vergangenen beruflichen Jahre zwiespältig: Positiv ist, dass viele Menschen weniger risikofreudig sind und auch viele junge Menschen an Arbeits- und Brandschutz ernsthaftes Interesse zeigen; das war in den 1970er-Jahren noch anders. Negativ ist, dass viele nur noch Dienst nach Vorschrift machen und sich bei einer Vorgabe überhaupt nicht überlegen, warum das gefordert ist und welches Schutzziel diese Vorgabe denn hat. Negativ ist auch, dass es zunehmend mehr Quereinsteiger im Brandschutz gibt – Menschen, die eine völlig andere Erstausbildung genossen haben und den Brandschutz im Kern nicht verstehen. Da stehen dann mathematische Berechnungen von Rauchausbreitungen im Vordergrund – etwas meist völlig Unnötiges –, oder es werden andere Nebensächlichkeiten zum Hauptproblem hochstilisiert. Verhalten Sie sich intelligent, hinterfragen Sie Vorgaben und erkennen Sie die wahren Schutzziele, und zwar im Brandschutz ebenso wie im Explosionsschutz oder auch in der Arbeitssicherheit. Bleiben Sie standhaft, wenn es Ihnen wirklich wichtig ist, und lassen Sie fünf auch mal gerade sein, wenn es lediglich um das Einhalten einer bedeutungslosen formaljuristischen Forderung geht. Schaffen Sie kein Maximum, sondern ein Optimum an Brandsicherheit im Unternehmen und erkennen Sie, dass das in Unternehmen A oder in Bereich B völlig anders aussieht als anderswo. Ja, selbst gleichartige Unternehmen können an unterschiedlichen Standorten andere Brandschutzschwerpunkte haben.

„Welcher Idiot hat denn dieses Brandschutzgutachten in Auftrag gegeben?", fragte mal ein Ihnen wohl bekannter Vorstandsvorsitzender in einer kleinen, elitär zusammengewürfelten Gruppe zu einer von mir erstellten Ausarbeitung. Und weiter (immer noch Zitat): „Jetzt haben wir es schwarz auf weiß, was bei uns alles im Argen liegt. Jetzt können wir uns nach einem Brand nicht mehr herauslügen und so tun, als ob wir davon überhaupt keine Kenntnisse gehabt hätten." Ich gebe offen und ehrlich zu, dass es mir schwergefallen ist, auf diese unintelligente und menschenverachtende Aussage zügig eine passende Antwort gefunden zu haben. Hier wurde also der angeprangert, der auf gefährliche Umstände hinwies, und nicht diejenigen Personen, die sie verursachten oder zu verantworten haben. Freuen Sie sich, wenn Ihre Vorstände ein anderes Niveau haben: sozial, christlich – sprich anständig. Und keine wertlosen Zyniker.

14.3 Lernen von anderen

Eigene Erfahrungen kosten Geld, können Leid und Kosten erzeugen und brauchen oft viele Jahre. Also, von anderen lernen ist nicht nur sinnvoll, sondern hochintelligent. Wir lernen einen Lehrberuf und lernen vom Lehrlingsmeister und in der Berufsschule oder gehen auf die Universität. Dann beginnen wir, in Unternehmen zu arbeiten, und lernen von den Kollegen, die schon ein paar Jahre Berufserfahrung haben. Dieses Wissen bringt uns oft deutlich mehr als all das, was wir zuvor an der Uni gehört haben (war jedenfalls bei mir so!). Ich habe bei zwei Versicherungen als Schadens- und Sicherheitsingenieur extrem viel gelernt – eben das „normale" Leben: Menschen machen unabsichtlich Fehler, und das führt zu Bränden; manche Menschen sind boshaft und zünden absichtlich etwas an. Wieder andere Menschen wollen Geld sparen und verzichten deshalb auf unproduktive Dinge wie Brandschutz – das kann gut- oder aber schiefgehen, vergleichbar dem Russischen Roulette.

Was ich Ihnen vermitteln will: Lernen Sie von anderen. Ich bin über 60 Jahre und lerne auch heute noch von anderen. Nicht immer täglich, aber immer wöchentlich. Es gab in meinem Leben noch keinen Sonntag, an dem ich nicht die vergangene Woche in Gedanken Revue passieren ließ und ich mir nicht sagte: „Das hätte ich nicht erwartet" oder „Oh, wie konnte ich bis jetzt ohne dieses Wissen durchs Leben gehen". Das ist übrigens eine Angewohnheit, die ich Ihnen auch empfehle – entweder jeden Tag oder zum Wochenende hin: Überlegen Sie sich, was in der Woche neu, besonders, interessant, positiv, negativ, glücklich, unglücklich verlief. Aus Gedanken entstehen nämlich Handlungsempfehlungen, und diese werden auch in die Tat umgesetzt – und somit verbessern wir uns, unser Verhalten.

Im Freundes- und Bekanntenkreis sind mittlerweile viele Personen, die ich beruflich kennen lernte: Feuerwehrleute (Berufsfeuerwehr und freiwillige Wehren), Vertreter von Unternehmen, die brandschutztechnische Produkte verkaufen oder Dienstleistungen anbieten, und auch Kollegen (also Mitbewerber, Konkurrenten). Da ich nur die anständigen, ehrlichen und fairen in diesem Kreise belasse, bringen mir diese Gespräche oft deutlich mehr als das Lesen einer Zeitschrift. Nun war ich glücklicherweise die ersten zehn Berufsjahre bei zwei der weltgrößten Feuerversicherungen tätig und dies im Außendienst. Da habe ich natürlich besonders viel gesehen und erlebt und durch die damals älteren und berufserfahrenen Kollegen (tatsächlich ausschließlich Kollegen, mir ist nicht eine Frau begegnet!) unwahrscheinlich viel erlebt.

Zu den wertvollsten menschlichen Quellen zähle ich einen Kollegen bei der Berufsgenossenschaft, einen Feuerwehrdirektor und drei Freunde, denen Brandschutzunternehmen gehören. Offener, ehrlicher und manchmal auch konfrontativer (konstruktiv gemeint!) können Menschen kaum miteinander sprechen, und jeder von ihnen hat in seinem Gebiet deutlich mehr Ahnung als ich – also nehme ich ihre Meinung meistens an, zumindest wenn sie mich überzeugt.

Mein Tipp für Sie ist, dass Sie manchmal mehr zuhören als selber reden. Überlegen Sie sich passende Fragen und analysieren Sie die Antworten. Hinterfragen Sie, glauben Sie und bleiben Sie dennoch kritisch: mir, dem Staat, der Versicherung und dem Feuerwehrmann gegenüber.

Natürlich wird es Ihnen wir mir gehen: Sie haben Kollegen, die Sie auf eine falsche Fährte setzen wollen, die Ihnen die wirklich wichtigen Dinge nicht vermitteln wollen. Schließlich möchten sie beim Chef brillieren und ihn bei Zeiten beerben. Da ist ein fähiger und jüngerer Kollege nur störend, hinderlich. Solch tatsächlich wertlose, ja unanständige Personen müssen Sie ja nicht zu Ihrem Freundeskreis zählen – auch wenn sie noch so souverän auftreten und sich ebenso artikulieren. Weiteres und gutes Fachwissen bekommt man aus folgenden Richtungen, und je mehr man hört und weiß, umso eher kann man sich eine eigene und gut qualifizierte Meinung bilden:

- Informationen vom Hersteller/Inverkehrbringer
- Risikospezifische Kriterien laut TRGS 420
- Tätigkeitsbezogene Informationen
- Stoffbezogene Informationen
- Branchenbezogene Informationen
- Branchenverbände
- Berufsgenossenschaft
- Internet
- Feuerversicherung(en)
- Kollegen
- Eigene Ausbildung

Abgrenzung des Brandschutzes zum Explosionsschutz

15

Für unbedarfte Außenstehende gibt es keinen relevanten Unterschied zwischen den Aufgaben des Brandschutzes und denen des Explosionsschutzes. In der Tat ist eine Explosion eine schnelle Verbrennung und ein Brand eine, relativ gesehen, langsamere Verbrennung. Doch es liegen Welten zwischen den Maßnahmen und den Prioritäten bei der einen oder anderen Seite, und in der Ausbildung für Brandschutzbeauftragte wird (zu) wenig über Explosionsschutz vermittelt.

15.1 Aufbau des Brand- und Explosionsschutzes

Die Ausbildung für Brandschutzbeauftragte dauert zwei mal vier Tage, weil man viel und vieles vermitteln muss. Das neue Wissen benötigt auch Zeit, es zu verinnerlichen, aufzusaugen und dann auf Situationen anzuwenden. Man muss also eine ganze Menge aus den geltenden Bestimmungen wissen und auch, welche für diese oder jene Art von Unternehmensbereich gelten und welche höherwertig einzustufen sind. Grundsätzlich kann man sagen, dass der Brandschutz aus vier Bereichen besteht: dem baulichen, anlagentechnischen, organisatorischen und abwehrenden Brandschutz. Die ersten drei Bereiche sind primär präventiv, der abwehrende Brandschutz hingegen ist kurativ. Aber es gibt weder ein Gesetzbuch „Baulicher Brandschutz" noch ein Gesetzbuch „Technischer Brandschutz" oder „Organisatorischer Brandschutz". So einfach ist es nicht, man muss viele Vorgaben aus unterschiedlichen Richtungen holen. Zum einen ist das die jeweilige Landesbauordnung, und zum anderen sind es die berufsgenossenschaftlichen Vorschriften. Hinzu kommen die privatrechtlichen Vorgaben von Feuerversicherungen.

Doch beginnen wir von vorn: Die baulichen Brandschutzanforderungen finden sich in den Landesgesetzgebungen für das Baurecht und den hier nachfolgenden und begleitenden Vorgaben. Gemeint sind die Landesbauordnung, die Sonderbauordnungen und auch Bauvorgaben für Technikräume, Garagen oder

© Der/die Autor(en), exklusiv lizenziert durch Springer-Verlag GmbH, DE, ein Teil von Springer Nature 2022
W. J. Friedl, *Brandschutzbeauftragte: Das Weiterbildungsbuch*,
https://doi.org/10.1007/978-3-662-64619-9_15

Heizungsräume. Weiterführende, also manchmal deutlich höhere Brandschutzanforderungen für Gebäude finden sich in den versicherungsrechtlichen Vorgaben.
Die technischen und anlagentechnischen Brandschutzmaßnahmen finden sich
ebenfalls hier, also in der baurechtlichen Gesetzgebung und in den Anforderungen
der Feuerversicherungen. Wer jedoch etwas über die nötigen organisatorischen
Brandschutzanforderungen wissen will, findet in der Bauordnung eher weniger
(allerdings ein paar Punkte in der Industriebauordnung sowie Prüfungs-
anforderungen in der dafür erstellen Landesordnung). Organisatorische
Anforderungen finden sich neben den unterschiedlichen Vorgaben der Berufsgenossenschaften (dic ja verbindlich sind) in den Versicherungsvorgaben, aber
auch in den Regeln. Und mit dem Begriff „Regel" sind wir schon zwei Ebenen
unterhalb der Gesetzgebung, denn zwischen Regeln und Gesetzen befinden sich
die Verordnungen – fünf an der Zahl, die uns hier interessieren.

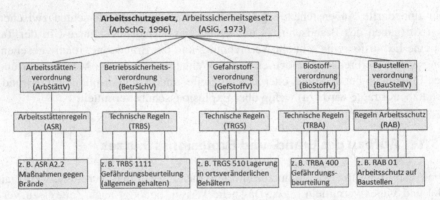

Wir müssen also wissen, welche Verordnungen in den jeweiligen Bereichen
des Unternehmens Gültigkeit haben und welche Regeln diese Schutzziele
konkretisieren. Und dann ist es die große Kunst und die große Aufgabe von uns
Brandschutzbeauftragten, die Inhalte dieser Gesetze, Verordnungen und Regeln
mit den gelebten Realitäten im Unternehmen abzugleichen und die Abweichungen
zu werten. Lassen Sie Aussagen wie „Der Brandschützer fordert, dass ..." keinesfalls zu. Antworten Sie hier: „Stopp. Ich fordere nichts. Der Gesetzgeber fordert
und, sorry, das hätten Sie längst wissen und umsetzen müssen. Es geht jetzt aber
nicht um Schuldzuweisungen, sondern um Lösungen, also ..." Und wenn jemand
besonders uneinsichtig ist und Gefordertes nicht umsetzt, so halten wir das
schriftlich fest und können auch belegen, dass wir unsere ernsthaften Bedenken
den Verantwortlichen mitgeteilt haben, denn sie sind ja für den Brandschutz verantwortlich, wir sind nur beratend tätig und beauftragt.

Im Brandschutz gibt es keine Prioritäten; alle vier Bereiche (baulicher,
technischer, organisatorischer, abwehrender) sind von hoher Bedeutung. Ein
Bereich kann einen anderen nicht ersetzen, nur sinnvoll ergänzen. Das ist im
Explosionsschutz gänzlich anders; hier gibt es Prioritäten, insgesamt drei, und
man sollte demzufolge beim ersten Punkt schon Erfolg haben, spätestens aber
beim zweiten Punkt:

1. Vermeiden der Bildung einer zündfähigen, explosiven Atmosphäre
2. Vermeidung der nötigen Zündenergie einer möglicherweise bereits gebildeten, zündfähigen und somit explosiven Atmosphäre
3. Minimieren der schädlichen Auswirkung einer jetzt doch stattgefundenen Explosion

Es geht also primär darum, eine explosionsfähige Atmosphäre zu vermeiden, und das gelingt möglicherweise zu 100 %. Ist dem so, dann sind keine weiteren Schritte nötig, denn eine Explosion kann – anders als ein Brand – hier ja nicht passieren. Wir hätten also 100 % erreicht. Das geht, wenn man Stoffe substituiert, gänzlich vermeidet, wenn man gut absaugt oder nur mit geringen Mengen arbeitet. Aber es gelingt eben nicht immer. So ist bei einem Schreiner in der Absaugung manchmal eine explosionsfähige Atmosphäre vorhanden – sie ist jedoch nicht gefährlich, solange keine Zündung erfolgt. Wenn wir also primär nicht 100 % Sicherheit erreichen, so versuchen wir sekundär möglichst sicher zu sein: Energien werden vermieden, abgeleitet, die Luft wird befeuchtet (um Elektrostatik zu vermeiden), oder es gibt Funkenerkennungs-, Funkenlösch- oder Funkenausscheideanlagen in geschlossenen Rohrsystemen. Gelingt einem aber der primäre Explosionsschutz ebenso wenig wie der sekundäre Explosionsschutz, dann wird es eine Explosion geben – zu 100 % Eintrittswahrscheinlichkeit. Somit benötigt man jetzt explosionsdruckresistente Behälter, oder aber die Anlagen werden aus weiter Entfernung bedient, damit keine Menschen verletzt werden.

Juristisch sieht es nach einem Brandschaden so aus: Es wird untersucht, welche Bestimmungen einzuhalten gewesen wären, wenn ein Verstoß dagegen den Brand verursacht hat. Und dann wird geschaut, wer gegen diese Bestimmungen verstoßen hat respektive wer wem diese Bestimmungen hätte sagen müssen. Es ist also gar nicht so einfach, nach einem Brand einzelnen Personen Schuld zu geben und, wenn es mehrere Personen betrifft, diese Schuld prozentual zu verteilen. Je mehr eine Seite davon profitiert, Schuld anderen zu geben, umso mehr wird hier investiert! Und bedenken Sie, dass es ja nicht lediglich immer „nur" um wirtschaftliche Werte geht. Nein, es kann auch um Menschen gehen – Menschen, die schwer verletzt, optisch entstellt, bleibend behindert oder gar tot sind. Das darf nicht passieren, und auch größere Sachwerte dürfen nicht so einfach ein Raub der Flammen werden.

15.2 Wichtiges zum Explosionsschutz

Eine Explosion kann eintreten, wenn Stäube, Gase oder Dämpfe mit Luft gemischt und einer ausreichenden Zündenergie zusammenkommen. Dabei gibt es bei allen eine untere Explosionsgrenze (UEG), unter der keine Explosion stattfindet, weil das Gemisch zu mager ist; bei den Gasen und Dämpfen gibt es auch eine obere Explosionsgrenze (OEG), über der ein Gemisch zu fett für eine Explosion ist – egal wie hoch die Zündenergie auch sein mag. Eine gewünschte und gewollte Explosion ist etwas wirklich Beeindruckendes: Sehr viel Energie wird in sehr kurzer Zeit freigesetzt, und man kann die zerstörende Wirkung, etwa die Sprengung eines alten Gebäudes, aus sicherer Distanz beobachten. Wer die Atombombenzündungen schon TV gesehen hat, ist ebenfalls negativ beeindruckt von der extremen Druckwelle, die kreisförmig alle scheinbar stabilen Gegenstände regelrecht pulverisiert. Praktisch alles fein Zerriebene kann explodieren, wenn es gezündet wird – bis auf D-Löschpulver, Zement und gesinterter, trockener Sand (Silizium). Selbst nichtbrennbare Stoffe können unter ungünstigen Randbedingungen wie z. B. Temperaturerhöhung explodieren. Eisen glüht bei Temperaturaufnahme, es explodiert aber nicht; Stahlwolle indes brennt mit deutlich mehr als 500 °C, und Stahlstäube können explodieren – das mag man bei anderen Metallen (Aluminium, Lithium, Magnesium) ja noch einschen, weil diese auch brennen können, aber bei einem nichtbrennbaren Metall?

Explosionsgefährliche Stäube werden in die Klassen 20, 21 und 22 eingeteilt, wohingegen Gase, Dämpfe und Nebel in die Klassen 0, 1 und 2 eingeteilt werden; relevant ist die Häufigkeit des Auftretens von explosionsfähiger Atmosphäre (Tab. 15.1).

Die Gefährdungsbeurteilung ergibt, ob man ein Explosionsschutzdokument (Ex-Schutz-Dokument) benötigt; und dabei liest man primär die Betriebssicherheitsverordnung, die Gefahrstoffverordnung sowie die TRBS 2151. Dann ermittelt man zur Zoneneinteilung die Wahrscheinlichkeit und Dauer einer explosionsfähigen Atmosphäre, die möglichen Zündquellen sowie das maximale Ausmaß einer Explosion – und schließlich die anlagentechnischen, baulichen und organisatorischen sowie personenbezogenen Schutzmaßnahmen. Die Substituierung von gefährlichen Stoffen sowie die Minimierung der Freisetzung sind die beiden immer anzustrebenden primären Idealzustände (neben dem sekundären Ziel, die Zündung einer doch gebildeten, explosionsfähigen Atmosphäre zu verhindern). Das Ex-Schutz-Dokument ermittelt und bewertet die Explosionsgefahren; dann trifft man Vorkehrungen, um diese Ziele zu erreichen. Schließlich geht es um die Zoneneinteilung, bei der man definiert, für welche Bereiche die Mindestvorschriften (Anhang 4 der Betriebssicherheitsverordnung) gelten. Bei Stäuben sagt man pauschal, dass beim Über-/Unterschreiten von 500 µm (d. h. 0,5 mm) keine bzw. eine Explosionsgefahr besteht. Bei Gasen und Dämpfen ist das so pauschal nicht anzugeben; es hängt ab von den Stoffeigenschaften, dem Zustand, der getroffenen Maßnahmen sowie den physikalischen Randbedingungen (Temperatur, Luftfeuchte, Druck, Sauerstoffkonzentration). Durch Arbeiten in Behältern mit Unterdruck,

Tab. 15.1 Zoneneinteilung im Explosionsschutz

Stäube	Gase, Dämpfe, Nebel	Häufigkeit des Auftretens	Gerätekategorie
20	0	Ständig, lange, häufig (> 50 %)	1
21	1	Im Normalbetrieb gelegentlich (täglich > 30 min., aber < 50 %)	2
22	2	Im Normalbetrieb nicht und wenn, dann kurz (< 30 min.)	3

ständiges Absaugen und Messen von Konzentrationsmengen und den Einsatz von qualifiziertem, gut ausgebildetem und sensibilisiertem Personal kann man schon sehr viel erreichen. Dabei sind die Aggregatzustände zu berücksichtigen: Dichte, Flammpunkt, UEG/OEG, Sauerstoffkonzentration, Schmelzpunkt, Verdunstungs-zahl, Korngröße und Zustand. Manche Stoffe kann man substituieren (vgl. TRGS 500), andere minimieren, und durch Absaugen und Messen sollte man auf der sicheren Seite liegen – oder man inertisiert, d. h., man verdrängt den oxidierenden Sauerstoff durch das Einbringen von Stickstoff, Kohlenstoffdioxid, Edelgase, Wasserdampf oder besondere Pulver, denn dann kann es nicht zu einer Explosion kommen. Neben den Explosionskenndaten gilt es auch, die Arbeitsschutzkenn-daten zu berücksichtigen; so hat beispielsweise Aceton einen Arbeitsplatzgrenz-wert (AGW) von 1,2 g/m^3, aber eine UEG von 60 g/m^3. Man spricht heute davon, dass in größeren Räumen bereits 10 l eines zusammenhängenden explosionsfähigen Gemischs bzw. 1/10.000 Volumen eines Raumes (also 8 l bei 80 m^3) gefährlich werden können. Staub von 1 mm am Boden großflächig verteilt im Raum oder 7 ml Benzin (ein Teelöffel voll, das ergibt ca. 1,6 l Benzindampf in einem 200-l-Fass) erzeugen bereits explosionsfähige Atmosphären. Tab. 15.2 listet wichtige Kenn-zahlen einiger brennbarer Gase und Dämpfe auf.

Brandschutz und Explosionsschutz mögen aneinandergrenzen und zusammen-gehören, aber es sind völlig unterschiedliche Fachgebiete – etwa wie Autofahren und Motorradfahren. Das heißt, wer viel über Brandschutz weiß, ist deshalb noch kein guter Explosionsschützer. Auch der Aufbau ist komplett unterschiedlich: Während es beim Explosionsschutz Prioritäten gibt, ist das im Brandschutz nicht so, wie ja weiter oben aufgezeigt wurde.

1 ml Benzin (das ist 1/1000 l) erzeugt rund 30 ml Dampf. Durch das Zumischen von ausreichend Luft zur Erzeugung einer explosions-fähigen Atmosphäre an der unteren Explosionsgrenze wird eine weitere Volumenvergrößerung um das 12,5- bis 170-Fache bewirkt. Daraus folgt, dass aus 1 ml Benzin 2,4 – 31 l explosionsfähige Atmosphäre entstehen können. Es reicht demnach aus, wenn ein Teelöffel Benzin (ca. 6 ml) in einem 200-l-Fass verdampft, damit das gesamte Fass mit explosionsfähiger Atmosphäre gefüllt ist. Doch eine Explosion tritt erst dann auf, wenn eine Zündung des Gemischs erfolgt. Man unterscheidet im Explosionsschutz bei Zündquellen solche, die während des Normalbetriebs auftreten, solchen, die bei zu erwartenden Störungen auftreten können, und solchen, die nur bei seltenen Störungen auftreten.

Explosionen passieren normalerweise in Reaktoren oder in einem Raum; der Unterschied ist, dass im Reaktor eine andere Atmosphäre herrscht als im Raum, in dem der Reaktor steht: Druck, Temperatur, Windgeschwindigkeit, Sauerstoff-konzentration oder Luftfeuchtigkeit sind dort anders, und deshalb findet dort ein schneller Brand (Explosion) statt. Wir definieren also die physikalischen Rand-bedingungen, die in einem Raum herrschen, als normal und somit als Normal-bedingungen (Tab. 15.3).

Leichte Abweichungen dieser Werte sind (bis auf die Sauerstoffkonzentration) wetterbedingt üblich und nicht relevant. Zu diesen Normalbedingungen kommt nun noch der Aggregatzustand hinzu, der allerdings nicht in die Rubrik „Normal-

Tab. 15.2 Chemische und brandschutztechnische Informationen zu vielen Stoffen

Name	Formel	Flamm-punkt (°C)	Ex-Grenze (Vol.-%) untere	Ex-Grenze (Vol.-%) obere	Ex-Grenze (g/m³) untere	Ex-Grenze (g/m³) obere	Zündtemp-eratur (°C)	Dichte-verhältnis
Acetaldehyd	C_2H_4O	−20	4,0	57,0	73	1.040	140	1,52
Aceton	C_3H_6O	−20	2,5	13,0	60	310	540	2,0
Acetylen	C_2H_2	−	2,4	100	25	1.080	305	0,9
Ethan	C_2H_6	−	3,0	15,5	37	195	515	1,04
Ethylether	$C_2H_{10}O$	−20	1,7	36	50	1.100	180	2,55
Ethylalkohol	C_2H_6O	12	3,5	15,0	67	290	425	1,59
Ethylenoxid	C_2H_4O	−	2,6	100	47	1.820	440	1,52
Ammoniak	NH_3	−	15,0	30,2	105	215	630	0,59
Anilin	C_6H_7N	76	1,2	11,0	48	425	630	3,22
Anthrazen	$C_{14}H_{10}$	121	0,6	−	45	−	540	6,15
Petrolether	−	−20	1,2	7,5	−	−	280	2,8
Testbenzin	−	21	0,6	6,5	−	−	240 °C	5,0
Benzol	C_6H_6	−11	1,2	8,0	39	270	555	2,7
n-Butan	C_4H_{10}	−	1,5	8,5	49	210	365	2,05
Chlorbenzol	C_6H_5Cl	28	1,3	11,0	60	520	590	3,88
1,2-Dichlor-benzol	$C_6H_4Cl_2$	66	2,2	12,0	130	750	640	5,07
Dicyan	C_2N_2	−	3,9	36,6	84	790	−	1,8
Dimethylether	C_2H_6O	−	3,0	18,6	57	360	240	1,59
Essigsäure	$C_2H_4O_2$	40	4,0	17,0	100	430	485	2,07
Glyzerin	$C_3H_8O_3$	160	−	−	−	−	400	3,17
Heizöl	−	> 55	0,6	6,5	−	−	220	−
Hochofengas	−	−	30	75	−	−	600	ca. 1
Kohlen-monoxid	CO	−	12,5	74,0	145	870	605	0,97
Methan	CH_4	−	5,0	15,0	33	100	595	0,55
Methylacetat	$C_3H_6O_2$	−10	3,1	16,0	95	500	475	2,56
Methylalkohol	CH_4O	11	5,5	44	73	590	455	1,1
Methylchlorid	CH_3Cl	−	7,6	19	160	410	625	1,78
Naphthalin	$C_{10}H_8$	80	0,9	5,9	45	320	540	4,42
Nitrobenzol	$C_6H_5NO_2$	88	1,8	−	90	−	480	4,25
Phenol	C_6H_6O	82	1,3	9,5	50	370	595	3,24
Phosphor-wasserstoff	PH_3	−	−	−	−	−	100	1,17

(Fortsetzung)

Tab. 15.2   (Fortsetzung)

Name	Formel	Flamm-punkt (°C)	Ex-Grenze (Vol.-%)		Ex-Grenze (g/m³)		Zündtemp-eratur (°C)	Dichte-verhältnis
			untere	obere	untere	obere		
Propan	X_3H_8	–	2,1	9,5	39	180	470	1,56
Propylen	C_3H_6	–	2,0	11,1	35	200	455	1,49
Schwefel-chlorid	S_2Cl_2	–	–	–	–	–	385	4,66
Schwefel-kohlenstoff	CS_2	–20	1,0	60,0	30	1.900	95	2,64
Schwefel-wasserstoff	H_2S	–	4,3	45,5	60	650	270	1,19
Tetrahydro-naphthalin	$C_{10}H_{12}$	77	0,8	5,0	45	275	425	4,56
Toluol	C_7H_8	6	1,2	7,0	46	270	535	3,18
Vinylchlorid	C_2H_3Cl	–	3,8	31	95	805	415	2,16
Wasserstoff	H_2	–	4,0	75,6	3,3	64	560	0,07
Xylol	C_8H_{10}	30	1,0	6,0	44	335	465	3,66

Tab. 15.3   Sechs physikalische Bedingungen defnieren, was „normal" ist

Normalbedingung	Normal in einem Raum	Physikalische Einheit
Temperatur	21	°C
Luftdruck	1000	hPa
Wärmestrahlung	100	W/m²
Windgeschwindigkeit	0	m/s (km/h)
Sauerstoffkonzentration	20,9	Vol.-%
Luftfeuchte	40	rel. Feuchte in %

bedingungen" fällt: Sind Stäube fein verteilt in der Luft und kommt eine wirksame Zündquelle hinzu, dann explodiert es. Im Zylinder vom Automotor wird die Explosion durch die Zündkerze ausgelöst, und der Kolben sorgt für einen deutlich höheren Luftdruck – dadurch wird die Explosion viel größer; bei einem Dieselmotor reicht bereits die Erhöhung des Luftdrucks um ca. das 20-fache aus, um die gewünschte Explosion herbeizuführen. Man sieht an diesem Diesel-Beispiel, dass die Veränderung der sog. Normalbedingungen bereits deutlichen Einfluss darauf hat, ob etwas explodiert, und am Beispiel des Ottomotors, wie es explodiert. Wenn nun aber Temperatur und Druck ansteigen, verhält sich ein Stoff wieder anders und umgekehrt,denn bei z. B. –30 °C kann man auch Benzin nicht mehr zünden. So ist in einer Absaugung z. B. die Windgeschwindigkeit sehr hoch, und allein diese Veränderung bewirkt, dass sich ein Feuer und ggf. auch eine Explosion deutlich schneller ausbreiten.

Halten wir uns nochmal die sechs Normalbedingungen vor Augen. Die Temperatur fällt deutlich unter 0 °C, was bedeutet, dass Wasser gefriert und ggf. Gummidichtungen porös werden. Ebenso werden manche Dichtungen hart und können sich auflösen, wenn Temperaturen von 80–150 °C (je nach Kunststoffbeimischungen) erreicht sind. Und daraus resultieren Gefahren, die man präventiv erkennen und angehen muss. Hinzu kommt die Alterung, also die Materialermüdung.

Gehen wir noch mal auf den Aggregatszustand ein und stellen uns einen Holzwürfel mit 1 m³ Volumen vor: Dieser Würfel ist sehr schwer und hat eine Oberfläche von 6 m²; nun wird der Würfen 1000-mal in je alle drei Raumebenen zersägt; somit hat man 1 Mrd. kleine Holzwürfelchen (1.000.000.000 Stück!), also feinen und explosionsfähigen Holzstaub. Tab. 15.4 soll das Schritt für Schritt erläutern, denn während der Würfel kaum zu entzünden ist, wäre der Staub explosionsfähig.

Da jeder Stoff, der brennt, nur an der Oberfläche brennen kann, ist schnell klar, dass der große Würfel mit 1 m Kantenlänge nur 6 m² Reaktionsfläche zur Verfügung hat, während der feine Staub über eine um den Faktor 10^4 größere Oberfläche verfügt (60.000 m²)! Somit würde 1 m³ Holzstaub im aufgewirbelten Zustand explosionsartig auch bei geringer Zündquelle abbrennen, während der große Würfel selbst bei hoher Beflammung nur vor sich hinglimmen würde. Mal angenommen, der große Würfel wird permanent mit Gas beflammt und ist in 8 h verbrannt, und der zu Staub gemahlene Würfel explodiert in 1 s. Von der Energie entsteht die gleiche Menge, nur die eine wird in 28.800 s und die andere in 1 s freigesetzt. Man kann sich, um das zu verdeutlichen, vorstellen, dass man die Sonnenstrahlen von 1 h am Strand in 1 s auf die Haut bekommt – man würde wie Zeitungspapier im Hochofen verbrennen. Die möglichen Zündenergien einiger üblicherweise vorkommenden Energieträger sind in Tab. 15.5 aufgeführt. In verschiedenen Zonen sind verschieden häufige Zündenergien zu vermeiden (Tab. 15.6).

Neben den Flüssigkeiten gibt es noch Gase. Der Unterschied zwischen Flüssigkeit und Gas ist, dass unter Normalbedingungen das eine eben flüssig und das

Tab. 15.4 Die Relation Oberfläche zu Volumen bestimmt, ob etwas brennbares bei Zündung brennt – oder explodiert

Kantenlänge	Oberfläche	Würfelanzahl	Einstufung
1 m	6 m²	1	Praktisch unbrennbar
10 cm	60 m²	10^3	Schwerentflammbar
1 cm	600 m²	10^6	Normalentflammbar
1 mm	6000 m²	10^9	Leichtentflammbar/explosiv
0,1 mm	60.000 m²	10^{12}	Hoch explosiv
0,01 mm	600.000 m²	10^{15}	Extrem explosiv

Tab. 15.5 Entstehende Zündenergien bei unterschiedlichen Vorgängen

Zündquelle	Zündenergie
Einzelne Schleif- bzw. Schlagfunken	0,001 J
Büschelentladungen	0,004 J
Garbe von Schleiffunken	0,1 J
Schlagfunkgenarbe in Mühlen	1 J
Schweißfunken	10 J

Tab. 15.6 Zündquellen in den unterschiedlichen Zonen vermeiden

Zone	Vermeiden
2/22	Wirksame Zündquellen, die im Normalbetrieb ständig oder häufig auftreten
1/21	Zündquellen, die auch gelegentlich auftreten können bei vorhersehbaren Fehlern
0/20	Zündquellen, die bei seltenen Betriebsstörungen auftreten

andere gasförmig vorliegt; in einer Gasflasche herrscht ein anderer Druck, und deshalb sind viele Gase dort flüssig. Wasser ist bei unter 0 °C fest und bei über 100 °C dampfförmig, nur dazwischen (also Normalbedingung bei 21 °C) ist es flüssig. Es gibt brennbare Gase, die leichter sind als Luft, die Mehrzahl der Gase ist jedoch schwerer als Luft (Tab. 15.7).

Die meisten brennbaren Gase bestehen aus Wasserstoff (H; wiegt 1 Atomgewichtseinheit), Kohlenstoff (C; wiegt 12 Atomgewichtseinheiten)und Sauerstoff (O; wiegt 16 Atomgewichtseinheiten), und das Atomgewicht von Luft beträgt 28,9 u (Tab. 15.7). Wenn man diese wenigen Zahlen kennt, kann man sich das Gewicht eines Gases und damit die Relation zu Luft selbst ausrechnen und sieht, ob das Gas leichter oder schwerer als Luft ist (also bei einem Austritt nach oben oder unten steigt).

Dieses Wissen ist elementares Grundlagenwissen für alle, die Gefahrstoffräume be- und entlüften wollen, weil man ggf. weiter oben entlüften (bei leichteren Gasen) oder unten absaugen muss (bei den schweren Gasen), oder es gibt eine sog. Querlüftung, damit möglichst alle Bereiche durchflutet und belüftet werden. Die TRGS 510 regelt übrigens, welche Stoffe man zusammen lagern darf und, wenn ja, unter welchen Bedingungen, und man findet dort auch etwas über Lüftungszahlen für solche Gefahrstoffbereiche.

Eine Explosion ist also ein schnelles Feuer; lediglich der Faktor Zeit entscheidet zwischen den beiden thermischen Ereignissen. Wenn man Aluminiumspäne anzündet, brennen sie, und wenn man Frittierfett zu sehr erhitzt, dann brennt es ebenfalls – beides brennt an der Oberfläche.Das Fett hat vielleicht eine Temperatur von ca. 900 °C, während die Metallspäne mit ca. 2000 °C deutlich heißer brennen. Wenn man nun reines Wasser auf beides schüttet, dann findet eine Explosion statt: Bei den Metallen wird das Wasser in Wasserstoff und Sauerstoff aufgrund der hohen Verbrennungstemperatur gespalten, und der Wasserstoff

Tab. 15.7 Gewicht brennbarer Gase in Relation zu Luft

Gasart	Chemische Formel	Atomgewicht (u)
Wasserstoff	H_2	2
Methan	CH_4	16
Acetylen	C_2H_2	26
Kohlenstoffmonoxid	CO	28
Luft *	Gemisch	28,9
Propan	C_3H_8	44
Kohlenstoffdioxid **	CO_2	44
Butan	C_4H_{10}	58

* Reiner Sauerstoff (O_2) ist nichtbrennbar, wird aber als brandfördernd eingestuft, denn bei einer höheren O_2-Konzentration brennen Gegenstände deutlich schneller und heißer. Reine Luft besteht zu 20,95 % aus O_2 (Sauerst off), zu 78,08 % aus N_2 (Stickstoff) und zu etwas weniger als 1 % aus Edelgasen (Argon, Helium Krypton, Xenon), Kohlendioxid, Methan, Wasserstoff, Distickstoffmonoxid und Kohlenmonoxid. Im Vergleich zur Verbre nnungsgeschwindigkeit in Luft tritt eine Verdoppelung bei einem Sauerstoffanteil von 25 % und eine Verachtfachung bei einem Sauerstoffanteil von 35 % ein (einhergehend mit deutlich höheren Verbrennungs-temperaturen)

** Kohlenstoffdioxid (CO_2) wird auch Kohlendioxid genannt und ist nichtbrennbar (wird zur Inertisierung und zum Löschen verwendet). 1 kg flüssiges CO_2 erzeugt unter Normal-bedingungen 509 l CO_2-Gas, und das kann auf einer Fläche von ca. 5,5 m² den zum Atmen nötigen Sauerstoff verdrängen. Die Raumhöhe ist weniger relevant, denn das Gas ist ja deutlich schwerer als Luft und füllt einen Raum von unten nach oben; würde man CO_2 auf brennende Metalle sprühen, würde es atomar in Kohlenstoff und Sauerstoff zerlegt, und der Sauerstoff würde die Verbrennung (da jetzt nicht 20,9 %, sondern 100 % Sauerstoffkonzentration vorliegen) deutlich schnelle r und heißer ablaufen lassen.

verbrennt unter Nutzung des Sauerstoffs; bei der Fritteuse gelangt das schwerere Wasser auf den Grund der Fritteuse, kocht dort und dehnt sich durch die Volumen-zunahme (Übergang flüssig zu gasförmig) um das 1680-Fache explosionsartig aus mit der Wirkung, dass das Fett zerstäubt wird und jetzt jedes Tröpfchen an seiner Oberfläche brennt. Somit ist das Wasser einmal die Ursache für die Explosion anderer Stoffe, und einmal explodiert das Wasser (!).

Wenn die Möglichkeit der Bildung von explosionsfähigen Gemischen bzw. einer explosionsfähigen Atmosphäre von Stoffen zusammen mit Sauerstoff bzw. der normalen Umgebungsluft besteht, muss man ein Ex-Schutz-Dokument erstellen. Die Forderung danach wurde von der Betriebssicherheitsverordnung in die Gefahrstoffverordnung verlegt, ansonsten blieben die Inhalte unberührt. Dem-entsprechend ergibt sich also die Verpflichtung zur Erstellung eines Ex-Schutz-Dokuments heute nicht mehr aufgrund von § 3 der Betriebssicherheitsverordnung, sondern aufgrund vom § 6 der Gefahrstoffverordnung; dies gilt auch für die Definition von Ex-Zonen.

Die Anforderung an die Prüfung von Arbeitsmitteln innerhalb von Ex-Zonen ist jedoch arbeitsmittelspezifisch und deshalb weiterhin in der Betriebssicherheitsver-ordnung verblieben.

Somit gelten für den Explosionsschutz sowohl die Anforderungen der Gefahrstoffverordnung als auch die der Betriebssicherheitsverordnung einschließlich ihrer jeweiligen Technischen Regeln. Brennbarer Stoff ist ein Stoff in Form von Gas, Dampf, Flüssigkeit, Feststoff oder Gemischen davon, der bei Entzündung eine exotherme Reaktion mit Luft eingehen kann. Wichtige Kenndaten für brennbare Flüssigkeiten, Gase sowie Stäube sind:

- Flammpunkt (bei brennbaren Flüssigkeiten)
- Untere/obere Explosionsgrenze (UEG/OEG)
- Zündtemperatur (ZT)
- Mindestzündenergie (MZE oder E_{min})
- Sauerstoffgrenzkonzentration (SGK oder O_2-GK)
- Korngrößenverteilung bei Stäuben (Medianwert/MW)
- Glimmtemperatur (Zündtemperatur bei Stäuben)
- Maximaler zeitlicher Druckanstieg (bei Stäuben)

Um die Bildung von explosionsfähigen Gemischen zu verhindern oder einzuschränken, sind folgende Methoden möglich:

- Ersetzen von brennbaren Stoffe durch solche, die keine explosionsfähigen Gemische zu bilden vermögen
- Begrenzung der Konzentration brennbarer Stoffe unterhalb der unteren oder oberhalb der oberen Explosionsgrenze (z. B. stetige Abreinigung von Staubfiltern)
- Bei brennbaren Flüssigkeiten Unterschreiten der unteren Explosionsgrenze (dies ist der Fall, wenn die Temperatur an der Flüssigkeitsoberfläche hinreichend weit, etwa um 5 – 15 °C, unterhalb des Flammpunkts liegt)
- Inertisierung durch Zugabe von gasförmigen Inertstoffen (z. B. Stickstoff, Kohlendioxid, Edelgase, Wasserdampf) oder von pulverförmigen Inertstoffen (Stäuben)
- Absenkung des Drucks innerhalb des Anlagenteils (wird der Betriebsdruck unter ca. 50 mbar abgesenkt, ist meist nicht mehr mit einer gefährlichen Explosionsausbreitung zu rechnen)

Zum primären Explosionsschutz zählt das Verhindern oder Einschränken gefährlicher explosionsfähiger Atmosphäre in der Umgebung von Anlagen und Anlagenteilen. Dazu müssen Anlagenteile dauerhaft dicht sein (leckarme Armaturen; Einsatz von Nut-Feder-Flanschverbindungen mit qualifizierten Dichtungen oder Optimierung der Rohrverlegung mit Blick auf Minimierung der lösbaren Verbindung, Reduzierung von Leitungslängen und Reduzierung der Anzahl der Schweißverbindungen), oder es gibt besondere Lüftungsmaßnahmen (Verdünnung freigesetzter Gase und Dämpfe, z. B. bei der Aufladung von Akkus) oder Maßnahmen zum Beseitigen von Staubablagerungen in der Umgebung staubführender Anlagenteile und Behälter (z. B. regelmäßige Kontrolle und Reinigung von Bereichen, in denen brennbare Stäube auftreten können).

Generelle und allgemeine organisatorische Maßnahmen sind Unterweisung der Beschäftigten (Arbeitsanweisungen,Betriebsanweisungen nach § 14 GefStoffV), Unterweisungen von Fremdpersonal (Sicherheitsbelehrung) sowie Erlaubnisscheine (Arbeiten an bestimmten Anlagenteilen, z. B. Filterreinigung). Spezielle organisatorische Maßnahmen sind z. B. die Festlegung, dass nach Beendigung der Befüllung der Behälter mit Pulver deren Umgebung sofort von verschüttetem bzw. abgelagertem Staub gereinigt wird; nicht vollständig entleerte Säcke mit Pulver sind in staubdichten, verschließbaren Behältnissen aufzubewahren. Technische Maßnahmen sind z. B.:

- Ausrüstung der Gebäude, in der die Anlagenteile stehen, mit einer der aktuellen Norm entsprechenden Blitzschutzanlage
- Auslegung der elektrischen Einrichtungen, Anlagenteile und Maschinen in den Ex-Zonen entsprechend der für die Zone geforderten Kategorie gemäß der Richtlinie 94/9/EG bzw. 2014/34/EU (ATEX)
- Keine Aufstellung von Anlagenteilen, Maschinen oder Rohrleitungen mit vorhandenen oder entstehenden heißen Oberflächen oder offenen Flammen (z. B. Öfen, Dampfleitungen, Material abhebende Werkzeugmaschinen) in Ex-Zonen
- Einbindung aller elektrisch leitenden Einbauten in den Zonen in einen Potenzialausgleich
- Maßnahmen gegen elektrostatische Aufladung wie Erdung, Verwendung leitfähiger Materialien z. B. für Förderleitungen, Schläuche,Begrenzung aufladbarer Flächen, Beschichtungen, Begrenzung Fördergeschwindigkeit usw.
- Keine Aufstellung von starken Funksendern oder Lasern in Ex-Zonen
- Ausführung von Batterieladeräume und Ladestellen gemäß den geltenden Anforderungen (Batterieladeräume: DIN EN 50272-2;Ladestellen: BGI 5017 / DGUV I 209-067 bzw. VdS 2259)

Organisatorische Maßnahmen sind im Explosionsschutz ebenfalls von großer Bedeutung, z. B.:

- Mindestqualifizierung der Belegschaft
- Arbeiten nur zu zweit
- Generelles Rauchverbot im Werk (Ausnahme: speziell eingerichtete Raucherplätze)
- Schriftliches Freigabeverfahren für feuergefährliche Arbeiten
- Einweisung von Fremdfirmen vor Ort
- Anweisung zum Verbot des Einbringens von nicht explosionsgeschützten Arbeitsmittel in Ex-Zonen, z. B. mechanische Handwerkzeuge,Handys, Flurförderzeuge und andere elektrische Gerätschaften
- Anweisung zum Freihalten der Ex-Zonen von heißen Oberflächen sowie offenen Flammen
- Handlungsanweisungen für außergewöhnliche Ereignisse wie z. B. eine kritische Temperaturüberschreitung bei angelieferten Produkten
- Tragen von Sicherheitsschuhen mit ableitfähigen Sohlen

Wenn die Bildung bzw. Zündung eines explosionsfähigen Gemischs nicht sicher verhindert werden kann, sind Maßnahmen zur Begrenzung von Explosionsauswirkungen zu treffen. Diese (baulichen) Maßnahmen können sein:

- Explosionsfeste Bauweise (druckfest, druckstoßfest)
- Explosionsdruckentlastung
- Explosionsunterdrückung
- Explosionstechnische Entkopplung (von Flammen und Druck)

In Zone 0 dürfen die Temperaturen der Oberflächen, die mit explosionsfähiger Atmosphäre in Berührung kommen können, 80 % der Zündtemperatur oder des zur Temperaturklasse gehörigen unteren Wertes der Zündtemperatur nicht überschreiten. In Zone 1 dürfen die Temperaturen der Oberflächen nur selten 80 % der Zündtemperatur überschreiten, und in Zone 2 darf beim Normalbetrieb die Temperatur von Oberflächen die Zündtemperatur nicht überschreiten. Die Temperaturen sämtlicher Oberflächen, die mit Staubwolken in Berührung kommen können, dürfen 2/3 der Mindestzündtemperatur der betreffenden Staubwolke nicht überschreiten. Darüber hinaus muss die Temperatur von Oberflächen, auf denen sich Staub ablagern kann, um einen Sicherheitsabstand (75 K, bei Staubdicken von max. 5 mm) niedriger sein als die Mindestzündtemperatur der dicksten Schicht, die sich bilden kann: in Zone 20 auch nicht bei selten auftretenden Betriebsstörungen, in Zone 21 auch nicht bei Betriebsstörungen und in Zone 21 nicht im Normalbetrieb.

§ 6 GefStoffV beschäftigt sich mit der Informationsermittlung und Gefährdungsbeurteilung. Der Arbeitgeber hat festzustellen, ob die verwendeten Stoffe, Gemische und Erzeugnisse bei Tätigkeiten, auch unter Berücksichtigung der verwendeten Arbeitsmittel, der angewandten Verfahren und/oder der jeweiligen, individuellen Arbeitsumgebung sowie ihrer möglichen Wechselwirkungen, zu Brand- oder Explosionsgefährdungen führen können. Dabei hat er folgende drei Punkte zu beurteilen:

1. ob gefährliche Mengen oder Konzentrationen von Gefahrstoffen auftreten, die zu Brand- und Explosionsgefährdungen führen können,
2. ob Zündquellen oder Bedingungen vorhanden sind, die Brände oder Explosionen auslösen können,
3. ob schädliche Auswirkungen von Bränden oder Explosionen auf die Gesundheit und Sicherheit der Beschäftigten möglich sind.

Punkt 9 in § 6 besagt, dass bei der Dokumentation nach Abs. 8 der Arbeitgeber in Abhängigkeit der Feststellungen die Gefährdungen durch gefährliche explosionsfähige Gemische besonders auszuweisen, also ein Ex-Schutz-Dokument zu erstellen hat. Daraus muss insbesondere hervorgehen:

1. dass die Explosionsgefährdungen ermittelt und einer Bewertung wurden,
2. dass angemessene Vorkehrungen getroffen werden, um die Ziele des Explosionsschutzes zu erreichen (Darlegung des Explosionsschutzkonzepts),

3. ob und welche Bereiche in Zonen eingeteilt wurden,
4. für welche Bereiche Explosionsschutzmaßnahmen getroffen wurden,
5. wie die Vorgaben nach § 15 GefStoffV umgesetzt werden und
6. welche Überprüfungen nach § 7 Abs. 7 und welche Prüfungen zum Explosionsschutz nach Anhang 2 Abs. 3 BetrSichV durchzuführen sind.

Man muss alle im betrachteten Bereich vorhandenen sowie ggf. entstehenden Stoffe berücksichtigen und analysieren. Dabei ist es wichtig, auch solche Stoffe zu erfassen, die im Sicherheitsdatenblatt als nicht explosionsgefährlich beschrieben werden (Tab. 15.8).

Wie kann es sein, dass etwas als nicht explosionsgefährlich eingestuft wird, aber eine Staubexplosionsgefahr besteht? Dazu muss man die Definition „explosionsgefährlich" laut Gefahrstoffverordnung kennen: „Explosionsgefährlich sind feste, flüssige, pastenförmige oder gelatinöse Stoffe und Zubereitungen, die auch ohne Beteiligung von Luftsauerstoff exotherm und unter schneller Entwicklung von Gasen reagieren können und die unter festgelegten Prüfbedingungen detonieren, schnell deflagrieren oder beim Erhitzen unter teilweisem Einschluss explodieren."

Es gibt generell die nachfolgende Anforderungen an Arbeitsmittel in Ex-Zonen: „Arbeitsmittel einschließlich Anlagen und Geräte, Schutzsysteme und den dazugehörigen Verbindungsvorrichtungen dürfen nur in Betrieb genommen werden, wenn aus der Dokumentation der Gefährdungsbeurteilung hervorgeht, dass sie in explosionsgefährdeten Bereichen sicher verwendet werden können."

Mit Arbeitsmitteln, die vor dem 30. Juni 2003 erstmalig bereitgestellt bzw. auf Lager genommen wurden, gilt: „Diese Arbeitsmittel dürfen nur in einer Ex-Zone eingesetzt werden, wenn die sichere Verwendung durch eine Gefährdungsbeurteilung nachgewiesen und im Explosionsschutzdokument dokumentiert wird."

Für Arbeitsmittel, die in Ex-Zonen nach dem 30. Juni 2003 erstmalig bereitgestellt wurden (sofern in der Gefährdungsbeurteilung nichts anderes vorgesehen ist), sind in explosionsgefährdeten Bereichen Geräte und Schutzsysteme entsprechend den Kategorien der Richtlinie 2014/34/EU, früher 94/9/EG (ATEX)

Tab. 15.8 Fest, flüssig, gasförmig und brennbar bzw. explosiv – je ein Beispiel

Stoff	Zustand	Flammpunkt (°C)	Ex-Grenzen %	Zündtemperatur, Temperaturklasse, Explosionsgruppe	Mindestzündenergie	Ex-Fähigkeit	Bemerkungen
Styrol	Flüssig	32	1,0–7,7	490/T1/IIA	–	+	Brennbar
Wasserstoff	Gas	–	4–77	560/T1/IIC	0,016 mJ	+	Knallgas
Irganox 1010	Fest (Pulver)	297	–	410/T2	–	St2	Nicht exgefährlich; aber Staubex-Ggefahr

auszuwählen. Insbesondere sind in explosionsgefährdeten Bereichen, die in Zonen eingeteilt sind, folgende Kategorien von Geräten zu verwenden (s. hierzu auch Tab. 15.9):

- in Zone 0 oder Zone 20: Geräte der Kategorie 1,
- in Zone 1 oder Zone 21: Geräte der Kategorie 1 oder der Kategorie 2,
- in Zone 2 oder Zone 22: Geräte der Kategorie 1, der Kategorie 2 oder der Kategorie 3

Für explosionsgefährdete Bereiche, die nicht in Zonen eingeteilt sind, sind Maßnahmen auf der Grundlage der Gefährdungsbeurteilung festzulegen und durchzuführen. Dies gilt insbesondere für

1. zeitlich und örtlich begrenzte Tätigkeiten, bei denen nur für die Dauer dieser Tätigkeiten mit dem Auftreten gefährlicher explosionsfähiger Atmosphäre gerechnet werden muss,
2. An- und Abfahrprozesse in Anlagen, die nur sehr selten oder ausnahmsweise durchgeführt werden müssen, und
3. Errichtungs- oder Instandhaltungsarbeiten.

Anlagen in explosionsgefährdeten Bereichen sind die Gesamtheit der explosionsschutzrelevanten Arbeitsmittel, einschließlich der Verbindungselemente sowie der explosionsschutzrelevanten Gebäudeteile. Der Umfang der Prüfung muss entsprechend BetrSichV Anhang 2 Abs. 3 Nr. 4 erfolgen, und zwar vor Inbetriebnahme, nach prüfpflichtigen Änderungen und nach Instandsetzungsarbeiten. An die prüfende Person gibt es die Qualifikation ZÜS/befähigte Person gemäß BetrSichV, Anhang 2 Abschn. 3 Nr. 3.2 und 3.3.

Bei erlaubnispflichtigen Anlagen (nach § 18 Abs. 1 Nr. 3–8) muss die Prüfung durch eine ZÜS erfolgen. Geprüft werden muss nicht, wenn Geräte, Schutz-

Tab. 15.9 Mögliche Gerätschaften in Ex-Bereichen

Ex-Zone	Gerätekategorie (GK) der Arbeitsmittel
Keine	Der Einsatz von Arbeitsmitteln, die auch im Normalbetrieb eine Zündquelle darstellen, ist möglich und somit auch von Geräten der GK 1, 2 und 3.
2/22	GK 3: Normales Maß an Sicherheit; es ist sicherzustellen, dass die Arbeitsmittel im Normalbetrieb keine Zündquelle bilden; auch GK 1 und 2 sind möglich.
1/21	GK 2: Hohes Maß an Sicherheit; es ist sicherzustellen, dass die Arbeitsmittel im Normalbetrieb und auch bei zu erwartenden Fehlern keine Zündquelle bilden; auch Geräte der GK 1 sind möglich
0/20	GK 1: Sehr hohes Maß an Sicherheit; es ist sicherzustellen, dass die Arbeitsmittel außer im Normalbetrieb auch bei zeitgleichem Auftreten von zwei unabhängigen Fehlern keine Zündquelle bilden; dies ist durch mindestens eine zweite unabhängige apparative Schutzmaßnahme zu gewährleisten, die bei Störungen wirksam wird.

systeme oder Sicherheits-, Kontroll- oder Regelvorrichtungen im Sinne der Richtlinie 2014/34/EU nach der Instandsetzung durch den Hersteller einer Prüfung
unterzogen werden und der Hersteller bestätigt, dass das Gerät, das Schutzsystem
oder die Sicherheits-, Kontrolloder Regelvorrichtung in den für den Explosionsschutz wesentlichen Merkmalen den Anforderungen dieser Verordnung entspricht.
Der Umfang ist entsprechend BetrSichV Anhang 2 Abs. 3 Nr. 5 auszurichten.

Wiederkehrende Prüfungen auf Explosionssicherheit müssen mindestens alle
sechs Jahre von einer befähigten Person durchgeführt werden; auf die wiederkehrende Prüfung kann auf Basis eines Instandhaltungskonzepts verzichtet
werden, wenn die Wirksamkeitsprüfung im Rahmen der Anlagenprüfung erfolgt.
Ansonsten erfolgt die wiederkehrende Prüfung der Geräte, der Schutzsysteme,
der Sicherheits-, Kontroll- und Regelvorrichtungen im Sinne der Richtlinie
2014/34/EU (Nr. 5.2) mindestens alle drei Jahre von einer befähigten Person.
Bei Gaswarneinrichtungen, Lüftungsanlagen und Inertisierungseinrichtungen als
Bestandteil von Anlagen in explosionsgefährdeten Bereichen muss die Prüfung
jährlich von einer befähigten Person erfolgen.

Anlagen in explosionsgefährdeten Bereichen sind also vor der erstmaligen
Inbetriebnahme und vor der Wiederinbetriebnahme nach prüfpflichtigen Änderungen
auf Explosionssicherheit zu prüfen. Hierbei sind das Ex-Schutz-Dokument und die
Zoneneinteilung zu berücksichtigen. Bei der Prüfung ist festzustellen, ob

- die für die Prüfung benötigten technischen Unterlagen vollständig vorhanden
  sind und ihr Inhalt plausibel ist,
- die Anlage entsprechend dieser Verordnung errichtet wurde und in einem
  sicheren Zustand ist,
- die festgelegten technischen Maßnahmen geeignet und funktionsfähig und die
  festgelegten organisatorischen Maßnahmen geeignet sind und
- die Prüfungen nach Satz 7 (Prüfungen von Lüftungsanlagen,
  Gaswarneinrichtungen, Inertisierungseinrichtungen und Geräten,Schutzsystemen,
  Sicherheits-, Kontroll- und Regelvorrichtungen) durchgeführt und die dabei festgestellten Mängel behoben wurden.

Anlagen in explosionsgefährdeten Bereichen sind alle sechs Jahre auf Explosionssicherheit zu prüfen. Hierbei sind das Ex-Schutz-Dokument und die Zoneneinteilung zu berücksichtigen. Bei der Prüfung ist festzustellen, ob

- die für die Prüfung benötigten technischen Unterlagen vollständig vorhanden
  sind und ihr Inhalt plausibel ist,
- die Prüfungen nach Nr. 5.2 und 5.3 durchgeführt und die dabei festgestellten
  Mängel behoben wurden oder ob das Instandhaltungskonzept nach Nr. 5.4
  geeignet ist und angewendet wird,
- sich die Anlage in einem dieser Verordnung entsprechenden Zustand befindet
  und sicher verwendet werden kann und ob
- die festgelegten technischen Maßnahmen geeignet und funktionsfähig und die
  festgelegten organisatorischen Maßnahmen geeignet sind.

Für die Prüfung auf Explosionssicherheit benötigten technischen Unterlagen sind z. B.:

- Ex-Schutz-Dokument inkl. aller Anhänge
- Nachweise der Eignung der Arbeitsmittel/Anlagen in den explosionsgefährdeten Bereichen, z. B.:
  - Baumusterprüfbescheinigung/Konformitätserklärung
  - Betriebsanweisung mit Sicherheitsanweisungen
  - Gefährdungsbeurteilung Zündquellen
  - Bescheinigung explosionsrelevanter Eigenschaften (z. B. druckstoßfest, Ansprechdruck)
- Nachweise der durchgeführten Prüfungen: erstmalige Prüfungen, Prüfungen zu besonderen Anlässen und wiederkehrende
- Nachweise der Eignung sicherheitsrelevanter Betriebsmittel, die maßgeblichen Einfluss auf den Explosionsschutz haben (s. hierzu TRGS 725), z. B.:
  - PLT-Einrichtung zur automatischen Abschaltung und Inertisierung der Kohlemühle (inkl. Inertisierung des Filters) bei Erreichung eines bestimmten O_2-Grenzwertes
  - Lüftungsanlagen (Verhinderung der Bildung von gefährlicher explosionsfähiger Atmosphäre)

Zum Instandhaltungskonzept ist noch zu sagen: Auf die wiederkehrenden Prüfungen nach Nr. 5.2 und 5.3 BetrSichV kann verzichtet werden,wenn der Arbeitgeber im Rahmen der Dokumentation der Gefährdungsbeurteilung ein Instandhaltungskonzept festgelegt hat, das gleichwertig sicherstellt, dass ein sicherer Zustand der Anlagen aufrechterhalten wird und die Explosionssicherheit dauerhaft gewährleistet ist. Die Eignung des Instandhaltungskonzepts ist im Rahmen der Prüfung nach Nr. 4.1 zu bewerten. Die im Rahmen des Instandhaltungskonzepts durchgeführten Arbeiten und Maßnahmen an der Anlage sind zu dokumentieren und der Behörde auf Verlangen darzulegen. Ein Konzept ist jedoch nicht gleich 2 einem Wartungsvertrag zu setzen. Das Konzept muss der Betreiber bereits bei der Anlagenplanung sinnvollerweise erstellen, weil vor erstmaliger Inbetriebnahme bereits die Prüfanlässe, die Prüffristen, die Prüftiefe und die zur Prüfung befähigten Personen festgelegt werden müssen.Die überwachungsbedürftige Anlage darf nicht ohne Prüfung in Betrieb genommen werden.

Als akzeptables Zeitfenster zur Erstellung ist also der Zeitraum vor erstmaliger Inbetriebnahme der überwachungsbedürftigen Anlage anzusehen.Das Konzept bildet infolgedessen die Grundlage für einen ggf. zu schließenden Wartungsvertrag, weil hierin die korrekten Angaben zu den Prüfungen bereits Bestandteil sein müssen. Maßgeblich ist die im Instandhaltungskonzept dokumentierte sicherheitstechnische Gleichwertigkeit anstelle der gesetzlich geregelten abweichenden wiederkehrenden Prüfungen. Das bedeutet, dass die zur Prüfung befähigte Person im Rahmen der Ordnungsprüfung vor erstmaliger Inbetriebnahme der Anlage auch die Plausibilität des vom Rechtsrahmen abweichenden Instandhaltungskonzepts hinsichtlich des Gleichwertigkeitsnachweises prüft. Die zur Prüfung befähigte Person bestätigt also ggf., dass der Gleichwertigkeitsnachweis mindestens nach dem Stand der Technik gegeben ist, wenn die vorgeschlagenen Ersatzmaßnahmen die gleiche Sicherheit auf andere Weise (hier: den dauerhaften Explosionsschutz) herzustellen geeignet sind.

Elektrische Anlagen in explosionsgefährdeten Bereichen verfügen über spezielle Merkmale, die den ordnungsgemäßen Betrieb in diesen Bereichen ermöglichen. Es ist aus Gründen der Sicherheit wesentlich, dass die Wirksamkeit dieser speziellen Merkmale während der gesamten Lebensdauer derartiger Anlagen erhalten bleibt. Dies erfordert neben der durchgeführten Erstprüfung auch wiederkehrende Prüfungen während des Betriebs. In der Norm EN 60079-17 geht es um die Prüfung, Wartung und Instandsetzung von elektrischen Anlagen (bezogen auf den Explosionsschutz); diese norm schließt folgendes nicht ein:

- Andere grundlegende Anforderungen für Installation und Prüfung elektrischer Anlagen
- Eignungsnachweis für elektrische Geräte
- Reparatur und Wiederherstellung von explosionsgeschützten Geräten (s. EN 60079-19)

Zur Prüfung befähigte Person laut BetrSichV ist eine Person, die durch ihre Berufsausbildung, ihre Berufserfahrung und ihre zeitnahe berufliche Tätigkeit über die erforderlichen Kenntnisse zur Prüfung von Arbeitsmitteln verfügt; soweit hinsichtlich der Prüfung von Arbeitsmitteln in Anhang 2 und 3 weitergehende Anforderungen festgelegt sind, müssen diese erfüllt werden. Eine zur Prüfung befähigte Person im Sinne der BetrSichV, Anhang 2, Abschn. 3 muss über die in § 2 Abs. 6 genannte Qualifikation hinaus folgenden drei Bedingungen entsprechen:

- Sie muss eine einschlägige technische Berufsausbildung oder eine andere für die vorgesehenen Prüfungsaufgaben ausreichende technische Qualifikation haben.
- Sie muss über eine mindestens einjährige Erfahrung mit der Herstellung, dem Zusammenbau, dem Betrieb oder der Instandhaltung der zu prüfenden Anlagen oder Anlagenkomponenten im Sinne dieses Abschnitts verfügen.
- Sie muss ihre Kenntnisse über Explosionsgefährdungen durch Teilnahme an Schulungen oder Unterweisungen auf aktuellem Stand halten.

Zur Durchführung von Prüfungen nach Nr. 4.2 (Prüfung des Explosionsschutzes) müssen die zur Prüfung befähigten Personen zusätzlich zu Nr. 3.1 über eine behördliche Anerkennung einer der Prüfaufgabe entsprechenden Qualifikation und über die für die Prüfung erforderlichen Prüfeinrichtungen verfügen. Abweichend von Nr. 3.1 zur Prüfung des Explosionsschutzes muss eine zur Prüfung befähigte Person, die Prüfungen nach Nr. 4.1 und 5.1 durchführt, folgende Bedingungen erfüllen.

- Sie muss über die in § 2 Abs. 6 genannte Qualifikation hinaus eine der folgenden Qualifikationen besitzen: einschlägiges Studium, einschlägige Berufserfahrung, vergleichbare technische Qualifikation oder eine andere technische Qualifikation mit langjähriger Erfahrung auf dem Gebiet der Sicherheitstechnik.
- Sie muss eine einschlägige Berufserfahrung aus einer zeitnahen Tätigkeit nachweisen können.
- Sie muss ihre Kenntnisse zum Explosionsschutz auf aktuellem Stand halten.
- Sie muss sich regelmäßig durch Teilnahme an einem einschlägigen Erfahrungsaustausch auf dem Gebiet des Explosionsschutzes fortbilden

Im Ex-Schutz-Dokument werden Maßnahmen zur Vermeidung oder Einschränkung gefährlicher explosionsfähiger Atmosphäre, zur Zündquellenvermeidung und/oder zur Auswirkungsbegrenzung festgelegt. Die Maßnahmen können sein:

- Zonenreduzierung und Zündquellenvermeidung durch Ex-Vorrichtungen nach der TRGS 725
- Installation von geeigneten Geräten und Schutzsystemen gemäß der ATEX Richtlinie 2014/34/EU bzw. 94/9/EG
- Begrenzung der Explosionsauswirkungen durch Ex-Vorrichtungen nach der TRGS 725
- Organisatorische Maßnahmen z. B. in Ergänzung einer technischen Maßnahme.

Maßnahmen zur Zonenreduzierung, Zündquellenvermeidung bzw. Begrenzung der Explosionsauswirkungen durch Ex-Vorrichtungen (nach der TRGS 725) können z. B. sein:

- Lüftungsmaßnahmen zur Verhinderung der Bildung von explosionsfähigen Gemischen
- Inertisierung von Anlagenteilen
- Temperaturmessung an Lagern
- Druckmessung für Schnellschlussschieber

Die Messung/Steuerung für diese Maßnahmen muss zuverlässig sein. Der Grad der Zuverlässigkeit (d. h. Verfügbarkeit) ergibt sich aus Gefahren-/Zonenreduzierung, die man mit der Maßnahme erreichen will. Das erforderliche Maß an Sicherheit der Maßnahmen zur Vermeidung oder Einschränkung von gefährlicher explosionsfähiger Atmosphäre und der Zündquellenvermeidung wird durch Reduzierungsstufen ausgedrückt.

Wenn z. B. bei Vorhandensein einer Zone 0 diese durch Lüftungsmaßnahmen zu keiner Zone gemacht werden soll, sind insgesamt drei Reduzierungsstufen notwendig (d. h. die Verfügbarkeit der Lüftungsmaßnahmen muss dauerhaft sichergestellt sein). Die Anzahl der nötigen Reduzierungsstufen ist Tab. 15.10 zu entnehmen.

Tab. 15.10 Zündquellenvermeidung in den unterschiedlichen Zonen

Zone	0/20	1/21	2/22	Keine
Zündquelle im Normalbetrieb vorhanden	3	2	1	–
Zündquelle im vorhersehbaren Fehlerfall, bei gelegentlichen Betriebsstörungen vorhanden	2	1	–	–
Zündquellen im seltenen Fehlerfall oder bei seltener Betriebsstörung vorhanden	1	–	–	–
Zündquelle im sehr seltenen Fehlerfall vorhanden	–	–	–	–

Der qualitative Zusammenhang zwischen der Zuverlässigkeit einer Ex-Vorrichtung und ihrer Ausfallwahrscheinlichkeit wird im Folgenden definiert:

- Ein Ausfall ist vorhersehbar, wenn mit dem Ausfall der Ex-Vorrichtungen üblicherweise zu rechnen ist. Vorhersehbare Ausfälle können auftreten und dürfen nicht häufig vorkommen
- Ein Ausfall ist selten, wenn ein vorhersehbarer Fehler nicht zu einem Ausfall der von der Ex-Vorrichtung ausgeführten Sicherheitsfunktion führt. Ein Fehler gilt als vorhersehbar, wenn er in der Praxis früher oder später naturgemäß zu erwarten ist, z. B. ein verschleißbedingter Ausfall eines Ventilators oder ein Ausfall einer Lüftung durch verstopfte Filter.
- Ein Ausfall ist sehr selten, wenn weder ein seltener noch ein vorhersehbarer Fehler zu einem Ausfall der von der Ex-Vorrichtung ausgeführten Sicherheitsfunktion führt. Ein Fehler gilt als selten, wenn z. B. zwei voneinander unabhängige vorhersehbare Fehler, die nur in Kombination miteinander die Funktion beeinträchtigen, gemeinsam auftreten. Die Zuverlässigkeit ist in diesem Fall dauerhaft sichergestellt. Ein Ausfall ist nach Maßgabe der technischen Vernunft nicht zu erwarten

Ex-Vorrichtungen zur Reduzierung der Auswirkungen einer Explosion können z. B. Schutzsysteme im Sinne der TRBS 2152 Teil 4 sein. Für diese Ex-Vorrichtungen können Überwachungen erforderlich sein. Wenn zur Funktion des Schutzsystems eine Überwachung erforderlich ist und im Rahmen der Gefährdungsbeurteilung oder sicherheitstechnischen Bewertung nichts anderes festgelegt wird, muss die Überwachung Ein-Fehler-sicher sein (HFT = 1) und die Klassifizierungsstufe K2 erfüllen. Basis für diese Betrachtung ist, dass das Explosionsschutzkonzept für eine Anlage nicht nur auf konstruktiven Explosionsschutzmaßnahmen beruht, sondern immer zusätzlich risikomindernde technische und organisatorische Explosionsschutzmaßnahmen des vorbeugenden Explosionsschutzes ergriffen werden, die einen bedeutenden Beitrag zur Risikominderung darstellen.

In der Gefährdungsbeurteilung zum Explosionsschutz nach § 6 GefStoffV sind Maßnahmen entsprechend TRGS 722, TRBS 2152 Teil 3 und TRBS 2152 Teil 4 zur Vermeidung oder Einschränkung gefährlicher explosionsfähiger Atmosphäre und Zündquellenvermeidung sowie zur Auswirkungsbegrenzung festzulegen. Das erforderliche Maß an Sicherheit der Maßnahmen zur Vermeidung oder Einschränkung von gefährlicher explosionsfähiger Atmosphäre und der Zündquellenvermeidung wird auf Grundlage der TRGS 725 durch Reduzierungsstufen ausgedrückt. Die Zuverlässigkeit der Ex-Vorrichtung muss der geforderten Reduzierungsstufe entsprechen. Für sicherheitsrelevante MSREinrichtungen sind entsprechende Maßnahmen (z. B. Einsatz von Sicherheitsrelais, Nachweis der Fehlersicherheit der Übertragung der Daten bei Einsatz von Bussystemen) auf Grundlage der Zoneneinteilung nachzuweisen.

Die explosionsgeschützten Geräte werden in zwei Gruppen unterteilt:

- Gerätegruppe I: Geräte zur Verwendung in Untertagebetrieben von Bergwerken sowie deren Übertageanlagen, die durch Grubengas und/oder brennbare Stäube gefährdet werden können
- Gerätegruppe II: Geräte zur Verwendung in den übrigen Bereichen, die durch eine explosionsfähige Atmosphäre gefährdet werden können

Elektrische Geräte für Grubenbaue, in denen zusätzlich zum Schlagwetter Anteile anderer Gase als Methan auftreten können, müssen neben den Bestimmungen der Gruppe I auch die zutreffenden Anforderungen der Gruppe II einhalten. Geräte der Gruppe II werden nach dem Anwendungsbereich weiter unterschieden in Geräte für durch Gase, Dämpfe, Nebel gefährdete Bereiche und solche für durch Stäube gefährdete Bereiche.

Früher wurden bei explosionsgeschützten Geräten zwei Gruppen definiert:

- Gruppe I: Geräte für schlagwettergefährdete Grubenbaue
- Gruppe II: Geräte für explosionsgefährdete Bereiche – außer Grubenbaue

Mit Veröffentlichung der IEC 60079-0 von 2007 wurde die Gruppe III für staubexplosionsgefährdete Bereiche eingeführt. Die Gruppe II ist den Geräten für gasexplosionsgefährdete Bereiche vorbehalten.

Elektrische Geräte der Gruppe II (Gas) werden entsprechend den Eigenschaften der explosionsfähigen Atmosphäre (für die sie bestimmt sind)unterteilt in die Gruppen IIA, IIB und IIC. Diese Zuordnung betrifft die Zündschutzarten „druckfeste Kapselung" und „Eigensicherheit". Sie beruht für die druckfeste Kapselung auf der experimentell ermittelten Grenzspaltweite (MESG), die ein Maß für das Durchschlagverhalten einer heißen Flamme durch einen engen Spalt ist. Für die Mindestzündenergie der auftretenden Gase und Dämpfe. Gruppe III sind Geräte für staubexplosionsgefährdete Bereiche – außer Grubenbaue.Geräte für staubexplosionsgefährdete Bereiche (Gruppe III) unterteilt man entsprechend der Art des Staubes in folgende Gruppen:

- IIIA (brennbare Flusen)
- IIIB (nicht leitfähiger Staub)
- IIIC (leitfähiger Staub)

Die letzten beiden Gruppen unterscheiden sich im spezifischen elektrischen Widerstand, der bei den Stäuben der Gruppe IIIC bei einem Wert kleiner oder gleich 10^3 Ωm liegt. Auf internationaler Ebene wurde durch die IEC 60079-0 von 2007 das Geräteschutzniveau EPL (Equipment Protection Level) eingeführt. Nach IEC 60079-0 werden Geräte für explosionsgefährdete Bereiche in drei Schutzniveaus eingestuft:

1. EPL Ga oder Da: Gerät mit „sehr hohem" Schutzniveau zur Verwendung in explosionsgefährdeten Bereichen, bei denen bei Normalbetrieb, vorhersehbaren oder seltenen Fehlern/Fehlfunktionen keine Zündgefahr besteht
2. EPL Gb oder Db: Gerät mit „hohem" Schutzniveau zur Verwendung in explosionsgefährdeten Bereichen, bei denen bei Normalbetrieb oder vorhersehbaren Fehlern/Fehlfunktionen keine Zündgefahr besteht
3. EPL Gc oder Dc: Gerät mit „erweitertem" Schutzniveau zur Verwendung in explosionsgefährdeten Bereichen, bei denen während des normalen Betriebs keine Zündgefahr besteht und die einige zusätzliche Schutzmaßnahmen aufweisen, die gewährleisten, dass bei üblicherweise zu vorhersehbaren Störungen des Geräts keine Zündgefahr besteht.

Der Buchstabe G steht dabei für gasexplosionsgeschützte Geräte, der Buchstabe D für staubexplosionsgeschützte Geräte. Tab. 15.11 stellt die verschiedenen EPLs mit den entsprechenden Gerätekategorien gegenüber.

Tab. 15.11 Geräteauswahl unter Berücksichtigung des Schutzniveaus und der Zonen

Gerätekategorie	Schutzniveau EPL	Maß an Sicherheit	Einsetzbar in Zonen
Gase, Dämpfe und Nebel			
1G	Ga	Sehr hoch	0, 1, 2
2G	Gb	Hoch	1, 2
3G	Gc	Normal	2
Stäube			
1D	Da	Sehr hoch	20, 21, 22
2D	Db	Hoch	21, 22
3D	Dc	Normal	22
Schlagwettergefährdete Grubenbaue			
M1	Ma	Sehr hoch	Weiterbetrieb bei Ex-Atmosphäre
M2	Mb	Hoch	Abschalten bei Ex-Atmosphäre

15.3 Gefährdungsbeurteilung

Zum Thema „Gefährdungsbeurteilung" findet man im Internet und in der Literatur, aber auch bei Versicherungen und Berufsgenossenschaften mehr als genug. Ob das dort Ausgeführte hilfreich, also praxisbezogen ist und den Brandschutz in ausreichender Form berücksichtigt, darf hinterfragt werden. Ich möchte Ihnen hier ein paar Tipps geben, die Ihnen helfen sollen, den Teil „Brandschutz" für die Gefährdungsbeurteilung abzuarbeiten. Wichtig ist, dass es lediglich *eine* Gefährdungsbeurteilung je Unternehmen oder Bereich gibt, in dem alle real anstehenden Gefährdungen berücksichtigt werden. Diese enthält dann die hier anstehenden Brandgefährdungen, die jetzt nötigen Vorsorgemaßnahmen und – falls man sich nicht daran gehalten hat – auch die Maßnahmen, die ein Feuer schnell und möglichst ohne Eigengefährdung wieder beseitigen können. Mein Anliegen ist es jetzt nicht, diese Fragen zu beantworten – das ist im Internet bereits geschehen. Mein Anliegen ist es, Ihnen ein paar Besonderheiten im Brandschutz zu vermitteln und abschließend ein mögliches Schema an die Hand zu geben.

Es gibt keine absolute Vorgabe, wie so eine Beurteilung auszusehen hat. Die Tipps der Berufsgenossenschaft sind sicherlich gut und sinnvoll, aber sie beziehen sich ausschließlich auf den Personenschutz, wobei nicht alle Personen, sondern ausschließlich die bei dieser BG versicherten Personen betrachtet werden. Das ist zu wenig für uns, denn wir wollen alle betroffenen Personen absichern. Und Feuerversicherungen gehen bis jetzt noch überhaupt nicht auf die besprochenen Sachwerteschutz ein (Gebäude, Inhalte und auch die Vermeidung von Betriebsunterbrechungen); aus diesem Grund holen wir uns auch aus dieser Richtung Empfehlungen und machen unsere eigene Beurteilung daraus. Die VdS 2009 (Brandschutzmanagement) kann hier gute Dienste leisten. Wenn Sie „BG Gefährdungsbeurteilung" ins Internet eingeben, werden Sie auf folgende Fragen gestoßen:

- Wie mache ich eine Gefährdungsbeurteilung?
- Wann muss eine Gefährdungsbeurteilung gemacht werden?
- Wie schreibe ich eine Gefährdungsbeurteilung?
- Was soll in einer Gefährdungsbeurteilung stehen?

§ 4 (1) ArbSchG fordert, dass Arbeiten so zu gestalten sind, dass Gefährdungen möglichst vermieden und verbleibende Gefährdung möglichst gering gehalten werden. Eine Gefährdungsbeurteilung wird dann in § 5 gefordert („Der Arbeitgeber hat durch eine Beurteilung der für die Beschäftigten mit ihrer Arbeit verbundenen Gefährdung zu ermitteln, welche Maßnahmen des Arbeitsschutzes nötig sind") und übrigens auch in der Gefahrstoffverordnung. Die Gefährdungsbeurteilung (§ 5 ArbSchG) muss ergeben, ob mit Gefahrstoffen umgegangen wird; wenn ja, so fordert die Gefahrstoffverordnung, folgende Vorgaben abzuarbeiten:

- Gefährliche Eigenschaften der Stoffe feststellen
- Herstellerinformationen lesen
- Expositionen definieren, ggf. Messungen durchführen

- Substitutionen abwägen (TRGS 600 einsehen)
- Arbeitsbedingungen, Verfahren, Arbeitsmittel und Gefahrstoffmengen analysieren
- Arbeitsplatzgrenzwerte und biologische Grenzwerte berücksichtigen
- Schutzmaßnahmen treffen und deren Wirksamkeit feststellen
- Arbeitsmedizinische Erkenntnisse berücksichtigen

Wir Brandschutzbeauftragte sind hier ggf. beratend, unterstützend tätig; maßgeblich verantwortlich können Verfahrenstechniker, Chemieingenieure usw. sein. Das Ziel einer Gefährdungsbeurteilung ist, die Schadeneintrittswahrscheinlichkeit und zugleich die Schadenhöhe eines Brandschadens zu minimieren und im Idealfall gleich zu eliminieren. Das Brandrisiko (B_R) setzt sich zusammen aus dem Produkt der Schadenhäufigkeit (S_H) mit der Schadenschwere (S_S):

$$B_R = S_H \times S_S$$

Dabei gibt es folgende Einheiten, und da sich die Schäden einmal im Nenner und einmal im Zähler befinden, kürzen diese sich heraus – übrig bleibt für das Brandrisiko also Kosten je Zeiteinheit; in der Regel sind das zwölf Monate:

$$\frac{\text{Kosten}}{\text{Zeiteinheit}} = \frac{\text{Schäden}}{\text{Zeiteinheit}} \times \frac{\text{Kosten}}{\text{Schaden}}$$

Wie kann man nun konkret Häufigkeit und Schwere von Brandschäden minimieren? Am erfolgreichsten sind Sie, wenn Sie bei beiden Kriterien ansetzen (Tab. 15.12).

Eine Gefährdungsbeurteilung ist die systematische Ermittlung und Beurteilung (Anmerkung: das sind zwei verschiedene Vorgänge, so wie in der Medizin die Diagnose und die Therapie) relevanter Gefährdungen von Menschen und Gebäuden/Anlagen mit dem Ziel, konkrete Schutzmaßnahmen abzuleiten. Für gefährliche Tätigkeiten muss es eine Gefährdungsbeurteilung geben (ggf. eine Betriebsanweisung), und die Belegschaft darf gefährliche Tätigkeiten erst *nach*

Tab. 15.12 Effizient: Brandschadenhäufigkeit und zugleich auch die Brandschadenschwere minimieren

Brandschadenhäufigkeit minimieren	Brandschadenschwere minimieren
Belegschaft gut auswählen	Brandmeldeanlage
Belegschaft gut ausbilden	Brandlöschanlage
Belegschaft kontrollieren	Automatische Entrauchungsanlagen
4-Augen-Prinzip	Kapselungen (Brandlast, Zündquelle)
Betriebsanweisungen erstellen	Unterschiedliche Bereiche abtrennen
Substitution (TRGS 600)	Gleichartige Bereiche unterteilen
Räumliche Trennung: Brandlast/Zündquelle	Keine baulichen Brandlasten
Alternative Arbeitsverfahren wählen	Eher in die Fläche als in die Höhe bauen

deren Beurteilung und getroffenen Schutzmaßnahmen ausführen. Im Vordergrund steht die Prävention und nicht das kurative Verhalten. Auch Kleinstunternehmen brauchen laut TRGS 400 Gefährdungsbeurteilungen, wenn Dritte durch deren Aktivitäten gefährdet werden könnten. Eine jährliche Überprüfung der Beurteilung ist anzuraten, und eine erneute Gefährdungsbeurteilung wird immer dann nötig, wenn mindestens einer der nachfolgenden Punkte eingetreten ist:

- Neue gesetzliche Lage
- Neue Informationen
- Neue Lage
- Änderungen (Energie, Tätigkeit, Gefahrstoffe, Schutzmaßnahmen)
- Neuer Stand der Technik (neue TR, neue BG-Vorgabe)
- Neue AGW (Arbeitsplatzgrenzwerte)
- Ergebnisse der Überprüfung
- Es kam dennoch zu Unfällen, Bränden

Analysieren Sie Brandlasten und zugleich die Zündquellen nach folgenden Kriterien:

- Nötig, unnötig, vermeidbar
- Erkennen, erfassen
- Räumlich trennen
- Kapseln
- Verlegbar
- Minimieren
- Überwachen
- Substituieren
- Leicht zugänglich

Allein damit werden Sie wesentliche Erfolge und deutliche Verbesserungen herbeiführen. Und wenn Sie jetzt noch so „schlau" sind und die Verpackungen bzw. Müllbehälter in der Halle von der Stromverteilung horizontal entfernen, so wird ein früher oder später zu erwartender Brand in einem Abfallbehälter die Wand schwärzen, ggf. eine Fensterscheibe zu Bruch gehen lassen – mehr nicht. Anderenfalls entstehen 355.000 € Schadenkosten durch den Sachschaden, insbesondere aber durch die daraus resultierende Betriebsunterbrechung. Nur eines ist noch wichtig: Rechnen Sie nicht mit einem Dank, denn niemand wird sagen: „Durch Ihre Hilfe ist es gestern nicht zu einem Brand gekommen!" Mit dem dieses Kapitel abschließenden Schema (Tab. 15.13) möchte ich die wesentlichen Dinge (Brandlasten/Zündquellen, Schadenhäufigkeit/Schadenschwere, präventiv/kurativ) zusammenfassen. Bitte machen Sie dieses Schema mit Ihrem Fachwissen und Ihrer Fähigkeit der Bewertung zu dem, für das ich es erstellt habe: ihre brandschutztechnische Gefährdungsbeurteilung.

Tab. 15.13 Achtteiliges Schema der Brandgefährdungsbeurteilung

Stufe 1	Stufe 2	Stufe 3	Stufe 4	Stufe 5	Stufe 6	Stufe 7	Stufe 8
Brandlasten	Zündquellen	Gebäudeeinstufung	Fluchtweg 1	Fluchtweg 2	$\sum$ der Personen	Art der Personen	Sicherheitstechnik
Nötig oder vermeidbar? Substituierbar?	Nötig oder vermeidbar?	Sonderbau?	Länge in m	Art: Baulich gegeben?	1–5	Belegschaft	Alarmierung aller
Kapselbar?	Qualitativ	GK?	Breite	Breite, Länge	< 20	Primär Fremde	Notstrom
leicht-, normal-, schwer-entflammbar?	Quantitativ	Dämmung?	Mängelfrei?	Leiter am Haus	< 200	Dritte/Fremde	Beleuchtung
Menge?	Ort	F90?	Brandlastfrei?	Leitern der Feuerwehr	≥ 200	Beeinträchtigte	Löschanlage
Vertikale Lage?	Eigener Raum?	T30/RS?	Beleuchtung?		> 1000	Kinder	Brandmeldeanlage
Produkte oder Gebäude?	Gekapselt?	Heizungsart	Stufen?		> 10.000	Aggressive	Entrauchung
		Kellernutzung	Treppenraum?				Hilfskräfte
		Dach	Notstrom				
		Höhe					
		Nutzungen					

Die eigene Weiterbildung

In der heutigen Welt muss man sich in allen anspruchsvollen Berufen wie beispielsweise Jura, Medizin, Steuerrecht oder Bauvorgaben ständig weiterbilden, da es aufgrund der gesetzlichen Anforderungen viele Änderungen gibt und man auf der Höhe der Zeit bleiben muss. Es gibt die Verpflichtung, sich als Brandschutzbeauftragter mindestens alle drei Jahre mit mindestens 16 Unterrichtseinheiten weiterzubilden. Dass das nicht ausreichend ist, leuchtet sicherlich jedem ein – vergleichbar einer Person, die lediglich TV-Nachrichten konsumiert und weder Bücher, noch Zeitungen oder Zeitschriften liest. Als Brandschutzbeauftragter ist es wichtig, vernetzt zu sein, also viele berufliche Kontakte zu haben, Zeitschriften zu lesen oder zumindest durchzublättern, im Internet auf „passenden" Seiten nachzulesen, das eine oder andere Seminar zu besuchen und sich in speziellen Fällen, in denen es einem an Sicherheit, Fachinformationen und Selbstsicherheit fehlt, bei Berufsgenossenschaften, Feuerversicherungen, Kollegen, Feuerwehr, Firmenvertreter etc. Rat zu holen.

16.1 Mögliche Probleme – und wie man sie vermeiden kann

Nach einem Brand kann es juristische Probleme aus folgenden Richtungen geben:

- Staatsanwalt
- Baubehörde
- Feuerwehr
- Gewerbeaufsicht
- Nachbarn
- Zulieferer
- Abnehmer

© Der/die Autor(en), exklusiv lizenziert durch Springer-Verlag GmbH, DE, ein Teil von Springer Nature 2022

W. J. Friedl, *Brandschutzbeauftragte: Das Weiterbildungsbuch*, https://doi.org/10.1007/978-3-662-64619-9_16

- Belegschaft
- Berufsgenossenschaft
- Inhaber
- Versicherung(en)

Das jetzt alles abzuarbeiten, würde den Rahmen des Kapitels sprengen, und deshalb wollen wir uns auf vier wesentliche Punkte beschränken, und zwar auf die juristischen Folgen aus dem Zivilrecht, Versicherungsrecht, Arbeitsschutzrecht und Strafrecht. Wir haben in den vorhergehenden Kapiteln bereits gelernt, dass Brandschutz sehr viel mit Rechtsprechung und Vorgaben zu tun hat. Nun sind die meisten Brandschutzbeauftragten keine Juristen, aber sie müssen mit Gesetzen umgehen können. Wir müssen uns also bei Unsicherheiten eine juristisch gebildete Person (möglichst aus dem Unternehmen) als Partner suchen, um mit ihnen konkrete Punkte unzweideutig zu erörtern; nicht selten finden diese Gespräche auch mit der Feuerversicherung statt. Wer solche Gespräche vor Bränden führt, wird merken, wie sinnvoll, konstruktiv und lösungsorientiert man miteinander sprechen kann – nach einem Brand indes finden die Stimmung, die Kompromissbereitschaft und die Toleranz schnell ein jähes Ende!

Es gibt also vier Richtungen, aus denen wir alle (ob wir nun Brandschutzbeauftragte sind oder eine andere Funktion im Unternehmen innehaben) juristische Probleme bekommen können:

1. Privatrecht
2. Arbeitsschutzrecht
3. Versicherungsrecht
4. Strafrecht

Natürlich ist es auch möglich, dass das Privatrecht mit dem Arbeitsschutzrecht kombiniert wird oder sogar noch eine Erweiterung um das Strafrecht erfährt. Doch ich will nicht zu pessimistisch sein und deshalb eine Staatsanwältin aus einem Seminar zitieren: „Mir ist deutschlandweit kein Fall bekannt, in dem ein Brandschutzbeauftragter in seiner Funktion als Brandschutzbeauftragter angeklagt oder gar verurteilt worden ist!" Das sorgt jetzt doch für Beruhigung, oder? Kritisch, wie Staatsanwälte nun mal sind, fügte sie jedoch den Satz hinzu: „Das kann sich natürlich täglich ändern!"

Doch Richter sind Menschen, die nicht nur juristisch viel Fachwissen haben, sondern die auch beruflich schon einige Hundert oder sogar einige Tausend Fälle bearbeitet haben. Und Richter haben die Verpflichtung, fair, gerecht und vorurteilsfrei zu sein. Ein Richter wird einem guten Brandschutzbeauftragten schnell glauben, dass er sich ernsthaft um den Brandschutz gekümmert hat, und er wird auch erkennen, dass die Geschäftsleitung die eine oder andere Maßnahme abgelehnt hat – aus Kostengründen. Wir müssen uns schon grob fahrlässig verhalten und das dürfte durchaus schwerfallen.

Gehen wir nun die vier juristischen Angriffsmöglichkeiten durch und finden gleichzeitig auch Wege, diese zu vermeiden:

1. Privatrechtliche Ansprüche: Wenn Person A der Person B oder der Firma C einen Schaden zufügt, so ist diese, wie wir schon erfahren haben, nach § 823 BGB haftbar zu machen. Das geht grundsätzlich – anders als bei einer GmbH – ohne finanzielle Obergrenze und kann ggf. mit einer passenden Haftpflichtversicherung abgesichert werden. Ob es sich dabei um einen Feuerschaden handelt, den A zu verantworten hat, oder um einen anderen Sachschaden, ist von sekundärer Bedeutung. Es könnte also sein, dass Person A einen Brandschaden ausgelöst und damit Person B verletzt, entstellt oder gar bleibend behindert hat – dass nun B gegen A klagen wird, ist völlig verständlich. Das Gleiche gilt, wenn A durch falsches Verhalten (etwa den sorglosen Umgang mit Grillkohle) der Person B oder dem Unternehmen C einen Schaden zugeführt hat. Wer also einen Brand auslöst, muss damit rechnen, dass dadurch geschädigte Personen oder Firmen den Schaden geltend machen wollen und werden.

2. Arbeitsschutzrechtliche Ansprüche: Diese Klagen können aus zwei Richtungen kommen. Beginnen wir mit Möglichkeit 1: Eine Person der Belegschaft hat fahrlässig oder grob fahrlässig einen Brand verursacht und dem Unternehmen damit schwer geschadet; es gibt hohe Sachwertverluste und/oder eine länger andauernde Betriebsunterbrechung. Nun steht einer Abmahnung, einer Kündigung und unter bestimmten Voraussetzungen auch einer Schadenersatzforderung nichts im Wege; dies wird umso wahrscheinlicher, wenn diese Person bereits wegen fahrlässigen oder sonstigen falschen Verhaltens die eine oder andere Abmahnung erhalten hat. Möglichkeit 2 sieht wie folgt aus: Die zuständige Berufsgenossenschaft muss nach einem so ausgelöstem Brandschaden für Heilkosten einer anderen Person aufkommen und sieht gute Chancen, sich dem zu entziehen – indem nämlich die den Brand verursachende Person verklagt wird. Beides, also Möglichkeit 1 und Möglichkeit 2, ist nicht nur extrem belastend, sondern ggf. auch bleibend lebensverändernd und muss vermieden werden. Wer sich also korrekt verhält, zeigt damit Intelligenz und soziales Engagement und behält sein freies, friedliches Leben ohne vorher vermeidbare Probleme!

3. Versicherungsrechtliche Ansprüche: Das ist eine jetzt wirklich unschöne Sache, die man ggf. nur mit der richtigen Haftpflichtversicherung vermeiden kann. „Richtig" bedeutet, dass die Summe ausreichend hoch und der jeweilige Schadenfall damit auch abgedeckt ist. Es kann Folgendes passieren, ähnlich der Möglichkeit 2 unter Punkt 2: Eine Person hat einen Brandschaden verursacht, und die Versicherungen kommen grundsätzlich für den Schaden auf, und zwar weil diese Person nicht der Versicherungsnehmer ist, sondern eine angestellte oder eine betriebsfremde Person. Wenn der Brandschaden nun grob fahrlässig verursacht wurde, so kann die Versicherung unter bestimmten Umständen den Schaden nach der Begleichung vom Verursacher einfordern. Auch das

geht grundlegend ohne finanzielle Obergrenze. Das geht so weit, dass Versicherungen die private Immobilie (etwa die Wohnung oder das Haus, die/das einem gehört und man bewohnt) wegpfänden darf – bis hinunter zum Sozialhilfeniveau können Besitztümer also gepfändet werden. Die urteilenden Richter sehen nicht die Person und ihr Schicksal im Vordergrund, sondern legen die Gesetze aus und können eine zwangsweise Enteignung einleiten. Das kommt zwar nicht häufig vor, aber wenn, dann ist es ein Schicksalsschlag, von dem man sich nicht oder kaum erholen wird. Wir vermeiden das, indem wir belegen, dass wir Vorgaben kennen und einhalten und unsere Pflichten gewissenhaft umsetzen.

4. Strafrechtliche Ansprüche: Das ist jetzt ggf. sogar die Steigerung des Falles unter Punkt 3, denn es bedeutet, dass ein Anwalt von Deutschland (also ein Staatsanwalt) die Meinung vertritt, dass es im öffentlichen Interesse liegt, gegen die Person, die einen Brandschaden verursacht hat, eine Klage einzuleiten. Der Staatsanwalt ist in diesem Fall nicht wie der Richter objektiv und unparteiisch,sondern er ist der Meinung, dass es richtig und gerecht wäre, wenn diese Person einen nicht unerheblichen Teil ihres Vermögens abgibt oder – ggf. noch deutlich schlimmer – eine Freiheitsstrafe erhält! Dass solche Prozesse eine extreme emotionale Belastung bedeuten, ist klar. Nun muss aber wieder etwas relativiert werden: Wenn eine „normale" Person, die sich außer ein paar Strafzetteln wegen Überschreitens der Parkdauer nichts hat zuschulden kommen lassen, vor Gericht steht, wird sowohl der Staatsanwalt als auch der Richter zu einer harmloseren Strafe tendieren, etwa Sozialstunden, einer Geldstrafe von wenigen Tausend Euro oder auch einer Spende an eine soziale und gemeinnützige Institution in dieser Größenordnung. Doch kritischer wird es, wenn die betreffende Person wegen einer Gewalttat (Schlägerei, Brandstiftung, Sexualdelikt, fahrlässiges Verhalten im Straßenverkehr mit Todesfolge usw.) vor Gericht steht –hier wird wohl eine Verurteilung ausgesprochen, die zur Bewährung ausgesetzt wird. Achtung, eine Bewährungsstrafe ist eine üble Verurteilung und in ihrer Bedeutung nicht zu unterschätzen. Wer auf Bewährung verurteilt ist, bekommt in vielen Unternehmen keine Anstellung, auch nicht als Reinigungskraft oder als LKW-Fahrer.

Wir vermeiden also diese Probleme, indem wir gewissenhaft unsere Arbeit machen; wir kennen die Vorgaben, wir kennen unser Unternehmen, wir machen Begehungen, Schulungen und führen Verbesserungen ein. Wir können belegen, was wir an Arbeitsleistung in puncto „Brandsicherheit" gebracht haben. Andere (Betriebsrat, Chef, Kollegen, Behördenvertreter, Versicherungsingenieure usw.) kennen uns und sagen für uns aus – bestätigen unser Engagement. Wir halten zu vielen Institutionen und Personen aktiv den Kontakt und holen uns Rat von anderen in Bereichen, in denen wir anderen mehr zutrauen als uns selbst. Das kann Verfahrenstechnik oder Explosionsschutz sein; es kann ein technisches Thema sein, bei dem der Ingenieur einer Fremdfirma deutlich mehr Ahnung hat, oder es kann um den abwehrenden Brandschutz gehen, bei dem sich ein Mitglied der Feuerwehr wiederum deutlich besser auskennt als wir. Andere um Hilfe zu bitten, ist als

Zeichen der Persönlichkeit und nicht als Zeichen der Schwäche zu sehen. Ärzte, Anwälte oder Bauingenieure und viele mehr – jeder holt sich bei dem Rat, von dem er weiß, dass er genau in dieser Sache deutlich mehr Erfahrung und Fachwissen hat.

Ich empfehle grundlegend jeder erwachsenen Person (unabhängig, ob man arbeitet oder nicht), eine private Haftpflichtversicherung abzuschließen. Dabei geht es primär nicht um die billigste Prämie, sondern um den passenden Schutz: Wer ein Pferd reitet, lebt gefährlicher und kann andere bei dem schönen Sport tödlich verletzen – also ist eine Haftpflichtversicherung sinnvoll, die dieses Risiko abdeckt. Gleiches gilt für Radfahrer oder Fußgänger – auch diese können andere gefährden, doch sie schließen oftmals keine solche Versicherung ab. Lediglich beim Besitzen eigener Reitpferde und beim Betätigen von Kraftfahrzeugen ist es Pflicht, eine Haftpflichtversicherung abzuschließen.

Abschließend noch ein wichtiger Hinweis: Lassen Sie sich von der Geschäftsleitung nicht als Alibi-Brandschutzbeauftragter vorschieben. Das heißt: Sie stehen lediglich auf dem Papier und bekommen weder die Zeit noch die Befugnisse, sich im Brandschutz im Unternehmen aktiv zu zeigen. Sie sind Brandschutzbeauftragter, kein Brandschutzverantwortlicher! Sollte sich ein vorhersehbarer Brandschaden ereignen, werden Sie Probleme bekommen, aber im Vergleich zu den Chefs eher weniger zu befürchten haben. Das kann immer dann passieren, wenn es um Industriebauten geht – hier steht nämlich in der Bauordnung, dass eine der für den Brandschutz zuständige Person der Brandschutzbehörde namentlich bekannt gegeben werden muss. Und diese Person ist dann auch der Ansprechpartner für die Behörden in brandschutztechnischen Fragen und natürlich auch für die Staatsanwaltschaft nach erheblichen Bränden.

Wir sehen, Brandschutzbeauftragte müssen schon starke Persönlichkeiten sein – Menschen, die bei Gegenwind nicht einknicken und gefährliche Situationen nicht akzeptieren und die sich zutrauen, Farbe zu bekennen und ihre Meinung zu vertreten. Das sind charakterstarke Eigenschaften, die früher als besondere Tugenden angesehen waren und heute bei vielen Menschen eher unüblich geworden sind. Leider!

16.2   Rhetorik für Brandschutzbeauftragte

Seit geraumer Zeit ist es auch erlaubt, dass die Weiterbildung für Brandschutzbeauftragte in einem Kurs besteht, der sich mit Rhetorik, Moderation, Präsentation und Gesprächsführung beschäftigt. Vielleicht ist Ihnen schon einmal aufgefallen, wie viele wirklich fähige Fachleute es in den unterschiedlichen Disziplinen gibt und wie hilflos, schlecht und unfähig sich manche davon „verkaufen". Es ist nämlich deutlich wichtiger, *wie* man etwas sagt, vermittelt und somit rüberbringt, und weniger das *Was*. Bei einer der Versicherungen, bei denen ich angestellt war, gab es besonders fähige Ingenieure für bestimmte Fachgebiete, die sich aber nicht zu verkaufen wussten – die das viele Wissen gern weitergegeben hätten, es aber nicht konnten. Diese Kollegen haben sich den falschen Beruf ausgesucht, oder sagen wir es so: Sie hätten sich nicht ausschließlich fachlich, sondern auch persönlich weiterentwickeln müssen. „Nerds" nennt man solche Leute heute, und da schwingt einerseits Bewunderung für ihr Fachwissen mit, andererseits aber auch Verachtung für ihr peinliches Auftreten.

Und damit, also mit dem Auftreten, beginnt Rhetorik. „Nicht wirken geht nicht" sagte ein bekannter Rhetoriklehrer zu Beginn eines Seminars. Durch Körperhaltung, Blickkontakt, Kleidungsauswahl, Stimme und Stimmlage sowie die Haltung der Schultern und damit des Oberkörpers drücken wir eine ganze Menge aus. Achten Sie einmal bei einer Besprechung darauf, wer den Raum betritt und wie – meist ist daran schon erkennbar, wer was zu sagen hat oder meint, etwas zu sagen zu haben. Man kann Unsicherheit, aber auch Arroganz mit all diesen Dingen zum Ausdruck bringen. Wie gesagt, nicht wirken – das geht nicht.

Bleiben wir zunächst bei der Kleidung – diese Äußerlichkeit ist und bleibt natürlich eine Äußerlichkeit, aber die sagt ja auch etwas aus. Ich zeige mit der Wahl meiner Kleidung, mit dem Zustand meiner Fingernägel, mit dem Dreitage-bart oder dem überangepassten, ja spießig wirkenden Pollunder mehr über mich, als mir vielleicht lieb ist. Oder ich gaukle anderen etwas vor, indem ich mich ver-stelle – verkleide. Wählen Sie die Kleidung, die dem Zweck angemessen ist und in der Sie sich wohlfühlen. Da wir uns für einen soliden und damit eher bürger-lichen und vielleicht spießigen Beruf mit dem Brandschutz entschieden haben und nicht für einen künstlerisch-freigeistigen, wäre es ggf. angebracht, keine Tattoos zu haben oder sie zumindest nicht zu sehr zu zeigen. Ein langarmiges Hemd, geschlossene Schuhe und Strümpfe, darüber eine lange Hose (heute gern auch eine akzeptabel aussehende Jeans) – da macht man nichts verkehrt. Übrigens, eine absichtlich zerrissene Hose oder gar schmutzige Schuhe wirkt auch, allerdings nicht positiv.

Natürlich gibt es Bücher, in denen steht, wie man schlagfertig reagiert, Sprüche klopft und andere dumm aussehen lässt. Ich habe keines davon gelesen, und ich verachte Menschen, die so auftreten. Fachlich inhaltlich müssen wir auftrumpfen, und das läuft nicht so wie am Stammtisch oder in der Politik. Wir müssen emotionslos abwägen, Argumente bringen, Gegenargumente bringen und Resümees ziehen. Heute sagen nicht wenige „Also, unter dem Strich …" oder „Am Ende des Tages ist es doch das Ziel, dass …". Auch wenn das langweilt und übernommen, ja abgedroschen klingt, ist es nicht immer falsch. Im Brandschutz können Formulierungen vor wie „Das, was Sie sagen, ist zwar richtig, in der Wertung – also in der Wichtigkeit – jedoch nicht an oberer Stelle, da sind zunächst … und …, und darüber müssen wir primär reden" oder „Das ist jetzt Kür, doch wir müssen erst mal über die Pflicht sprechen, und die steht im Gesetz …".

Man kann auch Begriffe der Gegenseite aufgreifen und weiterführen, zu Ende denken und somit ins rechte Licht rücken bzw. ins Abseits bringen: „Wir bewegen uns jetzt in eine falsche Richtung. Kommen wir zurück zu … und sprechen doch über die wirklich wichtigen Punkte, die da lauten …" Oder man sagt auch mal: „Jetzt haben wir schon lange Argumente ausgetauscht und auch interessante Philo-sophien gehört. Aber wir müssen Nägel mit Köpfen machen, heute muss etwas Konkretes herauskommen. Ich schlage folgende Gliederung vor …"

Zerschlagen Sie bei Diskussionen nicht das Porzellan. Vielleicht ist jemand dabei, der fachlich nicht auf Ihrem Niveau ist. Zeigen Sie ihm das nicht, sondern holen Sie ihn da ab, wo er steht. Er will schließlich nicht als Depp vorgeführt werden, das wollen Sie und ich ja auch nicht von den Menschen, die uns fachlich überlegen sind. Dabei geht es hier gar nicht um Sympathien oder Antipathien, sondern rein um fachliche Dinge. Natürlich ist jede Diskussion wesentlich einfacher, wenn ein positiver Grundton herrscht und die Antipathien nicht zu groß oder zu offensichtlich für alle sind.

Vorher soll eine Person bestimmt werden, die ein Gespräch leitet. „Runder Tisch" klingt immer so schön, wird aber weder in Firmen noch in Familien oder in der Politik angewandt und führt zu keinem Erfolg. Eine Person hat die Gesprächsführung in der Hand, und die Gliederung kann und muss man vorab besprechen. Das kann eine ganz konkrete Aufgabenstellung sein, etwa:

- Umgang mit dem Schreiben der Versicherung (hier wird jetzt Punkt für Punkt abgearbeitet oder beantwortet)
- Absicherung der Arbeitsmaschine aufgrund einer technischen Veränderung, eines Schadens oder eines Brandes
- Erarbeiten von alternativen Lösungen zu einer konkreten Forderung (etwa dem Einbau einer Sprinkleranlage, der als zu teuer empfunden wird)
- Vorbereitung der brandschutztechnischen Schulungsthemen für die Belegschaft

Es wäre natürlich gut, wenn Brandschutzbeauftragte nicht nur gut und souverän sprechen, sondern auch gut schreiben können: Berichte, Zusammenfassungen, Briefe, Stellungnahmen, Brandschutzordnungen, Schulungsunterlagen usw.

Sowohl das Schreiben wie auch das Sprechen kann man lernen, idealerweise durch ehrliche Selbstkritik und durch viel Üben. Schreiben Sie mal eine Ausarbeitung über zwei Seiten und kritisieren Sie diese nach einer Woche. Oder kaufen Sie sich ein kleines Fotostativ, an das Sie Ihr Smartphone schrauben. Filmen Sie sich bei einer Rede von 5 min, dann bei einer von 30 min. Sehen Sie sich diese Filme mehrfach an. Kritisieren Sie einmal die Mimik, einmal den Inhalt, dann die Körperhaltung und filmen Sie sich aus dem Winkel, in dem die Zuhörerschaft vor Ihnen sitzt. Sehen Sie sich das allein und in Ruhe an. Gehen Sie weder zu hart noch zu selbstgefällig mit sich selbst um. Vermeiden Sie vorbereitete Sätze, angeblich „witzige" Versprecher oder heruntergeleierte Selbstgefälligkeiten – das Publikum erkennt das alles gnadenlos, versprochen! Sehen Sie sich TV-Moderatoren mal unter diesem Aspekt an, und Sie werden Interessantes feststellen.

16.3 Zeitschriften werten

„Wer bin ich denn, dass ich mir das Recht gebe, über andere zu urteilen?" Diese Frage hörte ich bei einer Diskussion unter Medizinern, als es darum ging, ob man sich gegen Covid 19 impfen lassen soll oder nicht. Und genau dieser Satz ist es, der mich seitdem verfolgt. Natürlich kann ich Unternehmen Tipps geben, wie man sich gesetzeskonform verhält, und auf Verhaltensmuster hinweisen, die objektiv falsch oder schlichtweg dumm sind. Aber, um zum Thema des Abschnitts überzuleiten, ich kann Ihnen keine Tipps geben, welche Zeitschrift Sie sich näher ansehen sollen und welche primär aus Werbung besteht. Das könnte auch mit einer Klage enden, und das will ich vermeiden. Außerdem hat doch jeder andere Präferenzen, und wer Zeitschrift A liest, kommt mit Zeitschrift B eben nicht zurecht und umgekehrt. Machen Sie sich selbst ein Bild, welche Brandschutzzeitschrift zu abstrakt, zu wissenschaftlich, zu feuerwehrbezogen oder zu produktbezogen ist, und lesen Sie die Zeitschriften, die Ihnen am besten gefallen.

Privat haben Sie zur gesellschaftlichen und politischen Weiterbildung mehre Möglichkeiten: Entweder Sie lesen eine Tageszeitung, eine Wochenzeitung, ein monatlich erscheinendes politisches Magazin, führen anspruchsvolle Gespräche mit anderen gebildeten Personen oder – leider – nichts davon. Natürlich macht eine Kombination der genannten Punkte Sinn, und wer darüber hinaus auch noch regelmäßig Bücher liest, gehört zu den oberen 3 % der Bevölkerung. Und so sollten Sie es im Brandschutz auch machen!

Ich bitte Sie um Folgendes: Gehen Sie auf lokale, nationale und internationale Kongresse, Konferenzen und Messen. Allen voran kann ich die „Security" in Essen und die „A + A" in Düsseldorf empfehlen; beide finden alle zwei Jahre statt, zueinander versetzt. Vielleicht ist für Sie auch die Brandschutzmesse in Nürnberg von Interesse, aber vielleicht ist sie Ihnen zu baulastig. Die beiden Messen in Nordrhein-Westfalen sind übrigens die weltgrößten Messen ihrer Art und deshalb ganz besondere Events, echte Erlebnisse! Ein Tag dürfte bei Weitem nicht ausreichen, um sich umfassend zu informieren, und wenn Ihnen das Unternehmen nicht mehr Zeit einräumt, so sollten Sie (ehrlich gemeint!) einen Urlaubstag dafür opfern – es lohnt sich! Nehmen Sie genügend Visitenkarten mit, denn sonst haben Sie nach ein paar Stunden 12 kg Gepäck in der Hand. An verschiedenen Stellen und Ständen liegen kostenlose Zeitungen und Zeitschriften aus. Nehmen Sie jeweils ein Exemplar mit und blättern Sie diese zu Hause am Wochenende durch; falls Sie dazu im Unternehmen Zeit haben, auch dort.

Ich möchte, dass Sie einen Überblick darüber haben, welche Hefte es gibt, und dass Sie sich eine eigene Meinung bilden über jede einzelne Druckschrift. Schnell spüren Sie, welche Zeitschrift/Zeitung zwar gut ist, aber an Ihren beruflichen Interessen vorbeigeht, oder welche Zeitschrift/Zeitung Werbung eines Unternehmens als sog. Fachbeitrag tarnt. Es gibt auch Brandschutzzeitungen, die in den wissenschaftlichen Bereich gehen – gut für Kollegen, die noch promovieren wollen oder Grundsatzberechnungen anstellen, aber überhaupt nicht geeignet für die Praktiker, die in Unternehmen den Brandschutz verbessern wollen. Andere Zeitschriften fokussieren zu sehr auf den Bereich abwehrender Brandschutz (dann sind sie natürlich gut für Feuerwehrleute geeignet!) oder auf den baulichen Brandschutz: Dort findet man dann manchmal zu selbstgerechte Artikel von Kollegen, die über viele Seiten ausführlich berichten, welche besonderen Gedanken zu besonderen Schutzkonzepten geführt haben. Bei näherem und kritischeren Durchlesen fällt dann schnell auf, wer wirklich etwas Besonderes geleistet hat und wer einfach nur bestehende Vorgaben umsetzte.

Viele Zeitungen bekommen Sie kostenlos – nun darf man fragen, wer denn dafür bezahlt. Sie müssen jetzt nicht unbedingt unbrauchbar sein, aber es ist klar, dass etwa 50 % des Heftes aus Werbung bestehen und die wenigen Artikel von Autoren geschrieben sind, die aus den Firmen, die diese Werbung schalteten, stammen. Die Inhalte müssen weder falsch noch uninteressant sein, aber sie sind natürlich gefärbt, und echte Alternativen zu den Produkten werden darin verständlicherweise nicht erwähnt. Aber auch ein Werbeblatt kann uns ja weiterhelfen, wenn wir wissen, aus welcher Richtung es kommt.

Also, bleiben Sie kritisch, konstruktiv kritisch und verlassen Sie sich auf Ihr Gefühl, Ihren Sachverstand, Ihre Intuition – und ggf. auf die Aussagen von Personen, die Sie schätzen und die objektiv sein können (Feuerwehr, Berufsgenossenschaft, Versicherung, beratender Ingenieur, Kollege etc.).

Ich persönlich bevorzuge praxisbezogene und zu bezahlende Zeitungen. Übrigens gibt es auch verschiedene Vereinigungen, in denen Sie Mitglied werden können. In den letzten 35 Jahren bin ich in mehrere eingetreten, und einige habe ich wieder verlassen – weil sie mir (sorry, liebe Kollegen – vielleicht einmal eher an den Kunden als an sich selbst denken!) nichts gebracht haben. Auch Sie werden privat und beruflich die Erfahrung gemacht haben, dass viele Personen und Institutionen primär an unserem Geld Interesse haben und nicht an der Erhöhung der Sicherheit im Unternehmen.

16.4   Lehren aus Brandschäden

Es gibt verschiedene Möglichkeiten, Fachwissen anzuhäufen. „Try and error" ist eine sehr teure Lösung, denn das bedeutet, dass man eben aus Schaden klug geworden ist. So erging es übrigens Pierre und Marie Curie – beide forschten mit Radioaktivität und wussten natürlich noch nicht, dass sie sich tödlich verstrahlten! Tragisch, wenn man bedenkt, was diese beiden Persönlichkeiten aufopfernd für die Menschheit geleistet haben. Immer wieder gibt es auch Feuerwehrleute (zuletzt bei den Hochwassereinsätzen im Juli 2021 in Westdeutschland), die während eines mutigen und selbstlosen Einsatzes ihr Leben verlieren; diese Toten sind nicht weniger tragisch, und da sie – im Gegensatz zum Ehepaar Curie – wussten, dass sie ihr Leben für andere riskieren, sind das für mich echte, bewundernswerte Helden, die sich bewusst für einen gefährlichen Beruf entschieden haben.

Die schönere, schmerzfreiere und weniger lebensgefährliche und übrigens auch kostengünstigere Variante ist natürlich, sich vor Aktivitäten die nötigen Informationen zu besorgen, etwa in einer entsprechenden Ausbildung (Handwerk, Studium), denn dann hat man das nötige Rüstzeug und weiß, wie man sich zu verhalten hat. Jeder, der ein Auto lenken will, muss belegen, dass er das auch kann, und eben zuvor die Führerscheinprüfung bestehen. Die sinnvollere Lösung ist aber, sich vor jeglicher Aktivität zu überlegen, was alles passieren kann, und die

Schritte zu wählen, um diesen Gefahren auszuweichen. Das gilt im Straßenverkehr ebenso wie im Brandschutz oder bei der Wahl der favorisierten Sportart. Und am sinnvollsten ist natürlich, beides zu machen – also sich ausbilden *und* aus bereits eingetretenen Schäden seine Schlüsse ziehen.

Wenn man eine Lehre aus Brandschäden ziehen will, dann die folgenden: Vorgaben (z. B. die konkreten Inhalte von Regeln) sind intelligent und entwickeln sich häufig aus Erfahrungen. „Die Schäden von heute sind die Normen von morgen", so ein Satz in dem Film über die Brandkatastrophe vom 11. November 2000 in Kaprun; bei diesem Bergbahnunglück sind 155 Menschen binnen Minuten erstickt und verbrannt in der Bergröhre. „Mit einem Brand im Tunnel haben wir nicht gerechnet", so der entwaffnend ehrliche Satz vom Betreiber der Bahn am Abend in den österreichischen Nachrichten um 18.30 Uhr. Wer so etwas sagt, zeigt, dass er gegen Brände – da ja nicht damit zu rechnen ist – keinerlei Vorsorge- und Gegenmaßnahmen getroffen hat. Übrigens, es gibt ein sehr bewegendes Buch mit dem Titel *155 – Kriminalfall Kaprun* zu dieser Tragödie von einem Journalisten namens Hubertus Godeysen – lesenswert, und zwar aus der Perspektive des Juristen ebenso wie aus der des Brandschützers!

Am 4. August 1920 detonierten im Hafen von Beirut ca. 2750 t Ammoniumnitrat (NH_4NO_3), ein Salz, das aus Ammoniak (NH_3) und Salpetersäure (HNO_3) hergestellt wird und u. a. auch als Bestandteil von Düngemitteln und als Sprengstoff verwendet wird. Über 200 Tote, deutlich mehr Verletzte und zerstörte Gebäude für über 4 Mrd. € waren die Folge von unfachmännisch ausgeführten Schweißarbeiten (!). Nun ist über Ammoniumnitrat viel bekannt – es gibt (zumindest in vielen Ländern) ganz konkrete Lagervorschriften, Zusammenlagerungsverbote, Mengenbegrenzungen sowie bauliche, anlagentechnische und organisatorische Brand- und Explosionsschutzmaßnahmen. Freigesetzte Schweißperlen hatten die Verpackung von dort ebenfalls gelagerten Feuerwerkskörpern entzündet, schließlich die Feuerwerkskörper und diese dann das Ammoniumnitrat. Die Sprengkraft entsprach ca. 1100 t TNT! Allein wenn man den Begriff „Ammoniumnitrat" im Internet eingibt, stößt man unweigerlich darauf. Doch wenn man so eklatant gegen geltendes Recht verstößt, dann ist es eben nicht die Frage, ob etwas passiert, sondern lediglich, wann etwas passiert.

Ich möchte, dass Sie ab jetzt jeden Zeitungsartikel über Brände und über neue Erfindungen im Brandschutz lesen. Lernen Sie daraus. Ob es sich dabei um eine volksnahe Sonntagszeitung, eine brandschutztechnische Fachzeitung, eine stilvolle Tageszeitung, eine politische Wochenzeitschrift oder die kostenlose Zeitschrift Ihrer Gemeinde handelt, ist erst einmal nebensächlich. Leider werden oft nur – spektakulär und emotional aufbereitet – die Brandschäden erwähnt, aber nicht die Ursachen; wenn diese bekannt sind, berichten manche Zeitungen nicht mehr darüber, obwohl dies besonders sinnvoll wäre, um der breiten Öffentlichkeit Präventionstipps zu geben. Sie werden auch im Internet fündig, wenn Sie auf die Seite einer großen Feuerwehr gehen oder entsprechende Suchbegriffe eingeben. Nach dem 20. oder auch nach dem 200. Artikel, den Sie gelesen haben, verfügen

Sie über wesentlich mehr Praxis und über wesentlich mehr Fachwissen, und daraus ziehen Sie Ihre Schlüsse für sich privat und für das Unternehmen.

Ich war beispielsweise verblüfft, als ich las, dass ein leistungsfähiger Mountainbiker nach einer rasanten Talfahrt sein Rad in eine Wiese legte – und mit der zu heißen Scheibenbremse ca. 3 km^2 Wald und Wiese vernichtete. Dass das nicht grob fahrlässig war, ist klar – ebenso klar ist, dass der fahrlässig verursachte Schaden von der Person beglichen werden muss. Gut, wenn man jetzt eine Haftpflichtversicherung hat, die für Hubschrauberlöscheinsatz und den immens großen Schaden an der Natur aufkommt.

Eine weitere Lehre aus Brandschäden ist, dass der Mensch – direkt oder indirekt – für fast alle Unfälle, Schäden und Brandschäden verantwortlich ist, wohl zu knapp 100 %. Sehen wir uns Ursachen für Brände an, wird schnell klar, dass Dinge wie feuergefährliche Arbeiten oder offenes Feuer natürlich menschliche Schuld ist, auf menschlichem Versagen beruht – ebenso Brandstiftung (vorsätzlich oder fahrlässig) oder defekte Elektrogeräte (falsch betrieben, Leitung überbelastet, nicht gewartet, falsch konstruiert, Lüftungsöffnungen nicht freigehalten etc.).

Eine Lehre aus Brandschäden ist die, dass eine vernünftige Kontrolle von Menschen Sinn macht; mit „vernünftig" meine ich nicht die negative, absolute und autoritäre Überwachung, sondern die konstruktive und helfende Art und Weise – die verbessernde, also Tipps zu geben, wie man sich anders, besser, sicherer verhalten kann oder sogar muss. Und was auch von größter Bedeutung ist: Wenn jemand fahrlässig eine brandgefährliche Situation erzeugt hat und nicht in der fachlichen oder zeitlichen Lage ist, diese zu beseitigen, muss diese Person wissen, dass sie das umgehend melden muss und es auch sicher keinerlei negative Folgen hat, eher sogar positive wie etwa: „Stark, dass Sie die Persönlichkeit, den Mut hatten, diese Situation zu melden. Danke! Sie haben zwar einen Schaden angerichtet, doch der daraus folgende Schaden wäre um den Faktor 1000 oder höher gewesen." Das kann z. B. ein umgestoßener Wassereimer im Rechenzentrum sein, wenn das Wasser im Doppelboden schnell verschwunden ist – dort kann das Wasser in einem Elektrogerät oder einer Steckverbindung nach längerer Zeit einen Brandschaden auslösen. Oder auch eine mit dem Stapler heruntergerissene Beleuchtungsanlage – an der gedehnten Stromleitung kann es nach Stunden zu einem Brand kommen, oder das Metallgerüst steht unter Strom und gefährdet Menschenleben!

Wir müssen unbedingt auch wissen, dass bestimmte Schäden nur *einmal* vorkommen dürfen und wir spätestens nach dem ersten Schaden gleichartige Schäden verhindern müssen. Tun wir das nicht, wird unser Verhalten schnell von fahrlässig in grob fahrlässig hochgestuft, denn ein ersatzpflichtiger Versicherungsbrandschaden setzt u. a. voraus, dass er plötzlich, schädigend und unvorhersehbar eingetroffen ist. Gerade die Unvorhersehbarkeit kann natürlich angegriffen werden, wenn es bereits einige gleichartige Schäden im Unternehmen gab. Im Idealfall vor Bränden, spätestens aber nach Bränden müssen wir uns also überlegen, welche Maßnahmen der Prävention wir treffen, um wenigstens diese Art von Brandschäden nicht mehr Realität werden zu lassen. Das können organisatorische Maßnahmen sein (Personal besser ausbilden; Vieraugenprinzip), anlagentechnische (Brandmeldeanlage oder

Brandlöschanlage installieren) oder bauliche (mehr Brandabschnitte bilden als baurechtlich gefordert). Und anschließend muss geprüft werden, ob die Maßnahmen
auch greifen, Sinn machen.

Gute Brandschützer sind keine „frischen" Universitätsabsolventen und auch
nicht unbedingt die Personen, die in der Schule in Latein eine Eins hatten (was
aber selbstverständlich auch nicht gegen eine Person spricht!). Nein, gute Brandschützer stehen mit beiden Beinen auf dem Boden der Realität, verfügen über eine
gute, solide und fachnahe Ausbildung und haben ein paar Jahre Berufserfahrung
im Brandschutz. Ideal ist es, wenn jemand bei der Feuerwehr aktives Mitglied
ist oder war und wenn der Brandschutzbeauftragte ein Autodidakt ist, der sich
ständig und gut informiert und weiterbildet. Praxisbezogene Personen sind deutlich besser als abstrakte Theoretiker, die nichts von menschlichem Fehlverhalten
wissen wollen und den Sinn und die Ziele von Vorgaben nicht hinterfragen und
demzufolge auch nicht erkennen.

Meine persönliche Lehre aus vielen 100 Brandschäden, die ich in den Jahren
bei zwei großen Industrieversicherungen und auch anschließend mitbekommen
habe, ist folgende: Der Mensch ist fast immer die Ursache für Brände. Und
wenn wir auch noch so vorsichtig sind, so ist die Brandgefahr nie bei 0 %,
sondern immer leicht darüber. Wir dürfen nie zu selbstsicher, zu abgehoben, zu
arrogant sein – auch uns, liebe Kollegen, kann ein Fehler unterlaufen, durch den
es zu einem Brand kommt. Aber wenn wir, wo es möglich ist, Brandlasten von
Zündquellen entfernt halten, so wird die Brandgefahr minimiert. Dazu gehört,
potenzielle Zündquellen auch als solche zu erkennen und vermeidbare eben vermeiden und nicht vermeidbare zu verlegen, zu kapseln oder wenigstens räumlich
zu trennen oder zu überwachen. In vielen Fällen reicht es nicht aus, die Vorgaben
von Regeln umzusetzen – schließlich wollen wir ja nicht gut sein, sondern sehr
gut. Und das setzt voraus, mehr zu leisten, als die Vorgaben von uns fordern.

Dazu ein Beispiel: 1986 arbeitete ich bei einem Chemiekonzern in Portland/
Oregon im Nordwesten der USA. Die staatlichen AGW-Werte (Arbeitsplatzgrenzwerte, das sind die erlaubten Höchstwerte von Stoffen in der Luft bei entsprechenden Arbeiten; meist in ppm (parts per million) angegeben) wurden an
keiner Stelle erreicht oder gar überschritten. Nebenan war ein ähnliches Unternehmen, das die staatlichen AGW-Werte intern halbiert und diese halb so hohen
Grenzen als Maximum vorgegeben. Das kostete natürlich deutlich mehr, war
aber auch deutlich sicherer. Ich fragte den Kollegen, warum er denn mehr macht
als nötig, und er antwortete: „Wenn jetzt immer noch etwas passiert, werden wir
weniger stark verurteilt, im Idealfall sogar freigesprochen." Dazu muss man
wissen, dass die USA weder eine berufsgenossenschaftliche Absicherung der
arbeitenden Belegschaft haben noch eine Krankenversicherung, die diesen Namen
auch verdient oder die annähernd mit dem Niveau unserer deutschen Krankenversicherung vergleichbar wäre. Bei Unfällen wird den Opfern schnell ein Schadenersatz in Millionenhöhe zugesprochen – das ist übrigens weder für die eine noch
für die andere Seite als wirklich sinnvoll anzusehen. Tragisch endete jedoch die

Katastrophe im indischen Bhopal am 3. Dezember 1984 in exakt diesem Unternehmen, bei dem laut Internet Tausende Menschen starben; in Indien hatte man aus verschiedenen Gründen nämlich günstiger produzieren können. Im Dezember 1984 ist aufgrund einer fahrlässigen Handlung einer offensichtlich nicht unterwiesenen Person ein Giftgas ausgetreten, das viele Menschen tötete Juristisch und sicherheitstechnisch ist diese menschliche Katastrophe tragischerweise nie gänzlich aufgearbeitet oder abgearbeitet worden.

Lassen Sie mich dieses Kapitel mit einem nicht zynisch gemeinten Satz beenden: Brandschäden sind für die Geschädigten teuer und für andere/uns (wenn wir unsere Schlüsse daraus ziehen) wertvoll.

16.5 Zusammenfassung

Sie haben hier viele Informationen, die mit Fachwissen und möglichst objektiven Wertungen versehen wurden. Vielleicht lesen Sie das Buch ganz oder teilweise erneut in wenigen Monaten und Ihnen fallen dann wieder ein paar Dinge ein oder Sie werten manches anders. Werden Sie selbstsicher, aber nicht überheblich. Bleiben Sie selbstkritisch und erkennen Sie, wem Sie vertrauen können und manchmal auch vertrauen müssen. Gehen Sie zur nächsten Weiterbildung zu Institut A, dann zu Institut B, und in wenigen Jahren erwerben Sie sich vielleicht das nächste Fachbuch zu der Thematik. Bleiben Sie aktiv, eloquent und redlich. Sammeln Sie Fachwissen und stehen Sie aufgrund guter Argumente zu Ihrer Meinung. Es gibt oftmals nicht die eine Wahrheit, und demzufolge ist jede abweichende Meinung falsch – es kann A und B richtig sein, obwohl beides entgegengesetzt klingt.

„Das eine tun, das andere nicht lassen", so würde ich Brandschutz beschreiben. Viel tun und viel wissen. Aktiv werden, umsetzen, angehen, wiederholen, kontrollieren, überzeugen. Wir Brandschützer haben eine Sisyphusaufgabe, und ich bitte Sie, nicht und nie aufzugeben. Als dem amerikanischen Schauspieler Ed O'Neil (Al Bundy) einmal in seiner weltberühmten Sitcom *Eine schrecklich nette Familie* vorgeworfen wird, er sei ein Versager, konterte er: „Gerade weil ich täglich zu Arbeit gehe, weil ich nach jedem Schlag wieder aufstehe und weitermache, bin ich eben kein Versager!" Kann man es schöner zum Ausdruck bringen? Und bevor Sie jetzt über Ed O'Neil die Nase rümpfen, weil er mit Al Bundy einen Proleten spielt, hierzu folgendes Hintergrundwissen: Er war ein fähiger, hochausgebildeter Bühnenschauspieler, der als Al Bundy einen Welterfolg feierte und ungefähr das 400-Fache eines Bühnenschauspielers kassierte. Doch zurück zum Thema „Zusammenfassung"; es würde mich freuen, wenn Sie alles gelesen haben und sich darüber Gedanken machen, um auf Ihre eigenen Wertungen zu kommen. Die ideale Kombination ist mein in diesem Buch zusammengefasstes Wissen mit Ihren Ergänzungen: So wird der Brandschutz was!

16.6   Schlusswort

Einen abschließenden Tipp möchte ich all denen geben, die nach einer Lehrzeit einen Gesellenbrief und ggf. etwas später noch einen Meistertitel draufgesetzt oder sich für den Technikerzweig entschieden haben und zudem über die Zusatzqualifikation „Brandschutzbeauftragter" verfügen. Sie werden in Ihrem beruflichen Leben mit studierten Kaufleuten, Juristen und Architekten zu tun haben. Einige davon (einige, nicht alle!) sind an Arroganz kaum zu übertreffen: Diese Menschen meinen tatsächlich, sie hätten die Weisheit mit dem Löffel gefressen und auch im Bereich „Brandschutz" deutlich mehr Fachwissen als Sie; somit lassen diese Menschen lediglich die eigene Meinung gelten. Dass dem nicht so ist, das wissen Sie, und das weiß ich – aber eben diese manchmal hochnäsigen Personen nicht. Es ist sehr schwer, diesen wenig informierten Personen zu vermitteln, dass wir als Brandschutzbeauftragte auf Augenhöhe mit den anderen sind und im Bereich Brandschutz noch deutlich höher. Reagieren Sie souverän, aber bestimmt und nicht aggressiv – in Abschn. 16.2 haben Sie ja gelesen, wie man rhetorisch mit bestimmten Personen umgeht. Selbst mir als promoviertem Ingenieur laufen Architekten mit keiner Stunde Vorlesung zu brandschutztechnischen Themen über den Weg, die aber ein Auftreten haben, das man sonst nur von unsympathischen und die Ausbildung abgebrochenen Politikern diverser Parteien kennt. Leider vertritt ein nicht geringer Prozentsatz der Architekten die Meinung, dass Brandschutz nicht bedeutend ist, da Brände selten passieren, wenn doch, dann sicher nicht hier, die Feuerwehr ihn löschen und die Versicherung den Schaden bezahlen würde. Dass solche Ansichten an Dummheit kaum zu überbieten sind, das müssen Sie jetzt freundlich verpackt artikulieren. Wenn Sie wissen, wie das geht, lassen Sie es mich wissen.

Herzlichst, Ihr Dr. Wolfgang J. Friedl – Brandschützer aus Leidenschaft!

 **Springer**

springer.com

Willkommen zu den Springer Alerts

Unser Neuerscheinungs-Service für Sie:
aktuell | kostenlos | passgenau | flexibel

Mit dem Springer Alert-Service informieren wir Sie individuell und kostenlos über aktuelle Entwicklungen in Ihren Fachgebieten.

Abonnieren Sie unseren Service und erhalten Sie per E-Mail frühzeitig Meldungen zu neuen Zeitschrifteninhalten, bevorstehenden Buchveröffentlichungen und speziellen Angeboten.

Sie können Ihr Springer Alerts-Profil individuell an Ihre Bedürfnisse anpassen. Wählen Sie aus über 500 Fachgebieten Ihre Interessensgebiete aus.

Bleiben Sie informiert mit den Springer Alerts.

Jetzt anmelden!

Mehr Infos unter: springer.com/alert

Part of **SPRINGER NATURE**

A82259 | Image: © Molnia / Getty Images / IStock

Printed in the United States
by Baker & Taylor Publisher Services

Printed in the United States
by Baker & Taylor Publisher Services